教育部职业教育与成人教育司推荐教材
五年制高等职业教育文化基础课教学用书

“十二五”职业教育国家规划教材
经全国职业教育教材审定委员会审定

修订版

数学

Mathematics

《数学》编写组 编

（第三册）

U0271198

苏州大学出版社

图书在版编目(CIP)数据

数学.第3册 / 卢崇高主编;《数学》编写组编
.—修订本. —苏州:苏州大学出版社,2014.5(2015.8重印)
教育部职业教育与成人教育司推荐教材 五年制高等职业教育文化基础课教学用书
ISBN 978-7-5672-0857-5

Ⅰ.①数… Ⅱ.①卢… ②数… Ⅲ.①高等数学—高等职业教育—教材 Ⅳ.①O13

中国版本图书馆CIP数据核字(2014)第089191号

五年制高等职业教育教材
数　学(第三册)
《数学》编写组　编
责任编辑　李　娟

苏州大学出版社出版发行
(地址:苏州市十梓街1号　邮编:215006)
南通印刷总厂有限公司印装
(地址:南通市通州经济开发区朝霞路180号　邮编:226300)

开本787 mm×1 092 mm　1/16　印张18　字数427千
2014年5月第1版　2015年8月第2次印刷
ISBN 978-7-5672-0857-5　定价:28.00元

苏州大学版图书若有印装错误,本社负责调换
苏州大学出版社营销部　电话:0512-65225020
苏州大学出版社网址　http://www.sudapress.com

修订版前言

五年制高职公共基础课系列教材自1998年出版以来，历经2000年、2002年和2006年三次修订，从体例到内容更加成熟，质量不断提升，得到了各使用学校师生的普遍认可和肯定，并顺利通过教育部组织的专家审定，列入教育部向全国推荐使用的高等职业教育教材，成为我国职业院校公共基础课的品牌教材之一。

近年来，职业教育教材建设的内外环境发生了许多新变化。首先是我国把发展现代职业教育，加快高素质、高技能人才培养作为推进人才强国战略，增强我国核心竞争力和自主创新能力，建设创新型国家的重要举措。与之相适应，新的高等职业教育人才培养方案、课程标准等陆续出台，职业院校课程结构调整及公共基础课教学改革持续推进，这些都对教材建设提出了新要求。其次是职业院校生源的不断变化，中高职教育衔接贯通等培养模式的探索也要求教材建设与之适应。此外，经过十多年的变迁，原版教材的作者情况变化较大，确有需要从教学一线吸收新的骨干力量参加到教材建设工作中来。

为此，我们从2012年起，再次组织部分作者分批对教材进行调整修订。本次修订遵循“拓宽基础、强化能力、立足应用”的基本原则，力求进一步体现基础性、应用性和发展性的有机统一，弱化课程理论体系，强化能力培养和实际应用。修订中还适当参考了部分优秀初高中教材和高职教材对有关内容的最新论证和表述，修正了不具时效性和不符合职业教育培养目标要求的内容。本着实事求是、方便教学的考虑，有些教材修订幅度较大，有些则仅做局部的修改调整。我们期望新版修订教材既能切合新时期学生发展的实际，保证学生应有的人文和科学素养，又能为学生专业课程的学习、终身学习和自主发展铺路架桥、夯实基础。

在五年制高职公共基础课教材十多年来的建设过程中，我们得到了江苏省教育厅、江苏联合职业技术学院及各有关院校的热情关心和大力支持；本次教材修订也是在原教材编写者和历次修订者多年来付出的辛勤劳动和工作成果的基础上进行的，修订工作得到了他们一如既往的理解和帮助。在此，我们谨表示最诚挚的感谢！

与教材配套使用的《学习指导与训练》也做了同步修订。另外，供教师使用的《教学参考用书》(电子版)可访问苏州大学出版社网站(http://www.sudapress.com)“下载中心”参考或下载。

五年制高等职业教育教材编审委员会

2014年5月

修订说明

数学是五年制高等职业教育的一门必修公共课。数学的内容、思想、方法和语言已成为现代文化的重要组成部分，它的应用日益广泛。因此，数学是提高文化素质，进一步学习及参加社会实践的重要基础和必不可少的工具。

本套教材遵循教育部最新颁布的五年制高等职业教育"应用数学基础"课程基本要求，针对高等职业教育的特点和各专业实际需求精心编写而成。全套教材共分三册，采用模块式结构设计。第一册以初等数学为主，第二册以高等数学为主，第三册以工程数学为主。教材各册另配有《学习指导与训练》以及电子版《教学参考书》。

在内容处理上，本套教材采用了"粗点"、"实点"、"新点"相结合的方式，具体反映在：(1) 尊重学科，但不恪守学科性，注意数学学科自身的系统性、逻辑性，对难度较大的部分基础理论，不追求严格的论证和推导；(2) 加强与实际应用联系较多的基础知识和基本方法，对与现代生活和后续课程有联系的内容衔接，适当留有"接口"；(3) 为适应以计算机技术为特征的信息化社会对本课程的要求，增加了计算器及 Mathematica 软件应用的介绍。教材力求体现弱化理论推导，强化能力培养，突出模型建立，讲求工具应用的特点。

为使教材更适合教学的实际情况，并留有适当的弹性，在练习题的编排上采取了四级设置：课内练习题(穿插在正文中，以模仿例题为主)，每节后配有课外 A 类习题、课外 B 类习题，每章后配有复习题，并提供参考答案。

这套教材由谈兴华任总主编，田万海、沈苏林任主审。教材自 1998 年出版以后，历经 2000 年、2002 年、2006 年三次修订。参加本册编写及前三次修订的人员有：卢崇高、张晓拔、瞿光唐、金卫东、朱文辉、宋然兵、谢中才、袁震东。

为适应近年来职业教育，尤其是五年制高等职业教育出现的新情况和新变化，按照五年制高职公共基础课教材修订的总体要求，我们在广泛调研的基础上，对本教材进行全面修订。具体体现在以下几个方面：

(1) 适当吸收了部分优秀高中教材和高职教材对有关内容的最新论证和表述，修正了不具时效性和现实意义的内容，以消除学生学习后续课程和自主学习有关数学课程带来的不便。

(2) 合理修缮了结构编排中部分传统的表述方式，以案例或问题讨论的形式引入主题，力求创设有利于学生发现知识的问题情境，激发学习兴趣。在正文部分注意说清楚问题的背景和解决思路，展现知识形成和发展的过程，为学生提供感受和体验数学思想方法的机会，以提高学生的数学应用意识。

(3) 对例题、习题的选编作了较大调整。我们遵循“让学生伸手就能摘到桃子，跳起来就能摘到大桃子”的原则，参考国内其他优秀教材的特点，对习题的类型、难度和数量进行了调整与充实，分级设置，分层递进，以利于学生的掌握和提高；在部分习题中插入了数学实验，引入计算器和软件(Mathematica)的解题方法介绍，以帮助学生提高数学素养和应用能力。

(4) 更新了每章的内容小结，强化了知识点的归类梳理和学习方法的引导总结。一是以知识框图的形式取代了以前的文字表述，清晰而简洁；二是以“注意问题”对重、难点进行归类、解析，便于理解和记忆。

由于教材编写要兼顾一定的通用性、灵活性，因此，建议在使用本书时要按照有利于学习者发展的原则，根据不同专业教学的基本要求，科学地选择并确定相应的教学内容。本套教材由谈兴华任总主编。本册重版修订，由卢崇高任主编，参加编写的有：卢崇高、王志兵、宋萌芽、吉全等。

值得提出的是，在本套书的编写、修订和出版过程中，得到了江苏省教育厅、各有关学校及苏州大学出版社的大力支持和帮助，在此一并表示衷心的感谢。

这套教材的编写尽管我们作了很大的努力，受水平所限，加之数学教学改革中的一些问题尚待探索，不足之处，恳请批评指正。

《数学》编写组

2014 年 5 月

目录

CONTENTS

第二十章　概率与数理统计

阅读材料

第二十一章　矩阵与线性方程组

阅读材料

第二十二章　常微分方程和拉氏变换

第二十章　概率与数理统计

在生活中充满着结果不确定的事物或现象．例如，在投资环境日趋复杂的现代社会，几乎所有的投资都是在具有一定的风险和回报不确定的情况下进行的．一般地说，投资者都力求回避风险，获得丰厚的回报．因此，在投资行为发生前，就必须对风险和回报进行有效分析，以弄清不同风险条件下的投资和回报率之间的关系，期望对投资的结果作出较准确的预测，从而在诸多投资机会中选择出最有价值的项目进行投资，并在此基础上作出正确的投资和交易决策，实现预定目标．如何来研究这类不确定结果的事物或现象，并解决相关的问题呢？这就需要我们学习本章的概率论与数理统计知识．

§20-1　随机事件

一、随机现象

在生产实践、科学实验和实际生活中，我们常观察到两类不同的现象．

一类现象，如在标准大气压下，纯水加热到100℃时会沸腾；抛一石块，总要向地面下落等，在一定的条件下，事先总能判定必然会发生某一种确定的结果，这类现象称为确定性现象．

另一类现象，如：

(1) 相同条件下抛同一枚硬币，其结果可能是正面朝上，也可能是反面朝上，并且在每次抛掷之前无法确定抛掷的结果是什么；

(2) 在同一批含有次品的产品中任意抽取1件，抽出的产品是否为次品在每次抽取前不能判定；

(3) 在相同的工艺条件下，某车工生产一种零件，每一个零件的实际尺寸在测量前是不能准确预言的．

但人们经过长期实践并深入研究之后，发现这类现象可在相同的条件下进行大量重复实验或观察，它的结果往往会呈现出某种规律性．例如，多次重复抛同一枚硬币得到正面朝上的次数大致有一半，多次从同一批产品中抽出产品得到的次品个数与抽出的产品数的比值总是逐渐稳定于该批产品的次品率，相同的工艺条件下加工完成的每一个零件的实际尺寸按照一定规律分布，等等．这种在大量重复实验或观察中所呈现出的固有规律性，就是我们以后所说的统计规律性．

这种在个别试验中其结果呈现出不确定性，在大量重复实验中其结果又具有统计规律性的现象，我们称之为**随机现象**.

在相同的条件下，对随机现象的一次观察或实验，称为一次**随机试验**，简称**试验**.

综上所述可以看出，我们是通过研究随机试验来研究随机现象的. 随机试验具有以下三个特点：

(1) 可以在相同的条件下重复地进行；

(2) 每次试验的可能结果不止一个，并且能事先明确试验的所有可能结果；

(3) 进行一次试验之前不能确定哪一个结果会出现.

二、随机事件

对于随机试验 E，尽管在每次试验之前不能预知试验的结果，但试验的所有可能结果是已知的，我们将以随机试验 E 的所有可能结果为元素组成的集合称为 E 的**样本空间**，记为 Ω. 样本空间的元素，即 E 的每个可能结果，称为**样本点**.

在实际中，当进行随机试验时，人们常常关心满足某种条件的那些样本点所组成的集合. 例如，若规定某种灯泡的使用寿命小于 500 小时为次品，在做测试灯泡使用寿命试验时，记灯泡的使用寿命为 t(单位：小时)，则我们关心的是样本空间 $\Omega=\{t \mid t\geqslant 0\}$ 中，满足 $t\geqslant 500$ 这一条件的样本点组成的一个子集 $A=\{t \mid t\geqslant 500\}$. 显然，当且仅当子集 A 中的一个样本点出现时，有 $t\geqslant 500$.

一般地，我们称试验 E 的样本空间 Ω 的子集为 E 的**随机事件**，简称**事件**. 在每次试验中，当且仅当这一子集中的一个样本点出现时，称这一事件发生.

特别地，由一个样本点组成的单点集，称为**基本事件**；由两个及两个以上样本点组成的事件称为**复合事件**. 显然，在一次试验中基本事件有且仅有一个发生，而包含已发生的基本事件的任一事件都会发生.

例如，某射手一次射击命中 0～10 环(精确到整数环)，这是一次随机试验，以观察命中的环数情况为目的时，样本空间 $\Omega=\{0,1,2,\cdots,10\}$，$A_i=\{$命中的环数为 $i\}(i=0,1,2,\cdots,10)$为基本事件，$B=\{$至少命中 8 环$\}$，$C=\{$至多命中 7 环$\}$等都是随机事件. 就上述某射手一次射击的试验而言，容易看出：基本事件 $A_i(i=0,1,\cdots,10)$有且只有一个发生，但当基本事件 A_8,A_9,A_{10} 中有一个发生时，事件 B 都会发生，事件 C 都不会发生.

由上还可以看出：样本空间 Ω 包含所有的样本点，它是 Ω 自身的子集，显然每次试验中 Ω 必然发生；空集$\varnothing$必不包含任何样本点，它也作为 Ω 的子集，而它在每次试验中都不发生. 因此，$\Omega,\varnothing$不是随机事件. 但是，把 $\Omega,\varnothing$看成是随机事件的特例，并把 Ω 称为**必然事件**，$\varnothing$称为**不可能事件**，这对我们今后用集合的知识来分析问题是非常有利的.

这样，Ω 的任何子集都表示某一事件；反之，任一事件都可以表示成 Ω 的子集.

例 1 将一枚骰子随机地抛掷两次.

(1) 试用集合法表示样本空间 Ω；

(2) 将事件 $A=\{$两次出现的点数之和为 5$\}$表示成 Ω 的子集.

解 记(i,j)为基本事件$\{$第一次出现 i 点，第二次出现 j 点$\}(i,j=1,2,3,4,5,6)$的样本点，则

(1) $\Omega=\{(1,1),(1,2),\cdots,(6,6)\}$，其中有 36 个样本点；

(2) $A=\{(1,4),(4,1),(2,3),(3,2)\}$.

练习1

1. 在 0,1,2,…,9 十个数字中任意选取一个，问：

(1) 在该随机试验中基本事件有多少个？

(2) 事件 $A=\{$取得一个数为 3 的倍数$\}$是由哪几个基本事件组合而成的？

(3) 若记 $B=\{$取得一个数为偶数$\}$，$C=\{$取得一个数为 6 的约数$\}$，那么 B,C 能否同时发生？若 B,C 能同时发生，哪些基本事件中有一个发生，且这些基本事件组合成何复合事件？

2. 分别指出下列事件是必然事件、不可能事件，还是随机事件：

(1) {从分别标有数字 1 到 6 的六张号签中任取一张，得到 2 号签}；

(2) {掷一枚骰子，出现点数为 7}；

(3) {没有水分，种子会发芽}；

(4) {随机地抛掷一枚硬币 3 次，正面出现不多于 4 次}；

(5) $\{ax^2+bx+c=0(a,b,c\in\mathbf{R})$有相等的实根$\}$；

(6) {明天下雨}.

三、事件之间的关系与事件的运算

事件是一个集合，因而事件间的关系与运算自然按照集合论中集合之间的关系和运算来处理，现根据事件发生的含义，给出这些关系和运算在概率论中的提法.

符　号	集合解释	表示的事件	事件的含义解释
$A\subset\Omega$	全集 Ω 的子集 A	事件 A	试验可能发生的一种结果
$A\subseteq B$	集合 B 包含集合 A	事件 B 包含事件 A	事件 A 发生必然导致事件 B 发生
$A=B$	集合相等	事件 A 与事件 B 相等	组成事件 A,B 的基本事件相同，或同一事件的两种等价表示
$A\cup B$ 或 $A+B$	并集	事件 A 与事件 B 的并(或和)事件	当且仅当 A,B 至少有一个发生时，事件 $A\cup B$ 发生
$A\cap B$ 或 AB	交集	事件 A 与事件 B 的交(或积)事件	当且仅当 A,B 同时发生时，事件 $A\cap B$ 发生
$\overline{A}$	A的补集	事件 A 的逆(或对立)事件	事件 A 不发生(事件 A 与事件$\overline{A}$必有一个发生，且仅有一个发生，A 与$\overline{A}$互逆，$\overline{A}\cup A=\Omega$,$\overline{A}\cap A=\varnothing$)
$A\cap B=\varnothing$	A,B 没有公共元素	事件 A,B 互不相容	事件 A,B 不能同时发生($A\cup B\subset\Omega$, $A\cap B=\varnothing$)

事件的并、交和互不相容可推广到 n 个事件间的关系. 现就互不相容叙述如下：

在一次试验中，如果 n 个事件 $A_1,A_2,\cdots,A_n$ 两两互不相容，则称事件组 $A_1,A_2,\cdots,A_n$ 是**互不相容的事件组**.

如果互不相容的事件组 $A_1, A_2, \cdots, A_n$ 满足

$$A_1 \cup A_2 \cup \cdots \cup A_n = \Omega, \text{或记作} \bigcup_{i=1}^{n} A_i = \Omega,$$

则称事件组 $A_1, A_2, \cdots, A_n$ 为**完备事件组**.

随机试验的一个完备事件组，相当于按照某一“特征”将 Ω 中的所有基本事件划分成若干类，每类由若干个基本事件组成完备事件组中的一个事件.

显然，任意 n 个基本事件是互不相容的事件组；所有基本事件构成一个完备事件组；任一事件 A 与它的逆事件 $\overline{A}$ 构成一个完备事件组.

事件间的关系可用平面上的几何图形表示(图 20-1).

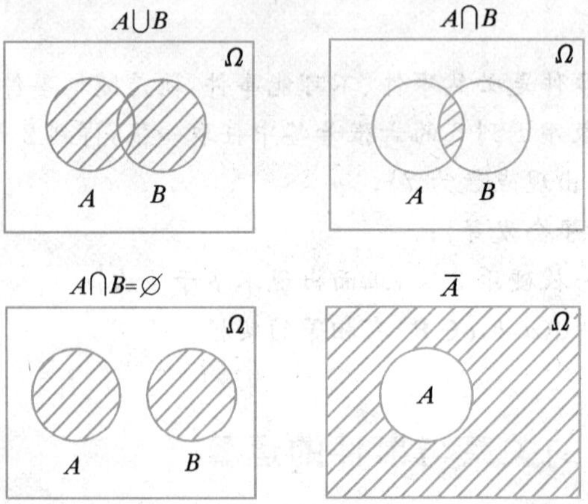

图 20-1

集合的运算律均适用于事件的运算.

例 2 从 1,2,3,4,5,6 六个数字中任取一个数，$A=\{$取得的数为 4 的约数$\}$，$B=\{$取得的数为偶数$\}$，$C=\{$取得的数不小于 5$\}$.

(1) 试解释事件 $A \cup B$ 的意义；

(2) 试用事件的关系与运算表示事件“A 发生，C 不发生”，“B,C 至少有一个发生”的逆事件.

解 记表示基本事件$\{$取得数 $i\}$的样本点为 $i(i=1,2,\cdots,6)$，则

$$\Omega=\{1,2,3,4,5,6\}.$$

(1) 由题意 $A=\{1,2,4\}$，$B=\{2,4,6\}$，因为 $A \cup B=\{1,2,4,6\}$，事件 $A \cup B$ 由四个基本事件组成，当基本事件$\{2\}$、$\{4\}$有一个发生时，A,B 同时发生；当基本事件$\{1\}$发生时，A 发生，B 不发生；当基本事件$\{6\}$发生时，A 不发生，B 发生. 所以 $A \cup B$ 表示事件 A,B 至少有一个发生.

(2) 根据题意，事件“A 发生，C 不发生”可表示为 $A \cap \overline{C}$；事件“B,C 至少有一个发生”可表示为 $B \cup C$，它的逆事件为$\overline{B \cup C}=\overline{B} \cap \overline{C}$，即为 B,C 同时不发生的事件.

例 3 在含有 3 件次品的 100 件产品中任意抽取 5 件产品，设 $A_i=\{$抽取的 5 件产品中含 i 件次品$\}$.

(1) 试求 i 可能取值的集合；

(2) 用 A_i 表示事件 $A=\{$至多有 2 件次品$\}$；

(3) 试判断所有 A_i 能否构成完备事件组.

解 (1) 因为 100 件产品中仅有 3 件次品，所以抽取的 5 件产品中所含的次品数只可能是 0,1,2,3，即 i 的可能取值的集合为 $\{0,1,2,3\}$.

(2) “至多有 2 件次品”即为所含的次品数可能为 0,1,2，所以

$$A=A_0\cup A_1\cup A_2.$$

(3) 显然 $A_0\cup A_1\cup A_2\cup A_3=\Omega$，且 A_0,A_1,A_2,A_3 两两互不相容，即 A_0,A_1,A_2,A_3 构成完备事件组.

由(3)可知，事件 A 还可表示成 $A=\overline{A}_3$.

练习 2

1. 简述事件 A,B 互不相容关系与互逆关系的联系与区别.

2. 试用事件 A,B 的关系与运算表示下列事件：

(1) A 发生，B 不发生；

(2) A,B 至少有一个不发生；

(3) A,B 同时不发生；

(4) A 发生必然导致 B 发生，且 B 发生必然导致 A 发生.

习题 20-1

A 组

1. 一批产品中只有 2 件次品，现从中任取 3 件，试指出下列事件中的必然事件和不可能事件：$A=\{$3 件都是次品$\}$，$B=\{$至少有 1 件正品$\}$，$C=\{$至多有 1 件正品$\}$，$D=\{$恰有 2 件次品和 1 件正品$\}$.

2. 指出下列各组事件的包含关系：

(1) $A=\{$天晴$\}$，$B=\{$天不下雨$\}$；

(2) $C=\{$某动物活到 10 岁$\}$，$D=\{$某动物活到 20 岁$\}$；

(3) $E=\{$3 人任意排成一列，甲在中间$\}$，$F=\{$3 人任意排成一列，甲不排在排头$\}$.

3. 试述下列事件的逆事件：

(1) $A=\{$抽到的 3 件产品均为正品$\}$；

(2) $B=\{$甲、乙两人下象棋，甲胜$\}$；

(3) $C=\{$抛掷一枚骰子，出现偶数点$\}$.

4. 一批产品中含有 5 件次品，现从中任取 3 件，分 3 次取出，每次取 1 件，取后不放回. 设 $A_i=\{$第 i 次取得正品$\}(i=1,2,3)$，试用 A_i 表示下列事件：

(1) $\{$恰有 1 件正品$\}$；

(2) {次品不多于 2 件};

(3) {全是次品};

(4) {恰有 1 件次品}.

B 组

1. 从红、黄、蓝三种颜色各至少 2 个的一批球中，任取 1 个球，取后不放回，共取两次，试用适当的方法写出样本空间，并用集合表示下列事件：

(1) "第一次取出的是红球"；

(2) "两次取得不同颜色的球".

2. A,B,C 为在一次试验中的三个事件，试用 A,B,C 表示下面的事件：

(1) A 发生，B,C 不发生；

(2) A,B 至少有一个发生；

(3) A,B,C 至少有一个不发生；

(4) A,B,C 至多一个发生.

§ 20-2 概率的定义与计算

某事件在一次试验中是否发生具有偶然性，事先不能确定，但在相同的条件下进行大量的重复试验，它的发生总会呈现出一定的规律性. 研究某一事件在一次试验中发生的可能性大小这一规律性时，人们总是用一个满足一定要求的数量指标来刻画，这个数量指标就是事件的概率.

一、概率的定义

在概率论的发展史上，人们根据所研究的问题的性质，提出了许多定义事件概率的方法.

1. 概率的统计定义

在相同的条件下进行 n 次重复试验，事件 A 发生的次数 m 称为事件 A 发生的**频数**；m 与 n 的比值称为事件 A 发生的**频率**，记作 f_n，即

$$f_n=\frac{m}{n}.$$

我们先从下面的例子来看事件 A 发生的频率的规律.

例 1 抽检某厂的一种产品时，只抽检一件产品，事件 $A=\{$次品$\}$的发生具有偶然性. 现从该产品中抽检 n 件，其结果如下：

抽检产品数(n)	5	10	60	600	900	1200	1800	2400
次品数(m)	0	3	7	52	100	109	169	248
次品率(m/n)	0	0.3	0.117	0.087	0.111	0.09	0.094	0.103

从表中数字可以看出，随着抽检产品数 n 的增大，次品发生的频率在 0.1 附近摆动，且偏离 0.1 的幅度越来越小，稳定于 0.1 的趋势越来越显著.

一般地，当试验次数 n 增大时，事件 A 发生的频率总是稳定于某个常数 p 附近（这一事实可以证明，但难度大），这时就把 p 称为事件 A 的**概率**，记作

$$P(A)=p.$$

概率从数量上反映了一个事件发生的可能性大小.例如，例 1 中，$P(A)=0.1$，表明抽检这种产品得到次品的概率为 0.1，也就是从这种产品中抽检 1 件，它为次品的可能性为 0.1.

由于事件的概率是用统计事件发生的频率来确定的，故这个定义称为**概率的统计定义**.根据这个定义，通过大量的重复试验，用事件发生的频率近似地作为它的概率，这是求一个事件的概率的常用基本方法.例如，统计 10000 名新生婴儿中有 4 名死亡，就说新生婴儿死亡的概率（或死亡率）为万分之四，即 0.0004.

实际应用中，常取一系列重复试验中事件发生的频率的平均值，近似地作为事件的概率，以部分抵消频率的摆动所带来的近似误差.

练习 1

1. 某射手在同一条件下进行射击，其结果如下表：

射击次数(n)	10	20	50	100	200	500
命中 10 环次数(m)	8	19	44	92	178	455

(1) 计算各组试验的频率；

(2) 分别以频率的稳定情况及各组试验的频率的平均值估计事件“命中 10 环”的概率.

2. 检查某自动车床加工零件的某项尺寸的加工精度，采取每隔一段时间抽取些样品的方法.设每次抽取 5 件，抽取 50 次，测得其尺寸与标准值的偏差(单位：μm)，并按偏差的范围分组统计如下：

组序	1	2	3	4	5	6	7	8
偏差	$(-\infty,-15)$	$[-15,-10)$	$[-10,-5)$	$[-5,0)$	$[0,5)$	$[5,10)$	$[10,15)$	$[15,+\infty)$
零件数	19	23	35	47	45	36	26	19

(1) 试根据上表估计零件尺寸在各个偏差范围内的概率；

(2) 如果零件的尺寸的偏差值在 $[-10,10]$ 内，则该项尺寸合格，试估计零件尺寸合格的概率；

(3) 验证零件的尺寸在 $[-10,10]$ 内的概率是分别在 $[-10,-5)$，$[-5,0)$，$[0,5)$，$[5,10]$ 内的概率和.

2. 概率的古典定义

根据概率的统计定义，求得随机事件的概率，一般需要经过大量的重复试验，由于事

件发生的偶然性，频率稳定值的确定十分困难. 然而，对于某些特殊类型的问题，我们可以根据一次试验中的基本事件及其发生的特殊性来定义事件的概率.

例如，有 10 个质地和大小完全一致的球，其中红色的有 6 个，黑色的有 3 个，白色的有 1 个，现从中任取 1 个球，那么基本事件有 10 个，而取到每一个球的可能性是相同的，即 10 个基本事件发生的可能性是相同的. 由于红球有 6 个，“取得红球”这一事件包含 6 个基本事件，所以我们有理由认为“取得红球”这一事件的概率为 $\frac{6}{10}$. 同理，可以认为“取得黑球”的概率为 $\frac{3}{10}$，“取得白球”的概率为 $\frac{1}{10}$. 这和大量的重复试验的结果是一致的.

一般地，如果随机试验具有如下特征：

(1) 只有有限个基本事件，

(2) 每个基本事件在一次试验中发生的可能性是相同的，

则把这类随机试验称为**古典概型**.

在古典概型中，若基本事件的总数为 n，事件 A 包含的基本事件数为 m，则事件 A 的概率定义为

$$P(A)=\frac{m}{n}.$$

古典概型这类随机试验是概率论发展初期的主要研究对象，故它的概率定义称为**概率的古典定义**.

3. 概率的公理化定义

在概率论的发展史上，除上述两种概率的定义外，还有许多其他的定义，抽去它们所针对的不同问题及相应概率的计算方法的实际意义，与随机试验相联系的一个数量指标 $P(A)$，具有共同的属性：

(1) $0\leqslant P(A)\leqslant 1$； (20-1)

(2) $P(\Omega)=1, P(\varnothing)=0$； (20-2)

(3) 若 $A_1, A_2, \cdots, A_n$ 为互不相容事件，则

$$P\left(\bigcup_{i=1}^{n} A_i\right)=\sum_{i=1}^{n} P(A_i). \tag{20-3}$$

在数学上，刻画随机试验中事件 A 发生的可能性大小的数值 $P(A)$，如果满足上述三条性质，就称为事件的概率.

在以后的讨论中，我们总是以概率的公理化定义作为论证的理论基础，而在解决具体问题时，常应用概率的统计定义和古典定义.

由上述三条性质还可以直接推出：

$$P(\overline{A})=1-P(A). \tag{20-4}$$

例 2 一射手命中 10 环，9 环，8 环的概率分别为 0.45，0.35，0.1. 求：

(1) “至少命中 8 环”的概率；

(2) “至多命中 7 环”的概率.

解 设 $A_i=\{$命中 i 环$\}(i=8,9,10)$，$B=\{$至少命中 8 环$\}$，$C=\{$至多命中 7 环$\}$. 根据题意 $B=A_8\cup A_9\cup A_{10}$，其中 A_8, A_9, A_{10} 两两互不相容，且 $C=\overline{B}$.

(1) 由(20-3)式，得

$$P(B)=P(A_8)+P(A_9)+P(A_{10})=0.45+0.35+0.1=0.9.$$

(2) 由(20-4)式，得

$$P(C)=P(\bar{B})=1-P(B)=1-0.9=0.1.$$

4. 古典概型的概率计算

在实际问题中，所研究的对象具有某种特性(如物理或几何的对称性)，基本事件数有限，且试验的条件(或方法)能使基本事件发生的可能性相同或几乎相同，这时我们都可以用古典概型来处理，定义本身给出了概率的计算方法.

例 3 已知 6 个零件中有 4 个正品、2 个次品，按下列三种方法检测 2 个零件：

(1) 每次任取 1 个，检测后放回(这类试验方法称为有返回抽样，其中被抽出的对象称为样品)；

(2) 每次任取 1 个，检测后不放回(这类试验方法称为无返回抽样)；

(3) 一次任取 2 个，并检测(这类试验方法称为一次抽样).

试分别求事件 $A=\{2$ 个中恰有 1 个次品$\}$的概率.

分析 无论哪种抽测方法，被抽测的 2 个零件的可能取法，就是基本事件的总数，可能取法与抽样的方法有关，但基本事件发生的可能性是相同的.

解 (1) 由于是有返回抽样，被抽测的 2 个零件的可能取法，就是从 6 个元素中允许重复任取 2 个元素的排列数，故其基本事件总数为

$$n=6^2=36.$$

这时 A 所包含的基本事件数为

$$m_A=C_4^1C_2^1A_2^2=16.$$

按概率的古典定义计算得

$$P(A)=\frac{16}{36}=\frac{4}{9}.$$

(2) 由于是无返回抽样，被抽测的 2 个零件中的任 1 个与被抽到的次序有关，抽测的 2 个零件的可能取法，就是从 6 个元素中任取 2 个元素的排列数，故基本事件的总数为

$$n=A_6^2=30.$$

这时 A 所包含的基本事件数为

$$m_A=C_4^1C_2^1A_2^2=16.$$

按概率的古典定义计算得

$$P(A)=\frac{16}{30}=\frac{8}{15}.$$

(3) 由于是一次抽样，被抽测的 2 个零件与抽取的次序无关，这时抽测 2 个零件的可能取法，就是从 6 个元素中任取 2 个元素的组合数，故基本事件的总数为

$$n=C_6^2=15.$$

这时 A 所包含的基本事件数为

$$m_A=C_4^1C_2^1=8.$$

按概率的古典定义计算得

$$P(A)=\frac{8}{15}.$$

一般地可得到下列结论：

(1) 无返回抽样与一次抽样如所抽出的样品数相同，同一事件在两种试验中的概率相等；

(2) 有返回抽样与无返回抽样时，同一事件在两种试验中的概率是不同的，但当被抽取的对象总数相对于抽取的样品数较大时，两者的概率相差不大，这时无返回抽样可当作有返回抽样处理；

(3) 抽样问题中的基本事件的计数，常运用排列组合的知识.

例 4 某班级组织一次活动，现从 10 名男生、5 名女生中任意指定两名同学负责领队工作，问这两名同学中至少有一名女生的概率是多少？

解法 1 设 A={两领队同学中至少有一名女生}，B={两领队同学中男女各一名}，C={两领队同学都是女生}.

根据概率的古典定义计算得

$$P(B)=\frac{C_{10}^1C_5^1}{C_{15}^2}=\frac{10}{21},P(C)=\frac{C_5^2}{C_{15}^2}=\frac{2}{21}.$$

又根据题设知，$A=B\cup C$，且 $B\cap C=\varnothing$，所以

$$P(A)=P(B)+P(C)=\frac{12}{21}=\frac{4}{7}.$$

解法 2 设 A={两领队同学中至少有一名女生}，则 $\overline{A}$={两领队同学都是男生}.

因为
$$P(\overline{A})=\frac{C_{10}^2}{C_{15}^2}=\frac{3}{7},$$

所以
$$P(A)=1-P(\overline{A})=1-\frac{3}{7}=\frac{4}{7}.$$

练习 2

1. 将一枚硬币连掷 3 次，试求下列各事件的概率：

(1) 出现 2 次正面，1 次反面；

(2) 第二次出现正面；

(3) 第一次、第二次均出现正面.

2. 在 9 张数字卡片中有 5 张正数卡片和 4 张负数卡片，从中任取 2 张，用上面的数做乘法练习，其积为正数和负数的概率各是多少？

二、概率的运算公式

1. 加法公式

由概率的性质(20-3)知道，若事件 A 和 B 互不相容，即 $A\cap B=\varnothing$，则

$$P(A\cup B)=P(A)+P(B).$$

但许多实际问题中，事件 $A\cap B\neq\varnothing$ 时，上式就不成立了.

如图 20-2 所示，用面积为 1 的矩形表示必然事件 Ω 的概率，图中两阴影部分的面积

分别表示事件 A,B 的概率，$A\cup B$ 所界定的面积表示事件 $A\cup B$ 的概率，显然，当 $A\cap B\neq\varnothing$ 时，有

$$P(A\cup B)=P(A)+P(B)-P(A\cap B).\qquad(20\text{-}5)$$

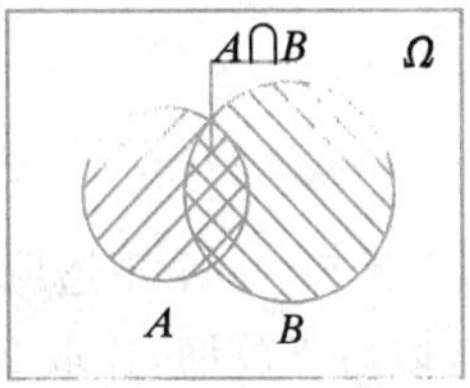

图 20-2

公式(20-5)称为概率的**加法公式**，加法公式可推广到有限个事件至少有一个发生的情形. 例如，三个事件 A,B,C 的加法公式为

$$P(A\cup B\cup C)=P(A)+P(B)+P(C)-[P(AB)+P(AC)+P(BC)]+P(ABC).$$

例 5 如图 20-3 所示的线路中，c 表示指示灯，开关 a，b 闭合的概率分别为 0.08，0.05，同时闭合的概率为 0.004，求指示灯亮的概率.

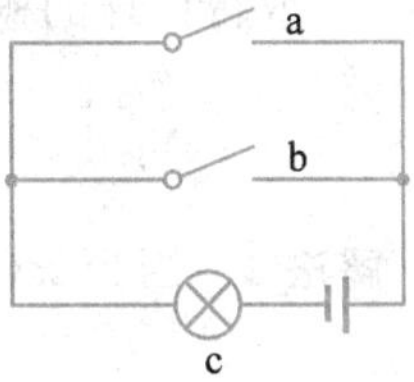

图 20-3

解 设 A={开关 a 闭合}，B={开关 b 闭合}，

则 $A\cap B$={开关 a，b 同时闭合}，$A\cup B$={开关 a，b 至少有一个闭合}={指示灯亮}.

根据题意可知，$P(A)=0.08$，$P(B)=0.05$，$P(A\cap B)=0.004$. 由公式(20-5)得

$$\begin{aligned}P(A\cup B)&=P(A)+P(B)-P(A\cap B)\\&=0.08+0.05-0.004=0.126.\end{aligned}$$

2. 条件概率　概率的乘法公式

(1) 条件概率

先研究一个实际问题.

设 100 件产品中有 5 件不合格品，其中 5 件不合格品中有 3 件次品、2 件废品. 现从 100 件产品中任意抽取 1 件，事件 A={废品}，B={不合格品}，由概率的古典定义计算得 $P(A)=\frac{2}{100}=\frac{1}{50}$，$P(B)=\frac{5}{100}$. 如果我们现在研究的问题是在 B 已发生的条件下，事件 A 发生的概率，相当于所有可能结果的集合就是 B，B 中共有 5 个元素，其中只有 2 个元素属于 A，即事件 B 发生的条件下，A 发生的概率为 $\frac{2}{5}$.

一般地，把"在事件 B 已发生的条件下，事件 A 发生的概率"称为**条件概率**，记为 $P(A|B)$.

如图 20-4 所示，如果事件 B 的概率看成是事件 B 相对于 Ω 界定的面积所占的份额，那么 B 发生的条件下，导致 A 发生的基本事件必包含在 $A\cap B$ 中. 这时，A 发生的概率可看成是 $A\cap B$ 界定的面积相对于 B 界定的面积所占的份额，即

$$P(A|B)=\frac{P(A\cap B)}{P(B)}\quad(P(B)>0).\qquad(1)$$

同理可得

$$P(B|A)=\frac{P(A\cap B)}{P(A)}\quad(P(A)>0).\qquad(2)$$

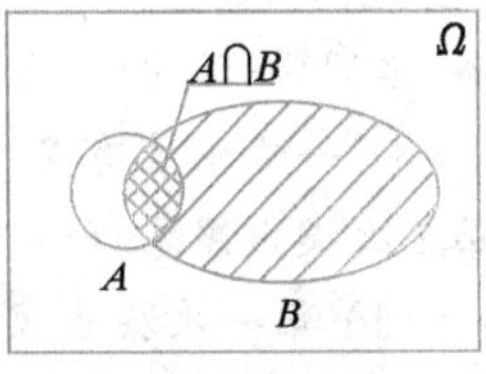

图 20-4

在古典概型中，设事件 B 包含的基本事件数为 m_B，$A\cap B$ 包含的基本事件数为 r. 在 B 已发生的条件下，A 发生的概率

应为

$$P(A|B)=\frac{r}{m_B}.$$

例 6 一个不透明的袋子中装有质地相同的 4 个红球、6 个白球，每次从中任取 1 个球，取后不放回，连取 2 个球. 已知第一次取得白球，问第二次取得白球的概率是多少？

解 设 $A_i=\{$第 i 次取得白球$\}(i=1,2)$，根据题意，所求的概率应为 $P(A_2|A_1)$.

解法 1 由于 A_1 已发生，袋中只有 9 个球，其中有 5 个白球. 因此，在 A_1 发生的条件下，A_2 发生的概率，就是从 10 个球中取出 1 个白球后，在剩下的 4 个红球、5 个白球中任取 1 个，取得白球的概率，因此

$$P(A_2|A_1)=\frac{5}{9}.$$

解法 2 因为 $P(A_1)=\frac{6}{10}=\frac{3}{5}$，$P(A_1A_2)=\frac{A_6^2}{A_{10}^2}=\frac{1}{3}$，所以

$$P(A_2|A_1)=\frac{P(A_2A_1)}{P(A_1)}=\frac{\frac{1}{3}}{\frac{3}{5}}=\frac{5}{9}.$$

(2) 乘法公式

由条件概率的一般公式(1)、(2)，得

$$P(A\cap B)=P(B)P(A|B)\quad (P(B)>0)$$

或

$$P(A\cap B)=P(A)P(B|A)\quad (P(A)>0). \tag{20-6}$$

公式(20-6)称为**概率的乘法公式**.

概率的乘法公式可推广到有限个事件交的情形，如三个事件的情形为

$$P(A_1A_2A_3)=P(A_1)P(A_2|A_1)P(A_3|A_1A_2).$$

例 7 一筐中有 8 只乒乓球，其中 4 只新球，4 只旧球. 每次使用时随意取 1 只，用后放回筐中，新球用过后就视为旧球，求第三次所用球才是旧球的概率.

解 设 $A_i=\{$第 i 次用新球$\}(i=1,2,3)$，则所求概率为 $P(A_1A_2\overline{A_3})$，由乘法公式得

$$P(A_1A_2\overline{A_3})=P(A_1)P(A_2|A_1)P(\overline{A_3}|A_1A_2)=\frac{4}{8}\times\frac{3}{8}\times\frac{6}{8}=\frac{9}{64}.$$

练习 3

1. 已知事件 $A\subseteq B$，化简 $P(A\cup B)$，$P(A\cap B)$，$P(A|B)$，$P(B|A)$.

2. 某班团支部组织社区服务和科技兴趣两个暑期活动小组，该班 45 名学生中，有 20 名参加社区服务小组，有 18 名参加科技兴趣小组，有 8 名同时参加两个小组. 现从该班任抽一名同学，该同学参加暑期活动小组的概率是多少？不参加暑期活动小组的概率是多少？

3. 一袋中装有 2 个白球、2 个黑球，现从中每次摸出 1 个球，摸出后不放回. 设 $A_i=\{$第 i 次摸出黑球$\}(i=1,2)$，试用 A_i 分别表示下列事件，并求出相应的概率：

(1) 第一次摸出黑球，第二次摸出白球；

(2) 两次摸出的都是白球；

(3) 两次至少摸出 1 个白球.

3. 全概率公式

设 $H_1, H_2, \cdots, H_n$ 是联系于一随机试验的完备事件组，任一事件 $A(A \subseteq \Omega)$ 可表示成

$$\begin{aligned} A = \Omega \cap A &= (H_1 \cup H_2 \cup \cdots \cup H_n) \cap A \\ &= H_1 A \cup H_2 A \cup \cdots \cup H_n A \\ &= \bigcup_{i=1}^{n} H_i A. \end{aligned}$$

应用公式(20-3)和公式(20-6)，得

$$P(A) = P(\bigcup_{i=1}^{n} H_i A) = \sum_{i=1}^{n} P(H_i A) = \sum_{i=1}^{n} P(H_i) P(A \mid H_i). \tag{20-7}$$

公式(20-7)称为**全概率公式**.

全概率公式的直观解释是：一个事件的概率，往往可以利用某完备事件组将其分解为一组互不相容事件的概率和，然后用乘法公式求解.

例 8 某工厂三个车间共同生产一种产品，三个车间Ⅰ，Ⅱ，Ⅲ所生产的产品占该批产品的$\frac{1}{2}$，$\frac{1}{3}$，$\frac{1}{6}$；各车间的不合格品率依次为 0.02，0.03，0.04. 试求从该批产品中任取 1 件为不合格品的概率.

分析 从该批产品中任取 1 件，该产品必为三个车间之一所生产，它为车间Ⅰ，Ⅱ，Ⅲ生产的概率分别已知；已知该产品取自于某个车间，它为不合格品的概率也已知.

解 设 $H_i=\{$取出的 1 件为第 i 个车间的产品$\}(i=1,2,3)$，$A=\{$取出的 1 件产品为不合格品$\}$.

显然 H_1, H_2, H_3 为完备事件组，根据题意，得

$$P(H_1)=\frac{1}{2}, P(H_2)=\frac{1}{3}, P(H_3)=\frac{1}{6},$$

$$P(A|H_1)=0.02, P(A|H_2)=0.03, P(A|H_3)=0.04.$$

由全概率公式，得

$$\begin{aligned} P(A) &= P(H_1)P(A|H_1)+P(H_2)P(A|H_2)+P(H_3)P(A|H_3) \\ &= \frac{1}{2}\times 0.02+\frac{1}{3}\times 0.03+\frac{1}{6}\times 0.04 \approx 0.027. \end{aligned}$$

例 9 设甲箱里有 2 个白球、1 个黑球，乙箱里有 1 个白球、5 个黑球. 今从甲箱中任取 1 个球放入乙箱，然后再从乙箱中任取 1 个球，求从乙箱中取得的球为白球的概率.

解 设 $A=\{$从乙箱中取得白球$\}$，$H_1=\{$从甲箱中取出的 1 个球为白球$\}$，$H_2=\{$从甲箱中取出的 1 个球为黑球$\}$(或 $\overline{H}_1$)，显然 H_1, H_2 是完备事件组.

根据题意，得

$$P(H_1)=\frac{2}{3}, P(H_2)=\frac{1}{3}, P(A|H_1)=\frac{2}{7}, P(A|H_2)=\frac{1}{7},$$

由全概率公式，得

$$\begin{aligned} P(A) &= P(H_1)P(A|H_1)+P(H_2)P(A|H_2) \\ &= \frac{2}{3}\times\frac{2}{7}+\frac{1}{3}\times\frac{1}{7}=\frac{5}{21}. \end{aligned}$$

练习 4

1. 一筐中装有乒乓球 8 只，其中有 4 只新球、4 只旧球，每次任用一只，用后放回，用过后就视为旧球，试求第二次用球是新球的概率.

2. 设一口袋中装有 3 个黑球、2 个白球，每次任取一球然后放回，并再放入 2 个与取出的颜色相同的球. 试分别求出第一次、第二次、第三次取得黑球的概率，并由此推测第 n 次取得黑球的概率.

三、事件的独立性

先看一个返回抽样问题.

设 10 个产品中有 2 个次品，每次任取 1 个，取后放回，$A=\{$第 1 次取得正品$\}$，$B=\{$第 2 次取得正品$\}$，直接分析可以得到

$$P(B)=\frac{4}{5},P(B|A)=\frac{4}{5},P(B|\overline{A})=\frac{4}{5}.$$

也就是说，事件 B 发生的概率和事件 A 发生与否无关.

一般地，设事件 A,B 是一随机试验的两个事件，且 $P(A)>0$，若

$$P(B|A)=P(B),P(B|\overline{A})=P(B),$$

则称**事件 B 对事件 A 是独立的**，否则称为**不独立的**.

由定义可推出下列结论：

(1) 若事件 A 独立于事件 B，则事件 B 也独立于事件 A，也就是说两事件的独立性是相互的；

(2) 若事件 A 与 B 相互独立，则三对事件 $\overline{A}$ 与 B，A 与 $\overline{B}$，$\overline{A}$ 与 $\overline{B}$ 也都是相互独立的；

(3) 事件 A 与 B 相互独立的充要条件是

$$P(AB)=P(A)P(B). \tag{20-8}$$

两事件相互独立的直观意义是一事件发生的概率与另一事件是否发生互不影响.

事件的独立性可推广到有限个事件的情形.

若事件组 $A_1,A_2,\cdots,A_n$ 中的任意 k 个事件($2\leqslant k\leqslant n$)交(或积)的概率等于它们的概率积，则称事件组 $A_1,A_2,\cdots,A_n$ 是相互独立的. 也就是说任一事件发生的概率不受其他事件发生与否的影响.

值得一提的是，**事件组相互独立，其中任意两事件相互独立；反之却不一定正确.**

在实际问题中，并不是用定义或充要条件来检验事件的独立性的，而是根据问题的性质判断.

例 10 甲、乙两飞机独立地轰炸同一目标，它们击中目标的概率分别为 0.9 和 0.8，求在一次轰炸中，目标被击中的概率.

解 设 $A=\{$甲击中目标$\}$，$B=\{$乙击中目标$\}$.

依题意 $$P(A)=0.9,P(B)=0.8.$$

令 $C=\{$目标被击中$\}$，则 $C=A\cup B$.

解法 1 因为 A,B 相互独立，但是相容的，故

$$P(C)=P(A\cup B)=P(A)+P(B)-P(AB)=P(A)+P(B)-P(A)P(B)$$
$$=0.9+0.8-0.9\times 0.8=0.98.$$

解法 2 $P(C)=1-P(\overline{C})=1-P(\overline{A\cup B})$

$$=1-P(\overline{A}\overline{B})=1-P(\overline{A})P(\overline{B})$$
$$=1-(1-0.9)\times(1-0.8)=0.98.$$

例 11 甲坛子里放有 6 个白球、4 个黑球，乙坛子里放有 5 个白球、5 个黑球. 现从两个坛子中各任取 2 个球，求取出的 4 个球中恰有 2 个白球的概率.

解 设 $A_i=\{$从甲坛子中取出的 2 个球中恰有 i 个白球$\}(i=0,1,2)$，$B_j=\{$从乙坛子中取出的 2 个球中恰有 j 个白球$\}(j=0,1,2)$，$C=\{$取出的 4 个球中恰有 2 个白球$\}$，则

$$C=A_0B_2\cup A_1B_1\cup A_2B_0.$$

因为是从两个坛子中分别取球，所以 A_i 与 $B_j(i,j=0,1,2)$ 互相独立.

又因为 $A_0B_2\subseteq A_0$，$A_1B_1\subseteq A_1$，$A_2B_0\subseteq A_2$，而 A_0，A_1，A_2 互不相容，所以 A_0B_2，A_1B_1，A_2B_0 互不相容，且

$$P(A_i)=\frac{C_6^iC_4^{2-i}}{C_{10}^2}\quad(i=0,1,2),$$

$$P(B_j)=\frac{C_5^jC_5^{2-j}}{C_{10}^2}\quad(j=0,1,2).$$

于是得

$$P(C)=P(A_0B_2)+P(A_1B_1)+P(A_2B_0)$$
$$=P(A_0)P(B_2)+P(A_1)P(B_1)+P(A_2)P(B_0)$$
$$=\frac{C_6^0C_4^2}{C_{10}^2}\cdot\frac{C_5^2C_5^0}{C_{10}^2}+\frac{C_6^1C_4^1}{C_{10}^2}\cdot\frac{C_5^1C_5^1}{C_{10}^2}+\frac{C_6^2C_4^0}{C_{10}^2}\cdot\frac{C_5^0C_5^2}{C_{10}^2}$$
$$=\frac{2}{5}.$$

练习 5

1. 某射手每射击一次，击中目标的概率都是 0.90，求在 3 次射击中：

(1) 只有第 1 次击中的概率；

(2) 第 2 次击中的概率；

(3) 至少击中 1 次的概率.

2. 例 11 的解中 A_0，A_1，A_2 是否互相独立？A_i 与 $B_j(i,j=0,1,2)$ 是否互不相容？在例 11 试验的条件下，试用 A_i，$B_j(i,j=0,1,2)$ 表示事件 $D=\{$取出的 4 个球中恰有 1 个白球$\}$，并计算其概率.

习题 20-2

A 组

1. 下表是 10 万个男子中活到 x 岁的统计表：

年龄 x	0	10	20	30	40	50	60	70	80	90	100
活到 x 岁的人数	100000	93601	92293	90092	86880	80521	67787	46739	19866	2812	65

A,B,C 分别表示一个新生男婴活到 40 岁、50 岁、60 岁，试由表估计 $P(A),P(B),P(C)$，并求出 $P(AB)$和 $P(A\cup B)$.

2. 一批产品若分为 4 个等级，其中一、二、三等品率分别为 0.8，0.10，0.06. 现从中任取一件，求该产品为四等品的概率.

3. 一套数学书分一、二、三册，现随机地并排放在书架上，问第二册排列的顺序正好在中间的概率是多少？

4. 在 10 件产品中有 2 件次品，现从中无返回地抽取 3 件，计算下列事件的概率：

(1) 恰有 2 件正品；

(2) 含有次品.

5. 某单位订阅甲、乙、丙三种报纸，据调查，职工中读甲、乙、丙报的人数比例分别为 40%、26%、24%，8%兼读甲、乙报，5%兼读甲、丙报，4%兼读乙、丙报，2%兼读甲、乙、丙报. 现从职工中随机地抽取 1 人，求该职工至少读一种报纸的概率、不读报的概率各是多少.

6. 由长期的统计资料得知，某地区九月份下雨（记作 A）的概率是 $\frac{4}{15}$，刮风（记作 B）的概率为 $\frac{7}{15}$，既刮风又下雨的概率是 $\frac{1}{10}$，求 $P(A\cup B),P(B|A),P(A|B)$.

7. 甲、乙两运动员用抽签的办法决定 6 个跑道的道次. 求：

(1) 甲先抽，抽得第三跑道的概率；

(2) 乙先抽，甲抽得第三跑道的概率.

并说明抽签方法的公平性.

8. 老师提出一个问题，由甲先答，答对的概率为 0.4，如果甲答错，再由乙答，答对的概率为 0.5. 求问题由乙答对的概率.

9. 制造一种零件，甲车床的废品率是 0.04，乙车床的废品率是 0.05. 从甲、乙车床的产品中各任抽一件，其中恰有一件废品的概率是多少？

10. 三个人独立地破译一份密码，他们译出的概率分别为 $\frac{1}{5},\frac{1}{3},\frac{1}{4}$，问能将此密码译出的概率是多少？

11. 甲、乙两个车间生产同种产品，甲车间的产量是乙车间的两倍，甲、乙两车间的次品率分别为 0.06、0.04. 现从全部产品中任取 1 件，求该产品是次品的概率.

B 组

1. 已知 A,B 为两个事件，且 $P(A)=0.72, P(B)=0.6, P(A\mid B)=0.7$，求 $P(A\cup B), P(B|A)$.

2. 在甲坛子中有 2 个白球、4 个黑球，乙坛子中有 3 个白球、5 个黑球：

(1) 从甲、乙两坛子中各任取 1 个球，然后再从取出的 2 个球中任取 1 个，求这个球是白球的概率；

(2) 在甲坛子中任取 2 个球放入乙坛子中，然后再从乙坛子中任取 1 球，求这个球是白球的概率.

§20-3 随机变量及其分布

一、随机变量的概念

为了便于运用数学方法来描述、解释和研究随机试验的某种规律性，我们需要按照研究目的将试验中的可能结果(即样本空间中的样本点)与实数集建立某种联系.

例如，设某单位组织一次有奖活动，用一枚硬币抛掷两次的方式抽奖. 规定：两次均为正面者获 10 元，两次均为背面者获 5 元，其他情况不获奖，即奖金值为 0.

如图 20-5 所示，每个可能结果都有一个确定的实数与之对应，即可能结果与奖金值之间的对应关系(抽奖方式)将每个可能结果都数值化了，且按奖金的多少将 Ω 划分成 $A_1=\{(正,正)\}, A_2=\{(背,背)\}, A_3=\{(正,背),(背,正)\}$ 三个事件的完备事件组. 我们引入一个变量 η，以 η 取可能奖金值 0,5,10 来表示奖金值所对应的事件. 这样，研究与获奖相联系的随机试验的规律性，就转化为研究变量 η 可能取什么值，以及取这些值所表示的事件发生的可能性大小，即事件的概率.

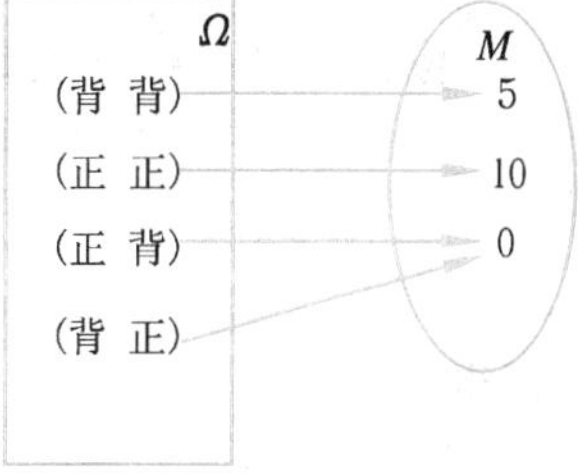

图 20-5

一般地，按研究随机试验的某种规律性要求，建立样本空间 Ω 与实数集(或实数集的某个子集)的某种对应关系，使每一样本点 ω 都有一个确定的实数 x 与之对应. 与全体样本点相对应的实数组成的集合记为 M，用一个变量在 M 中(或在 M 中的某个范围内)的取值来表示和变量的取值所对应的样本点组成的事件，我们把这样的变量称为**随机变量**，M 称为**随机变量的取值范围**. 随机变量通常用希腊字母 ξ,η,δ 等表示.

例如，上例可以用 $\{\eta=10\}, \{\eta=5\}, \{\eta=0\}$ 分别表示 A_1, A_2, A_3；$\{\eta>0\}$ 表示 $\{\eta=5\}\cup\{\eta=10\}$，即 $A_2\cup A_1$；事件 $\{\eta=0\}$ 的概率改记为 $P(\eta=0)$ 等.

对于随机变量的理解，应注意以下几点：

(1) 随机变量取什么值的可能性，就是它所表示的事件发生的可能性，因此，它在试验前是不可预言的，这是随机变量和一般变量的根本区别.

(2) 随机变量 ξ 的取值范围 M 总是与研究的随机试验及某种规律性相联系的.因此，$\{\xi<x\}$ 总是表示 ξ 在 M 中取小于 x 的数所对应的全部样本点组成的事件，ξ 不在 M 中取任何数值时表示不可能事件，ξ 取遍 M 的任何值或 $\{\xi<+\infty\}$ 表示必然事件.

(3) 对于同一随机试验，我们根据研究的目的以及所关心的问题不同，可以引入多个随机变量，并通过对不同的随机变量的研究，从不同的角度揭示随机试验的规律性. 例如，袋中装有 5 个白球、2 个黑球，从中任取 3 个球，ξ 表示取出的 3 个球中所含白球的个数，即 $\{\xi=i\}=\{$取出的 3 个球中含 i 个白球$\}(i=1,2,3)$，ξ 的取值范围为 $\{1,2,3\}$. 另外还可引入 η 表示取出的 3 个球中所含黑球的个数，η 的取值范围为 $\{0,1,2\}$ 等.

(4) 一般情况下，全体样本点与 M 中的数并不是一一对应的，当且仅当全体样本点与 M 中的数一一对应时，随机变量 ξ 在 M 中取任何一个数所表示的事件都为基本事件.

对随机变量的描述主要是两个方面：一是随机变量的取值范围；二是随机变量取每一个可能值或部分值的概率.

二、离散型随机变量与分布列

若随机变量的取值可以一一列举出来(有限个或无穷可列个)，则称这类随机变量为**离散型随机变量**.

例 1 从装有 3 个红球、2 个白球的袋中任取 3 个球，ξ 表示所取 3 个球中红球的个数，试求 ξ 的取值范围及取每个值的概率.

解 (1) 因为袋中只有 2 个白球，取出的 3 个球中至少有 1 个红球，最多有 3 个红球，即 ξ 的取值范围为 $\{1,2,3\}$.

(2) 按概率的古典定义计算得

$$P(\xi=1)=P\{\text{取出的 3 个球中恰有 1 个红球}\}$$
$$=\frac{C_3^1C_2^2}{C_5^3}=\frac{3}{10}.$$

类似可得

$$P(\xi=2)=\frac{3}{5},P(\xi=3)=\frac{1}{10}.$$

我们把 ξ 的可能取值及取各个值的概率用表格列举出来，这样更为直观.

ξ	1	2	3
p_k	$\frac{3}{10}$	$\frac{3}{5}$	$\frac{1}{10}$

一般地，设离散型随机变量 ξ 的可能取值为 $x_1,x_2,\cdots,x_n,\cdots$，称 $p_1=P(\xi=x_1)$，$p_2=P(\xi=x_2)$，$\cdots$，$p_n=P(\xi=x_n)$，$\cdots$或

ξ	x_1	x_2	$\cdots$	x_n	$\cdots$
p_k	p_1	p_2	$\cdots$	p_n	$\cdots$

为**离散型随机变量 ξ 的分布列**.

有时我们也用图形来表示随机变量的可能取值及取这些值的概率. 如图 20-6 所示，铅垂线段上点的横坐标为 ξ 的可能取值 x_k，线段的上端点为 $(x_k, p_k)(k=1,2,\cdots,n,\cdots)$. 这样的图形称为离散型随机变量 ξ 的**概率分布图**.

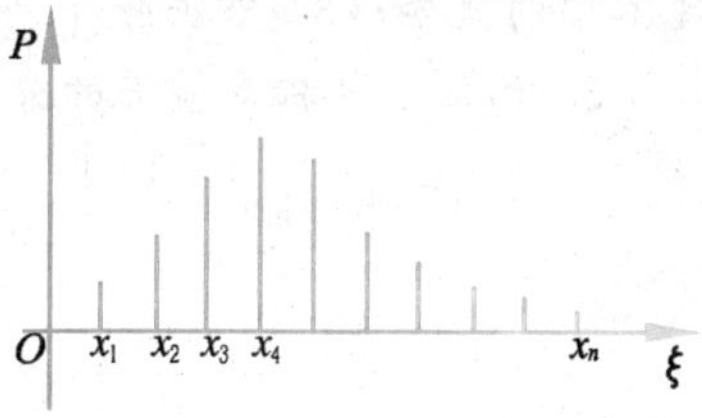

图 20-6

随机变量的分布列显然具有下列性质：

(1) $p_k \geqslant 0(k=1,2,\cdots,n,\cdots)$；

(2) $\sum_{k=1}^{\infty} p_k = 1$.

例 2 一篮球运动员在某定点每次投篮的命中率均为 0.8，假定每次投篮的条件相同，且结果互不影响.

(1) 求到投中为止所需投篮次数的分布列；

(2) 求投篮不超过两次就能投中的概率.

解 (1) 设随机变量 η 表示到投中为止运动员所需投篮的次数，则 η 的取值范围是 $\{1,2,\cdots,n,\cdots\}$.

设 $A_k=\{$第 k 次投中$\}(k=1,2,\cdots,n,\cdots)$，根据题意 $A_1,A_2,\cdots,A_n,\cdots$ 是相互独立的，且 $P(A_k)=0.8, P(\overline{A}_k)=0.2\ (k=1,2,\cdots,n,\cdots)$.

因为 $P(\eta=1)=P(A_1)=0.8$，

$P(\eta=2)=P(\overline{A}_1A_2)=P(\overline{A}_1)P(A_2)=0.2\times0.8$，

……

$P(\eta=k)=P(\overline{A}_1\ \overline{A}_2\cdots\overline{A}_{k-1}A_k)$

$\quad\quad=P(\overline{A}_1)P(\overline{A}_2)\cdots P(\overline{A}_{k-1})P(A_k)=0.2^{k-1}\times0.8$.

……

所以 η 的分布列为

η	1	2	$\cdots$	k	$\cdots$
p_k	0.8	0.2×0.8	$\cdots$	$0.2^{k-1}\times0.8$	$\cdots$

(2) 根据题意 $A=\{$投篮不超过两次就投中$\}=\{\eta\leqslant2\}=\{\eta=1\}\cup\{\eta=2\}$.

所以 $P(\eta\leqslant2)=P(\eta=1)+P(\eta=2)=0.8+0.2\times0.8=0.96$.

由上两例看出，离散型随机变量的可能取值可以是有限个，也可以是无穷可列个；知道了离散型随机变量的分布列，也就掌握了它在各个部分范围内取值的概率. 分布列或概率分布图全面地描述了离散型随机变量的概率分布规律.

练习 1

1. 从装有 3 个红球、2 个白球的袋中任取 3 个球，η 表示所取 3 个球中白球的个数.

(1) 试求 η 的取值范围及分布列；

(2) 利用 η 的分布列，求取出的 3 个球中至少有 2 个红球的概率；

(3) 试比较 η 的分布列与例 1 中 ξ 的分布列的对应关系.

2. 条件同例 2，(1) 求到投不中为止所需次数的分布列；(2) 求投篮不超过 3 次就出现不中的概率;(3) 根据分布列,求不超过多少次就出现不中的概率大于等于 0.4.

3. 已知一随机变量 ξ 的分布列为

ξ	-2	-1	0	1	2
p_k	a^2	$\frac{1}{3}a$	$\frac{1}{2}a$	$\frac{1}{2}$	$\frac{1}{3}$

试求:(1) 实数 a 的值;(2) $P(|\xi|<2)$.

三、连续型随机变量及其密度函数

在实际问题中,我们经常会遇到可以在一个区间内取值的随机变量. 例如,灯泡的使用寿命(正常使用的小时数)是随机变量,它的取值范围为 $[0,+\infty)$;又如,加工的零件的某项尺寸与标准尺寸的误差及测量过程中所产生的误差也是随机变量. 这两个随机变量的可能取值是某个有限区间内的一切实数,这些随机变量取值都是不可列的. 对于这类随机变量我们用下面的方法来描述它们在各个部分范围内取值的概率.

由随机变量 ξ 的意义可知,一次试验结果确定了 ξ 的一次取值,在 n 次试验中,ξ 在任意区间 $[a,b)$(其中 a,b 为任意实数,$a<b$)内取值的频率可作为 $P(a\leqslant\xi<b)$ 的近似值. 设 ξ 的取值范围为区间 D,显然 ξ 在 D 以外的任何范围内取值的概率为 0.

现将 D 分成若干个小区间(小区间长度通常相等),在 n 次试验中,统计出 ξ 在各个小区间内取值的频率;以各个小区间为底,以频率与小区间长度的比值(称为**频率密度**)为高作出一系列小矩形(图 20-7),这个图称为**频率直方图**.

ξ 在各个小区间内取值的概率可以相应的小矩形的面积值作为近似值;ξ 在任一区间上取值的概率的近似值可表示成相应区间上对应的若干个小矩形的面积和.

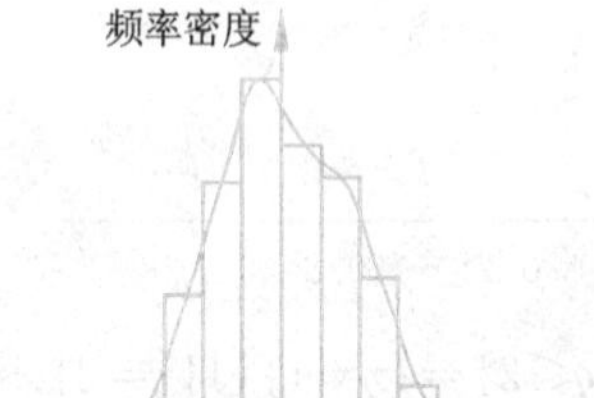

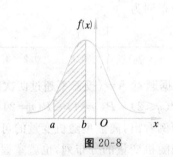

图 20-7

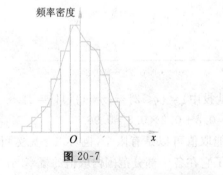

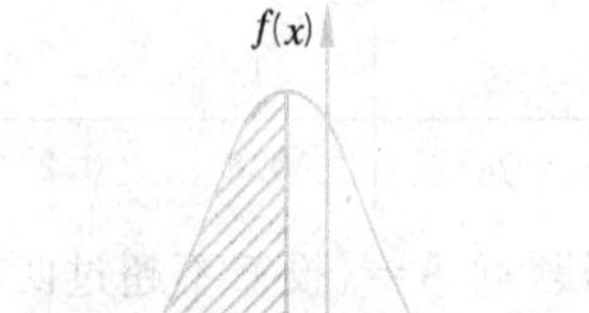

图 20-8

将图 20-7 中各小矩形顶部的中点依次用折线连结起来,不难想象,随着对 D 的划分越细密,各小区间的长度不断缩小,且随着试验次数的不断增加,ξ 在各小区间内取值的频率稳定于概率,频率直方图的顶部折线便转化成一条确定的曲线 $f(x)$. ξ 在任意区间 $[a,b)$ 内取值的概率,便等于在这个区间上曲线 $f(x)$ 下面的曲边梯形的面积,如图 20-8 所示.

一般地,对于随机变量 ξ,如果存在一个非负函数 $f(x)$,使 ξ 在任意区间 $[a,b)$ 内取值的概率为

$$P(a \leqslant \xi < b) = \int_a^b f(x)\mathrm{d}x.$$

那么ξ就称为**连续型随机变量**，$f(x)$称为ξ的**概率分布密度**（简称为**分布密度**或**密度函数**）.

连续型随机变量ξ的密度函数$f(x)$具有以下两个性质：

(1) $f(x) \geqslant 0, x \in \mathbf{R}$；　　(2) $\int_{-\infty}^{+\infty} f(x)\mathrm{d}x = 1$.

例 3　设 $f(x) = \begin{cases} \lambda \mathrm{e}^{-\lambda x}, & x \geqslant 0, \lambda > 0, \\ 0, & x < 0 \end{cases}$ 是晶体管使用寿命ξ的密度函数. 当$\lambda = \frac{1}{10000}$时，求晶体管使用寿命小于10000小时的概率.

解　根据题意，所求概率为$P(\xi < 10000)$.

$$P(\xi < 10000) = \int_{-\infty}^{10000} f(x)\mathrm{d}x = \int_0^{10000} \frac{1}{10000}\mathrm{e}^{-\frac{1}{10000}x}\mathrm{d}x$$

$$= -\mathrm{e}^{-\frac{x}{10000}}\Big|_0^{10000} = 1 - \mathrm{e}^{-1} = 0.6321.$$

密度函数形如例3中$f(x)$的随机变量ξ称为**服从参数为λ的指数分布**，记作$\xi \sim Z(\lambda)$.

例 4　验证函数

$$f(x) = \begin{cases} \frac{1}{b-a}, & x \in [a,b], \\ 0, & x \notin [a,b] \end{cases}$$

是一随机变量η的密度函数.

解　显然$f(x) \geqslant 0$，且$\int_{-\infty}^{+\infty} f(x)\mathrm{d}x = \int_a^b \frac{1}{b-a}\mathrm{d}x = 1$，故$f(x)$是$\eta$的密度函数.

另外，$P(\eta > b) = P(\eta < a) = 0$，$[c,d] \subseteq [a,b]$时，$\int_c^d f(x)\mathrm{d}x = \frac{1}{b-a}(d-c)$，即$\eta$的取值落在$[c,d]$中的概率与区间$[c,d]$的长度成正比.

密度函数形如例4中$f(x)$的随机变量η称为**服从区间$[a,b]$的均匀分布**，记作$\eta \sim [a,b]$.

由连续型随机变量的定义及定积分或广义积分的性质可推出连续型随机变量ξ的概率运算性质：

(1) $P(a \leqslant \xi < b) = P(\xi < b) - P(\xi < a)$；

(2) $P(\xi \geqslant a) = 1 - P(\xi < a)$；

(3) $P(\xi = x) = 0$（ξ取任一值所表示的事件概率为0）；

(4) $P(a \leqslant \xi < b) = P(a < \xi < b) = P(a < \xi \leqslant b) = P(a \leqslant \xi \leqslant b)$.

值得一提的是：对于连续型随机变量所表示的事件，概率为0的不一定是不可能事件. 同样，概率为1的不一定是必然事件.

练习 2

1. 设随机变量ξ的密度函数为$f(x) = \begin{cases} \frac{1}{2}\cos x, & |x| \leqslant \frac{\pi}{2}, \\ 0, & |x| > \frac{\pi}{2}. \end{cases}$

求：(1) $P\left(0\leqslant\xi\leqslant\frac{\pi}{4}\right)$；(2) $P(-\pi\leqslant\xi<0)$.

2. 设随机变量 ξ 的密度函数为 $f(x)$，令 $F(x)=P(\xi<x)=\int_{-\infty}^{x}f(t)\mathrm{d}t$.

(1) 试用 $F(x)$ 的函数值分别表示 $P(a\leqslant\xi<b)$，$P(\xi\geqslant a)$；

(2) 若 $f(x)$ 为偶函数，证明 $F(-x)=1-F(x)(x\in\mathbf{R})$.

四、几个重要的随机变量的分布

1. 离散型随机变量的分布

(1) 两点分布(0-1 分布)

如果随机试验只出现两种结果 A 和 $\overline{A}$，这类试验称为**伯努利试验**.

例如，投篮时只考虑“中”与“不中”，产品检验中常只考虑“合格”和“不合格”.

用随机变量 ξ 来描述伯努利试验时，可设 $A=\{\xi=1\}$，$\overline{A}=\{\xi=0\}$，$P(A)=p$，这样 ξ 的分布列为

ξ	0	1
p_k	q	p

其中 $p,q>0$，$p+q=1$. 我们把 ξ 称为**两点分布**(或 0-1 分布).

(2) 二项分布

在相同的条件下，对同一试验进行 n 次，且每次试验的结果互不影响，我们把这 n 次重复试验称为 n 次独立试验. n 次独立的伯努利试验简称为 ***n* 次伯努利试验**.

例 5 某批产品的不合格率为 p，现从中有返回地抽取 3 件. 试求 3 件中恰有 2 件不合格品的概率.

解 若把每次抽取看作一次试验，每次试验的结果只有两个，设为 $A=\{$抽到不合格品$\}$，$\overline{A}=\{$抽到合格品$\}$，则 $P(A)=p$，$P(\overline{A})=1-p=q$.

由于是返回抽取，3 次抽取的条件相同且结果互不影响，因而 3 次抽取可看作是 3 次伯努利试验.

设 ξ 表示抽取的 3 件产品中不合格品的件数，即 A 在 3 次伯努利试验中发生的次数. 显然 ξ 是随机变量，且

$\{\xi=2\}=\{$抽取的 3 件产品中恰有 2 件不合格品$\}=\{$3 次试验中 A 发生 2 次$\}$，

$$P(\xi=2)=\mathrm{C}_3^2p^2q.$$

对上述进一步分析可以看出，ξ 的取值范围为 $\{0,1,2,3\}$，类似地可得

$$P(\xi=k)=\mathrm{C}_3^kp^kq^{3-k}(k=0,1,2,3).$$

一般地，在 n 次伯努利试验中，如果事件 A 在每次试验中发生的概率为 p，ξ 表示 A 在 n 次试验中发生的次数，则 ξ 的分布列为

$$P(\xi=k)=\mathrm{C}_n^kp^kq^{n-k}(k=0,1,2,\cdots,n), \tag{20-9}$$

其中 $p,q>0$，$p+q=1$，则称 ξ **服从参数为 n,p 的二项分布**，记作 $\xi\sim B(n,p)$.

二项分布中的各项正好依次是二项式 $(p+q)^n$ 展开式中的各项，这就是二项分布名称的由来.

由例 5 可知，返回抽样 n 件产品可看作是 n 次独立试验，若只考虑“合格”或“不合格”两种结果，就可以看作是 n 次伯努利试验. 实际工作中，当抽出样品数 n 与产品总数 N 的比值 $\frac{n}{N}$ 很小时，无返回抽样就可看作有返回抽样.

例 6 一批出口商品共 10000 件，已知该批商品的不合格率为 2%. 商检部门的抽样方案是：从中抽取 30 件样品，若其中不合格品数不大于 3，则判定该批产品合格，从而接受该批产品，否则拒绝. 求该批商品被接受的概率.

解 商品总数 10000 较样品数 30 很大. 设 ξ 表示 30 件样品中不合格品的件数，则 $\xi \sim B(30, 0.02)$.

依题意，该批商品被接受的概率为 $P(\xi \leqslant 3)$，即

$$\begin{aligned} P(\xi \leqslant 3) &= \sum_{k=0}^{3} C_{30}^{k}(0.02)^{k}(0.98)^{30-k} \\ &\approx 0.5455 + 0.3340 + 0.0098 + 0.0188 \\ &\approx 0.908. \end{aligned}$$

(3) 泊松分布

法国数学家泊松在研究二项分布的近似计算时发现，当 n 较大，p 较小时，二项分布

$$P(\xi=k)=C_{n}^{k}p^{k}q^{n-k} \approx \frac{\lambda^{k}}{k!}e^{-\lambda}(k=0,1,2,\cdots,n,\cdots).$$

其中 $\lambda=np$. 实际计算时只要 $n>10$，$p<0.1$，这种近似程度就较高了.

如果随机变量 ξ 的分布列为

$$P(\xi=k)=\frac{\lambda^{k}}{k!}e^{-\lambda}(\lambda>0,k=0,1,2,\cdots,n,\cdots),$$

则称 ξ **服从参数为 λ 的泊松分布**，记作 $\xi \sim P(\lambda)$.

在例 6 中，取 $n=30$，$p=0.02$，$\lambda=np=0.6$，用泊松分布近似，可得 $P(\xi \leqslant 3) \approx 0.997$.

特别注意：从现在起，对较复杂的计算应运用专门数学用表、计算器或使用专用数学软件.

对于泊松分布 $\xi \sim P(\lambda)$，可以证明如下性质：

(1) 当 λ 为整数时，ξ 取整数 m 为 λ 或 $\lambda-1$ 时概率值相等且最大；

(2) 当 λ 不是整数时，ξ 取介于 λ 与 $\lambda-1$ 之间的整数 m 时概率最大.

我们常把 m 称为 ξ 的最可能取值.

利用这个性质，也可对二项分布中 ξ 的最可能取值作出近似估计. 例如，$\xi \sim B(1200, 0.003)$，用泊松分布近似得 $\lambda=1200 \times 0.003=3.6$，即 ξ 的最可能取值为 3，或在 1200 次伯努利试验中，概率为 0.003 的事件最可能发生的次数为 3.

练习 3

1. 在正常情况下，某种鸭感染某种传染病的概率为 20%，假定在确定的时限内健康鸭被感染的可能性互不影响，ξ 表示 25 只健康鸭中被感染的只数，求：(1) ξ 的分布列；(2) 25只健康鸭中最可能被感染的只数.

2. 一名女工看管 1200 锭的细纱机，每根锭子单位时间内的断头率为 0.003. (1) 试求单

位时间内断头的锭数不大于10的概率;(2) 试求单位时间内最可能发生断头的锭子数;(3) 若该女工单位时间内接头的锭数不大于5,则细纱机有不能正常工作的锭子的概率是多少?

2. 连续型随机变量的分布——正态分布

(1) 正态分布的概念

若随机变量 η 的密度函数为

$$f(x)=\frac{1}{\sqrt{2\pi}\sigma}\mathrm{e}^{-\frac{(x-\mu)^2}{2\sigma^2}}\quad(-\infty<x<+\infty),$$

其中 $\mu,\sigma(\sigma>0)$ 为参数,则称随机变量 η **服从参数为 μ,σ 的正态分布**,记作 $\eta\sim N(\mu,\sigma^2)$.

正态分布密度函数的图象称为**正态曲线**(图 20-9),它是以 $x=\mu$ 为对称轴的"钟形"曲线,参数 σ 决定正态曲线的形状,σ 较大曲线扁平,σ 较小曲线狭高.

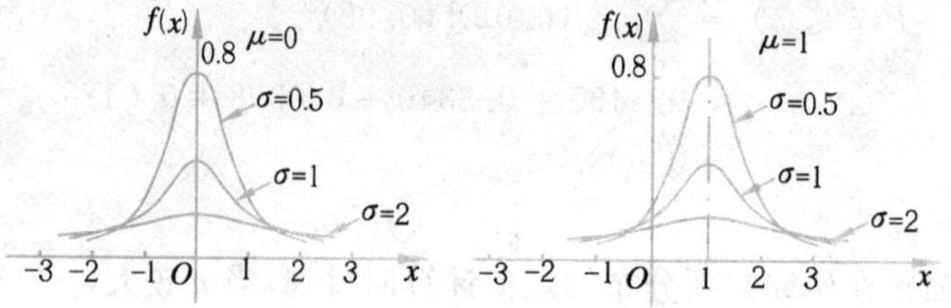

图 20-9

当 $\mu=0,\sigma=1$ 时,这时正态分布为 $\eta\sim N(0,1)$,称为**标准正态分布**,其密度函数为

$$f(x)=\frac{1}{\sqrt{2\pi}}\mathrm{e}^{-\frac{x^2}{2}}\quad(-\infty<x<+\infty),$$

它的图象关于纵轴对称.

(2) 标准正态分布表的使用

为了方便地计算正态分布的概率,人们编制了标准正态分布表(见附表). 设 $\eta\sim N(0,1)$,记

$$\varphi(x)=P(\eta<x)=\int_{-\infty}^{x}f(x)\mathrm{d}x.$$

当 $x\geqslant 0$ 时,可从标准正态分布表中直接查出 $\varphi(x)$ 的值,如 $P(\eta<1.2)=\varphi(1.2)=0.8849$.

一般情况下,对于标准正态分布,可用下列公式计算:

① $P(\eta<-x)=\varphi(-x)=1-\varphi(x)(x\in\mathbf{R})$;

② $P(a\leqslant\eta<b)=P(\eta<b)-P(\eta<a)=\varphi(b)-\varphi(a)$;

③ $P(\eta>a)=1-\varphi(a)$.

以上公式可利用连续型随机变量的概率运算性质,以及标准正态分布密度函数 $f(x)$ 为偶函数(或图象关于 $x=0$ 对称)的性质直接推出.

例 7 设 $\xi\sim N(0,1)$,求:(1) $P(\xi<-1)$;(2) $P(-2.32\leqslant\xi<1.2)$.

解 (1) $P(\xi<-1)=\varphi(-1)=1-\varphi(1)=1-0.8413=0.1587$.

(2) $P(-2.32\leqslant\xi<1.2)=\varphi(1.2)-\varphi(-2.32)$

$=\varphi(1.2)-[1-\varphi(2.32)]=\varphi(1.2)+\varphi(2.32)-1$

$=0.8849+0.9898-1=0.8747$.

例 8 设 $\xi \sim N(0,1)$，求下式中的 a：

(1) $P(\xi<a)=0.1578$；(2) $P(\xi>a)=0.0228$.

解 (1) 由于 $x \geqslant 0$ 时，$\varphi(x) \geqslant \frac{1}{2}$，即当 $P(\xi<a)<\frac{1}{2}$ 时，$a<0$. 此时不能从分布表中直接查出 a.

$P(\xi<a)=\varphi(a)$，$\varphi(-a)=1-\varphi(a)=1-0.1587=0.8413$，查表得 $-a=1.0$，即 $a=-1$.

(2) $P(\xi>a)=1-\varphi(a)=0.0228$，$\varphi(a)=0.9772$，查表得 $a=2$.

对于任何一个正态分布 $\xi \sim N(\mu,\sigma^2)$，有

$$P(\xi<x)=\int_{-\infty}^{x} \frac{1}{\sqrt{2\pi}} e^{-\frac{(t-\mu)^2}{2\sigma^2}} dt$$

$$\xlongequal{\text{令} u=\frac{t-\mu}{\sigma}} \int_{-\infty}^{\frac{t-\mu}{\sigma}} \frac{1}{\sqrt{2\pi}} e^{-\frac{u^2}{2}} du=\varphi\left(\frac{x-\mu}{\sigma}\right).$$

类似地，有 $P(a \leqslant \xi<b)=\varphi\left(\frac{b-\mu}{\sigma}\right)-\varphi\left(\frac{a-\mu}{\sigma}\right)$.

例如，$\xi \sim N(1,4)$ 时，$P(\xi<3)=\varphi\left(\frac{3-1}{2}\right)=\varphi(1)=0.8413$.

$$P(|\xi|<2)=P(-2<\xi<2)=\varphi\left(\frac{2-1}{2}\right)-\varphi\left(\frac{-2-1}{2}\right)=\varphi(0.5)-\varphi(-1.5)$$

$$=\varphi(0.5)+\varphi(1.5)-1=0.6915+0.9332-1=0.6247.$$

对于正态分布 $\xi \sim N(\mu,\sigma^2)$，可知 $P(|\xi-\mu|<3\sigma)=0.9974$，也就是说 ξ 的取值几乎全部在 $(\mu-3\sigma,\mu+3\sigma)$ 中，或者说事件 $\{|\xi-\mu|>3\sigma\}$ 几乎不发生，这就是统计学中的 3σ 原则.

五、随机变量的函数与分布

1. 随机变量的函数概念

先看下面的例子.

例 9 设 ξ 的分布列为

ξ	-1	0	1
p_k	$\frac{1}{2}$	$\frac{1}{3}$	$\frac{1}{6}$

试求 ξ^2 的分布列.

解 令 $\eta=\xi^2$，$\eta \in \{0,1\}$.

$$P(\eta=0)=P(\xi=0)=\frac{1}{3},$$

$$P(\eta=1)=P(\xi^2=1)=P(\xi=-1)+P(\xi=1)=\frac{1}{2}+\frac{1}{6}=\frac{2}{3}.$$

即 ξ^2 的分布列为

ξ^2	0	1
p_k	$\frac{1}{3}$	$\frac{2}{3}$

一般地，设 ξ 是一随机变量，$g(x)$ 是 $\mathbf{R}$ 上的连续函数，则称 $g(\xi)$ 为随机变量 ξ 的函

数.类似地,称 $g(\xi_1,\xi_2,\cdots,\xi_n)$ 为 n 个随机变量 $\xi_1,\xi_2,\cdots,\xi_n$ 的函数,显然随机变量的函数仍是随机变量.

2. 随机变量的函数分布

随机变量的函数分布在一般情况下是很难求得的.下面我们只介绍在统计学中有着重要应用的 χ^2 分布、t 分布、F 分布.

(1) χ^2 分布

若 n 个随机变量分别表示的事件都相互独立,则称 n 个随机变量是相互独立的.

如果 n 个随机变量 $\xi_1,\xi_2,\cdots,\xi_n$ 相互独立,且均服从正态分布 $N(0,1)$,则称随机变量 $\chi^2=\sum_{k=1}^{n}\xi_k^2$ **是服从参数为 n 的 χ^2 分布**,记作 $\chi^2\sim\chi^2(n)$,参数 n 称为 χ^2 分布的自由度.

χ^2 分布的密度函数及其图象与自由度 n 有关,下面给出 n 为 1,4,10 时,χ^2 分布的密度函数的图象(图 20-10).

由图象可知:$x<0$ 时,$f(x)=0$,$P(\chi^2\geqslant 0)=\int_0^{+\infty}f(x)\mathrm{d}x=1$;$n\to+\infty$ 时,χ^2 分布接近正态分布.

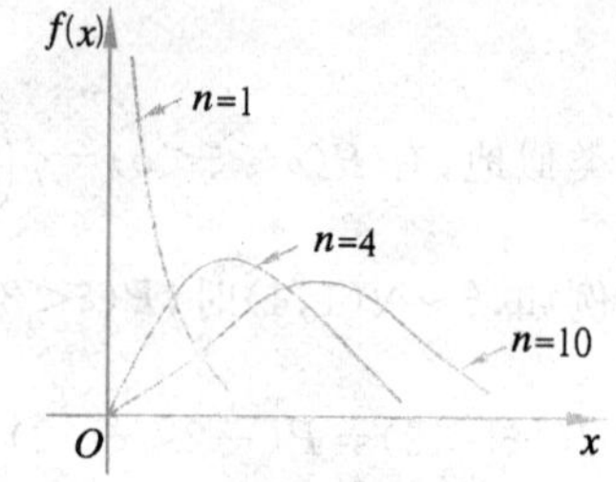

图 20-10

(2) t 分布

如果 ξ,η 是相互独立的随机变量,且 $\xi\sim N(0,1)$,$\eta\sim\chi^2(n)$,则称随机变量 $T=\dfrac{\xi}{\sqrt{\dfrac{\eta}{n}}}$ **是服从自由度为 n 的 t 分布**,记作 $T\sim t(n)$.

当自由度 n 为 1,4,10 时,它们的密度函数 $f(x)$ 的图象如图 20-11 所示.

由图 20-11 可见:密度函数 $f(x)$ 的图象关于纵轴对称;当 $n\to+\infty$ 时,t 分布十分接近于正态分布.

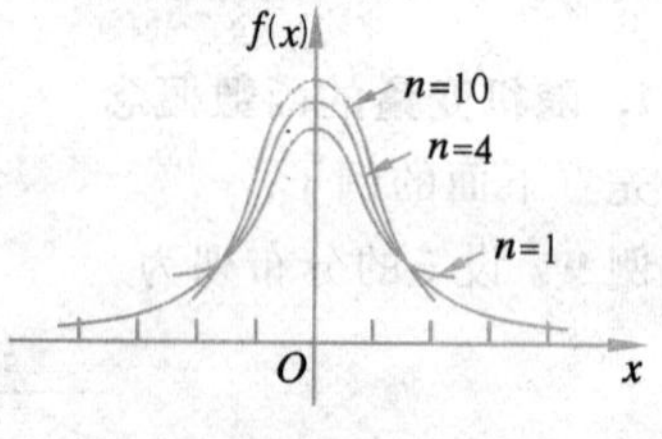

图 20-11

(3) F 分布

如果 ξ,η 是相互独立的随机变量,且 $\xi\sim\chi^2(n_1)$,$\eta\sim\chi^2(n_2)$,则称随机变量 $F=\dfrac{\dfrac{\xi}{n_1}}{\dfrac{\eta}{n_2}}$ **是服从自由度为 n_1 和 n_2 的 F 分布**,记作 $F\sim F(n_1,n_2)$.

自由度 $n_1=20$,n_2 分别为 $20,25,+\infty$ 时的 F 分布的密度函数图象如图 20-12 所示.

由图 20-12 可见:$x<0$ 时,$f(x)=0$;$P(F\geqslant 0)=1$.

(4) χ^2,t,F 分布表与临界值

三种分布的分布表与标准正态分布表在编制上有所不同(见附录分布表).为了便于应用,我们给出随机变量的分布临界值的概念.

设随机变量 ξ 的密度函数为 $f(x)$,对于任意的正数 α,$0<\alpha<1$,我们把满足条件

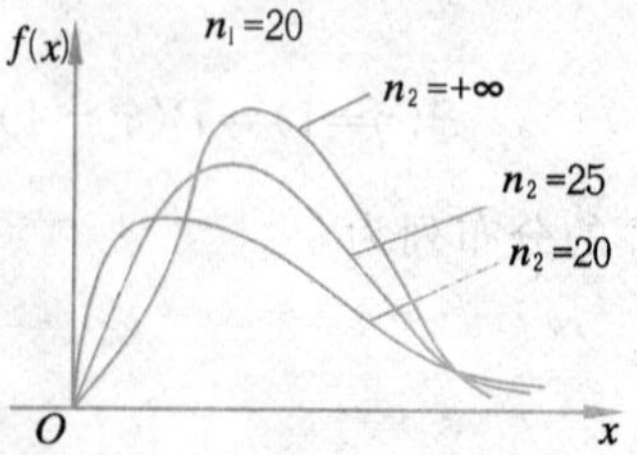

图 20-12

$$P(\xi>\lambda)=\int_{\lambda}^{+\infty}f(x)\mathrm{d}x=\alpha$$

的数 λ 称为 ξ 所服从分布的 **α 临界值.**

χ^2,t,F 分布表是按临界值编制的. 给定 α 及相应分布的自由度,可从对应的分布表中直接查出临界值. χ^2,t,F 分布的 α 临界值分别记作 $\chi_\alpha^2(n),t_\alpha(n),F_\alpha(n_1,n_2)$. 例如,查相应的分布表可得

(1) $\chi_{0.1}^2(12)=18.5490$, (2) $t_{0.05}(7)=1.8946$,

(3) $F_{0.01}(10,8)=5.8100$, (4) $\chi_{0.975}^2(14)=5.6290$.

标准正态分布的 α 临界值记为 u_α, u_α 满足:

$$P(\xi>u_\alpha)=1-P(\xi<u_\alpha)=\alpha.$$

即由 $P(\xi<u_\alpha)=\varphi(u_\alpha)=1-\alpha$ 查正态分布表求 u_α.

利用已知分布的随机变量 θ 进行统计推断时,常需要计算满足:

$$P(\lambda_1\leqslant\theta\leqslant\lambda_2)=1-\alpha,\text{且 } P(\theta<\lambda_1)=P(\theta>\lambda_2)=\frac{\alpha}{2}$$

的 λ_1 和 λ_2 的值. 这时有

对于正态分布 $N(0,1)$, $\lambda_2=-\lambda_1=u_{\frac{\alpha}{2}}$;

对于 t 分布 $t(n)$, $\lambda_2=-\lambda_1=t_{\frac{\alpha}{2}}(n)$;

对于 χ^2 分布 $\chi^2(n)$, $\lambda_2=\chi_{\frac{\alpha}{2}}^2(n)$, $\lambda_1=\chi_{1-\frac{\alpha}{2}}^2(n)$;

对于 F 分布 $F(n_1,n_2)$, $\lambda_2=F_{\frac{\alpha}{2}}(n_1,n_2)$, $\lambda_1=\dfrac{1}{F_{\frac{\alpha}{2}}(n_2,n_1)}$.

练习 4

1. 设 $\xi,\xi_1,\xi_2,\cdots,\xi_{10}$ 是 11 个相互独立的随机变量,且均服从正态分布 $N(0,1)$,指出下列随机变量所服从的分布:

(1) $\sum\limits_{k=1}^{10}\xi_k^2$; (2) $\dfrac{\xi}{\sqrt{\dfrac{\sum\limits_{k=1}^{10}\xi_k^2}{10}}}$; (3) $\dfrac{2\sum\limits_{k=1}^{5}\xi_k^2}{\sum\limits_{k=1}^{10}\xi_k^2}$.

2. 查表求标准正态分布 ξ 在指定范围内取值的概率:

(1) $P(\xi<-1)$; (2) $P(1<\xi\leqslant3)$; (3) $P(\xi>3)$.

3. 设 $\alpha=0.10$,随机变量 θ 分别服从下列分布:(1) $N(0,1)$; (2) $t(10)$; (3) $\chi^2(9)$; (4) $F(8,10)$. 试分别求出满足 $P(\lambda_1\leqslant\theta\leqslant\lambda_2)=1-\alpha$,且 $P(\theta<\lambda_1)=P(\theta>\lambda_2)=\dfrac{\alpha}{2}$ 的 λ_1 和 λ_2 的值,并用它们的密度函数的示意图分别标出 λ_1 和 λ_2 的大致位置.

4. 已知 $\xi\sim N(1,4)$,求满足 $P(\xi<a)=0.1151$ 的 a.

习题 20-3

A 组

1. 已知随机变量 ξ 的分布列是

ξ	0	1	2	3	4	5
p_k	$\frac{1}{5}$	$\frac{1}{10}$	$\frac{1}{15}$	p_3	p_4	p_5

求：(1) $P(\xi\geqslant 3)$；(2) $P(\xi<2)$.

2. 从含有 3 件次品和 10 件正品的产品中每次任取 1 件，按下列三种情形，分别求出直到取出正品所需次数的分布列：

(1) 取后不放回；

(2) 若取出的是 1 件次品，则放回 1 件正品；

(3) 每次取出检验后仍放回.

3. 已知随机变量 ξ 的密度函数为

$$f(x)=\begin{cases}Ax^2, & |x|\leqslant 1,\\ 0, & \text{其他}.\end{cases}$$

求：(1) A 的值；(2) $P\left(-2\leqslant\xi<\frac{1}{2}\right)$.

4. 设随机变量 η 满足：

$$P(\eta<x)=F(x)=\begin{cases}0, & x<0,\\ 1-\mathrm{e}^{-x}, & x\geqslant 0.\end{cases}$$

试求：(1) $P(\eta<2)$；(2) $P(1\leqslant\eta<3)$.

注 设 η 为一随机变量，若对于任意实数 x，存在函数 $F(x)$，满足 $P(\eta<x)=F(x)$，则称 $F(x)$ 为随机变量 η 的分布函数.

5. 在相同的条件下某射手独立地进行 5 次射击，每次射击命中目标的概率均为 0.6，求：

(1) 命中两次的概率；

(2) 至少命中两次的概率；

(3) 第二次命中的概率.

6. 从一大批产品中抽检 20 件，若发现多于 2 件次品，则判定该批产品不合格. 若该批产品的次品率为 5%，它被判为不合格的概率是多少？

7. 设 $\xi\sim N(3,2^2)$，求：

(1) $P(2<\xi\leqslant 5)$，$P(\xi>3)$，$P(|\xi|>2)$；

(2) 求 λ_1,λ_2，使 $P(\lambda_1\leqslant\xi\leqslant\lambda_2)=0.8$，且 $P(\xi<\lambda_1)=P(\xi>\lambda_2)$.

8. 设 $\alpha=0.10$,求下列各式中的临界值:

(1) $P(|\xi|\leqslant u_{\frac{\alpha}{2}})=1-\alpha$,其中 $\xi\sim N(0,1)$;

(2) $P(|\xi|\leqslant t_{\frac{\alpha}{2}}(n))=1-\alpha$,其中 $\xi\sim T(n)$,$n=9$;

(3) $P(\chi^2_{1-\frac{\alpha}{2}}(n)\leqslant\xi\leqslant\chi^2_{\frac{\alpha}{2}}(n))=1-\alpha$,其中 $\xi\sim\chi^2(n)$,$n=9$;

(4) $P(F_{1-\frac{\alpha}{2}}(n_1,n_2)\leqslant\xi\leqslant F_{\frac{\alpha}{2}}(n_1,n_2))=1-\alpha$,其中 $\xi\sim F(n_1,n_2)$,$n_1=n_2=10$.

B 组

1. 袋中装有编号 1 至 3 的 3 个球,现从中任取 2 个球,ξ 表示取出的球中的最大号码,η 表示取出的两球的号码的和,试分别求出 ξ,η 的分布列.

2. 根据过去的统计,已知在某种产品中出现废品的概率为 $p=0.014$,现若要求有 90%的可能性在一箱产品中能选出 100 个合格产品,试问在该箱子中至少应放多少个产品?(提示:设所求产品数为 $100+x$,ξ 表示 $(100+x)$ 个产品中中所含的次品的件数,用泊松分布近似,$\xi\sim P(\lambda)$,其中 $\lambda=np\approx100\times0.014=1.4$)

3. 某车间生产的零件长度服从正态分布 $\xi\sim N(20,3^2)$,单位为毫米.按规定长度在 $[15.8,24.2]$范围内的零件都算合格.(1) 求从生产的大批零件中任取 1 件,它的长度合格的概率;(2) 从生产的大批零件中任取 5 件,问其中恰有 3 件长度合格的概率?

4. 设 ξ,η 相互独立,且均服从 0-1 分布,分别求 $\xi+\eta$ 与 $\xi\cdot\eta$ 的分布列.

(提示:将 $\xi+\eta$ 与 $\xi\cdot\eta$ 取某值的事件分解成 ξ 和 η 各自所表示的事件的关系及运算,如 $\{\xi+\eta=1\}=(\{\xi=0\}\cap\{\eta=1\})\cup(\{\xi=1\}\cap\{\eta=0\})$,$P(\xi+\eta=1)=P(\xi=0)\cdot P(\eta=1)+P(\xi=1)\cdot P(\eta=0)$)

§20-4 随机变量的数字特征

和随机变量的分布列或密度函数相联系,并能反映随机变量的某些概率分布特征的数字,统称为随机变量的**数字特征**.

本节重点讨论随机变量的两种主要的数字特征——数学期望和方差.

一、数学期望和方差的概念

先看一个例子.

一射手在一次射击中,命中的环数 ξ 这一随机变量的可能取值为 0～10 共 11 个整数.在相同的条件下射击 100 次,其命中的环数情况统计如下:

ξ	10	9	8	7	6～0
频数	50	20	20	10	0
频率	0.5	0.2	0.2	0.1	0.10

就这 100 次射击的命中情况,可以从命中环数的平均值这一数字来考察射手的射击水平.

100 次射击命中环数的平均值为

$$\frac{1}{100}(10\times 50+9\times 20+8\times 20+7\times 10)=9.1(\text{环}).$$

对上式稍作变化，得

$$10\times 0.5+9\times 0.2+8\times 0.2+7\times 0.1=9.1(\text{环}).$$

即在 100 次射击中，命中环数的平均值正好是 ξ 的所有可能取值与相应的频率乘积的总和，它反映了 ξ 在 100 次射击中取值的“平均值”.

除了从上述命中环数平均值的角度外，还可以从射手每次射击命中环数偏离平均命中环数的角度来考虑射手的射击水平. 取射手命中 10 环与命中环数的平均值 9.1 的偏离值的平方 $(10-9.1)^2=0.9^2$，在 100 次射击中命中 10 环为 50 次，即偏离值的平方 $(10-9.1)^2$ 出现了 50 次. 同理可得下表：

ξ	10	9	8	7	6	…	0
偏离值的平方	$(10-9.1)^2$	$(9-9.1)^2$	$(8-9.1)^2$	$(7-9.1)^2$	$(6-9.1)^2$	…	$(0-9.1)^2$
频数	50	20	20	10	0	…	0
频率	0.5	0.2	0.2	0.1	0	…	0

100 次射击命中环数与平均环数偏离值的平方的平均值为

$$\frac{1}{100}[(10-9.1)^2\times 50+(9-9.1)^2\times 20+(8-9.1)^2\times 20+(7-9.1)^2\times 10]=1.01.$$

对上式稍作变化，得

$$(10-9.1)^2\times 0.5+(9-9.1)^2\times 0.21+(8-9.1)^2\times 0.2+(7-9.1)^2\times 0.1]=1.01.$$

即 100 次射击命中环数与平均环数偏离值的平方的平均值，正好是 ξ 的可能取值与平均值的差的平方与相应的频率的乘积的总和. 它反映了 ξ 在 100 次取值中偏离平均值的平方的平均值.

我们设想，随着射击次数的增加，命中环数的频率稳定于概率，设 ξ 的分布列为

ξ	10	9	8	7	6	5	4	3	2	1	0
p	p_{10}	p_9	p_8	p_7	p_6	p_5	p_4	p_3	p_2	p_1	p_0

记
$$E(\xi)=\sum_{k=0}^{10}k\cdot p_k,\quad D(\xi)=\sum_{k=0}^{10}[k-E(\xi)]^2p_k.$$

$E(\xi)$ 表示在概率意义下的命中环数的“平均值”，是描述 ξ 取值“平均”意义的一个数字特征.

$D(\xi)$ 表示在概率意义下的命中环数偏离 $E(\xi)$ 的平方的“平均值”，是描述 ξ 取值偏离（或集中）$E(\xi)$ 程度的一个数字特征. 显然 $E(\xi)$ 越大，$D(\xi)$ 越小表明射手的射击水平越高.

由此可以看出，研究随机变量的这两种数字特征具有理论和实际上的重要意义.

一般地，对随机变量的这两种数字特征给出下面的定义.

定义 1　设离散型随机变量 ξ 的分布列为

ξ	x_1	x_2	$\cdots$	x_n	$\cdots$
p_k	p_1	p_2	$\cdots$	p_n	$\cdots$

记 $$E(\xi)=x_1p_1+x_2p_2+\cdots+x_np_n+\cdots=\sum_{k=1}^{\infty}x_kp_k.$$

$$D(\xi)=[x_1-E(\xi)]^2p_1+[x_2-E(\xi)]^2p_2+\cdots+[x_n-E(\xi)]^2p_n+\cdots$$
$$=\sum_{k=1}^{\infty}[x_k-E(\xi)]^2p_k.$$

当 ξ 的可能取值只有有限个值时，$E(\xi)$，$D(\xi)$ 的值表现为有限项的和，即 $E(\xi)$，$D(\xi)$ 均存在；当 ξ 取无穷可列个值时，如

$$\sum_{k=1}^{\infty}|x_k|p_k=\lim_{n\to\infty}\sum_{k=1}^{n}|x_k|p_k,\ \sum_{k=1}^{\infty}x_k^2p_k=\lim_{n\to\infty}\sum_{k=1}^{n}x_k^2p_k$$

均存在，则 $E(\xi)$，$D(\xi)$ 存在，此时规定 $E(\xi)=\lim\limits_{n\to\infty}\sum\limits_{k=1}^{n}x_kp_k$，$D(\xi)=\lim\limits_{n\to\infty}\sum\limits_{k=1}^{n}[x_k-E(\xi)]^2p_k$.

$E(\xi)$ 为常数时称为**离散型随机变量 ξ 的数学期望（或均值）**，$D(\xi)$ 为常数时称为**离散型随机变量 ξ 的方差**.

定义 2 设连续型随机变量 ξ 具有密度函数 $f(x)$，记

$$E(\xi)=\int_{-\infty}^{+\infty}xf(x)\mathrm{d}x,$$
$$D(\xi)=\int_{-\infty}^{+\infty}[x-E(\xi)]^2f(x)\mathrm{d}x=\int_{-\infty}^{+\infty}x^2f(x)\mathrm{d}x-[E(\xi)]^2.$$

如果广义积分 $\int_{-\infty}^{+\infty}|x|f(x)\mathrm{d}x$ 收敛，则 $E(\xi)$ 称为**连续型随机变量 ξ 的数学期望（或均值）**；如果广义积分 $\int_{-\infty}^{+\infty}x^2f(x)\mathrm{d}x$ 收敛，则 $D(\xi)$ 称为**连续型随机变量 ξ 的方差**.

根据随机变量的数学期望和方差的定义，直接计算可得下表：

概率分布	$E(\xi)$	$D(\xi)$
$\xi\sim 0\text{-}1$	p	pq
$\xi\sim B(n,p)$	np	npq
$\xi\sim P(\lambda)$	λ	λ
$\xi\sim[a,b]$	$\frac{b+a}{2}$	$\frac{1}{12}(b-a)^2$
$\xi\sim N(\mu,\sigma^2)$	μ	σ^2
$\xi\sim\chi^2(n)$	n	$2n$
$\xi\sim t(n)$	$0\ (n>1)$	$\frac{n}{n-2}\ (n>2)$
$\xi\sim F(n_1,n_2)$	$\frac{n_2}{n_2-2}\ (n_2>2)$	$\frac{2{n_2}^2(n_1+n_2-2)}{n_1(n_2-2)^2(n_2-4)}\ (n_2>4)$
$\xi\sim Z(\lambda)$	$\frac{1}{\lambda}$	$\frac{1}{\lambda^2}$

练 习 1

1. 利用定义求均匀分布、正态分布的数学期望和方差.

2. 在相同的条件下,用两种方法测量某零件的长度(单位: mm),由大量的测量结果得到它们的分布如下:

长度误差	−0.02	−0.01	0	0.01	0.02
方法 1 的概率	0.1	0.3	0.2	0.3	0.1
方法 2 的概率	0.2	0.2	0.2	0.2	0.2

试比较哪一种测量方法的精确度较好.

3. 设 ξ 的分布列为 $P(\xi=k)=\dfrac{1}{n}(k=1,2,\cdots,n)$,求 $E(\xi)$ 和 $D(\xi)$.

二、数学期望和方差的性质

1. 数学期望的性质

(1) $E(c)=c$,c 为常数.

(2) $E(c\xi)=cE(\xi)$,c 为常数.

(3) $E(\xi+\eta)=E(\xi)+E(\eta)$.

一般地,$E(\sum\limits_{i=1}^{n}a_i\xi_i)=\sum\limits_{i=1}^{n}a_iE(\xi_i)$($a_i$ 为常数,$i=1,2,\cdots,n$,n 为有限自然数).

(4) 若随机变量 $\xi_1,\xi_2,\cdots,\xi_n$ 相互独立,且 $E(\xi_i)(i=1,2,\cdots,n)$ 均存在,则

$$E(\xi_1\cdot\xi_2\cdot\cdots\cdot\xi_n)=E(\xi_1)\cdot E(\xi_2)\cdot\cdots\cdot E(\xi_n).$$

(5) 设 $g(x)$ 为 **R** 上的连续函数,随机变量 ξ 的函数为 $\eta=g(\xi)$,则 η 的数学期望 $E(\eta)$ 可分别按下列情形计算:

若 ξ 为离散型随机变量,具有分布列

$$P(\xi=x_k)=p_k(k=1,2,\cdots,n,\cdots),$$

且 $\lim\limits_{n\to\infty}\sum\limits_{k=1}^{n}g(x_k)p_k$ 存在,则

$$E(\eta)=E[g(\xi)]=g(x_1)p_1+g(x_2)p_2+\cdots+g(x_n)p_n+\cdots=\sum_{k=1}^{\infty}g(x_k)p_k.$$

若 ξ 为连续型随机变量,具有密度函数 $f(x)$,且 $\int_{-\infty}^{+\infty}g(x)f(x)\mathrm{d}x$ 收敛,则

$$E(\eta)=E[g(\xi)]=\int_{-\infty}^{+\infty}g(x)f(x)\mathrm{d}x.$$

例 1 设 ξ 的分布列为

ξ	−2	−1	0	1	2
p_k	$\frac{1}{5}$	$\frac{1}{6}$	$\frac{1}{5}$	$\frac{1}{15}$	$\frac{11}{30}$

求 $E(\xi^2)$.

解 由数学期望的性质(5),得

$$E(\xi^2)=(-2)^2\times\frac{1}{5}+(-1)^2\times\frac{1}{6}+0^2\times\frac{1}{5}+1^2\times\frac{1}{15}+2^2\times\frac{11}{30}=\frac{5}{2}.$$

2. 方差的性质

(1) $D(\xi)=E[\xi-E(\xi)]^2=E(\xi^2)-E^2(\xi)$.

(2) $D(c)=0$,c 为常数.

(3) $D(c\xi)=c^2D(\xi)$,c 为常数.

(4) 若有限个随机变量 $\xi_1,\xi_2,\cdots,\xi_n$ 相互独立,则

$D\left(\sum\limits_{i=1}^{n}a_i\xi_i\right)=\sum\limits_{i=1}^{n}a_i{}^2D(\xi_i)$($a_i$ 均为常数,$i=1,2,\cdots,n$,n 为有限自然数).

例 2 设随机变量 ξ,η 相互独立,且 $\xi\sim N(1,2)$,$\eta\sim N(2,2)$. 求随机变量 $\xi-2\eta+3$ 的数学期望和方差.

解 根据已知 $E(\xi)=1$,$D(\xi)=2$,$E(\eta)=2$,$D(\eta)=2$,于是

$E(\xi-2\eta+3)=E(\xi)-2E(\eta)+E(3)=1-2\times2+3=0$,

$D(\xi-2\eta+3)=D(\xi)+4D(\eta)+D(3)=2+4\times2+0=10$.

例 3 设 $\xi_1,\xi_2,\cdots,\xi_n$ 是 n 个相互独立的随机变量,且具有相同的分布,$E(\xi_i)=\mu$,$D(\xi_i)=\sigma^2(i=1,2,\cdots,n)$,求证:随机变量 $\bar{\xi}=\frac{1}{n}\sum\limits_{i=1}^{n}\xi_i$ 的数学期望为 μ,随机变量 $y=\dfrac{\bar{\xi}}{\frac{1}{\sqrt{n}}}$ 的方差为 σ^2.

证 $E(\bar{\xi})=E\left(\frac{1}{n}\sum\limits_{i=1}^{n}\xi_i\right)=\frac{1}{n}\sum\limits_{i=1}^{n}E(\xi_i)=\frac{1}{n}\cdot n\mu=\mu$,

$$D(y)=D\left(\frac{\bar{\xi}}{\frac{1}{\sqrt{n}}}\right)=D\left(\frac{1}{\sqrt{n}}\sum_{i=1}^{n}\xi_i\right)=\frac{1}{n}\sum_{i=1}^{n}D(\xi_i)=\frac{1}{n}\cdot n\sigma^2=\sigma^2.$$

三、随机变量的其他常用数字特征

1. 标准差 $\sqrt{D(\xi)}$.
2. 平均差 $M=E[|\xi-E(\xi)|]$.
3. 极差 $R=\max\{\xi\}-\min\{\xi\}$.
4. 中位数 M_e 满足 $P(\xi<M_e)=P(\xi\geqslant M_e)=\frac{1}{2}$.

练习 2

1. 利用数学期望的性质证明方差的性质(1).

2. 设 $\xi_1,\xi_2,\cdots,\xi_n$ 是 n 个相互独立的随机变量,且都服从正态分布 $N(\mu,\sigma^2)$,$\bar{\xi}=\frac{1}{n}\sum\limits_{i=1}^{n}\xi_i$,$U=\frac{\bar{\xi}-\mu}{\sigma}\sqrt{n}$. 证明:$E(U)=0$,$D(U)=1$.

习题 20-4

A 组

1. 设 ξ 的分布列为

ξ	-1	0	$\frac{1}{2}$	1	2
p_k	$\frac{1}{3}$	$\frac{1}{6}$	$\frac{1}{6}$	$\frac{1}{12}$	$\frac{1}{4}$

求：(1) $E(\xi)$；(2) $E(-2\xi+1)$；(3) $E(\xi^2)$；(4) $D(\xi)$.

2. 两台自动车床 A,B 生产同一种零件，已知生产 1000 只零件的次品数及概率分别如下表所示：

次品数	0	1	2	3
概率(A)	0.7	0.2	0.06	0.04
概率(B)	0.8	0.06	0.04	0.10

问哪一台车床加工质量较好？

3. 一批种子的发芽率为 90%，播种时每穴种 5 粒种子，求每穴种子发芽粒数的数学期望和方差.

4. 一批零件中有 9 个正品、3 个次品，在安装机器时，从这批零件中任取一个，若取出次品不再放回，继续重取一个. 求取得正品以前，已取出的次品数的数学期望和方差.

5. 一台仪器中的 3 个元件相互独立地工作，发生故障的概率分别是 0.2，0.3，0.4，求发生故障的元件数的数学期望和方差.

6. 已知 $\xi \sim N(1,2)$，$\eta \sim N(2,4)$，且 ξ 与 η 相互独立，求 $E(3\xi-\eta+1)$ 和 $D(\eta-2\xi)$.

B 组

1. 设 ξ 的密度函数为

$$f(x)=\begin{cases} kx^{\alpha}, & 0\leqslant x\leqslant 1\,(k,\alpha>0), \\ 0, & \text{其他}, \end{cases}$$

且已知 $E(\xi)=\frac{3}{4}$，求 k 与 α 的值.

2. 设随机变量 ξ 的分布密度为

$$\varphi(x)=\begin{cases} \mathrm{e}^{-x}, & x>0, \\ 0, & x\leqslant 0. \end{cases}$$

求：(1) $E(\xi)$；(2) $E(\mathrm{e}^{-2\xi})$.

3. 射击比赛中每人可发四弹，规定全部不中得 0 分，命中弹数 1,2,3,4 得分各为 30 分，45 分，70 分，100 分. 设某射手每发命中的概率为 $\frac{2}{3}$，且每次射击的结果互不影响. 问该射手得分的数学期望是多少？得分的方差是多少？

§20-5 统计特征数 统计量

一、总体 样本

在数理统计中，我们把研究对象的全体称为**总体**（或**母体**），而把构成总体的每一个对象称为**个体**；从总体中抽出的一部分个体称为**样本**（或**子样**），样本中所含个体的个数称为**样本容量**.

例如，研究一批灯泡的质量时，该批灯泡的全体就构成了总体，而其中的每一个灯泡就是个体；从该批灯泡中抽取 10 个检测或试验，则这 10 个灯泡就构成了容量为 10 的样本.

实际问题中，从数学角度研究总体时，所关心的是它的某些数量指标，如灯泡的使用寿命（单位：h），这时该批灯泡这个总体就成了联系于每个灯泡（个体）使用寿命数据的集合 Ω. 设 ξ 表示灯泡的使用寿命，在检测灯泡前，ξ 取什么值是不可预言的，即 ξ 是一随机变量，ξ 的可能取值范围就是 Ω.

一般地，当我们提到总体时，通常是指总体的某一指标 ξ 可能取值的集合，习惯上说成是总体 ξ. 这样对总体的某种规律的研究，就归结为讨论与这种规律相联系的一随机变量 ξ 的分布或其数字特征.

然而，在实际中，总体的分布或总体的数字特征是无法知道的. 例如，灯泡的使用寿命试验是破坏性的，一旦灯泡的使用寿命测试出来，灯泡也就坏了，因此直接寻求灯泡使用寿命 ξ 的分布是不现实的，只能从总体中抽取一定容量的样本，通过对样本的观测（或试验）结果，来对总体的特性进行估计和推断. 数理统计就是基于这种思想，利用概率的理论而建立起来的数学方法.

从总体中抽取容量为 n 的样本进行观测（或试验），实质上就是对总体进行 n 次重复试验，试验结果用 $\xi_1, \xi_2, \cdots, \xi_n$ 表示，它们都是随机变量，样本就表现为 n 个随机变量，记为 $(\xi_1, \xi_2, \cdots, \xi_n)$. 对样本进行一次观察所得到的一组确定的取值 $(x_1, x_2, \cdots, x_n)$ 称为**样本观察值**或**样本值**.

例如，从一批灯泡中抽取 10 个灯泡，得样本 $(\xi_1, \xi_2, \cdots, \xi_{10})$，其中 ξ_i 表示第 i 个灯泡的使用寿命 $(i=1,2,\cdots,10)$；对抽出的 10 个灯泡进行测试后其使用寿命值 $(x_1, x_2, \cdots, x_{10})$ 就是样本值，其中 x_i 是 ξ_i 的观察值 $(i=1,2,\cdots,10)$.

在相同的条件下，对总体进行 n 次独立的重复试验，相当于对样本提出如下要求：

(1) 代表性. 总体中每个个体被抽中的机会是相等的，即样本中每个 $\xi_i (i=1,2,\cdots,n)$ 都和总体 ξ 具有相同的分布.

(2) 独立性. 对样本中每个个体的观测结果互不影响，即样本 $\xi_1, \xi_2, \cdots, \xi_n$ 是相互独立的随机变量.

满足要求(1)和(2)的样本称为**简单随机样本**,今后所指的样本均为简单随机样本.

如何得到简单随机样本呢?在实际工作中,可参照本行业所制订的办法.比如,理论上用有返回抽样的方法就可以得到.

二、统计量

设$(\xi_1,\xi_2,\cdots,\xi_n)$是来自总体$\xi$的一个样本,我们把随机变量$\xi_1,\xi_2,\cdots,\xi_n$的函数称为样本函数.若样本函数中不包含总体的未知参数,这样的样本函数称为**统计量**.

统计量是相对于样本而言的,是随机变量,它的取值依赖于样本值;总体参数通常是指总体分布中所含的参数或数字特征.

设$(\xi_1,\xi_2,\cdots,\xi_n)$是来自总体的样本,样本值为$(x_1,x_2,\cdots,x_n)$,我们把$Q(x_1,x_2,\cdots,x_n)$称为统计量$Q(\xi_1,\xi_2,\cdots,\xi_n)$的观察值.

数理统计的中心任务就是针对问题的特征,构造一个"合理"的统计量,并找出它的分布规律,以便利用这种规律对总体的性质进行估计和推断.

三、统计特征数

能反映样本值分布的数字特征的统计量统称为**统计特征数**(或**样本特征数**).

现介绍与总体的数字特征有着紧密联系的几个常用统计特征数.

设$\xi_1,\xi_2,\cdots,\xi_n$是来自总体ξ的样本,观察值为$x_1,x_2,\cdots,x_n$.

1. 样本均值

统计量$\bar{\xi}=\dfrac{1}{n}\sum\limits_{i=1}^{n}\xi_i$称为**样本均值**,其观察值记作$\bar{x}=\dfrac{1}{n}\sum\limits_{i=1}^{n}x_i$.

它反映了样本值分布的集中位置,代表样本取值的平均水平.

2. 中位数

将样本值数据按大小排序后,居中间位置的数称为**中位数**,记作M_e.但当n为偶数时,规定M_e取居中位置的两数的平均值.

显然M_e的值取决于样本值,它随样本的取值而得到相应的数值,M_e为统计量.

获得样本值后,M_e将样本值数据分成个数相等的两部分.M_e与$\bar{x}$相比较可确定样本值数据的分布情况:

(1) 当$M_e=\bar{x}$时,数据以$\bar{x}$为中心呈近似对称分布状态;

(2) 当$M_e>\bar{x}$时,大于$\bar{x}$的数据个数偏多,但偏离$\bar{x}$的程度较小(或靠近$\bar{x}$的数据较多),当$M_e<\bar{x}$时,情况相反.

3. 样本方差与标准差

统计量$S^{*2}=\dfrac{1}{n-1}\sum\limits_{i=1}^{n}(\xi_i-\bar{\xi})^2$称为**样本方差**,其观察值记作$s^{*2}=\dfrac{1}{n-1}\sum\limits_{i=1}^{n}(x_i-\bar{x})^2$.

样本方差S^{*2}的算术平方根称为**样本标准差**,记作S^*.

4. 样本极差

统计量 $R=\max\{\xi_1,\xi_2,\cdots,\xi_n\}-\min\{\xi_1,\xi_2,\cdots,\xi_n\}$称为**样本极差**，其观察值仍记作 R. 即 R 的观察值为样本值中最大数与最小数之差.

5. 样本平均差

统计量 $M=\frac{1}{n}\sum_{i=1}^{n}|\xi_i-\bar{\xi}|$ 称为**样本平均差**，其观察值记作 $M=\frac{1}{n}\sum_{i=1}^{n}|x_i-\bar{x}|$.

样本方差、平均差、极差均反映了样本值数据的集中(或离数)程度. 极差计算最为方便，更直接地反映了样本取值的幅度和范围，但忽略了其他样本值数据偏离样本均值的程度.

6. 平均差系数

统计量 $H=\frac{M}{\bar{\xi}}\times100\%$称为**平均差系数**，其观察值为 $H=\frac{M}{\bar{x}}\times100\%$.

7. 标准差系数

统计量 $C=\frac{S^*}{\bar{\xi}}\times100\%$称为**标准差系数**，其观察值为 $C=\frac{s^*}{\bar{x}}\times100\%$.

标准差系数、平均差系数描述了样本值数据与样本均值的相对离散程度.

上述统计特征数的观察值可利用专门软件计算，样本均值、样本方差、标准差等可利用计算器计算.

例 1 从某厂生产的一批轴中随机地取出 12 根，测得轴直径数据如下(单位：mm)：

13.30	13.38	13.40	13.43	13.51	13.32
13.48	13.50	13.35	13.47	13.44	13.40

试求 $\bar{x},s^*,s^{*2},M_e,R$.

解 由计算器直接计算得

$\bar{x}=13.450,\quad s^*\approx0.0691,\quad s^{*2}\approx0.0048,$

将数据排序后可知：$M_e=\frac{1}{2}(13.40+13.43)=13.415,R=13.51-13.30=0.21.$

例 2 从两台粗纱机上分别各取长 100m 的粗纱若干根，将每根粗纱的重量(单位：g)数据整理得下表：

粗纱机	平均重量	标准差
A	7.952	0.305
B	7.77	0.292

试根据已知数据比较两台粗纱机的加工质量.

解 根据粗纱质量的行业标准可知，两台粗纱机的加工质量，就平均重量和标准差而言均符合标准，但

$$C_A=\frac{0.305}{7.952}\times100\%\approx3.84\%,$$

$$C_B=\frac{0.292}{7.77}\times100\%\approx3.76\%.$$

即 $C_A>C_B$，即粗纱机 A 加工的纱线的重量离散程度大于粗纱机 B. 由此可知粗纱机 B 的加工质量较好.

练习1

1. 若总体分布为 $N(\mu,\sigma^2)$，其中 μ 已知，σ^2 未知，$(\xi_1,\xi_2,\cdots,\xi_n)$ 是来自总体的一个样本，指出下列样本函数中哪些是统计量：

(1) $\frac{1}{n}\sum_{i=1}^{n}\xi_i^2$； (2) $\frac{1}{n}\sum_{i=1}^{n}(\xi_i-\bar{\xi})^2$； (3) $\sum_{i=1}^{n}|\xi_i-\mu|$；

(4) $\frac{1}{\sigma^2}\sum_{i=1}^{n}\xi_i^2$； (5) $\min(\xi_1,\xi_2,\cdots,\xi_n)$； (6) $\sum_{i=1}^{n}\xi_i-\mu$.

2. 对某种型号飞机的飞行速度进行了15次试验，测得最大飞行速度（单位：m/s）为

422.2　417.2　425.6　420.3　425.8　423.1　418.7　428.2

438.3　434.0　412.3　431.5　441.3　423.0　413.5

求：$\bar{x},s^{*2},M,H$.

3. 试叙述样本函数、统计量、统计特征数之间的联系与区别，以及统计量、统计特征数与它们的观察值之间的联系与区别.

四、统计量的分布

统计量的概率分布规律，称为**统计量的分布**（或称为**抽样分布**）.

现介绍在参数估计、假设检验及方差分析等数理统计的基本内容中常用的统计量及分布.

1. 单总体统计量分布定理

设 $(\xi_1,\xi_2,\cdots,\xi_n)$ 是来自正态总体 $\xi\sim N(\mu,\sigma^2)$ 的样本，则有下列结论：

(1) $\bar{\xi}\sim N\left(\mu,\frac{\sigma^2}{n}\right)$，且 $\bar{\xi}$ 与 S^{*2} 相互独立；

(2) $\chi^2=\frac{(n-1)S^{*2}}{\sigma^2}=\frac{\sum_{i=1}^{n}(\xi_i-\bar{\xi})^2}{\sigma^2}\sim\chi^2(n-1)$；

(3) $T=\frac{\bar{\xi}-\mu}{S^*}\sqrt{n}\sim t(n-1)$；

(4) $U=\frac{\bar{\xi}-\mu}{\sigma}\sqrt{n}\sim N(0,1)$；

(5) $\chi^2=\sum_{i=1}^{n}\left(\frac{\xi_i-\mu}{\sigma}\right)^2\sim\chi^2(n)$.

2. 双总体统计量分布定理

设 $(\xi_1,\xi_2,\cdots,\xi_{n_1})$ 是正态总体 $\xi\sim N(\mu_1,\sigma_1^2)$ 的一个样本，$(\eta_1,\eta_2,\cdots,\eta_{n_2})$ 是正态总体 $\eta\sim N(\mu_2,\sigma_2^2)$ 的一个样本，且 ξ 与 η 相互独立，记

$$\bar{\xi}=\frac{1}{n_1}\sum_{i=1}^{n_1}\xi_i,\qquad S_1^{*2}=\frac{1}{n_1-1}\sum_{i=1}^{n_1}(\xi_i-\bar{\xi})^2,$$

$$\bar{\eta}=\frac{1}{n_2}\sum_{i=1}^{n_2}\eta_i,\qquad S_2^{*2}=\frac{1}{n_2-1}\sum_{i=1}^{n_2}(\eta_i-\bar{\eta})^2.$$

则有下列结论：

(1) $U=\dfrac{(\bar{\xi}-\bar{\eta})-(\mu_1-\mu_2)}{\sqrt{\dfrac{\sigma_1^2}{n_1}+\dfrac{\sigma_2^2}{n_2}}}\sim N(0,1)$；

(2) $T=\dfrac{(\bar{\xi}-\bar{\eta})-(\mu_1-\mu_2)}{\sqrt{\dfrac{(n_1-1)S_1^{*2}+(n_2-1)S_2^{*2}}{n_1+n_2-2}\left(\dfrac{1}{n_1}+\dfrac{1}{n_2}\right)}}\sim t(n_1+n_2-2)$（已知 $\sigma_1^2=\sigma_2^2$）；

(3) $F=\dfrac{S_1^{*2}/\sigma_1^2}{S_2^{*2}/\sigma_2^2}\sim F(n_1-1,n_2-1)$.

3. 极限定理

(1) 大数定律

设 $\xi_1,\xi_2,\cdots,\xi_n$ 是相互独立、服从相同分布的随机变量，且 $E(\xi_i)=\mu$ 和 $D(\xi_i)=\sigma^2(i=1,2,\cdots,n)$ 均为有限常数，则对于任意的正数 ε，都有

$$\lim_{n\to\infty}P\left(\left|\frac{1}{n}\sum_{i=1}^{n}\xi_i-\mu\right|\geqslant\varepsilon\right)=0.$$

(2) 中心极限定理

设 $\xi_1,\xi_2,\cdots,\xi_n$ 是相互独立、服从相同分布的随机变量，且 $E(\xi_i)=\mu$ 和 $D(\xi_i)=\sigma^2(i=1,2,\cdots,n)$ 均为有限常数，则统计量 $\eta=\dfrac{\bar{\xi}-\mu}{\dfrac{\sigma}{\sqrt{n}}}$ 对于任意的 x，都有

$$\lim_{n\to\infty}P(\eta<x)=\int_{-\infty}^{x}\frac{1}{\sqrt{2\pi}}e^{-\frac{t^2}{2}}dt.$$

由上述两定理可知，无论总体 ξ 服从怎样的分布，$(\xi_1,\xi_2,\cdots,\xi_n)$ 是来自总体的一个简单随机样本，只要 $E(\xi)=\mu$ 和 $D(\xi)=\sigma^2$ 都存在，那么当 n 充分大时，样本均值 $\bar{\xi}$ 的观察值总是稳定于总体期望 $E(\xi)=\mu$，并且统计量 $\eta=\dfrac{\bar{\xi}-\mu}{\dfrac{\sigma}{\sqrt{n}}}$ 近似地服从标准正态分布 $N(0,1)$，或者说 $\bar{\xi}$ 近似地服从 $N\left(\mu,\dfrac{\sigma^2}{n}\right)$. 即当样本容量 n 充分大时，不服从正态分布的总体 ξ，只要 $E(\xi)$，$D(\xi)$ 均存在，都可当作服从正态分布的总体进行近似处理.

例 3 已知总体 $\xi\sim N(1,3)$，$(\xi_1,\xi_2,\cdots,\xi_9)$ 为来自总体 ξ 的样本. (1) 试比较 $\bar{\xi}$ 与 ξ 在 $[1,2]$ 中取值的概率；(2) 试求 $P\left(\sum_{i=1}^{9}(\xi_i-\bar{\xi})^2<10.47\right)$.

解 (1) 由已知 $\xi\sim N(1,3)$，得

$$P(1\leqslant\xi\leqslant2)=\varphi\left(\frac{2-1}{\sqrt{3}}\right)-\varphi\left(\frac{1-1}{\sqrt{3}}\right)=\varphi\left(\frac{\sqrt{3}}{3}\right)-\varphi(0)$$
$$=0.7190-0.5000=0.2190.$$

又因为 $\xi\sim N(1,3)$，故 $\bar{\xi}\sim N\left(1,\dfrac{1}{3}\right)$，所以

$$P(1\leqslant\bar{\xi}\leqslant 2)=\varphi\left(\frac{2-1}{\frac{1}{\sqrt{3}}}\right)-\varphi\left(\frac{1-1}{\frac{1}{\sqrt{3}}}\right)=\varphi(\sqrt{3})-\varphi(0)$$

$$=0.9582-0.5000=0.4582.$$

由以上计算知，$\bar{\xi}$在$[1,2]$中取值的概率大于ξ在$[1,2]$中取值的概率.

(2) $P\left(\sum_{i=1}^{9}(\xi_i-\bar{\xi})^2<10.47\right)=P\left[\sum_{i=1}^{9}\frac{(\xi_i-\bar{\xi})^2}{3}<3.49\right]$

$=P(\chi^2(8)<3.49)=1-P(\chi^2(8)\geqslant 3.49)$

$=1-0.90=0.10.$

练习2

1. 设$(\xi_1,\xi_2,\cdots,\xi_{10})$是来自已知正态总体$N(\mu,\sigma^2)$的一个样本，试指出下列统计量的分布：

(1) $\frac{1}{10}\sum_{i=1}^{10}\xi_i$；　(2) $\frac{9S^{*2}}{\sigma^2}$；　(3) $\frac{\bar{\xi}-\mu}{S^*}\sqrt{10}$；　(4) $\frac{\bar{\xi}-\mu}{\sigma}\sqrt{10}$；　(5) $\frac{\sum_{i=1}^{10}(\xi-\mu)^2}{\sigma^2}$.

2. 若来自于总体ξ的样本容量n很大，总体ξ无论服从什么分布，都有$\bar{\xi}$近似服从正态分布吗？为什么？进而说明当总体和样本满足什么要求时，统计量$\bar{\xi}$，$\frac{(n-1)S^{*2}}{\sigma^2}$，$\frac{\bar{\xi}-\mu}{\sigma}$等近似地服从什么分布？

习题 20-5

A 组

1. 从一批轴中随机抽检6根，测得直径值（单位：mm）分别为52.00，51.96，51.98，52.06，52.04，51.96.求样本均值、方差、平均差、中位数、极差.

2. 甲、乙两工人使用相同的设备生产同一种150Ω的电阻，在他们生产的产品中，分别随机抽取10支测试如下（单位：Ω）：

甲：	150	158	152	153	147	150	151	155	152	149
乙：	151	152	159	147	148	152	156	149	151	152

问谁的技术比较好？

3. 在总体$\xi\sim N(20,4)$中随机抽取容量为16的样本，求样本均值落在19.5和20.6之间的概率.

4. 一种型号的包装机，包装额定重量100g的产品时，平均差为2g，包装额定重量500g的产品时，平均差为4g.问该包装机包装哪种产品性能比较稳定？

B 组

1. 在总体 $\xi \sim N(2.0, 0.02^2)$ 中随机抽取容量为 100 的样本，求满足 $P(|\bar{\xi}-2|<\lambda)=0.95$ 的 λ 值.

2. 设 $(\xi_1, \xi_2, \cdots, \xi_8)$ 是来自总体 $\xi \sim N(0, 0.3^2)$ 的一个样本，求 $P\left(\sum_{i=1}^{8} \xi_i^2 > 1.80\right)$.

*3. 设某电话交换机要为 2000 个用户服务，最忙时，平均每个用户打电话的占线率为 $\frac{1}{30}$，假设各用户打电话是相互独立的，问若想以 99% 的可能性满足用户的要求，最少需要设多少条线路？（提示：利用中心极限定理求解）

§20-6 参数估计

依据样本 $(\xi_1, \xi_2, \cdots, \xi_n)$ 所构造的统计量，来估计总体 ξ 分布中的未知（待估）参数或数字特征的值，这类统计方法称为**参数估计**.

估计总体未知参数 θ 的统计量 $\hat{\theta}(\xi_1, \xi_2, \cdots, \xi_n)$ 称为**估计量**. 参数估计分为两种类型：点估计和区间估计.

一、参数的点估计

1. 点估计的基本思想

先用“合理”的方法构造出一个估计量 $\hat{\theta}(\xi_1, \xi_2, \cdots, \xi_n)$，然后依据样本值 $(x_1, x_2, \cdots, x_n)$，计算出估计量 $\hat{\theta}$ 的观察值 $\hat{\theta}(x_1, x_2, \cdots, x_n)$，并以此值 $\hat{\theta}$ 作为总体参数 θ 的一个估计值.

2. 估计量的评价标准

由于总体参数 θ 的值未知，无法知 θ 的真值. 而估计量 $\hat{\theta}$ 是一随机变量，其观察值随对样本的多次观察而不同. 人们自然希望估计量 $\hat{\theta}$ 的观察值与 θ 的真值的近似程度越高越好. 譬如，要求估计量 $\hat{\theta}$ 的观察值稳定于 θ 的真值，且偏离真值 θ 的程度越小越好. 为此，人们从不同的角度引入了评价估计量的“优良性”的多种标准，现介绍常用的三种：

(1) 无偏性

设 $\hat{\theta}(\xi_1, \xi_2, \cdots, \xi_n)$ 是总体 ξ 未知参数 θ 的一个估计量，如果

$$E(\hat{\theta})=\theta,$$

则称 $\hat{\theta}$ 为参数 θ 的**无偏估计量**.

其直观意义是：理论上由样本观察值而计算得到的估计量 $\hat{\theta}$ 的观察值作为 θ 的实估值，所得到的估计值的平均值稳定于 θ 的真值.

(2) 有效性

设 $\hat{\theta}(\xi_1, \xi_2, \cdots, \xi_n)$，$\hat{\theta}_1(\xi_1, \xi_2, \cdots, \xi_n)$ 是总体参数 θ 的两个估计量，如果 $D(\hat{\theta})<D(\hat{\theta}_1)$，

则称 $\hat{\theta}$ 比$\hat{\theta}_1$ 更有效；θ 的无偏估计量中方差最小的估计量称为**最优无偏估计量**.

其直观意义是：在保证估计量 $\hat{\theta}$ 无偏的前提下，使 $\hat{\theta}$ 偏离 θ 的程度最小.

(3) 一致性

设 $\hat{\theta}(\xi_1,\xi_2,\cdots,\xi_n)$是总体参数 θ 的估计量，如果

$$\lim_{n\to\infty}P(\hat{\theta}=\theta)=1,$$

则称 $\hat{\theta}$ 为参数 θ 的**一致估计量**.

其直观意义是：在样本容量 n 增大时，估计量 $\hat{\theta}$ 存在的偏差性 $E(\hat{\theta}-\theta)$（$\hat{\theta}$ 不一定是无偏性估计量）与离散性 $D(\hat{\theta})$都减小，并趋向于零.

实际问题中，无偏性与有效性适用于样本容量较小的估计量的评价，一致性只适用于样本容量较大的估计量的评价.

例如，可以证明：

(1) 总体 ξ 不论服从什么分布，若 $E(\xi)$和 $D(\xi)$都存在，则 $\bar{\xi}$ 和 S^{*2} 分别是 $E(\xi)$和 $D(\xi)$的无偏估计量；

(2) 总体 ξ 不论服从什么分布，若 $E(\xi)$和 $D(\xi)$都存在，则样本的统计特征数都是总体相应的数字特征的一致估计量；

(3) 总体服从正态分布 $N(\mu,\sigma^2)$，若 μ,σ 均未知，则 $\bar{\xi}$ 和 S^{*2} 分别是 μ,σ^2 的最优无偏估计量，但对于固定的样本容量 n，$S^2=\frac{1}{n}\sum_{i=1}^{n}(\xi_i-\bar{\xi})^2$ 不是 σ^2 的无偏估计量，但却比 S^{*2} 更有效；若 μ 已知，则 $S^2=\frac{1}{n}\sum_{i=1}^{n}(\xi_i-\mu)^2$ 是 σ^2 的最优无偏估计量.

3. 参数的点估计量

构造估计量的方法很多，这些方法基于各自的思想和已知条件的差异，而产生出同一参数的许多估计量.

(1) 总体数字特征的点估计量

无特殊声明，本书中总是把样本的统计特征数作为总体相应的数字特征的估计量. 例如，$\hat{E}(\xi)=\bar{\xi},\hat{D}(\xi)=S^{*2},\hat{M}(\xi)=M$ 分别作为总体数学期望、方差、平均差的估计量. 其中当总体 ξ 的某个数字特征已知时，则将含有估计数字特征的估计量替换为该数字特征. 例如，已知 $E(\xi)=\mu$，那么方差 $D(\xi)$的估计量替换为 $S^{*2}=\frac{1}{n-1}\sum_{i=1}^{n}(\xi_i-\mu)^2$ 或 $S^2=\frac{1}{n}\sum_{i=1}^{n}(\xi_i-\mu)^2$.

(2) 总体分布参数的点估计

我们知道总体 $\xi\sim N(\mu,\sigma^2)$时，总体 ξ 的分布参数 μ,σ^2 就是其期望和方差. 但在一般情况下，总体的参数与数学期望和方差值并不一致，这时可利用参数与期望和方差的关系，推算出其估计量.

例 1　设总体 $\xi\sim[a,b]$，a,b 未知，试求参数 a,b 的估计量.

解　由 § 20-4 中可知

$$E(\xi)=\frac{1}{2}(b+a),D(\xi)=\frac{1}{12}(b-a)^2.$$

则
$$\begin{cases}\bar{\xi}=\frac{1}{2}(\hat{a}+\hat{b}),\\ S^{*2}=\frac{1}{12}(\hat{b}-\hat{a})^2,\end{cases}$$

解得
$$\begin{cases}\hat{a}=\bar{\xi}-\sqrt{3}S^*,\\ \hat{b}=\bar{\xi}+\sqrt{3}S^*.\end{cases}$$

现将常用的几个分布的参数估计量列表如下：

分布	被估参数	估计量
$\xi\sim 0\text{-}1$	$P(\xi=1)=p$	$\hat{p}=\bar{\xi}=\frac{k}{n}$（频率）
$\xi\sim B(n,p)$	n,p	$\hat{p}=1-\frac{S^{*2}}{\bar{\xi}},\hat{n}=\left[\frac{\bar{\xi}}{\hat{p}}\right]$（取整）
$\xi\sim P(\lambda)$	λ	$\hat{\lambda}=\bar{\xi}$ 或 S^{*2}
$\xi\sim[a,b]$	a,b	$\hat{a}=\bar{\xi}-\sqrt{3}S^*,\hat{b}=\bar{\xi}+\sqrt{3}S^*$
$\xi\sim N(\mu,\sigma^2)$	μ,σ^2	$\hat{\mu}=\bar{\xi},\hat{\sigma}^2=S^{*2}$
$\xi\sim Z(\lambda)$	λ	$\hat{\lambda}=\frac{1}{\bar{\xi}}$

练 习 1

1. 抽检自动车床加工的 11 个零件的尺寸，它们与设计尺寸的偏差如下（单位：μm）：

$$1.0,1.5,-1.0,-2.0,-1.5,1.0,1.1,1.2,3.0,1.0,1.8.$$

求零件尺寸偏差 ξ 的数学期望、方差的无偏估计值.

2. 设总体 $\xi\sim B(n,p)$（n,p 未知），$(\xi_1,\xi_2,\cdots,\xi_n)$ 是来自总体 ξ 的一个样本，利用总体数字特征的点估计量，求 n 和 p 的估计量.

二、参数的区间估计

1. 置信区间的概念

在参数的点估计中，总体未知参数 θ 的估计量 $\hat{\theta}$，即使具有无偏性或有效性等优良性质，但 $\hat{\theta}$ 是一随机变量，$\hat{\theta}$ 的观察值只是 θ 的一个近似值. 在实际问题中，我们往往还希望根据样本给出一个以较大的概率包含被估参数 θ 的范围.

设 θ 为总体 ξ 分布中的一个未知参数，如果由样本确定的两个统计量 θ_1 和 θ_2（$\theta_1<\theta_2$），对于给定的 $\alpha(0<\alpha<1)$，能满足条件

$$P(\theta_1\leqslant\theta\leqslant\theta_2)=1-\alpha,$$

则区间$[\theta_1,\theta_2]$称为 θ 的 $1-\alpha$ **置信区间**，θ_1 和 θ_2 分别称为**置信下限**及**置信上限**，$1-\alpha$ 称为

置信水平(或**置信度**),α 称为**显著性水平**(或**信度**).

显然置信区间是一个随机区间.用置信区间表示包含未知参数的范围和可靠程度的统计方法,称为**参数的区间估计**.

区间估计的直观解释为:置信区间$[\theta_1,\theta_2]$依赖于样本值而得到每一个确定的区间是以 $1-\alpha$ 的概率包含参数 θ 的真值.置信区间的长度(它是随机的)表达了区间估计的准确性;置信水平 $1-\alpha$ 表达了区间估计的可靠性;显著性水平 α 表达了区间估计的不可靠性,即不包含 θ 真值的可能性.

一般情况下,置信度$(1-\alpha)$越大(α 越小),置信区间相应地也越大,即可靠性越大,但准确性越小.因此,进行区间估计时,可在满足信度 α(或置信度 $1-\alpha$)的要求的前提下,适当增加样本容量以获得较小的置信区间.α 一般取 0.05,0.1 等.

2. 正态总体期望和方差的置信区间

(1) 构造置信区间的基本方法

先分析一个例子:设$(\xi_1,\xi_2,\cdots,\xi_n)$是来自正态总体 $\xi\sim N(\mu,\sigma^2)$的一个样本,σ^2 已知,求 μ 的 $1-\alpha$ 置信区间.

若视 μ 已知,则统计量 $U=\dfrac{\bar{\xi}-\mu}{\sigma}\sqrt{n}\sim N(0,1)$,对于给定的置信度 $1-\alpha$,可在标准正态分布表中查表求得 λ_1,λ_2,使得 $P(\lambda_1\leqslant U\leqslant\lambda_2)=1-\alpha$,且 $P(U<\lambda_1)=P(U>\lambda_2)=\dfrac{\alpha}{2}$,即可取 $\lambda_2=-\lambda_1=u_{\frac{\alpha}{2}}$.

例如,$\alpha=0.05$,$u_{\frac{\alpha}{2}}=1.96$,即 $P(|U|<1.96)=0.95$,这时

$$P(-u_{\frac{\alpha}{2}}\leqslant U\leqslant u_{\frac{\alpha}{2}})=1-\alpha,$$

于是

$$P\left(\bar{\xi}-\frac{\sigma}{\sqrt{n}}u_{\frac{\alpha}{2}}\leqslant\mu\leqslant\bar{\xi}+\frac{\sigma}{\sqrt{n}}u_{\frac{\alpha}{2}}\right)=1-\alpha.$$

令 $\theta_1=\bar{\xi}-\dfrac{\sigma}{\sqrt{n}}u_{\frac{\alpha}{2}}$,$\theta_2=\bar{\xi}+\dfrac{\sigma}{\sqrt{n}}u_{\frac{\alpha}{2}}$,$\theta_1,\theta_2$ 是统计量(不含总体未知参数),即 μ 的 $1-\alpha$ 置信区间为

$$\left[\bar{\xi}-\frac{\sigma}{\sqrt{n}}u_{\frac{\alpha}{2}},\bar{\xi}+\frac{\sigma}{\sqrt{n}}u_{\frac{\alpha}{2}}\right].$$

一般地,构造总体 ξ 参数 θ 的置信区间的步骤如下:

① 选用已知分布的统计量 $\hat{\theta}$,$\hat{\theta}$ 含被估参数 θ(θ 看作已知),但 $\hat{\theta}$ 的分布与是否知道 θ 的真值无关;

② 由 $P(\lambda_1\leqslant\hat{\theta}\leqslant\lambda_2)=1-\alpha$,且 $P(\hat{\theta}<\lambda_1)=P(\hat{\theta}>\lambda_2)=\dfrac{\alpha}{2}$,查 $\hat{\theta}$ 的分布表求得 λ_1 和 λ_2;

③ 由 $\lambda_1\leqslant\hat{\theta}\leqslant\lambda_2$ 解出被估参数 θ,得到不等式 $\theta_1\leqslant\theta\leqslant\theta_2$,于是 θ 的 $1-\alpha$ 的置信区间为$[\theta_1,\theta_2]$.

(2) 正态总体期望和方差的置信区间公式

按照上述步骤,可推出正态总体 $\xi\sim N(\mu,\sigma^2)$的 μ 和 σ^2 的置信区间公式(如下表):

被估参数	条件	选用统计量	分布	$1-\alpha$ 的置信区间
μ	σ^2 已知	$U=\frac{\bar{\xi}-\mu}{\sigma}\sqrt{n}$	$N(0,1)$	$\left[\bar{\xi}-\frac{\sigma}{\sqrt{n}}u_{\frac{\alpha}{2}},\bar{\xi}+\frac{\sigma}{\sqrt{n}}u_{\frac{\alpha}{2}}\right]$
	σ^2 未知	$T=\frac{\bar{\xi}-\mu}{S^*}\sqrt{n}$	$t(n-1)$	$\left[\bar{\xi}-\frac{S^*}{\sqrt{n}}t_{\frac{\alpha}{2}}(n-1),\bar{\xi}+\frac{S^*}{\sqrt{n}}t_{\frac{\alpha}{2}}(n-1)\right]$
σ^2	μ 未知	$\chi^2=\frac{(n-1)S^{*2}}{\sigma^2}$	$\chi^2(n-1)$	$\left[\frac{(n-1)S^{*2}}{\chi^2_{\frac{\alpha}{2}}(n-1)},\frac{(n-1)S^{*2}}{\chi^2_{1-\frac{\alpha}{2}}(n-1)}\right]$
	μ 已知	$\chi^2=\sum_{i=1}^{n}\left(\frac{\xi_i-\mu}{\sigma}\right)^2$	$\chi^2(n)$	$\left[\frac{\sum_{i=1}^{n}(\xi_i-\mu)^2}{\chi^2_{\frac{\alpha}{2}}(n)},\frac{\sum_{i=1}^{n}(\xi_i-\mu)^2}{\chi^2_{1-\frac{\alpha}{2}}(n)}\right]$

例 2 对某种飞机轮胎的耐磨性进行试验，8 只轮胎起落一次后测得磨损量(单位：mg)如下：

$$4900,5220,5500,6020,6340,7660,8650,4870.$$

假定轮胎的磨损量服从正态分布 $N(\mu,\sigma^2)$，试求：

(1) 平均磨损量的置信区间；

(2) 磨损量方差的置信区间.(取 $\alpha=0.05$)

解 根据题意，磨损量服从正态分布 $N(\mu,\sigma^2)$，μ,σ^2 未知，$n=8$，自由度 $\varphi=n-1=7$. 根据已知数据计算得

$\bar{x}=6145$， $s^{*2}=1867314.286$， $s^*=1366.497$.

(1) 由 $\alpha=0.05$，查 t 分布表得 $t_{0.025}(7)=2.365$. 根据公式，得

$\theta_1=\bar{x}-\frac{s^*}{\sqrt{8}}t_{0.025}(7)=6145-\frac{1366.497}{\sqrt{8}}\times 2.365=5002.398$，$\theta_2=\bar{x}+\frac{s^*}{\sqrt{8}}t_{0.025}(7)=7287.600$，于是平均磨损量 μ 的 0.95 置信区间为[5002.398,7287.600].

(2) 由 $\alpha=0.05$，查 χ^2 分布表得

$\chi^2_{0.025}(7)=16.013$，$\chi^2_{0.975}(7)=1.690$，

$$\theta_1=\frac{(n-1)s^{*2}}{\chi^2_{0.025}(7)}=\frac{7\times 1867314.286}{16.013}=816286.767,$$

$$\theta_2=\frac{(n-1)s^{*2}}{\chi^2_{0.975}(7)}=\frac{7\times 1867314.286}{1.690}=7734437.871.$$

于是磨损量方差 σ^2 的 0.95 置信区间为[816286.767,7734437.871].

练习 2

1. 某厂生产的轴直径服从正态分布 $N(\mu,\sigma^2)$，现从当日的产品中随机抽出 5 根，测得直径(单位：mm)数据并统计得 $\bar{x}=21.8$，$s^2=0.3286$. 试在下列情况下，分别求 μ 或 σ^2 的 0.95 置信区间：

(1) 已知 $\mu=21$，求 σ^2 的置信区间；

(2) 已知 $\sigma=0.2$，分别用 U,T，求 μ 的置信区间.

2. 思考下列问题：

(1) 当总体 $\xi\sim N(\mu,\sigma^2)$，且 σ 已知，求 μ 的置信区间时，在理论上用 T，还是用 U 可

靠性更好(在同信度的 α 下)?

(提示：考察置信上、下限的性质优劣或 T, U 的性质优劣)

(2) 当总体 ξ 不服从正态分布时，其 $E(\xi)$ 和 $D(\xi)$ 都存在，怎样作出 $E(\xi)$ 和 $D(\xi)$ 的区间估计?

习题 20-6

A 组

1. 从某高职一年级的女生中，随机地抽查 10 人，测得身高、体重如下(身高单位：cm;体重单位：kg)：

身高	155	158	161	156	153	151	154	157	159	163
体重	38	42	52	43	41	37	39	44	51	58

试对该年级女生的身高和体重的数学期望和方差分别作出无偏点估计.

2. 从某批灯泡中随机抽取 5 只测试其使用寿命(单位：h)，测得数据如下：

1050　1100　1120　1250　1280

假设灯泡的使用寿命 $\xi \sim Z(\lambda)$，试估计 $P(\xi > 10000)$ 的值.

3. 设某种型号的卡车 100km 耗油量(单位:L) $\xi \sim N(\mu, \sigma^2)$，现随机抽取 14 辆该型号卡车做试验，其 100km 耗油量如下：

12.6　12.2　13.0　12.6　13.2　13.0　13.2

13.8　13.0　13.2　13.8　13.2　14.2　13.2

试在下列情况下，分别求 μ 或 σ^2 的置信度为 0.95 的置信区间：

(1) 已知 $\mu = 13$，求 σ^2 的置信区间；

(2) 已知 $\sigma^2 = 0.6^2$，求 μ 的置信区间；

(3) μ, σ^2 均未知，求 μ, σ^2 的置信区间.

4. 设总体 $\xi \sim N(\mu, 1)$，样本 (ξ_1, ξ_2, ξ_3)，试证下述三个估计量都是 μ 的无偏估计量，并判断哪一个估计量最有效：

(1) $\hat{\mu}_1 = \frac{1}{5}\xi_1 + \frac{3}{10}\xi_2 + \frac{1}{2}\xi_3$；　(2) $\hat{\mu}_2 = \frac{1}{3}\xi_1 + \frac{1}{4}\xi_2 + \frac{5}{12}\xi_3$；

(3) $\hat{\mu}_3 = \frac{1}{3}\xi_1 + \frac{1}{6}\xi_2 + \frac{1}{2}\xi_3$.

B 组

1. 来自总体容量为 50 的样本值数据分组统计如下：

x	7.33 ~ 7.43	~ 7.53	~ 7.63	~ 7.73	~ 7.83	~ 7.93	~
频数 f_i^*	2	5	1	4	6	4	10

x	8.03 ～	8.13 ～	8.23 ～	8.33 ～	8.43 ～	8.53 ～	8.63 ～ 8.73
频数 f_i^*	4	3	6	1	2	1	1

此时样本均值 $\overline{x}$ 和样本方差 s^2 按下列公式计算：

$$\overline{x}=\frac{1}{n}\sum_{i=1}^{k}x_i f_i^* = \sum_{i=1}^{k}x_i f_i;$$

$$s^2=\frac{1}{n}\sum_{i=1}^{k}(x_i-\overline{x})^2 f_i^* = \sum_{i=1}^{k}(x_i-\overline{x})^2 f_i.$$

其中 x_i——第 i 组区间的中值(如第一组区间 7.33～7.43 的中值为 7.38)；

k——组数(本题 14 组)；

n——样本容量(本题 $n=50$)；

f_i^*——第 i 组数据的频数(如第一组区间 7.33～7.43 中出现的数据为 2 个，即 $f_i^*=2$)；

f_i——第 i 组数据的频率$\left(即\ f_i=\dfrac{f_i^*}{n}\right)$.

试按分组计算方法，对总体的数学期望和方差作出点估计；根据上述公式规则，试建立总体平均差的点估计值的分组计算公式.

*2. 总体 ξ 的样本为$(\xi_1,\xi_2,\cdots,\xi_n)$，总体 η 的样本为$(\eta_1,\eta_2,\cdots,\eta_n)$，$E(\xi)=\mu_1$，$E(\eta)=\mu_2$，$\overline{\xi}=\dfrac{1}{n}\sum\limits_{i=1}^{n}\xi_i$，$\overline{\eta}=\dfrac{1}{n}\sum\limits_{i=1}^{n}\eta_i$，试证 $\overline{\xi}-\overline{\eta}$ 为 $\mu_1-\mu_2$ 的无偏估计量.(提示：令 $z=\xi-\eta$，则 $\overline{z}=\overline{\xi}-\overline{\eta}$)

*3. 设总体 $\xi\sim N(\mu_1,\sigma_1^2)$，总体 $\eta\sim N(\mu_2,\sigma_2^2)$，$\xi$ 与 η 相互独立，根据双总体的统计量：(1) 若 $\sigma_1^2=\sigma_2^2$，试推出 $\mu_1-\mu_2$ 的置信区间公式；(2) 试推出 $\dfrac{\sigma_1^2}{\sigma_2^2}$ 或 $\dfrac{\sigma_2^2}{\sigma_1^2}$ 的置信区间公式.

§20-7 假设检验

依据样本的信息和运用适当的统计量的概率分布性质，对总体事先提出的某种特征的假设作出接受或拒绝的判断，这类统计方法称为**假设检验**.

假设检验中用于判断的统计量称为**检验统计量**. 假设检验问题按检验的内容一般分为两种类型：对总体的分布参数或数字特征提出假设并作检验，统称为**总体参数的假设检验**；对总体的分布函数的表达式或随机变量之间的相关性、独立性等提出假设并作检验，统称为**非参数性的假设检验**. 本节主要讨论正态总体参数的假设检验问题，有关非参数性假设检验和假设检验法的评价标准等内容仅在必要时说明.

一、基本原理

1. 假设检验的基本思想

先从一个例子谈起.

例 1 某工厂生产一种铆钉，铆钉直径 ξ(单位：cm)服从正态分布 $N(2,0.02^2)$. 现在为了提高产量，采用了一种新工艺，从采用了新工艺生产的铆钉中抽取 100 个，测得其直径平均值 $\overline{x}$ 为 1.978，它与原工艺中的 $\mu=2$ 相差 0.022，这种差异纯粹是检验及生产的随机因素造成的，还是反映了新工艺条件下铆钉直径发生了显著性变化呢？

假设"新工艺对铆钉直径没有显著影响"，即 $\mu=2$，那么，从采用了新工艺生产的铆钉中抽取的样本，可以认为是从原工艺总体 ξ 中抽取的，统计量 $U=\dfrac{\overline{\xi}-\mu}{\frac{\sigma}{\sqrt{n}}}=\dfrac{\overline{\xi}-2}{0.002}$ 服从正态分布 $N(0,1)$.

例如，给定 $\alpha=0.05$，$u_{\frac{\alpha}{2}}=1.96$，应有 $P(|U|\leqslant 1.96)=0.95$，也就是说从新工艺生产的铆钉中抽取容量为 100 的样本均值 $\overline{\xi}$，能使 U 在 $[-1.96,1.96]$ 内取值的概率为 0.95，而落在 $(-\infty,-1.96)\cup(1.96,+\infty)$ 内的概率为 0.05. 现将 $\overline{\xi}$ 的观察值 $\overline{x}=1.978$ 代入 U，得 $U=-11$，即 U 落在了区间 $(-\infty,-1.96)$，表明概率为 0.05 的事件发生了，这是一种异常现象，因此有理由认为"假设"不正确，即"$\mu=2$"应该被否定或拒绝. 这种思想可认为是概率意义下的反证法.

2. 判断"假设"的依据

上述拒绝接受"假设 $\mu=2$"的依据，是在假设检验中广泛采用的一个原理——小概率原理：在一次试验中，如果事件 A 的发生概率 $P(A)$ 很小时，则 A 称为小概率事件，小概率事件在一次试验中应认为是几乎不可能发生的.

例如，在上例中 $A=\{|U|>1.96\}$，$P(A)=0.05$，事件 A 发生了，则根据小概率原理，拒绝接受假设.

3. 假设检验的步骤

(1) 提出原假设 H_0，即明确所要检验的对象.

(2) 建立检验用的统计量 θ.

对检验统计量 θ 有两个要求：① 它与原假设 H_0 有关，在 H_0 成立的条件下不带有任何总体的未知参数；② 在 H_0 成立的条件下，θ 的分布已知. 正态总体的常用检验统计量为 U,T,χ^2,F，并称相应的检验为 **U 检验法**、**T 检验法**、**χ^2 检验法**、**F 检验法**.

(3) 确定拒绝域.

在给定的 α 下，查分布表得统计量的临界值 $\theta_{\frac{\alpha}{2}}$，$\theta_{1-\frac{\alpha}{2}}$，由 $P(\theta>\theta_{\frac{\alpha}{2}})+P(\theta<\theta_{1-\frac{\alpha}{2}})=\alpha$，设定事件 $A=\{\theta>\theta_{\frac{\alpha}{2}}\}\cup\{\theta<\theta_{1-\frac{\alpha}{2}}\}$ 为小概率事件，我们称 $(-\infty,\theta_{1-\frac{\alpha}{2}})\cup(\theta_{\frac{\alpha}{2}},+\infty)$ 为拒绝域. α 通常取 0.05，0.1 等.

(4) 根据样本观察值计算出统计量 θ 的观察值，并作出判断.

如果 A 发生，则拒绝 H_0，否则接受原假设 H_0，并作出实际问题的解释.

现将例 1 解答如下.

解 (1) 原假设 H_0：$\mu=2$；

(2) 由于已知总体方差 $\sigma^2=0.02^2$，选用统计量 $U=\dfrac{\overline{\xi}-\mu_0}{\frac{\sigma}{\sqrt{n}}}=\dfrac{\overline{\xi}-2}{0.002}\sim N(0,1)$；

(3) 对于给定的 $\alpha=0.05$，由 $P(|U|<u_{0.025})=0.95$，查表得 $u_{0.025}=1.96$，即拒绝域为

$(-\infty, -1.96) \cup (1.96, +\infty)$；

(4) 由 $\overline{x}=1.978$，得 $U=\dfrac{1.978-2}{0.002}=-11$，且 $|U|=11>1.96$，所以拒绝原假设 H_0.

即采用新工艺后，铆钉直径发生了显著变化.

二、单正态总体期望和方差的检验

假设检验的关键是提出原假设，并选用"合适"的统计量，检验步骤完全相仿. 现将正态总体的有关检验问题及方法列表如下：

原假设 H_0	条件	检验法	选用统计量	统计量分布	拒绝域
$\mu=\mu_0$ （μ_0 为常数）	σ^2 已知	U	$U=\dfrac{\overline{\xi}-\mu_0}{\sigma_0}\sqrt{n}$	$N(0,1)$	$(-\infty, -\mu_{\frac{\alpha}{2}}) \cup (u_{\frac{\alpha}{2}}, +\infty)$
	σ^2 未知	T	$T=\dfrac{\overline{\xi}-\mu_0}{S^*}\sqrt{n}$	$t(n-1)$	$(-\infty, -t_{\frac{\alpha}{2}}(n-1)) \cup (t_{\frac{\alpha}{2}}(n-1), +\infty)$
$\sigma^2=\sigma_0^2$ （σ_0^2 为常数）	μ 已知	χ^2	$\chi^2=\sum\limits_{i=1}^{n}\left(\dfrac{\overline{\xi}-\mu_0}{\sigma_0}\right)^2$	$\chi^2(n)$	$(0, \chi^2_{1-\frac{\alpha}{2}}(n)) \cup (\chi^2_{\frac{\alpha}{2}}(n), +\infty)$
	μ 未知	χ^2	$\chi^2=\dfrac{(n-1)S^{*2}}{\sigma_0^2}$	$\chi^2(n-1)$	$(0, \chi^2_{1-\frac{\alpha}{2}}(n-1)) \cup (\chi^2_{\frac{\alpha}{2}}(n-1), +\infty)$

例 2 已知某厂生产的维尼纶纤度（纤度表示纤维粗细的一个量）在正常情况下服从正态分布 $N(1.405, 0.048^2)$. 某天抽取 5 根纤维测得纤度为 1.36，1.40，1.44，1.32，1.55，问这天纤度的期望和方差是否正常（$\alpha=0.10$）？

解 (1) 检验期望 μ.

① 原假设 $H_0: \mu=1.405$；

② 由于方差未知（当天总体纤度方差未知），选用统计量 $T=\dfrac{\overline{\xi}-\mu_0}{S^*}\sqrt{n}\sim t(4)$；

③ 由 $\alpha=0.10$，查表得 $t_{0.05}(4)=2.1318$，所以拒绝域为 $(-\infty, -2.1318) \cup (2.1318, +\infty)$；

④ 根据样本值计算得

$\overline{x}=1.414$，$s^{*2}=0.00778$，$s^*=0.0882$，

$$T=\frac{\overline{x}-\mu_0}{s^*}\sqrt{n}=\frac{1.414-1.405}{0.0882}\times\sqrt{5}=0.2282,$$

由于 $|T|=0.2282<t_{0.05}(4)=2.1318$，所以接受原假设 H_0.

即这一天纤度期望无显著变化.

(2) 检验方差 σ^2.

① 原假设 $H_0: \sigma^2=0.048^2$；

② 根据题意，选用统计量 $\chi^2=\dfrac{(n-1)s^{*2}}{\sigma_0^2}\sim\chi^2(4)$；

③ 由 $\alpha=0.10$，查表得 $\chi^2_{0.95}(4)=0.711$，$\chi^2_{0.05}(4)=9.488$，所以拒绝域为 $(0, 0.711) \cup (9.488, +\infty)$；

④ 由(1)中数据得

$$\chi^2=\frac{(n-1)s^{*2}}{\sigma_0^2}=\frac{4\times 0.00778}{0.048^2}=13.507.$$

可知 $\chi^2=13.507>\chi^2_{0.05}(4)=9.488$，所以拒绝原假设 H_0，即这一天纤度方差明显地变大.

练习1

1. 假设检验中接受原假设或拒绝原假设，它们分别表示提出的原假设正确或不正确吗？为什么？

2. 小概率原理的涵义是小概率事件 A 在一次试验(或观察)中可以认为几乎不可能发生，还是肯定不会发生？

3. 在例2中，当检验了期望无显著性变化后，对方差的检验，还可以选用何统计量？并根据你所选用的检验统计量作出相应的解答.

4. 当总体 ξ 不服从正态分布时，是否可以作假设检验？为什么？若可以，对总体 ξ 和样本容量 n 有什么要求？此时作出的检验的可靠性有可能增大，还是减小？

*三、双正态总体期望和方差检验

设 $(\xi_1,\xi_2,\cdots,\xi_{n_1})$ 是来自正态总体 $\xi\sim N(\mu_1,\sigma_1^2)$ 的一个样本，$(\eta_1,\eta_2,\cdots,\eta_{n_2})$ 是来自正态总体 $\eta\sim N(\mu_2,\sigma_2^2)$ 的一个样本，且 ξ 与 η 相互独立，或独立地分别从总体 ξ 和 η 中获取样本.记

$$\bar{\xi}=\frac{1}{n_1}\sum_{i=1}^{n_1}\xi_i,\qquad S_1^{*2}=\frac{1}{n_1-1}\sum_{i=1}^{n_1}(\xi_i-\bar{\xi})^2,$$

$$\bar{\eta}=\frac{1}{n_2}\sum_{i=1}^{n_2}\eta_i,\qquad S_2^{*2}=\frac{1}{n_2-1}\sum_{i=1}^{n_2}(\eta_i-\bar{\eta}).$$

检验的对象当 $\mu_1=\mu_2$ 或 $\sigma_1^2=\sigma_2^2$ 时，常选用双总体统计量 U,T,F.在原假设 H_0 成立的条件下，可根据已知条件直接选用§20-5中的双正态总体的统计量并变形，作为检验统计量.

1. 检验期望

原假设 $H_0:\mu_1=\mu_2$.

(1) σ_1^2,σ_2^2 均已知，选用统计量

$$U=\frac{\bar{\xi}-\bar{\eta}}{\sqrt{\frac{\sigma_1^2}{n_1}+\frac{\sigma_2^2}{n_2}}}\sim N(0,1).$$

(2) σ_1^2,σ_2^2 均未知，但已知 $\sigma_1^2=\sigma_2^2$，选用统计量

$$T=\frac{\bar{\xi}-\bar{\eta}}{\sqrt{\frac{(n_1-1)S_1^{*2}+(n_2-1)S_2^{*2}}{(n_1+n_2-2)}\left(\frac{1}{n_1}+\frac{1}{n_2}\right)}}\sim t(n_1+n_2-2).$$

(3) σ_1^2,σ_2^2 均未知，但 $n_1=n_2=n$，令

$$Z_i=\xi_i-\eta_i(i=1,2,\cdots,n),d=\mu_1-\mu_2,$$

$Z_1,Z_2,\cdots,Z_n$ 为随机变量，记 $\overline{Z}=\dfrac{1}{n}\sum\limits_{i=1}^{n}Z_i,S^{*2}=\dfrac{1}{n-1}\sum\limits_{i=1}^{n}(Z_i-\overline{Z})^2$，

此时原假设转化为 $H_0:d=0$，

选用统计量　$T=\dfrac{\overline{Z}}{S^*}\sqrt{n}\sim t(n-1)$.

此法称为配对试验的 **T 检验法.**

2. 检验方差

原假设 $H_0:\sigma_1^2=\sigma_2^2$.

选用统计量　$F=\dfrac{S_1^{*2}}{S_2^{*2}}\sim F(n_1-1,n_2-1)$.

例 3　对两批经纱进行强力试验，测得数据如下(单位：g)：

甲批	57	56	61	60	47	49	63	61
乙批	65	69	54	60	52	62	57	60

假定经纱的强力服从正态分布，试问两批经纱的平均强力有否显著差异($\alpha=0.05$)?

解法 1　由于两批经纱强力的方差未知，且也未知 $\sigma_{甲}^2=\sigma_{乙}^2$，所以不能直接检验两批经纱的平均强力有否显著差异，因此必须先检验 $\sigma_{甲}^2=\sigma_{乙}^2$.

(1) 检验方差.

① 原假设 $H_0:\sigma_{甲}^2=\sigma_{乙}^2$；

② 选用统计量 $F=\dfrac{S_1^{*2}}{S_2^{*2}}\sim F(n_1-1,n_2-1)$；

③ 由 $\alpha=0.05$，查分布表得 $F_{0.025}(7,7)=4.99$，$F_{0.975}(7,7)=\dfrac{1}{F_{0.025}(7,7)}=\dfrac{1}{4.99}\approx 0.2$，即拒绝域为 $(0,0.2)\cup(4.99,+\infty)$；

④ 由样本值计算得 $F=1.33$，$0.2<F<4.99$，所以接受原假设，即 $\sigma_{甲}^2=\sigma_{乙}^2$(一般称方差无显著差异).

(2) 检验平均强力.

① 原假设 $H_0:\mu_{甲}=\mu_{乙}$；

② 由于 $\sigma_{甲}^2=\sigma_{乙}^2$，选用统计量

$$T=\frac{\overline{\xi}-\overline{\eta}}{\sqrt{\dfrac{(n_1-1)S_1^{*2}+(n_2-1)S_2^{*2}}{(n_1+n_2-2)}\left(\dfrac{1}{n_1}+\dfrac{1}{n_2}\right)}}\sim t(14);$$

③ 由 $\alpha=0.05$，查分布表得 $t_{0.025}(14)=2.1448$，即拒绝域为 $(-\infty,-2.1448)\cup(2.1448,+\infty)$；

④ 将样本值代入 T 中得

$$|T|=0.5584,$$

因为 $|T|<t_{0.05}(14)$，故接受原假设.

即这两批经纱平均强力无显著差异.

解法 2　方差 $\sigma_{甲}^2,\sigma_{乙}^2$ 未知，且不知道是否相等，但 $n_1=n_2=8$. 用配对 T 检验法.

将原数据配对，得

Z_i　-8　-13　7　0　-5　-13　6　1

① 原假设 $H_0: d=0(\mu_{甲}=\mu_{乙})$；

② 选用统计量 $T=\dfrac{\overline{Z}}{S^*}\sqrt{n}\sim t(7)$；

③ 由 $\alpha=0.05$，查表得 $t_{0.025}(7)=2.365$，即拒绝域为 $(-\infty,-2.365)\cup(2.365,+\infty)$；

④ 计算得 $\overline{Z}=-3.125, s^{*2}=73.286, s^*=8.561, |T|=1.0325<2.365$，因此接受原假设 H_0.

即两批经纱的平均强力无显著差异.

练习 2

1. 对双正态总体的期望与方差的检验问题和方法进行小结，并列表表示. 如果 μ_i 和 $\sigma_i(i=1,2)$ 中的一个已知，此时的假设检验问题能否得到简化？

2. 用两种方法分别冶炼某种金属材料，两种冶炼法的杂质含量分别记作 ξ 和 η，设 $\xi\sim N(\mu_1,\sigma_1^2)$，$\eta\sim N(\mu_2,\sigma_2^2)$. 现分别抽取样本，并测得其杂质含量统计数据如下：

ξ:　$n_1=13, \overline{x}=25.68, s_1^{*2}=5.411$；

η:　$n_2=9, \overline{y}=22.51, s_1^{*2}=1.459$.

试问这两种冶炼法的杂质含量是否显著不同？能否判断哪种方法较好？

*四、质量控制简介

在工业生产中常用一种称为“质量控制”的统计方法，以检查和控制产品的质量，这种方法通常具有两方面的工作：

(1) 工序控制——其目的是在生产过程中通过检查产品的质量，及时发现问题，称为预告性质量检查. 工序控制的目的就是检查生产过程中产品质量是否有显著性变化，或者说生产过程是否处于控制状态中.

(2) 验收控制——在生产出一批产品后，按照制订的检验方案，对产品质量加以鉴定，称为鉴定性质量检查. 验收控制的主要内容实际上是讨论“抽样检查方案”怎样制订才较为合理.

(一) 假设检验中的两类错误

给定显著性水平 α 后，总体参数 θ 的置信区间，或假设检验中的拒绝域的设定，都是以小概率原理为依据的. 由于样本信息的不完备性，在实际中，判断结果可能会发生两类错误.

第一类错误是：原假设 H_0 本来正确，但小概率事件 A 真的发生了，导致错误地拒绝 H_0，这类错误称为**弃真错误**，弃真错误的概率就是显著性水平 α，记作 $P(A|H_0)=\alpha$.

第二类错误是：原假设 H_0 本来不正确，但小概率事件 A 真的没有发生，导致错误地接受原假设 H_0，这类错误称为**存伪错误**. 存伪错误的概率记作 $P(\overline{A}|\overline{H_0})=\beta$.

现在回头再看假设检验中显著性水平 α 对结果的影响. 假设检验的一个本质方面是在给定 α 下确定相应的拒绝域. 对于固定的样本容量而言,α 较大就意味着有较大的弃真概率,同时对应着较小的存伪概率,故买卖双方的买方乐于接受,这是因为较大 α 产生的拒绝域易于显示差异性(接受域范围较小);反之,较小 α 下,对应的存伪概率较大,或者说无法显示出检验对象较小的差异性,故受卖方欢迎.

一般来说,在样本容量 n 固定的前提下,犯两类错误的概率难以同时得到控制,而且可以证明:当 α 增大时,β 将随之减小;反之,则 β 将随之增大. 在理论研究和实际工作中通常遵循这样的原则:即先限制 α 使之满足要求,然后通过"合理"地增加样本容量 n 使 β 尽可能地减小(当然无限增加样本容量,可以使 α,β 同时减小,但失去了抽样意义,也不现实).

(二) 工序控制

1. 检验总体的正态性

现介绍一种非参数假设检验的**经验检验法**.

设 $(\xi_1,\xi_2,\cdots,\xi_n)$ 是来自总体 ξ 的样本,记

$u_k=\frac{1}{n}\sum_{i=1}^{n}(\xi_i-\bar{\xi})^k$ (k 为正整数)—— 称为样本 k 阶中心矩;

$\gamma_1=\frac{u_3}{S^3}$——称为偏度统计量;

$\gamma_2=\frac{u_4}{S^4}-3$——称为峰度统计量.

其中 $S=\sqrt{u_2}$.

经计算得 $D(\gamma_1)\approx\frac{6}{n}$,$D(\gamma_2)\approx\frac{24}{n}$. 经验告诉我们,当样本容量 $n\geqslant 50$ 时,若 $|\gamma_1|<2\sqrt{\frac{6}{n}}$,$\gamma_2<2\sqrt{\frac{24}{n}}$,则可以认为总体 ξ 服从正态分布;若 $|\gamma_1|$,γ_2 的值分别达到或超过 $\sqrt{\frac{6}{n}}$ 和 $\sqrt{\frac{24}{n}}$ 的 2 倍,而在 3 倍以内,则可认为总体 ξ 近似地服从正态分布.

2. 均值与极差控制图

(1) 基本思想

设总体 ξ 服从正态分布 $N(\mu,\sigma^2)$,工序控制的问题就归结为控制一对参数 μ 和 σ^2,使之满足规定的要求,这种要求自然是概率意义下的一种描述. 例如,ξ 表示某台车床加工的某种零件的尺寸,零件的标准尺寸为 μ_0 及允许的"公差"为 σ_0,则"生产过程控制在稳定状态下"就是要使总体 ξ 分布与零件的标准尺寸 μ_0 及允许的"公差"σ_0 之间满足要求:$\mu=\mu_0$ 及 $\sigma^2\leqslant\sigma_0{}^2$. 在生产过程中某段确定的时间内,车床的性能及生产原料波动不大,μ 和 σ^2 相对稳定于某个确定的值,但在较长的生产过程中,μ 和 σ^2 的值实际上是一个动态值,必须得到有效的控制.

由前面的讨论可知,总体 ξ 的样本均值 $\bar{\xi}$ 服从正态分布 $N\left(\mu,\frac{\sigma^2}{n}\right)$,给定显著性水平 α,则

$$P\left(\mu-u_{\frac{\alpha}{2}}\frac{\sigma}{\sqrt{n}}\leqslant\bar{\xi}\leqslant\mu+u_{\frac{\alpha}{2}}\frac{\sigma}{\sqrt{n}}\right)=1-\alpha,$$

$$P\left(\chi^2_{1-\frac{\alpha}{2}}\frac{\sigma^2}{n-1}\leqslant S^{*2}\leqslant\chi^2_{\frac{\alpha}{2}}\frac{\sigma^2}{n-1}\right)=1-\alpha.$$

将 μ 换成 μ_0，σ^2 换成 ${\sigma_0}^2$，若 $\bar{x}\in\left(\mu_0-u_{\frac{\alpha}{2}}\frac{\sigma_0}{\sqrt{n}},\mu_0+u_{\frac{\alpha}{2}}\frac{\sigma_0}{\sqrt{n}}\right)$，$S^{*2}\in\left(\chi^2_{1-\frac{\alpha}{2}}\frac{\sigma_0^2}{n-1},\chi^2_{\frac{\alpha}{2}}\frac{\sigma_0^2}{n-1}\right)$，则我们可以置信水平 $1-\alpha$ 认为生产过程处于控制状态. 其中$\left(\mu_0-u_{\frac{\alpha}{2}}\frac{\sigma_0}{\sqrt{n}},\mu_0+u_{\frac{\alpha}{2}}\frac{\sigma_0}{\sqrt{n}}\right)$和$\left(\chi^2_{1-\frac{\alpha}{2}}\frac{\sigma_0^2}{n-1},\chi^2_{\frac{\alpha}{2}}\frac{\sigma_0^2}{n-1}\right)$分别称为样本均值及样本方差的置信水平为 $1-\alpha$ 的控制域.

为了便于操作，人们常取样本容量 n 为固定数，改用比 S^{*2} 更易计算的样本极差 R，并找到了样本极差 R 与总体方差 σ^2 的关系式 $E(R)=d_2\sigma$，$D(R)=d_3^2\sigma^2$，其中 d_2，d_3 是随样本容量 n 而变化的系数（见工序控制常用数值表），且 R 近似服从正态分布 $N(E(R),D(R))$，故有近似表达式：

$$P\left(E(R)-u_{\frac{\alpha}{2}}\sqrt{D(R)}\leqslant R\leqslant E(R)+u_{\frac{\alpha}{2}}\sqrt{D(R)}\right)=1-\alpha.$$

将上述关系代入，并将 σ 换成 σ_0，即得样本极差 R 的置信水平为 $1-\alpha$ 的控制域为

$$(d_2\sigma_0-u_{\frac{\alpha}{2}}d_3\sigma_0,d_2\sigma_0+u_{\frac{\alpha}{2}}d_3\sigma_0).$$

工序控制常用数值表

n	d_2	d_3	n	d_2	d_3	n	d_2	d_3
2	1.128	0.853	8	2.847	0.820	14	3.407	0.762
3	1.693	0.883	9	2.970	0.808	15	3.472	0.755
4	2.059	0.880	10	3.028	0.799	16	3.532	0.749
5	2.326	0.864	11	3.3258	0.778	17	3.588	0.743
6	2.534	0.848	12	3.3258	0.778	18	3.640	0.738
7	2.704	0.833	13	3.336	0.770	19	3.698	0.733

（2）基本作法

设总体 $\xi\sim N(\mu,\sigma^2)$，控制要求为 $\mu=\mu_0$，$\sigma^2\leqslant\sigma_0^2$.

第一种情形：当 μ_0，σ_0^2 已知时，

① 确定控制中心线

在均值图上，控制中心线 L：$y=\mu_0$，在极差图上，控制中心线 G：$y=d_2\sigma_0$.

② 确定控制上、下限线

在均值图上，控制上限线 L_1：$y=\mu_0+u_{\frac{\alpha}{2}}\frac{\sigma_0}{\sqrt{n}}$，控制下限线 L_2：$y=\mu_0-u_{\frac{\alpha}{2}}\frac{\sigma_0}{\sqrt{n}}$；

在极差图上，控制上限线 G_1：$y=(d_2+u_{\frac{\alpha}{2}}d_3)\sigma_0$，控制下限线 G_2：$y=(d_2-u_{\frac{\alpha}{2}}d_3)\sigma_0$（若 $y<0$ 时，取 $y=0$）.

第二种情形：当 μ_0，σ_0^2 未知时，经过 N 次抽样后，N 个样本容量为 n 的样本，其均值

和极差的平均值记为 x 和 $\overline{R}$，将上述控制线方程中的 μ_0，σ_0 分别换为 x 和 $\dfrac{\overline{R}}{d_2}$.

③ 绘制 x 与 R 控制图

在直角坐标系中分别作出均值与极差控制中心线，控制上、下限线，建立 x 控制图和 R 控制图(图 20-13)，控制上、下限线之间区域为控制域.

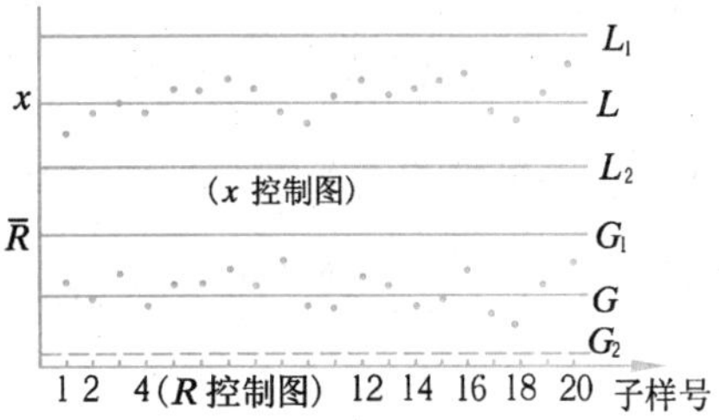

图 20-13

④ 实施控制

第一种情形：当 μ_0，σ_0^2 已知时，控制图建好后，每隔一段时间抽取容量 n 固定的样本，并计算样本均值 $\overline{x}_k$ 和极差 R_k，以样本号 k 为横坐标，$\overline{x}_k$(或 R_k)为纵坐标，分别在 x 控制图(或 R 控制图)中作出点$(k,\overline{x}_k)$(或点(k,R_k))，通过点在控制图中的位置的规律，分析生产是否处于控制状态下.

点在控制区域之外，表明生产不稳定或次品、废品发生率增大，必须查明原因，及时处理.

在 x 控制图上，点虽在控制区域内，但出现了倾向问题. 例如，如果点总是落在中心线一侧，说明设定的加工尺寸可能偏大或偏小；如果点单调上升(或下降)，可能设备中的某些控制件受损；如果点在控制域内上、下波动较大，说明设备性能可能不稳定，或原料等主要因素有较大波动；如果点出现某种规律(如周期现象)，也能启发我们及时注意设备可能出现了某种问题.

第二种情形：当 μ_0，σ_0^2 未知时，必须先检查已抽取的 N 个容量为 n 的样本均值$\overline{x}_k$ 和极差 R_k，点$(k,\overline{x}_k)$(或点(k,R_k))的位置是在控制图中的控制区域内，方可实施控制. 否则，必须查明原因处理后，再抽取 N_1 个样本重建控制图，直至可实施控制为止.

(3) 工序控制与参数估计和假设检验的关系

我们已知 $\overline{\xi}$ 和 S^{*2} 是总体 $\xi \sim N(\mu,\sigma^2)$ 的 μ 和 σ^2 的无偏估计量，μ 和 σ^2(或改用 R)的观察值落在控制域中，一方面说明控制域包含被估参数 μ 和 σ^2 的置信度为 $1-\alpha$，另一方面控制域是由检验统计量推出的，说明在生产过程的主要因素基本不变的条件下，总体 ξ 的分布规律与控制要求之间可以 $1-\alpha$ 的概率“认为”无显著差异；反之，说明在考虑了随机因素的影响外，生产过程的主要因素仍有问题，从而达到控制生产过程是否处于稳定状态的目的.

(三) 样本容量 n 的确定

1. 参数估计与检验中 n 的确定

设总体 $\xi \sim N(\mu,\sigma^2)$，给定显著性水平 α，μ 的置信区间的长度，或检验原假设 $H:\mu=\mu_0$(μ_0 为常数)的接受域的长度记为 2Δ. 在实际工作中，常称 Δ 为估计精度或误差精度、试验精度、检验精度等. 特别是 μ_0 代表标准尺寸时，Δ 可认为是公差域. 此时，样本容量 n 可用以下方法确定.

先用近似公式 $n=\dfrac{4s^{*2}}{\Delta^2}$($s^{*2}$ 为样本方差)计算，并进位取整得 n_1，其中，如果总体方差已知或由以往经验确定为σ_0^2，用σ_0^2代替s^{*2}；如果总体方差σ^2未知，可用已抽取的一个样本方差或若干个样本方差的平均值代替s^{*2}.

当$50 \geqslant n_1 > 30$时，一般就以这个n_1作为样本容量；当$n_1 \leqslant 30$或$n_1 > 50$时，则继续下一步.

当$5 \leqslant n_1 \leqslant 30$或$n_1 > 50$时(其中第一步计算$n_1 < 5$时，取$n_1 = 5$)，以$n_1$的值查临界值$t_{\frac{\alpha}{2}}(n_1 - 1)$，并由关系式$n = \frac{s^{*2}}{\Delta^2} t_{\frac{\alpha}{2}}^2 (n_1 - 1)$计算，进位成正整数，得$n_2$，再以$n_2$查临界值$t_{\frac{\alpha}{2}}(n_2 - 1)$，并由关系式$n = \frac{s^{*2}}{\Delta^2} t_{\frac{\alpha}{2}}^2 (n_2 - 1)$计算，并进位成正整数，得$n_3$，即循环使用递推公式：

$$n_{i+1} = \frac{s^{*2}}{\Delta^2} t_{\frac{\alpha}{2}}^2 (n_i - 1) \quad (i \in \mathbf{N}_+ \text{，其中 } n_i \text{ 均进位取整}).$$

直至上式两边n_i与n_{i+1}相等或差异很小为止.

上述方法常称为"试差法".

例 4 某种电子仪器额定电流的总体方差$\sigma^2 \approx 200$，经供需双方商定，检验要求为置信水平0.95下的精度是20毫安，问要检查多少台仪器？

解 取$s^{*2} = 200$，$\Delta = 10$，$\alpha = 0.05$，则

$$n_1 = \frac{4s^{*2}}{\Delta^2} = \frac{800}{100} = 8.$$

因为$n_1 < 30$，对于自由度7和$\alpha = 0.05$，查临界值$t_{0.025}(7) \approx 2.37$，得

$$n_2 = \frac{s^{*2}}{\Delta^2} \cdot t_{\frac{\alpha}{2}}^2(7) = \frac{200}{100} \times 2.37^2 = 11.23.$$

以自由度11和$\alpha = 0.05$，查临界值$t_{0.025}(11) = 2.20$，再计算得

$$n_3 = \frac{s^{*2}}{\Delta^2} \cdot t_{\frac{\alpha}{2}}^2(11) = \frac{200}{100} \times 2.20^2 = 10.68.$$

再计算一次得$n_4 = 10.94$，这时就确定$n = 11$.

因此，只要检查11台仪器就可以了.

注意 此法亦适用于双总体配对T检验法中$n(n_1 = n_2 = n)$的确定，并可以证明，在相同的试验精度下，两个正态总体的数学期望是否相等的检验问题，用配对试验将比不配对试验所需样本容量最多可减少一半左右，因而在试验条件许可的情况下，尽量采取配对试验为好.

2. 工序控制时的样本容量 n 的确定

(1) 如果控制要求μ_0和σ_0^2已知，每次抽样的样本容量n的确定方法同上1.

(2) 如果控制要求μ_0和σ_0^2未知，改用总体已抽出的N个样本的样本均值和样本极差的平均值替代时，可以证明：在样本容量$n \leqslant 10$时，用$\frac{R}{d_2}$作为σ的估计值，和用样本标准差S^*相比，其有效程度相当高；而$n > 10$时，有效程度迅速下降. 权衡利弊，故初始抽出的$N(N > 20)$个样本的容量最好取$n = 5$左右. 当然不用极差控制图，而用方差控制图时，n的确定同上1.

（四）验收控制

验收控制是对整批产品合格与否的控制. 验收控制的主要方面就是检验或验收，即从整批产品中抽取一定容量的样本进行观察（或试验），根据样本的信息和一定的方法对整批产品质量的推断. 为此，至少要解决三个问题：验收的标准；验收方案的制订；样本容量 n 的确定. 这里只介绍其中的几个基本问题的解决方法.

1. 参数假设检验的进一步讨论

简单的验收控制就是由给定（商定）显著性水平 α、检验的对象（通常为总体参数），设定检验条件、样本容量、检验方法等方面组成的假设检验方案.

在讨论正态总体的数学期望和方差假设检验问题中，我们对问题的处理具有两个特征：

一是待检的原假设 H_0 用等式给出，即待检参数（μ 或 σ_0^2）相对于事先提出的标准值（μ_0 或 σ_0^2）既不允许偏大，也不允许偏小；

二是拒绝域设置成左右两侧，并对显著性水平 α 对半平分处理，即以 $P(\theta<\lambda_{1-\frac{\alpha}{2}})=P(\theta>\lambda_{\frac{\alpha}{2}})=\frac{\alpha}{2}$ 来设置拒绝域，其中 θ 为检验统计量，$\lambda_{1-\frac{\alpha}{2}}$，$\lambda_{\frac{\alpha}{2}}$ 为 θ 的两个临界值.

满足上述两个特征的假设检验，通常称为参数的双边（或双侧）假设检验.

在实际应用中，如产值、利税、设备使用寿命等指标与提出的标准值相比以大为好，而成本、原材料消耗、次品率等指标总希望尽可能小，故对这类指标，人们关心的是要大于（或小于）等于提出的标准值. 对于这样的参数检验问题的处理，通常称为**参数的单边（或单侧）假设检验**.

（1）单边假设检验的适用范围

记待检参数为 a，提出的标准值为 a_0，当待检参数允许偏大或偏小时，原则上应使用单边检验. 单边检验的原假设由不等式组成，一般有两种情况：

当待检参数越小越好时，待检原假设为 $H_0:a\leqslant a_0$，此时称为单边右侧检验；

当待检参数越大越好时，待检原假设为 $H_0:a\geqslant a_0$，此时称为单边左侧检验.

（2）单边假设检验拒绝域的确定

以一个总体 $\xi\sim N(\mu,\sigma^2)$ 单边右侧假设检验为例. 原假设 $H_0:\mu\leqslant\mu_0$，其中 $\sigma^2=\sigma_0^2$ 已知，给定显著性水平 α，检验统计量 $U=\frac{\bar{\xi}-\mu_0}{\sigma_0}\sqrt{n}$. 在双侧检验中，$\bar{\xi}$ 作为 μ 的估计量，$\bar{\xi}$ 过大或过小均不利于接受 H_0. 但在单边右侧检验时，它是针对 μ 越小越好而提出来的，在概率 $1-\alpha$ 的意义下，显然 $\bar{\xi}$ 越小越利于 $\mu\leqslant\mu_0$，而应防止 $\bar{\xi}$ 过大，使 $\mu>\mu_0$. 即对有利于 μ 过小不应设置限制，而应防止 μ 过大设置限制，拒绝域应设置在右侧，即为 $(u_\alpha,+\infty)$.

有关单边假设检验下拒绝域的设定可作如下归纳：

$H_0:a\leqslant a_0$——拒绝域为 $(\theta_\alpha,+\infty)$；

$H_0:a\geqslant a_0$——拒绝域为 $(-\infty,\theta_{1-\alpha})$.

其中 θ 为检验统计量，α 为显著性水平. 当 $\theta\geqslant 0$ 时（如 θ 为 χ^2，F），$(-\infty,\theta_{1-\alpha})$ 应改为 $(0,\theta_{1-\alpha})$.

另外，当检验统计量 θ 的观察值正好等于临界值（单边一个值，双边两个值）时，一般作待定处理，需作进一步的检验确定.

两总体的参数 a_1, a_2 的检验时，双侧检验为 $H_0: a_1 = a_2$，如果理解为 $H_0: a_1 - a_2 = 0$，那么单边检验为 $a_1 - a_2 \geqslant 0$ 或 $a_1 - a_2 \leqslant 0$，即

$H_0: a_1 \leqslant a_2$——单边右侧检验；

$H_0: a_1 \geqslant a_2$——单边左侧检验.

(3) 单边假设检验法

从上面分析可以看出，单边假设检验的处理方法与双边的情形相类似(只有 H_0、拒绝域的描述形式不同)，检验步骤、检验统计量与检验法等与双边完全相同. 但要注意检验及统计量的形式与原假设 H_0 中不等式两端参数定义或相关总体对应一致，否则判断时会导致出相反的结论.

例 5 设某种型号元件的使用寿命(单位：h) $\xi \sim N(\mu, \sigma^2)$，按部颁标准其标准值 $\mu_0 = 1000$，$\sigma_0^2 = 20^2$ 为已知. 现从生产的元件中抽测 8 个元件，并对其使用寿命数据整理得 $\overline{x} = 1010.25$. 设定 μ 为待检参数，试在显著性水平 $\alpha = 0.10$ 的条件下，检验这批元件是否合格.

解 (1) 元件的合格对用户来说要求平均使用寿命 μ 不显著低于标准值 μ_0，并且越高越好；而对企业来说，如果不是生产不正常或增加生产成本，μ 偏大时，应该可以充分保证质量. 因而针对题设的原假设应为：

$H_0: \mu \geqslant 1000$，此系单边左侧检验.

(2) 题设方差 $\sigma_0^2 = 20^2$ 为已知，故检验统计量仍沿用

$$U = \frac{\xi - \mu_0}{\sigma_0}\sqrt{n} \sim N(0,1).$$

(3) 由原假设 H_0，并不忌讳 μ 增大，相反，担心其变小而不利于 H_0，故拒绝域应设置在左侧. 于是，对于 $\alpha = 0.10$，查表得 $-u_{0.10} = u_{0.9} = -1.28$，故拒绝域为 $(-\infty, -1.28)$.

(4) 由 $\overline{x} = 1010.125$，故统计量的观察值为

$$U = \frac{1010.25 - 1000}{20}\sqrt{8} = 1.43,$$

且 $U > -1.28$(或 $U \notin (-\infty, -1.28)$)，所以考虑接受 H_0，从而认为这批元件合格.

练习 3

某医院试用一种治疗高血压的新药，设用药后舒张压变动值为随机变量 $\xi \sim N(\mu, \sigma^2)$，今抽测 18 位病人用药后舒张压的变动数据(单位：毫米汞柱)为

−5	−1	+2	+8	−25	+1	−12	−16	+5
−9	−8	−18	−5	−22	+4	−21	−15	−11

试问对于 $\alpha = 0.05$ 的显著性水平，该新药对治疗高血压是否有效？(提示：血压变动值为用药前后血压差，变动值为负表示舒张压降低，即用药有效)

2. 单式计点(件)验收方案

设产品总数为 N，抽取容量为 n 的样本，即随机抽取 n 个产品，规定不合格产品的个

数大于给定的数值 c，则认为整批产品不合格而拒绝，否则认为整批产品合格，这就是**单式计点验收方案**，记作 (N,n,c).

这种验收方案中的 n 和 c 如何确定较合理呢？我们希望犯两类错误的概率都比较小.

在概率论中我们知道，ξ 表示抽取的 n 个产品中不合格品的个数，若 $\frac{n}{N}$ 很小时，则 ξ 近似地服从泊松分布 $P(\lambda)$，其中 $\lambda=np_0$，p_0 表示整批产品的不合格率.

假定 p_0 为整批产品不合格率，设 c 为不合格产品个数验收上限标准时，犯弃真错误的概率为 α，记

$$P(\xi\leqslant c)=L(p_0)=\sum_{k=0}^{c}\frac{(np_0)^k}{k!}\mathrm{e}^{-np_0},$$

即

$$1-\alpha=\sum_{k=0}^{c}\frac{(np_0)^k}{k!}\mathrm{e}^{-np_0}. \tag{1}$$

设犯存伪错误的允许概率为 β，相应于 β 的产品不合格率最大允许值为 p_1，即误判的概率为 β 时，产品的不合格率不能超过 p_1（显然 $p_1\geqslant p_0$），则

$$\beta=L(p_1)=\sum_{k=0}^{c}\frac{(np_1)^k}{k!}\mathrm{e}^{-np_1}. \tag{2}$$

由(1)和(2)两式可解得 n 和 c.

在实用中，可借助于《一次抽样方案检查表》（见附表）来确定 n 和 c，具体方法是：查对应于 α,β，哪一列中最接近于 $\frac{p_1}{p_0}$（称为鉴别比）的值，得该值所在行 c 及 np_0 的值，计算 $\frac{np_0}{p_0}$ 得 n.

例如，$\alpha=0.05$，$p_0=0.04$，$\beta=0.10$，$p_1=0.10$，因鉴别比 $\frac{p_1}{p_0}=2.5$，查得 $\alpha=0.05$ 和 $\beta=0.10$ 那一列中最接近 2.5 的值为 2.497，它所在的行 $c=10$，$np_0=6.169(\alpha=0.05)$，于是 $n=\frac{np_0}{p_0}=154$，即抽样方案为 $(N,154,10)$.

3. 单式计量验收方案

设计这种方案是以正态总体 $N(\mu,\sigma^2)$（σ^2 已知）的期望 $E(\xi)=\mu$ 作为验收的质量指标. μ_0 为接受值，接受的弃真概率为 α，β 为存伪允许概率，μ_1 是“误断”接受的最高限（上限或下限）. 其中 α,β,μ_0,μ_1 为预先给定的值.

先由下式确定 n 和 L：

$$L=\mu_0+\frac{\sigma}{\sqrt{n}}u_\alpha=\mu_1-\frac{\sigma}{\sqrt{n}}u_\beta\quad(\mu_0<\mu_1), \tag{1}$$

$$L=\mu_0-\frac{\sigma}{\sqrt{n}}u_\alpha=\mu_1+\frac{\sigma}{\sqrt{n}}u_\beta\quad(\mu_0>\mu_1). \tag{2}$$

如果实际问题中，指标 $\mu>\mu_0$ 时为好，这时 $\mu_1<L<\mu_0$，即此时采用(2)确定 n 和 L，样本值 $x_i\geqslant L(i=1,2,\cdots,n)$ 便接受，否则拒绝；如果 $\mu<\mu_0$ 为好，其判定正好相反.

例 6 今要验收一批水泥，如果这种水泥制成混凝土后断裂强度（高者为好）为 5000（单位），验收者希望接受的概率为 0.95；断裂强度低于 4600（单位），验收者希望误接受的

概率不超过 0.10.已知混凝土断裂强度的均方差 $\sigma=600$(单位),试为验收者制订验收方案.

解 由题意 $\alpha=0.05,\beta=0.10,\mu_0=5000,\mu_1=4600(\mu_0>\mu_1),u_\alpha=u_{0.05}=1.645,u_\beta=u_{0.10}=1.282,\sigma_0=600$.由

$$L=\mu_0-\frac{\sigma_0}{\sqrt{n}}u_\alpha=\mu_1+\frac{\sigma_0}{\sqrt{n}}u_\beta,$$

得

$$n=19,\qquad L=4775.$$

即只需准备 19 件混凝土样品进行检验(或试验),其断力强度均达到或超过 4775(单位),便接受这批水泥,否则拒绝.

较完备的验收方案是序贯验收方案.

练习 4

1. 一种商品按件计数,且量很大.买卖双方商定其次品率标准值为 2%,验收显著性水平为 0.05,但买方要求商品的次品率超过 6%的概率不超过 0.05,试按买方要求制订计点验收方案.

2. 在§20-3 例 6 中我们已知商品不合格率为 2%时,样本容量为 30 时,不合格品数大于 3 时的概率约为 0.003,远远低于 $\alpha=0.05$,为什么上题中的结论要求的样本容量远大于 30?

习题 20-7

A 组

1. 某车间的一台洗衣粉分装机,分装每袋洗衣粉的净重 ξ(单位:g)服从正态分布 $N(\mu,\sigma^2)$,不论分装哪种规格洗衣粉,其方差 $\sigma^2=1.5^2$.现分装额定标准净重 500g 的洗衣粉,从分装线上随机抽取 9 袋洗衣粉,称其净重如下:

498 506 492 514 516 494 512 496 508

问在显著性水平为 0.05 的条件下,这台分装机工作是否正常?

2. 一种铆钉的直径 $\xi\sim N(\mu,\sigma^2)$,其生产标准为 $\mu_0=25.27,\sigma_0^2=0.02^2$.现从该种铆钉中抽取 10 个,测得直径如下(单位:mm):

25.26 25.28 25.27 25.25 25.26 25.24 25.25 25.26 25.27 25.26

试问该种铆钉是否符合标准?

3. 对甲、乙两批同类型电子元件的电阻进行测试,各取 6 只,得数据如下(单位:Ω):

甲批 0.140 0.138 0.143 0.141 0.144 0.137

乙批 0.135 0.140 0.142 0.136 0.138 0.140

根据经验,元件的电阻服从正态分布,且方差几乎相等,问能否认为两批元件的电阻期望无显著差异($\alpha=0.05$)?

4. 羊毛加工处理前后的含脂率抽样分析如下：

处理前　0.19　0.18　0.21　0.30　0.41　0.12　0.27

处理后　0.15　0.12　0.07　0.24　0.19　0.06　0.08

假定处理前后的含脂率都服从正态分布，问处理前后含脂率的均值有无显著变化($\alpha=0.10$)？

5. 在漂白工艺中要考察温度对针织品断裂强力的影响，在70℃与80℃下分别重复做了8次与10次试验，测得断裂强力的数据如下(单位：N；设针织品断裂强力服从正态分布)：

70℃　20.5　18.8　19.8　20.9　21.5　19.5　21.0　21.2

80℃　17.6　20.3　20.1　18.8　19.0　20.2　19.8　19.2　19.4　19.6

在显著性水平$\alpha=0.10$的条件下，问70℃与80℃下的强力有无显著性差异？

6. 仿一个正态总体期望和方差的检验问题及方法的列表归纳形式，将双正态总体的期望和方差检验问题和方法列表归纳.

B 组

1. 测得某项目质量指标ξ的100个数据，并整理计算得$u_2=1.5962$，$u_3=1.7219$，$u_4=20.7134$，试根据经验检验法检验ξ是否可以认为服从正态分布.

2. 某新安装的自动车床在试生产某零件时，每隔一段时间，抽测10个零件的尺寸，共18批，各样本均值及极差统计如下：

样　次	均值$\overline{x_i}$	极差R_i	样　次	均值$\overline{x_i}$	极差R_i
1	10.986	0.09	10	11.020	0.09
2	10.994	0.08	11	10.976	0.08
3	10.994	0.11	12	11.006	0.05
4	10.998	0.05	13	11.006	0.07
5	11.002	0.10	14	11.008	0.03
6	11.018	0.07	15	10.971	0.11
7	10.988	0.10	16	11.020	0.04
8	10.980	0.09	17	10.996	0.06
9	10.994	0.05	18	11.028	0.10
			合计	197.964	1.37

试根据表中数据建立均值与极差控制图，并检查控制图能否用于实施控制.

3. 某化纤厂生产的维尼纶，其纤度服从正态分布$N(\mu,\sigma^2)$，μ未知，$\sigma_0^2=0.048^2$为σ^2的标准值.今在某工作日内随机抽取7根纤维，测得纤度数据并计算得$s^{*2}=0.0052$.试在显著性水平$\alpha=0.05$下，考察下列问题：

(1) 当日生产的维尼纶纤度方差σ^2是否正常？

(2) 在方差较小而产品质量趋于稳定的看法下，能否认为当日维尼纶纤度有进一步稳定的趋势?

4. 某种食品在技术处理前后分别取样,分析其含脂率(%)分别为

技术处理前(ξ): 0.19　0.18　0.21　0.30　0.66

0.42　0.08　0.12　0.30　0.27

技术处理后(η): 0.15　0.13　0.00　0.07　0.24

0.24　0.19　0.04　0.08　0.20　0.12

假定技术处理前后食品含脂率均服从正态分布,且方差不变.试在 $\alpha=0.05$ 的条件下考察下列问题:

(1) 技术处理前后该种食品含脂率有无显著变化?

(2) 对该种食品进行技术处理后其含脂率是否明显降低?

5. 某农科所为了考察某种作物的新品种,在若干小区进行新老品种对比种植试验,在相同的管理条件下,单位面积作物产量(单位: kg)为

新品种(ξ): 34　35　30　32　33　34

老品种(η): 29　27　32　31　28　31　32

假定此类作物小区单位面积产量 ξ,η 依次服从正态分布 $N(\mu_1,\sigma_1^2)$ 及 $N(\mu_2,\sigma_2^2)$. 试问此类作物的新品种产量有无显著提高($\alpha=0.05$)?

6. 某批商品按件计数,国家标准不合格率为 10%,企业内定标准不合格率为 5%,假定该商品批量很大,$\alpha=0.05$,$\beta=0.10$. 试为该企业按企业标准拟订抽验方案.

7. 设钢丝绳的抗拉强力服从正态分布,强力越高越好.如果强力为 3000(单位),验收者希望接受的概率为 0.95;强力低于 2700(单位),验收者希望误接受的概率小于等于 0.10. 已知强力的均方差为 200(单位),试为验收者制订验收方案.

§20-8　一元线性回归

在实际问题中,经常需要研究变量之间的关系.实践表明,变量之间的关系大致可分为两类:一类是确定性的关系,如在函数论中所研究的变量之间的关系,这些变量都是可以控制或精确观察它的取值的量(以下称为非随机变量),并且其中的一个变量的值都可以由其余一个或一组变量的精确观察值来确定;另一类是非确定性的关系,亦称为相关关系.例如,在某段时间内,某海域的海浪高度与时间之间的关系就是相关关系.

由一个或一组变量(可以是随机变量,也可以是非随机变量)来估计和预测另一个与它们具有一定相关关系的随机变量,并定量地研究和处理变量之间的相关关系问题,这类统计方法称为**回归分析**.

一元线性回归分析是研究一个随机变量 y 和一个非随机变量 x 之间的相关关系.研究和处理这类问题的方法,通常是先假设随机变量 y 与非随机变量 x 的相关关系可以用一个一元线性方程来近似地加以描述,并根据试验中 y 与 x 的若干个实测数据对(x,y),用最小二乘法原理对线性方程中的未知参数作出估计,然后对 y 与 x 的线性相关关系的假设作显著性检验,进而达到对 y 和 x 进行预测和控制的目的.

下面结合具体问题的分析,来说明如何建立一元线性回归的数学模型.

一、建立一元线性回归方程

例 1 研究某种合成纤维的强度和拉伸倍数之间的关系.

用 x 表示纤维的拉伸倍数，y 表示纤维的强度. 由于拉伸倍数可以度量，故 x 是可以控制或精确观察的量，它不是随机变量. 但由于受纤维的粗细不均匀、生产的时间或机器的不同等随机因素的影响，y 是一个随机变量.

我们先通过 n 次独立试验，观察 x 和 y 的关系.

实测 n 个纤维样品的拉伸倍数 x 和相应的强度数据 y，即获得容量为 n 的样本观察值（n 个数据组）.（表中 $n=24$，y 的单位：kg/mm^2）

编号	拉伸倍数	强度	编号	拉伸倍数	强度
1	1.9	1.4	13	5.0	5.5
2	2.0	1.3	14	5.2	5.0
3	2.1	1.8	15	6.0	5.5
4	2.5	2.5	16	6.3	6.4
5	2.7	2.8	17	6.5	6.0
6	2.7	2.5	18	7.1	5.3
7	3.5	3.0	19	8.0	6.5
8	3.5	2.7	20	8.0	7.0
9	4.0	4.0	21	8.9	8.5
10	4.0	3.5	22	9.0	8.0
11	4.5	4.2	23	9.5	8.1
12	4.6	3.5	24	10.0	8.1

从表中数据可以看出，y 与 x 之间没有确定性的关系，它们之间只存在一定的相关关系.

选择描述变量之间的相关关系的数学关系式的类型，提出“合适”的相关假设是回归分析必不可少的第一步.

在回归分析中，通常将 x 和 y 的每对样本数据 $(x_i, y_i)(i=1,2,\cdots,n)$ 所对应的点，在直角坐标系中描出，这样的图称为**散点图**. 参照散点图所提供的直观形象，用一条已知的曲线类型（或数学关系）去拟合（或模拟），并逐步达到分析的要求，是一种比较可行的方法.

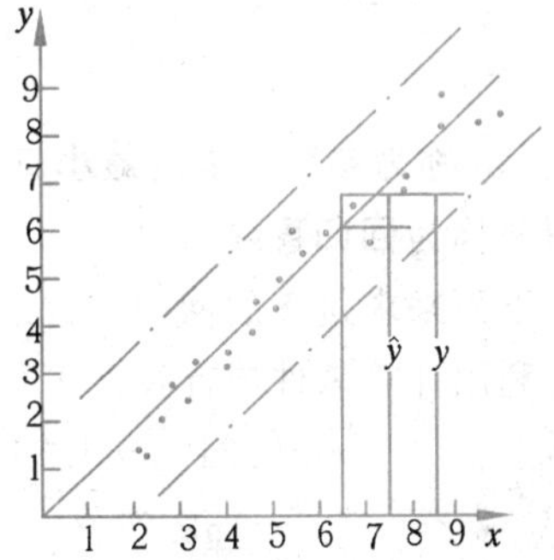

图 20-14

例 1 的散点图如图 20-14 所示. 初步分析散点图中点的分布，它们大致分布在一条直线附近，即 y 和 x 的相关关系可以近似地看成线性的. 于是我们假设 y 与 x 之间具有线性相关关系，即

$$\hat{y}=a+bx,$$

其中 a,b 为待定的参数.

将样本数据对 (x_i,y_i) 中的 x_i 代入直线方程 $\hat{y}=a+bx$ 所得的值记为 $\hat{y}_i$.

由于 a,b 未知,因此 a,b 取不同的值所得到的具体方程有无数个,即所得到的直线有无数条.现以例 1 为例来考察选择什么样的直线更为"合理".

记 $\varepsilon=y-\hat{y}$,并将试验所得到的每对数据 (x_i,y_i) 代入,得

$$\varepsilon_i=y_i-\hat{y}_i=y_i-(a+bx_i)\quad(i=1,2,\cdots,24),$$

其中 x_i,y_i 是已知值,a,b,ε_i 是未知的.

显然 ε 是随机变量,ε 对应于试验数据对 (x_i,y_i) 的观察值是 ε_i,通常把 ε 称为 y 与 $\hat{y}$ 的**离差(或误差)**.记 y_i 与 $\hat{y}_i$ 的离差平方和为 θ,即

$$\theta=\varepsilon_1^2+\varepsilon_2^2+\cdots+\varepsilon_{24}^2=\sum_{i=1}^{24}\varepsilon_i^2,$$

则 θ 的值的大小刻画了图 20-14 中所列的点与直线 $\hat{y}=a+bx$ 的偏离程度.利用求多元函数最值的方法,在 θ 最小的要求下求出 a,b 的值,记为 $\hat{a},\hat{b}$,这便是**最小二乘原理**.其直观意义就是散点图中所列点与由 $\hat{a},\hat{b}$ 所确定的直线 $\hat{y}=\hat{a}+\hat{b}x$ 的偏离最小.

一般地,对于 n 个实测数据对而言,利用最小二乘原理可求得

$$\begin{cases}\hat{a}=\overline{y}-\hat{b}\overline{x},\\ \hat{b}=\dfrac{L_{xy}}{L_{xx}},\end{cases}$$

其中

$$\overline{x}=\frac{1}{n}\sum_{i=1}^{n}x_i,\ \overline{y}=\frac{1}{n}\sum_{i=1}^{n}y_i,$$

$$L_{xx}=\sum_{i=1}^{n}(x_i-\overline{x})^2=\sum_{i=1}^{n}x_i{}^2-n\overline{x}^2,$$

$$L_{yy}=\sum_{i=1}^{n}(y_i-\overline{y})^2=\sum_{i=1}^{n}y_i{}^2-n\overline{y}^2,$$

$$L_{xy}=\sum_{i=1}^{n}(x_i-\overline{x})(y_i-\overline{y})=\sum_{i=1}^{n}x_iy_i-n\overline{x}\,\overline{y}.$$

从而得到直线方程

$$\hat{y}=\hat{a}+\hat{b}x.$$

$\hat{a},\hat{b}$ 称为参数 a,b 的**最小二乘估计**,$\hat{y}=\hat{a}+\hat{b}x$ 称为 x 与 y 的**一元线性回归方程**,它的图象称为**回归直线**.

下面来求例 1 的回归方程.

利用计算软件或计算器可得

$$\overline{x}=5.31,\ \overline{y}=4.71,\ n=24,$$

$$L_{xx}=152.27,\ L_{yy}=117.95,\ L_{xy}=130.76,$$

$$\hat{b}=\frac{L_{xy}}{L_{xx}}=\frac{130.76}{152.27}=0.859,\ \hat{a}=4.71-0.859\times5.31=0.15.$$

故所求的一元线性回归方程为 $\hat{y}=0.15+0.859x$.

练习1

1. 如何利用计算器直接计算出 $\overline{x},\overline{y},L_{xx},L_{yy}$？（提示：$L_{xx}=ns^2=(n-1)s^{*2}$）
2. 利用计算器计算例1的回归直线方程.

二、一元线性回归的相关性检验

从上面回归直线方程的计算过程可以看出，只要给出 x 和 y 的 n 对数据，即使两变量之间根本就没有线性相关关系，都可以得到一个一元线性回归方程. 当然这样的回归直线方程毫无意义，自然就要进一步去判定两变量之间是否确有密切的线性关系，我们用假设检验的方法来解决. 这类检验称为**线性回归的相关性检验**. 检验的方法很多，我们只介绍其中的一种，检验步骤与参数的假设检验相类似.

(1) 原假设 H_0：y 与 x 存在密切的线性相关关系.

(2) 选用统计量：相关系数 R，它们的分布记为 $r(n-2)$，$n-2$ 称为 r 分布的**自由度**. 当已知 x 和 y 的 n 对观察值 $(x_i,y_i)(i=1,2,\cdots,n)$ 后，R 的观察值 r 为

$$r=\frac{L_{xy}}{\sqrt{L_{xx}L_{yy}}}.$$

(3) 给定 α，查相关系数临界值表，$r_\alpha(n-2)$ 称为分布的**临界值**，$0\leqslant|r|\leqslant1$. 当 H_0 成立时，$P(|R|>r_\alpha(n-2))=1-\alpha$，即接受域为 $(r_\alpha(n-2),1)$.

(4) 计算 r 的值，作出判断.

例如，在例1中 $L_{xx}=152.27$，$L_{yy}=117.95$，$L_{xy}=130.76$，$n=24$，$r=0.9757$. 若给定 $\alpha=0.05$，自由度 $\varphi=n-2=22$，查相关系数临界值表，得 $r_{0.05}(22)=0.404$，因为 $|r|>r_{0.05}(22)$，所以 y 与 x 之间的线性相关关系显著.

三、预测与控制

一元线性回归方程一经求得并通过相关性检验，便能用来进行预测和控制.

1. 预测

(1) 点预测

所谓点预测，就是根据给定的 $x=x_0$，将回归方程 $\hat{y}=\hat{a}+\hat{b}x$ 求得的 $\hat{y}_0$ 作为 y_0 的预测值.

(2) 区间预测

区间预测是在给定 $x=x_0$ 时，利用区间估计的方法求出 y_0 的置信区间.

可以证明，对于给定的显著性水平 α，y_0 的置信区间为

$$\left[\hat{y}_0-At_{\frac{\alpha}{2}}(n-2),\hat{y}_0+At_{\frac{\alpha}{2}}(n-2)\right],$$

其中 $A=\sqrt{\frac{(1-r^2)L_{yy}}{n-2}\left[1+\frac{1}{n}+\frac{(x_0-\overline{x})^2}{L_{xx}}\right]}$，当 n 较大时，$A\approx\sqrt{\frac{(1-r^2)L_{yy}}{n-2}}$.

2. 控制

控制问题实质上是预测问题的反问题，具体地说，就是给出对于 y_0 的要求，反过来求满足这种要求的相应的 x_0.

例 2 某企业当年新增固定资产投资额与实现利税的资料如下（单位：万元）：

年　份	2004	2005	2006	2007	2008	2009	2010	2011	2012	2013
投资总额 x	23.8	27.6	31.6	32.4	33.7	34.9	43.2	52.8	63.8	73.4
实现利税 y	41.4	51.8	61.7	67.9	68.7	77.5	95.9	137.4	155.0	175.0

(1) 求 y 与 x 的线性回归方程；

(2) 检验 y 与 x 的线性相关性；

(3) 求新增固定资产投资为 85 万元时，实现利税总值的预测值及预测区间（$\alpha=0.05$）；

(4) 要使 2014 年的利税在 2013 年的基础上增长速度不超过 8%，问新增固定资产投资应控制在怎样的规模上？

解 (1) 根据资料计算得

$$\sum x_i=417.2,\sum y_i=932.3,L_{xx}=2436.72,L_{yy}=19347.68,L_{xy}=6820.66,$$

$$\hat{b}=\frac{L_{xy}}{L_{xx}}=\frac{6820.66}{2436.72}=2.799,$$

$$\hat{a}=\overline{y}-\hat{b}\overline{x}=\frac{932.3}{10}-2.799\times\frac{417.2}{10}=-23.54,$$

故所求的回归直线方程为 $\hat{y}=-23.54+2.799x$.

(2) 计算 $r=\dfrac{L_{xy}}{\sqrt{L_{xx}L_{yy}}}=\dfrac{6820.66}{\sqrt{2436.72\times19347.68}}=0.9934$.

由 $\alpha=0.05,\varphi=n-2=10-2=8$，查相关系数临界值表，得 $r_{0.05}(8)=0.632$. 因为 $|r|>r_{0.05}(8)$，所以 y 与 x 的线性相关性显著.

(3) 因为 $\hat{y}=-23.54+2.799x$，当 $x_0=85$ 时，$\hat{y}_0=-23.54+2.799\times85=214.58$（万元）. 又 $A=7.7293,\alpha=0.05,\varphi=8,t_{0.025}(8)=2.306$，于是，当 $x_0=85$（万元）时，实现利税值的预测值为 214.58（万元），其信度 $\alpha=0.05$ 的置信区间为[196.56,232.20].

(4) 由题意，$y_0=175(1+8\%)=189$（万元），故 $x_0=\dfrac{1}{\hat{b}}(y_0-\hat{a})=\dfrac{1}{2.799}(189+23.54)=75.93$（万元），即新增固定资产投资应控制在 75.93 万元左右.

练习 2

在研究某地区 4 至 10 岁儿童平均身高（y）与年龄（x）间的相关关系时，实测了两个年龄组的数据：$\overline{x}=7.5,\overline{y}=115.94,L_{xy}=6218,L_{xx}=28,L_{yy}=615.057$，试求：

(1) y 对 x 的线性回归方程；

(2) $x_0=7.5$ 时，y 的预测值及预测区间（$\alpha=0.05$，保留 A）.

习题 20-8

A 组

1. 某种商品的生产量 x 和单位成本 y 之间的数据统计如下：

产量 x/千件	2	4	5	6	8	10	12	14
成本 y/元	580	540	500	460	380	320	280	240

(1) 试确定 y 对 x 的回归直线方程；

(2) 检验 y 与 x 之间的线性相关关系的显著性($\alpha_1=0.05,\alpha_2=0.10$).

2. 炼钢是铁水氧化脱碳的过程. x 表示全部炉料熔化完毕时铁水的含碳量，y 表示炉料熔化成铁水至出钢所需的冶炼时间. 现检测某炼钢炉 34 炉钢含碳量 x 与冶炼时间 y 的数据如下：

编号	含碳量 x(%)	精炼时间	编号	含碳量 x(%)	精炼时间
1	1.80	200	18	1.16	100
2	1.04	100	19	1.23	110
3	1.34	135	20	1.51	180
4	1.41	125	21	1.10	130
5	2.04	235	22	1.08	110
6	1.50	170	23	1.58	130
7	1.20	125	24	1.07	115
8	1.51	135	25	1.80	240
9	1.47	155	26	1.27	135
10	1.45	165	27	1.15	120
11	1.41	135	28	1.91	205
12	1.44	160	29	1.90	220
13	1.90	190	30	1.53	145
14	1.90	210	31	1.55	160
15	1.61	145	32	1.77	185
16	1.65	195	33	1.77	205
17	1.54	150	34	1.43	160

(1) 试建立 y 与 x 的回归直线方程，并作线性相关性检验($\alpha=0.05$)；

(2) 当 $x=1.43$ 时，求 y 的预测值及预测区间($\alpha=0.05$)；

(3) 冶炼时间为 180 分钟时，铁水含碳量应在什么范围内？

B 组

1. 证明离差平方和 $\theta=(1-r^2)L_{yy}$，进而说明：(1) $|r|\leqslant 1$；(2) $|r|$ 越大，y 与 x 的线性相关关系越显著.

2. 在具有一元回归计算功能的计算器上或使用软件在计算机上完成习题 20-8 A 组第 2 题中与回归有关的所有计算.

§20-9 正交试验设计

随着生产和科学实验的发展，人们希望将如何安排试验与数据处理、回归分析及最佳方案选取等统一加以考虑，做到减少试验次数的同时，又不会丢失最佳方案. 这种要求用正交表来安排试验可以实现.

一、用正交表安排试验

1. 指标、因子、水平

在工业生产中，人们常常通过试验来考察产品或成品的性能、成本、产量等方面的问题，一般地，根据试验的目的，总要先确定所要研究对象的某些特征数，这些特征数统称为试验指标，简称**指标**. 影响指标的因素称为**因子**，因子用字母 A,B,C 等表示. 因子对指标的影响表现在：因子所处的状态(如用量、种类等)发生了变化，就会引起指标的数值变化. 我们把因子所处的状态称为**水平**.

若干因子的各种水平间的搭配称为**水平组合**.

例 1 提高某化工产品的收率试验. 根据以往的经验，该化工产品与温度、加碱量及催化剂的种类有很大关系. 本试验的指标为产品的收率，挑选三个因子：温度、加碱量、催化剂，每个因子均取三个水平(见下表).

水平 \ 因子	温度(单位:℃)A	加碱量(单位:kg)B	催化剂(种类)C
1	80	35	甲
2	85	48	乙
3	90	55	丙

这是三因子三水平试验，指标收率越高越好、要求优选好的工艺条件，即好的水平组合——称为最佳方案.

2. 正交表

先介绍一张正交表 $L_9(3^4)$ 如下：

试验号 \ 水平 \ 列号	1	2	3	4
1	1	1	1	1
2	1	2	2	2
3	1	3	3	3
4	2	1	2	3
…	…	…	…	…
9	3	3	2	3

表中列号代表可安排的因子，每列可安排一个因子；每列下面对应的数字表示安排在该列因子的水平；试验号表示试验的顺序与次数.

常用正交表有两类：一类是同水平正交表，其一般形式为 $L_k(m^n)$：

L——正交表代号，　　　k——试验总次数，

m——各因子水平数，　　n——最多可安排的因子数.

例如，$L_4(2^3)$，$L_{16}(2^{15})$，$L_9(3^4)$，$L_{25}(5^6)$等.

另一类是混合水平正交表，即各因子的水平数不全等. 例如，$L_8(4^1\times 2^4)$表示一因子四水平，四因子二水平的正交表，四水平的因子只能安排在具有四水平的列号上.

进行六因子五水平的试验，水平间的完全组合的个数为 $5^6=15625$，而用 $L_{25}(5^6)$来安排试验，只需要挑选完全组合中的 25 个水平组合试验，显然用正交表安排试验，大大减少了试验次数和需要处理的数据.

用概率论的知识可以证明：$L_k(m^n)$中 k 次试验的效果优于完全水平组合 m^n 中比例占$\dfrac{k}{k+1}$的水平组合. 例如，四因子三水平的试验完全水平组合为 81 个，用 $L_9(3^4)$来安排试验的效果优于 81 个水平组合中占$\dfrac{9}{9+1}$的水平组合，即 72 个水平组合. 换句话说，正交表安排试验中，9 个水平组合的第一名最差也能保证在 81 个水平组合中的前九名（概率意义下）.

用正交表安排试验需遵循下列原则：

(1) 每列只能安排一个因子，该列的水平数和因子的水平数相同；

(2) 正交表的列数≥因子数.

为了减少试验次数，选用的正交表的列数应尽量和因子数接近.

3. 正交试验的表头设计

在实际问题中，有些因子间的水平组合对指标的影响有一种交织作用，这时只考虑各因子分别对指标的影响就不够了.

(1) 因子间的交互作用

例 2　某品种粮食产量与施肥的种类有很大关系，现试验如下（指标：增产率）：

因子 / 水平	氮肥（单位：kg）A	磷肥（单位：kg）B
1	20	3
2	30	8

试验结果如下：

水平组合	A_1B_1	A_2B_1	A_1B_2	A_2B_2
增产率	5%	2%	20%	21%

从表中看出，影响增产幅度不仅与因子氮、磷肥的多少有关，而且与它们间的比例有关.

我们把各因子共同作用下所产生的交织效应称为对指标的**交互作用**，简称为因子的交互作用.

两个因子的交互作用称为一级交互作用. 三个及三个以上因子的交互作用称为高级交互作用. 一般来说,高级交互作用和大部分一级交互作用都是可以忽略的.

不可忽略的交互作用的确定：试验前主要依靠经验,试验后主要是结合专业知识和实际情况.

对于不可忽略的交互作用,用正交表安排试验时,也把它们作为一个因子加以考虑.

(2) 正交试验的表头设计

选择"合适"的正交表,并将所考虑的因子安排到正交表中的相应列号上的过程称为正交试验的**表头设计**.

两因子 A 和 B 的交互作用用 $A\times B$ 表示,其他交互作用类推. 进行表头设计时,$A\times B$ 作为一个因子安排时,必须查与正交表相对应的"二列间交互作用表"来确定,不能随意安排. 有些正交表无法考虑交互作用.

例 3 对于三因子二水平试验,若考虑全部交互作用,试进行表头设计.

解 设三个因子为 A,B,C,其全部交互作用为 $A\times B,B\times C,A\times C,A\times B\times C$. 其需考虑的因子数为 7,可选用正交表 $L_8(2^7)$,并查相应的交互作用表,表头设计如下：

列 号	1	2	3	4	5	6	7
因 子	A	B	$A\times B$	C	$A\times C$	$B\times C$	$A\times B\times C$

交互作用表的用法：一般先考虑安排两因子,如 A,B,安排于第"1"列和第"2"列,第"1"列与第"2"列的交互作用为第"3"列,即 $A\times B$ 安排于第"3"列. 再安排剩下因子之一. 现只有"C",安排于第"4"列,查表决定 $A\times C,B\times C$ 分别安排于第"5"和第"6"列. $A\times B\times C$ 可看成是因子 A 与 $B\times C$ 或 $A\times B$ 与 C 等的交互作用,查表安排于第"7"列.

在考虑交互作用的情况下,选用正交表时除考虑前面提出的两条原则外,还需增加一条原则：

因子(包括所考虑的交互作用均视为因子)自由度的总和必须不大于所选正交表的总自由度,其自由度按下列方法计算：

正交表的总自由度 $\Phi_{总}=$试验次数-1；

正交表每列的自由度 $\Phi_{列}=$此列水平数-1；

因子 A 的自由度 $\Phi_A=$因子 A 的水平数-1；

因子 $A\times B$ 的自由度 $\Phi_{A\times B}=\Phi_A\times\Phi_B$.

例如,例 3 中,$\Phi_A=\Phi_B=\Phi_C=1$,$\Phi_{A\times B}=\Phi_{A\times C}=\Phi_{B\times C}=\Phi_{A\times B\times C}=1$,因子自由度总和$=7$,故选用 $L_8(2^7)$.

例 4 只考虑一级交互作用的三因子三水平试验的表头设计.

解 三个因子记为 A,B,C,则 $\Phi_A=\Phi_B=\Phi_C=2$,$\Phi_{A\times B}=\Phi_{A\times C}=\Phi_{B\times C}=2\times2=4$,因子自由度总和等于 18,应选择三因子三水平的、试验次数大于等于 19 且尽可能接近 19 的正交表 $L_{27}(3^{13})$.

将 A,B 分别安排于"1"和"2"列,查两列间交互作用表会发现 $A\times B$ 所在列号有两个数字 3 和 4,这是为什么呢? 因为 $\Phi_{A\times B}=4$,而正交表 $L_{27}(3^{13})$中每列自由度只有 2,故要用两个列号才能反映交互作用 $A\times B$,记为$(AB)_1$,$(AB)_2$,其余类推. 表头设计如下：

列 号	1	2	3	4	5	6	7	8	9	10	11	12	13
因 子	A	B	$(AB)_1$	$(AB)_2$	C	$(AC)_1$	$(AC)_2$	$(BC)_1$			$(BC)_2$		

二、正交试验的直观分析法

正交试验的结果有两种分析法：极差分析法及方差分析法. 极差分析法又称**直观分析法**，这种方法计算量小且直观，但精度不如方差分析法高.

现结合实例介绍直观分析法的步骤.

例 5 铸件模型的工艺及配方优选.

某种铸件模型的主要质量指标是湿透气率(%)，它越高越好，根据以往的经验影响湿透气率的因子主要有膨润土 A、煤粉 B、水量 C. 现各取两水平试验如下[选用 $L_8(2^7)$]：

表头设计	A	B	$A\times B$	C	$A\times C$	$B\times C$	$A\times B\times C$	湿透气率 y_i %
列号 / 试验号	1	2	3	4	5	6	7	
1	1	1	1	1	1	1	1	21
2	1	1	1	2	2	2	2	17
3	1	2	2	1	1	2	2	20.5
4	1	2	2	2	2	1	1	16.5
5	2	1	2	1	2	1	2	20
6	2	1	2	2	1	2	1	19
7	2	2	1	1	2	2	1	19
8	2	2	1	2	1	1	2	19.5
k_1	75	77	76.5	80.5	80	77	75.5	
k_2	77.5	75.5	76	72	72.5	75.5	77	
$R=k_1-k_2$	−2.5	1.5	0.5	7.5	7.5	1.5	−1.5	

分析如下：

第一步：计算各因子的 k_1，k_2 和极差 $R=k_1-k_2$，其中因子 A 的 k_1 值为有 A 的水平 1 参加试验的试验指标的数据和(有时也求其平均值，记为$\bar{k}_i$)，其余类推.

第二步：观察 k_1，k_2(或极差 R)的值，分析单因子对指标的影响(不考虑交互作用)，k_1，k_2 之差(或 R)绝对值较大者优先考虑. 显然 C 取水平 1 影响程度最大，C 因子必须取 C_1. A 和 B 两因子单独影响程度较小，暂定为 A_0，B_0，即水平 1 和 2 可认为不一定强求选定，以后综合考虑，即配方方案暂定为 $A_0B_0C_1$($A_1B_1C_1$ 较优).

当水平为 3 个或 3 个以上时，通常借助因子与指标的关系图(称效应折线图)来分析单因子作用.

效应折线图的具体画法是：分别以因子各水平为横坐标，其对应的试验结果数据和(或平均值)为纵坐标，在直角坐标系中描点，并将所描出的点用折线依次连结起来. 本题效应图如图 20-15 所示.

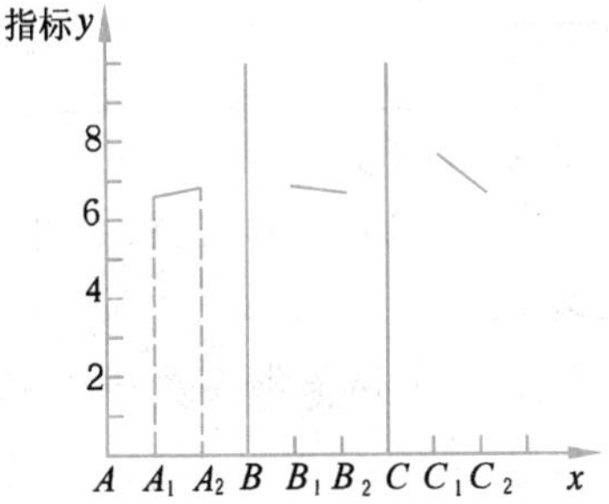

图 20-15

第三步：按 R 值的绝对值的大小拟定不可忽略的交互作用，并作出二元表.

由上表可知 $R_{A\times C}=7.5$，故 $A\times C$ 不可忽略. 其余交互作用相对极差较小，故可忽略（R 绝对值小到什么程度，交互作用可以忽略，要结合专业知识和综合情况考虑）.

$A\times C$ 的二元表：

A \ C	A_1	A_2
C_1	$\frac{1}{2}(y_1+y_2)=\frac{40.5}{2}$	$\frac{1}{2}(y_5+y_7)=\frac{39}{2}$
C_2	$\frac{1}{2}(y_2+y_4)=\frac{33.5}{2}$	$\frac{1}{2}(y_6+y_8)=\frac{38.5}{2}$

其中 A_1 与 C_1 所在的列或行交叉的值为含 A_1C_1 的试验指标值的平均值，其余类推.

第四步：根据二元表修正第二步所得方案，从而得到最佳方案.

综合考虑，取 C_1，B_1 与 B_2 两者都可选，A_1 较 A_2 对 $A\times C$ 影响较大，应取 A_1. 最终方案为 $A_1B_0C_1$（理论上 $A_1B_1C_1$ 最优）.

综合平衡优选方案是一个很复杂的工作. 首先保证指标符合工艺要求或国家标准；其二是根据经验与专业知识考虑单因子对指标的影响程度确定各因子的主次关系；其三是在满足前面要求的情况下优先考虑交互作用较明显的因子水平搭配；其四是考虑生产成本、工艺难度、价格因素等.

前面介绍的是一个试验指标结果分析，其实我们经常会遇到一个试验需要考虑几个指标的问题，方案的确定更困难些，可以先分析每个指标下的方案再综合平衡.

习题 20-9

A 组

1. 某毛纺厂为了摸清洗呢工艺对织物弹性的影响，进行四因子二水平的试验. 试验指标为织物弹性（数值越大越好）.

因子 \ 水平	A 洗呢时间/分	B 洗呢温度/℃	C 洗剂液浓度/%	D 煮呢槽
1	20	30	5	单
2	30	50	10	双

现用 $L_8(2^7)$ 安排试验，A,B,C,D 安排在 1，2，4，7 列，其试验结果指标值为 150，135，156，147，130，131，144，131，试用直观分析法分析只考虑 A,B,C 的一级交互作用的最优洗呢工艺.

2. 为了提高某化工产品的产量，寻求较好的工艺条件. 现安排两因子三水平试验如下：

水平＼因子	反应温度/℃ A	反应压力/kN B
1	60	2
2	65	2.5
3	70	3

试验号＼水平＼因子	A 1	B 2	$A\times B$ 3 4	试验结果 (产量,单位: kg)
1	1	1	1 1	4.63
2	1	2	2 2	6.13
3	1	3	3 3	6.80
4	2	1	2 3	6.33
5	2	2	3 1	3.40
6	2	3	1 2	3.97
7	3	1	3 2	4.73
8	3	2	1 1	3.90
9	3	3	2 3	6.53

试作直观分析,优选工艺条件.

B 组

为了优选工艺条件,考察两指标 x 和 y,进行四因子四水平试验.现将结果统计成下表.试根据表中数据进行综合平衡,选取最佳工艺搭配(两指标越大越好).(提示:作出效应折线图较方便)

指标	x				y			
因子	A	B	C	D	A	B	C	D
$\overline{k_1}$	4	−2	1	2	2.5	0	2.5	1
$\overline{k_2}$	0.5	1.5	0	1	3.5	1.5	2.5	1.5
$\overline{k_3}$	−1	1.5	1.5	0	1.5	2.5	−0.5	4
$\overline{k_4}$	−0.5	2	0.5	0	0	3.5	3	1

本章内容小结

一、主要内容

1. 随机试验、样本空间、随机事件、基本事件的概念,事件之间的关系与运算.

2. 概率的定义及其基本性质，古典概型，概率的加法公式、乘法公式、全概公式.

3. 随机变量的概念，离散型随机变量及其分布列，连续型随机变量及其密度函数；0－1分布、二项分布、泊松分布、指数分布、正态分布的分布列或密度函数；标准正态分布、χ^2 分布，t 分布，F 分布及其临界值；随机变量的数字特征.

4. 总体、样本、统计量、统计特征数的概念，样本期望、样本方差等样本特征数及其计算公式.

5. 抽样分布及统计量的选用；参数的点估计与区间估计，点估计量优良性的评价标准；参数的假设检验及其检验法；质量控制，期望与极差控制图，单边检验，单式验收方案.

6. 一元线性回归方程，线性相关的显著性检验，回归方程在预测与控制中的应用；正交试验的表头设计，正交试验的直观分析法.

二、知识结构

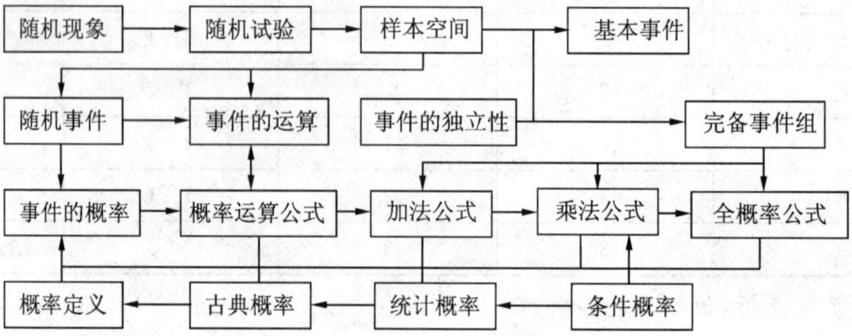

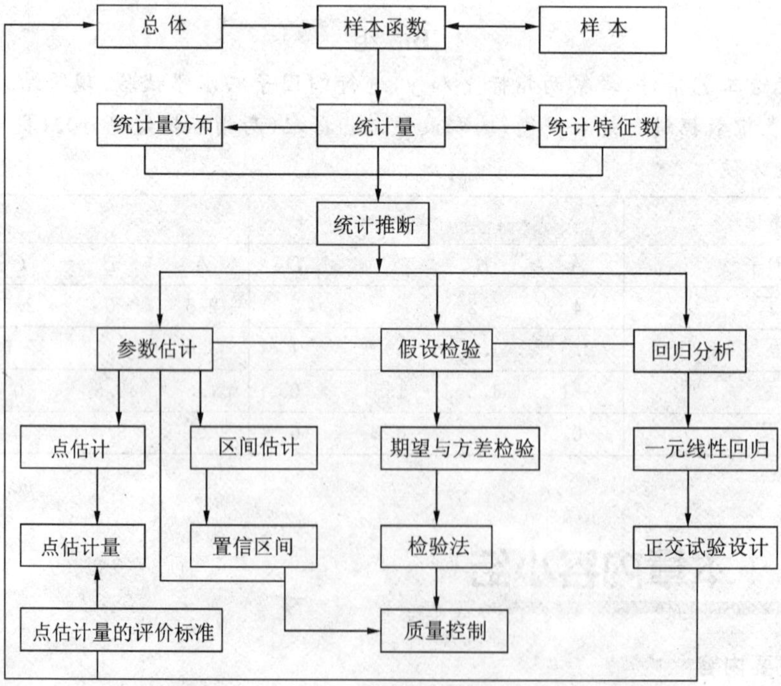

三、注意事项

1. 概率论是通过研究随机试验来研究随机现象的，样本空间是以具有“三个特点”的随机试验的所有可能结果(每个可能结果符合集合元素的“三性”要求)——样本点作为元素的集合. 每次随机试验只能出现一个可能结果，而导致发生的事件可能不止一个(凡是包含出现的可能结果的事件都发生). 样本空间的子集与随机事件一一对应，且表示方法相同；样本点与基本事件一一对应，但表示方法不同. 用集合论的观点和方法来描述、解释和论证事件间的关系及其运算时，应注意两者之间的差异.

2. 事件的概率是对事件发生可能性大小的一个量化指标，为了形成一种公认的依据，就必须对这个量化指标提出规范的要求. 书中给出实际中应用较多的两个定义(概率的统计定义和古典定义)后，归纳出概率的三个性质(初等的公理化定义). 要注意概率的两个定义的试验条件和解决问题的适用范围.

3. 在直接计算某事件 A 的概率较困难时，应注意将事件 A 表示成已知(或便于计算)概率的事件之间的关系及运算，恰当地选用概率的基本性质或运算公式(即加法公式、乘法公式、全概率公式等)，并同时注意问题的条件，认真辨别所涉事件的概率计算的模式和方法.

4. 建立随机变量的概念，目的是将样本点数值化，便于用普通数学方法来研究概率论中的有关问题. 设样本空间为 Ω，若对于 Ω 中的任一个样本点 ω，按研究随机现象的某种规律性将其数值化为唯一的实数 x，或者说随机试验出现一个可能结果 ω，用 ξ 取与之对应的实数 x 表示，这样 ξ 取不同的实数就表示随机试验出现不同的结果，ξ 取满足一定条件的实数的集合就表示这些实数对应的可能结果的集合——事件，因此 ξ 具有变量的特征，但它与过去学过的普通函数中的变量不同的是：它的取值是与随机试验及其出现的结果相联系的，不能事先确定，故称为随机变量.

5. 书中介绍了两类从实际问题中抽象出来的重要随机变量的模型，在学习时应注意其模型的背景和应用范围. 正态分布，t 分布，χ^2 分布，F 分布在统计中有着重要的地位，应注意将统计量 U,T,χ^2,F 的结构形式与其对应的分布的定义联系起来认识，才能有针对性地、准确地解决实际问题. 必须熟练地使用相关的分布表，特别注意相关分布的临界值与统计中有关问题(如检验中拒绝域的确定)的联系.

6. 数理统计的基本任务是应用概率论的知识从局部推断整体，从而揭示随机现象的统计规律性；基本思想是从样本出发，对样本进行“加工”，结合具体问题构造“合适”的统计量，并讨论它们的分布，再通过参数估计、假设检验、回归分析等统计推断方法对总体作出判断. 数理统计部分避开了用较深奥的概率理论进行叙述和推理，注重问题的背景和性质、解决问题的原理或概率论依据、“合理”的推断方法，重点学会如何运用介绍的结论和方法，以及解决问题的步骤.

7. 质量控制简介是较综合性、专业性的内容，是对参数估计和假设检验部分内容的深化；一元线性回归与正交试验设计均属回归分析中的基本内容. 以上这几个部分的学习，应结合所学专业的实际问题.

8. 数理统计部分的相关计算应充分使用计算器、Excel 工作表和专用数学软件(如 Mathematica)或专用统计软件(如 SPSS)来完成.

复习题二十

1. 对于概率 $P(A)$, $P(AB)$, $P(A\cup B)$, $P(A)+P(B)$，按自左向右、由小到大的要求重新给出排序，并简要说明其依据.

2. 已知 $P(A)=x$, $P(B)=y$, $xy\neq 0$，试按三种条件：(1) $P(AB)=z$，(2) A,B 相互独立，(3) A,B 互不相容，分别求出下列概率：

$$P(\overline{A}\cup\overline{B}),\ P(\overline{A}B),\ P(\overline{A}\cup B),\ P(\overline{A}\,\overline{B}),\ P(A|B).$$

3. 在一盒中装有 15 个乒乓球，其中有 9 个为新球. 用过的球则认为是旧球. 在第一次比赛时任取 3 个球，比赛后仍放回盒中，在第二次比赛时再任取 3 个球，求：

(1) 第 1 次取出的 3 个球中恰有 2 个新球的概率；

(2) 已知第 1 次取出的球中恰有 2 个新球，第 2 次取出的球均为新球的概率；

(3) 第 2 次取出的球均为新球的概率.

4. 某零件需经 3 道工序才能加工成形.

(1) 3 道工序是否出废品相互独立，且出废品的概率依次是 0.1, 0.2, 0.3，试求成形零件为废品的概率；

(2) 每道工序所出废品剔除后，再进行下一道工序，且新的废品的概率依次为 0.1, 0.2, 0.3，试求一个零件加工到成形不是废品的概率.

5. 事件 A 在 n 次独立试验中每次发生的概率均为 0.3，当事件 A 发生的次数不少于 3 时，事件 B 就会发生. 求在 5 次独立试验中 B 发生的概率.

6. 甲、乙两人相互独立地各投篮 3 次，每次投篮甲、乙投中的概率分别为 0.9 和 0.8. 求：

(1) 甲胜的概率；

(2) 甲、乙两人打成平手的概率.

(胜负以投中的球的个数多少评价)

7. 某种商品的一、二等品为合格品，配货时一、二等品数量比为 5∶3. 根据以往的经验，顾客购买时，一等品被认为二等品的概率为 $\frac{2}{5}$，二等品被认为一等品的概率为 $\frac{1}{3}$，求：

(1) 顾客购一件该种商品，认为商品为一等品的概率；

(2) 被顾客认为是一等品，而商品恰为一等品的概率.

8. 设 ξ,η 相互独立，且分布列为

ξ	0	1
p_k	$\frac{1}{2}$	$\frac{1}{2}$

η	0	1	2
p_k	$\frac{1}{2}$	$\frac{1}{3}$	$\frac{1}{6}$

求：(1) $\xi+\eta$ 的分布列；(2) $E(\xi\cdot\eta)$.

9. 随机变量 ξ 的密度函数为

$$f(x)=\begin{cases}a+bx^2, & x\in(0,1)\\ 0, & \text{其他},\end{cases}$$

且 $E(\xi)=\dfrac{3}{5}$，求 a,b 及 $E(\xi^2)$ 的值.

10. 设随机变量 ξ 在 $\left[-\dfrac{1}{2},\dfrac{1}{2}\right]$ 上服从均匀分布，又 $\eta=\sin\pi\xi$. 试求随机变量 η 的数学期望和方差.

11. 设总体期望 μ 的两个无偏估计量 $\hat{\mu}_1$ 和 $\hat{\mu}_2$ 相互独立，且 $\hat{\mu}_1$ 的方差为 $\hat{\mu}_2$ 的方差的两倍，试确定正常数 c_1,c_2 的值，使统计量 $\hat{\mu}=c_1\hat{\mu}_1+c_2\hat{\mu}_2$ 是 μ 的无偏估计量，且 $\hat{\mu}$ 的方差最小.

12. 设总体 ξ 服从 $[a-b,3a+b]$ 上的均匀分布，其中正数 a,b 为待估参数. 试根据总体期望和方差的无偏估计，求 a,b 的估计量；并就容量为 6 的样本值：4.3，2.7，0.3，3.5，7.8，5.1，求 a,b 的点估计值.

13. 为了比较两种子弹的速度(单位：m/s)，在相同的条件下进行速度测定. 假定两种子弹的速度分别服从同方差的正态分布.

(1) 实测：

$A(\xi)$：$n_1=110$，$\bar{x}=2805$，$s_1^*=120.41$；

$B(\eta)$：$n_2=100$，$\bar{y}=2680$，$s_2^*=105.00$.

试问在 $\alpha=0.05$ 下，两种子弹的速度有无显著差异？A 是否显著高于 B？

(2) 根据以往的经验知，子弹的速度的总体方差 $\sigma^2=100^2$，若要求在显著性水平 $\alpha=0.05$ 下，能辨出 50m/s 的子弹速度差，试问每种子弹至少要射击多少发？

阅读材料

一、Mathematica 在概率与数理统计中的应用

Mathematica 在处理概率统计的计算方面可与专业统计软件相媲美，有关的命令都在 Mathematica 自带的统计软件包中，内有扩展名为 *.m 的 11 个概率统计程序包，其中的 Hypothes.m，Confiden.m，LinearRe.m 分别为用于假设检验、区间估计、回归分析的程序包. 要使用某个程序包中的命令必须先打开这个程序包，打开其中一个程序包的命令为：≪\math\Packages\Statisti\ *.m，但若打开 master.m，则每个程序包中的命令都可以使用(即打开了所有的程序包). 打开 master.m 的命令为：≪\math\Packages\Statisti\master.m.

(一) 随机变量及其分布

在 discrete.m 程序包中系统提供了常用的概率分布及函数，其形式为：分布英文

名[分布参数]，如正态分布 $N(\mu,\sigma^2)$ 为 NormalDistribution[μ,σ]，在相关计算中可以直接调用，其调用命令格式为：

PDF[distribution,k]	离散型分布为 distribution 的分布列 $P(\xi=k)$
PDF[distribution,x]	连续型分布为 distribution 的分布密度函数 $f(x)$
CDF[distribution,x]	分布为 distribution 且随机变量小于 x 的概率 $P(\xi<x)$
Mean[distribution]	分布为 distribution 的期望(均值)
Median[distribution]	分布为 distribution 的中值
Variance[distribution]	分布为 distribution 的方差
StandardDeviation[distribution]	分布为 distribution 的标准差

……

例 1 设随机变量 $\xi\sim N(0,1)$，求：(1) ξ 的密度函数；(2) $P(-2.32\leqslant\xi<1.2)$；(3) 满足 $P(\xi<x)=0.975$ 的 x 的值.

解

In[1]:=dis=NormalDistribution[0,1]

Out[1]=NormalDistribution[0,1]

In[2]:=PDF[dis,x]　　　　（求 ξ 的密度函数）

Out[2]= $\frac{1}{\sqrt{2\pi}}e^{-\frac{x^2}{2}}$

In[3]:=F[x_]=CDF[dis,x];　　　　（自定义 ξ 的分布函数 $F(x)=P(\xi<x)$）

　　N[F[1.2]−F[−2.32]]　　　　（求 $P(-2.32\leqslant\xi<1.2)$）

Out[3]=0.8747

In[4]:=NSolve[F= =0.975,x,0.001]

Out[4]=1.960

（二）区间估计

1. 正态总体期望的置信区间

(1) 求单个总体期望的置信区间的命令的基本格式为：

MeanCI[样本观察值表,选项1,选项2,…]

其中选项 1 用于选定置信度，形式为 ConfidenceLevel−>α，缺省默认值为 ConfidenceLevel−>0.95. 选项 2 用于说明方差是已知还是未知，其形式为 KnownVariance−> σ_0^2 或 None，缺省默认值为 KnownVariance −> None. 也可以用说明标准差的选项 KnownStandardDeviation −> None 或 σ_0 来代替选项 2.

(2) 求双正态总体期望差的置信区间的命令的基本格式为：

MeanDifferenceCI[样本1的观察值表,样本2的观察值表,选项1,选项2,选项3,…]

其中选项 1 用于选定置信度，规定同(1)中的说明. 选项 2 用于说明两个总体的方差是已知还是未知，其形式为 KnownVariance−>{σ_1^2,σ_2^2}或 None，缺省默认值为 KnownVariance−>None. 选项 3 用于说明两个总体的方差是否相等，形式为 EqualVariance−>

False 或 True. 缺省默认值为 EqualVariance -> False，即默认方差不相等.

例 2 从总体 $N(\mu,\sigma^2)$ 中抽取样本{2.5,3.7,1.5,1.5,4.5}，求期望的 95% 的置信区间.

解

In[1]:=MeanCI[{2.5,3.7,1.5,4.5},ConfidenceLevel -> 0.95,KnownVariance -> None]

Out[1]={1.36845,4.35155}

例 3 从总体 $N(\mu_1,0.5^2)$ 和 $N(\mu_2,0.4^2)$ 中抽取样本{2.5,3.7,1.8,1.5,4.5}和{1.5,2.6,2.4,4.6}，求期望差 95% 的置信区间.

解

In[1]:=data1{2.5,3.7,1.8,1.5,4.5};

data2{1.5,2.6,2.4,4.6};

MeanDifferenceCI[data1,data2,ConfidenceLevel -> 0.95,KnownVariance -> {0.5^2,0.4^2}]

Out[1]={-0.51751,0.68751}

2. 正态总体方差的置信区间

(1) 求单正态总体方差的置信区间的命令的基本格式为：

VarianceCI[样本观察值表,选项 1,选项 2,…]

其中选项 1 用于选定置信度，规定同 1 中的说明.

(2) 求双正态总体方差比的置信区间的命令的基本格式为：

VarianceRatioCI[样本 1 的观察值表,样本 2 的观察值表,选项 1,选项 2,…]

其中选项 1 用于选定置信度，规定同 1 中的说明. Ratio 是指两个总体的方差比.

例 4 从总体 $N(\mu_1,\sigma_1^2)$ 中抽取样本{64,58,65,56,58,45,55,63,66,69}，从总体 $N(\mu_2,\sigma_2^2)$ 中抽取样本{60,59,57,41,38,52,46,51,49,58}，试确定方差比 $\frac{\sigma_1^2}{\sigma_2^2}$ 的 0.95 的置信区间.

解

In[1]:=VarianceRatioCI[{64,58,65,56,58,45,55,63,66,69},{60,59,57,41,38,52,46,51,49,58},ConfidenceLevel -> 0.95]

Out[1]={0.207059,3.35614}

(三)假设检验

1. 正态总体期望的假设检验

(1) 单个总体期望的假设检验

检验假设 $H_0:\mu=\mu_0$ 或 $\mu<\mu_0$ 或 $\mu>\mu_0$（μ_0 为已知常数）命令的基本格式为：

MeanTest[样本观察值表,μ_0,选项 1,选项 2,选项 3,…]

其中选项 1 用于说明方差是已知还是未知，其形式为 KnownVariance ->σ^2 或 None，缺省默认值为 KnownVariance->None. 选项 2 表明使用双边检验还是单边检验，

其形式为 Twosided ->Ture 或 False. 选项 3 指明是否需要详细报告，其形式为 FullReport ->Ture 或 False. 报告(FullReport)中包括样本平均值(Mean)，检验统计量的观察值 θ_0(Teststat)，系统根据选项自动选用的检验统计量的函数名(形式为* distribution)、检验时必需的相关参数(如 T 检验给出自由度)，以及标明双边(或单边)检验和检验统计量 θ 在指定范围内的概率值 TwosidedPValue ->P($|\theta|>|\theta_0|$)(或 OnesidePValue ->P($\theta<\theta_0$)或 P($\theta>\theta_0$)).

(2) 两个正态总体期望差的假设检验

检验假设 $H_0:\mu_1=\mu_2$ 或 $\mu_1<\mu_2$ 或 $\mu_1>\mu_2$ 命令的基本格式为：

MeanDifferenceTest[样本 1 的观察值表，样本 2 的观察值表，$\mu_1-\mu_2$，选项 1，选项 2，选项 3，…]

其中选项 1 用于说明两个总体的方差是相等、已知还是未知，其形式为 KnownVariance ->σ_0^2 或{σ_1^2,σ_2^2}或 None，缺省默认值为 KnownVariance ->None. 选项 2 表明使用双边检验还是单边检验，其形式为 Twosided ->Ture 或 False. 选项 3 指明是否需要详细报告，其形式为 FullReport ->Ture 或 False. 报告(FullReport)中包括样本均值差(MeanDiff)，检验统计量的观察值 θ_0(Teststat)，系统根据选项自动选用的检验统计量的函数名(形式为* distribution)、检验时必需的相关参数(如 T 检验给出自由度)，以及标明双边(或单边)检验和检验统计量 θ 在指定范围内的概率值 TwosidedPValue -> P($|\theta|>|\theta_0|$)(或 OnesidePValue ->P($\theta<\theta_0$)或 P($\theta>\theta_0$)).

例 5 从正态总体中抽取样本{1.4,2.5,3.6,1.7,6.7,6.4}，检验假设 $H_0:\mu=5$.

解

```
In[1]:=d={1.4,2.5,3.6,1.7,6.7,6.4};
MeanTest[d,5,KnownVariance ->None,Twosided ->True,FullReport ->True]
Out[1]=(1.4,2.5,3.6,1.7,6.7.6.4}
{FullReport ->Mean   Teststat   DF,StudentDistribution.
               3.7    -1.68096   5
TwosidedPValue ->0.143767}
```

此处 Mean 对应的 3.7 是样本均值，Teststat 对应的 -1.68096 表示 T 检验统计量的观察值 T_0，DF 对应的值 5 表示相应的 T 检验统计量的自由度为 5，TwosidedPValue ->0.143767 表示双边检验且检验统计量的绝对值大于观察值绝对值的概率为 0.143767，即 $P(|T|>1.68096)=0.143767$.

因此，若取 $\alpha=0.05$，$t_{0.025}(5)=0.7267$，$|T_0|=1.68096>t_{0.025}(5)=0.7267$，则应拒绝假设 $H_0:\mu=5$.

2. 正态总体方差的假设检验

(1) 单个总体方差的假设检验

检验假设 $H_0:\sigma^2=\sigma_0^2$ 或 $\sigma^2<\sigma_0^2$ 或 $\sigma^2>\sigma_0^2$(σ_0^2 为已知常数)命令的基本格式为：

VarianceTest[样本观察值表,σ_0^2,选项 1,选项 2,选项 3,…]

其中选项 1 表明使用双边检验还是单边检验,其形式为 Twosided -> Ture 或 False. 选项 2 指明是否需要详细报告,其形式为 FullReport -> Ture 或 False. 报告(FullReport)中包括样本方差比(Ratio),检验统计量的观察值 θ_0(Teststat),系统根据选项自动选用的检验统计量的函数名(形式为 * distribution)、检验时必需的相关参数(如 χ^2,F 检验给出自由度),以及标明双边(或单边)检验和系统根据统计量的观察值给出检验统计量 θ 落在其中一端范围内的概率值 TwosidedPValue -> P($0<\theta<\theta_0$) 或 P($\theta>\theta_0$)(或 OnesidePValue -> P($0<\theta<\theta_0$) 或 P($\theta>\theta_0$)).

(2) 双总体方差比的假设检验

例 6 设两个样本分别为{64,55,65,56,55,45,55,63,66,69}和{60,59,57,41,38,52,46,51,49,58},检验假设 $H_0:\sigma_1^2=\sigma_2^2$.

解

In[1]:=VarianceTest[{64,55,65,56,55,45,55,63,66,69},{60,59,57,41,38,52,46,51,49,58},1,Twosided -> Ture,FullReport -> True]

Out[1]={FullReport -> Ratio Teststat NumDF DenDF, RatioDistribution,

0.833617 0.833617 9 9

TwosidedPValue -> 0.790754}

其中的 Ratio 对应的值 0.833617 表示两个样本方差的比值,Teststat 对应的值 0.833617 是相应的 F 检验量的观察值,NumDF 和 DenDF 为 F 检验量的两个自由度.

若取 $\alpha=0.05$,$F_{0.025}(9,9)=4.03$,$F_{0.975}(9,9)=\dfrac{1}{F_{0.025}(9,9)}=\dfrac{1}{4.03}=0.2481$,即拒绝域为 $(0,0.2481)\cup(4.03,+\infty)$. 由于 $0.2481<F_0=0.833617<4.03$,因此,接受假设 $H_0:\sigma_1^2=\sigma_2^2$.

(四) 一元线性回归

Mathematicata 系统可以处理多元线性回归的问题,其命令的基本格式为:

Regress[样本数据表,函数表,变量表,选项表]

求一元线性回归时,样本数据表的形式为{{x_1,y_1},{x_2,y_2},…,{x_n,y_n}},函数表的形式为{1,x},变量为 x. 选项表包括的可选项很多,大多超出本章的学习要求,解决一元线性回归的有关问题时,通常情况下建议使用缺省. 若想尝试使用部分选项,可通过 Options 命令查看. 其中,控制程序运行的显示结果(回归分析报告表),其形式为 OutputList -> {可选表},默认为空(Null). 置信度选项其形式为 ConfidenceLevel -> α,默认为 0.95,等等.

例 7 已知某种商品的价格与日销售量的数据如下表:

价格/元	1.0	2.0	2.0	2.3	2.5	2.6	2.8	3.0	3.3	3.5
销量/千克	5.0	3.5	3.0	2.7	2.4	2.5	2.0	1.5	1.2	1.2

求回归方程.

解

In[1]:=data{{1.0,5.0},{2.0,3.5},{2.0,3.0},{2.3,2.7},{2.5,2.4},{2.6,2.5},{2.8,2.0},{3.0,1.5},{3.3,1.2},{3.5,1.2}};

Regress[data,{1,x},x]

Out[1]=

{BestFit -> 6.43828−1.57531x,

		Estimate	SE	CI
ParameterCITable ->	1	6.43828	0.236494	{5.89293, 6.98364}
	x	−1.57531	0.0911754	{−1.78556, −1.36506},

		Estimate	SE	TStat	PValue
ParameterTable ->	1	6.43828	0.236494	27.2239	3.57135×10^{-9},
	x	−1.57531	0.0911754	−17.2778	1.28217×10^{-7}

Rsquared -> 0.973901, AdjustedRsquared -> 0.970639, EstimatedVariance -> 0.0397359,

		DF	Sum Of Sq	MeanSq	FRatio	PValue
AnovaTable ->	Model	1	11.8621	11.8621	298.524	1.28217×10^{-7}
	Error	8	0.0317887	0.0397359,		
	Total	9	12.18}			

以上是选项使用缺省值生成的回归分析报告表,现对上述回归分析报告说明如下:

BestFit(最优拟合) -> 6.43828−1.57531 x 表示一元回归方程为 $y=6.43828-1.57531\,x$.

ParameterCITable(参数置信区间表)中 Estimate 这一列分别表示回归方程中参数点估计值,SE 这一列分别表示参数估计量的标准差,CI 这一列分别表示置信水平为 0.95 时参数的置信区间. 其中第一行针对参数 a,第二行针对参数 b.

ParameterTable(参数表)中前两列的意义同参数置信区间表,TStat 与 PValue 这两列表示对参数是否等于零作假设检验(T 检验),T 统计量的观察值(TStat)和统计量的绝对值大于观察值的绝对值的概率值(PValue). 其中第一行针对参数 a,第二行针对参数 b. 由于这里 PValue 对应的值都非常小,检验结果强烈地拒绝参数 $a=0$ 和 $b=0$,即接受 $a\neq0$ 和 $b\neq0$.

Rsquared 表示相关系数的平方,AdjustedRsquared 表示修正后的相关系数的平方,利用这两个数可作相关性检验,本例线性相关关系显著. EstimatedVariance 表示线性模型 $y=a+bx+\varepsilon,\varepsilon\sim N(0,1)$ 的方差 σ^2 的估计值.

AnovaTable(回归方差分析表)中的内容及涵义在课本中没有介绍,其中,FRatio 与 PValue 这两列表示对一元线性回归模型效果作假设检验(F 检验),F 统计量的观察值(FRatio)和统计量大于观察值的概率值(PValue 对应的列). 由于 PValue 对应值非常小,因此回归效果非常显著.

二、大数定理

概率论与数理统计是研究随机现象统计规律性的科学，但随机现象的统计规律性只有在相同的条件下进行大量的重复试验（或观察）才呈现出来. 集中体现这一规律的是一个事件在大量重复试验中发生的频率具有稳定性，它是形成概率统计定义的理论基础. 伯努利于1713年首先提出的伯努利大数定理以严格的数学形式表述了频率稳定于概率的事实.

伯努利大数定理 设事件 A 在一次伯努利试验中发生的概率为 p，记随机变量 η_n 为 A 在 n 次伯努利试验中发生的次数，则对于任一正数 $\varepsilon>0$，有

$$\lim_{n\to\infty}P\left(\left|\frac{1}{n}\eta_n-p\right|<\varepsilon\right)=1. \tag{1}$$

如果将 n 次伯努利试验中每次试验的结果表示成 $\xi_k(k=1,2,\cdots,n)$，其中 $P(\xi_k=1)=P(A)=p, P(\xi_k=0)=P(\overline{A})=1-p$，并记 $\bar{\xi}=\dfrac{1}{n}\sum\limits_{k=1}^{n}\xi_k$，则(1)式可写成

$$\lim_{n\to\infty}P(|\bar{\xi}-E(\bar{\xi})|<\varepsilon)=1$$

或

$$\lim_{n\to\infty}P\left(\left|\frac{1}{n}\sum_{k=1}^{n}\xi_k-\frac{1}{n}\sum_{k=1}^{n}E(\xi_k)\right|<\varepsilon\right)=1. \tag{2}$$

(2)式揭示了大量的随机变量的算术平均在取极限过程中的概率性质. 1866年俄国数学家切比雪夫将这一结果推广到相当普遍的形式.

切比雪夫大数定理 设 $\xi_1,\xi_2,\cdots,\xi_n,\cdots$ 为相互独立的随机变量序列，且存在常数 c，使得 $D(\xi_k)=\sigma_k^2\leqslant c, k=1,2,3,\cdots$，则对于任一正数 ε，有

$$\lim_{n\to\infty}P\left(\left|\frac{1}{n}\sum_{k=1}^{n}\xi_k-\frac{1}{n}\sum_{k=1}^{n}E(\xi_k)\right|<\varepsilon\right)=1.$$

切比雪夫大数定理告诉我们：随机变量的算术平均有极大的可能性接近于它们的数学期望的平均. 由此说明，在给定条件下随机变量的算术平均几乎是一个确定的常数，这为在实际工作中广泛使用的平均法则提供了依据. 例如，为确定某一零件的长度，在相同的条件下进行 n 次重复测量，依据切比雪夫大数定理，应以所有测值的算术平均值作为零件长度真值的近似为最佳.

切比雪夫大数定理的证明中，应用了由他自己发现并证明的一个极为重要的不等式——切比雪夫不等式.

切比雪夫不等式 设随机变量 ξ 具有有限方差 $D(\xi)$，则对于任一正数 ε，有

$$P(|\xi-E(\xi)|\geqslant\varepsilon)\leqslant\frac{D(\xi)}{\varepsilon^2} \tag{3}$$

或

$$P(|\xi-E(\xi)|<\varepsilon)\geqslant1-\frac{D(\xi)}{\varepsilon^2}.$$

若记 $E(\xi)=\mu, D(\xi)=\sigma^2$，并设想取 $\varepsilon=k\sigma$，则有

$$P(|\xi-\mu|<\varepsilon)\geqslant 1-\frac{\sigma^2}{k^2\sigma^2}=1-\frac{1}{k^2}.$$

可见，不管随机变量 ξ 服从什么分布，ξ 落入区间 $(\mu-k\sigma, \mu+k\sigma)$ 的概率不小于 $1-\frac{1}{k^2}$. 当 $k=3$ 时，ξ 落入 $(\mu-3\sigma, \mu+3\sigma)$ 内的概率不小于 0.889，于是 $P(|\xi-\mu|\geqslant 3\sigma)\leqslant 0.111$ 是发生可能性很小的事件. 这与前面提及的正态分布下的"3σ 原则"相比，概率估计是在不涉及分布的情况下进行的. 切比雪夫不等式在理论和应用两方面都很有价值.

前面提及的两个大数定理均假定随机变量服从两点分布或假定随机变量序列方差一致有界，然而许多问题中，特别是数理统计学中，往往不能满足上述要求，而仅知道随机变量序列是相互独立同分布. 对于这种情形有下述定理：

辛钦大数定理 设 $\xi_k(k=1,2,\cdots,n,\cdots)$ 是相互独立同分布的随机变量序列，若 ξ_k 有有限的数学期望 a，则对于任意的正数 ε，有

$$\lim_{n\to\infty}P\left(\left|\frac{1}{n}\sum_{k=1}^{n}\xi_k-a\right|<\varepsilon\right)=1.$$

后来的数学家们把大数定理的结论进一步推广到更强的形式，统称为强大数定理. 例如，辛钦大数定理由柯尔莫哥洛夫推广成以下形式：

柯尔莫哥洛夫强大数定理 设 $\xi_k(k=1,2,\cdots)$ 是相互独立同分布的随机变量序列，若 ξ_k 具有有限的数学期望 a，则有

$$\lim_{n\to\infty}P\left(\frac{1}{n}\sum_{k=1}^{n}\xi_k=a\right)=1.$$

这说明，样本 $\{\xi_1, \xi_2, \cdots, \xi_n\}$ 的容量 n 很大时，$\bar{\xi}=\frac{1}{n}\sum_{k=1}^{n}\xi_n$ 几乎处处收敛于 a，这为数理统计学中的很多方法提供了坚实的理论基础.

到目前为止，大数定理的内容已经十分丰富，上述仅仅是伯努利提出大数定理后早期的研究结果.

第二十一章 矩阵与线性方程组

在自然科学、工程技术和社会科学中，我们经常会将一系列数据用一张矩形的表来表示. 例如，一位饮食专家制订一份食谱方案时，需要考虑用到的三种食物中维生素C、钙和镁三种营养成分的含量和所需总量，这些数据可以用下表给出：

营养	单位食物所含的营养/mg			需要的营养总量/mg
	食物 1	食物 2	食物 3	
维生素 C	10	20	20	100
钙	50	40	10	300
镁	30	10	40	200

且可以通过解由表中数据确定的三元线性方程组

$$\begin{cases}10x_1+20x_2+20x_3=100,\\50x_1+40x_2+10x_3=300,\\30x_1+10x_2+40x_3=100\end{cases}$$

来合理安排这三种食物的量 x_1, x_2, x_3，即无论是展现食谱方案的要求，还是确定三种食物所需的量，都可以通过由 12 个数据组成的 3 行 4 列的数表

$$\begin{bmatrix}10 & 20 & 20 & 100\\50 & 40 & 10 & 300\\30 & 10 & 40 & 200\end{bmatrix}$$

表示，能否利用这种形式的数表来简洁地表达、分析和解决更广泛的问题呢？这就是本章学习的重要的数学工具——矩阵，以及用矩阵理论讨论求解线性方程组问题.

§21-1 n 阶行列式

一、n 阶行列式的概念

人们在研究用加减消元法解一般的二元线性方程组 $\begin{cases}a_{11}x+a_{12}y=b_1,\\a_{21}x+a_{22}y=b_2\end{cases}$ 时发现，分别消

去 x,y 可得到方程组 $\begin{cases}(a_{11}a_{22}-a_{21}a_{12})x=b_1a_{22}-b_2a_{12},\\(a_{11}a_{22}-a_{21}a_{12})y=a_{11}b_2-a_{21}b_1.\end{cases}$

为方便记忆，我们把由 a,b,c,d 4 个数排成 2 行 2 列，在两侧各加一条竖线，用形如 $\begin{vmatrix}a & b\\c & d\end{vmatrix}$ 的符号来表示 $ad-bc$，即 $\begin{vmatrix}a & b\\c & d\end{vmatrix}=ad-bc$.

符号 $\begin{vmatrix}a & b\\c & d\end{vmatrix}$ 称为 2 **阶行列式**，a,b,c,d 称为 2 阶行列式的元素，$ad-bc$ 称为 2 阶行列式的展开式. 于是，令 $D=\begin{vmatrix}a_{11} & a_{12}\\a_{21} & a_{22}\end{vmatrix}=a_{11}a_{22}-a_{12}a_{21}$，$D_1=\begin{vmatrix}b_1 & a_{12}\\b_2 & a_{22}\end{vmatrix}=b_1a_{22}-a_{12}b_2$，$D_2=\begin{vmatrix}a_{11} & b_1\\a_{21} & b_2\end{vmatrix}=a_{11}b_2-b_1a_{21}$，则当 $D\neq 0$ 时，二元线性方程组的解可表示成：$x=\dfrac{D_1}{D}$，$y=\dfrac{D_2}{D}$.

进一步分析可以看出：D 由二元线性方程组的系数按原来相对的位置排列而成，故将 D 称为二元线性方程组的系数行列式；D_1，D_2 可看作是将 D 中的第 1 列、第 2 列分别用方程组右端的常数项替换得到的，并且它们所表示的代数式的运算规律与 D 完全相同.

通过上述研究，我们自然会想到，对于一般的 n 元线性方程组是否具有上述类似的结论呢？前人的研究结果表明，答案是肯定的. 为此，我们先研究 3 阶行列式.

设一般三元线性方程组 $\begin{cases}a_{11}x+a_{12}y+a_{13}z=b_1,\\a_{21}x+a_{22}y+a_{23}z=b_2,\\a_{31}x+a_{32}y+a_{33}z=b_3\end{cases}$ 的系数行列式为 D，不难发现，用加减消元法分别消去未知数 x,y,z 中的两个，可得到每个方程只含一个未知数的方程组. 其中任何一个方程中未知数的系数均为

$a_{11}a_{22}a_{33}+a_{12}a_{23}a_{31}+a_{13}a_{23}a_{31}-a_{11}a_{32}a_{23}-a_{12}a_{21}a_{33}-a_{13}a_{22}a_{31}$.

因此，应有

$$\begin{vmatrix}a_{11} & a_{12} & a_{13}\\a_{21} & a_{22} & a_{23}\\a_{31} & a_{32} & a_{33}\end{vmatrix}=a_{11}a_{22}a_{33}+a_{12}a_{23}a_{31}+a_{13}a_{21}a_{32}-a_{11}a_{32}a_{23}-a_{12}a_{21}a_{33}-a_{13}a_{22}a_{31}.$$

将上式右端改写成

$$a_{11}(a_{22}a_{33}-a_{32}a_{23})+a_{12}(a_{23}a_{31}-a_{21}a_{33})+a_{13}(a_{21}a_{32}-a_{22}a_{31}),$$

则有

$$\begin{vmatrix}a_{11} & a_{12} & a_{13}\\a_{21} & a_{22} & a_{23}\\a_{31} & a_{32} & a_{33}\end{vmatrix}=a_{11}\begin{vmatrix}a_{22} & a_{23}\\a_{32} & a_{33}\end{vmatrix}-a_{12}\begin{vmatrix}a_{21} & a_{23}\\a_{31} & a_{33}\end{vmatrix}+a_{13}\begin{vmatrix}a_{21} & a_{22}\\a_{31} & a_{32}\end{vmatrix}.$$

令 $D_{11}=\begin{vmatrix}a_{22} & a_{23}\\a_{32} & a_{33}\end{vmatrix}$，$D_{12}=\begin{vmatrix}a_{21} & a_{23}\\a_{31} & a_{33}\end{vmatrix}$，$D_{13}=\begin{vmatrix}a_{21} & a_{22}\\a_{31} & a_{32}\end{vmatrix}$，

它们分别是划去 3 阶行列式的第 1 行与第 $j(j=1,2,3)$ 列，也就是划去 a_{1j} 所在行和列的

元素后，所剩元素按原来的相对位置组成的 2 阶行列式，我们称 D_{1j} 为 $a_{1j}(j=1,2,3)$ 的余子式.

记 $A_{1j}=(-1)^{1+j}D_{1j}(j=1,2,3)$,

即 $A_{11}=(-1)^{1+1}D_{11}, A_{12}=(-1)^{1+2}D_{12}, A_{13}=(-1)^{1+3}D_{13}$,

称 A_{1j} 为 $a_{1j}(j=1,2,3)$ 的**代数余子式**.

利用代数余子式可得

$$\begin{vmatrix} a_{11} & a_{12} & a_{13} \\ a_{21} & a_{22} & a_{23} \\ a_{31} & a_{32} & a_{33} \end{vmatrix}=a_{11}A_{11}+a_{12}A_{12}+a_{13}A_{13}.$$

等式右边叫做 3 阶行列式按第一行的展开式，所以可用 2 阶行列式定义 3 阶行列式. 同理，可以利用 3 阶行列式定义 4 阶行列式，即可定义

$$\begin{vmatrix} a_{11} & a_{12} & a_{13} & a_{14} \\ a_{21} & a_{22} & a_{23} & a_{24} \\ a_{31} & a_{32} & a_{33} & a_{34} \\ a_{41} & a_{42} & a_{43} & a_{44} \end{vmatrix}=a_{11}\begin{vmatrix} a_{22} & a_{23} & a_{24} \\ a_{32} & a_{33} & a_{34} \\ a_{42} & a_{43} & a_{44} \end{vmatrix}-a_{12}\begin{vmatrix} a_{21} & a_{23} & a_{24} \\ a_{31} & a_{33} & a_{34} \\ a_{41} & a_{43} & a_{44} \end{vmatrix}+a_{13}\begin{vmatrix} a_{21} & a_{22} & a_{24} \\ a_{31} & a_{32} & a_{34} \\ a_{41} & a_{42} & a_{44} \end{vmatrix}$$

$$-a_{14}\begin{vmatrix} a_{21} & a_{22} & a_{23} \\ a_{31} & a_{32} & a_{33} \\ a_{41} & a_{42} & a_{43} \end{vmatrix}$$

$$=a_{11}D_{11}-a_{12}D_{12}+a_{13}D_{13}-a_{14}D_{14}$$

$$=a_{11}A_{11}+a_{12}A_{12}+a_{13}A_{13}+a_{14}A_{14}.$$

其中 D_{1j} 是 4 阶行列式中将 a_{1j} 所在的行和列的元素划去后得到的一个 3 阶行列式，称为 a_{1j} 的余子式，$A_{1j}=(-1)^{1+j}D_{1j}$ 称为 a_{1j} 的代数余子式$(j=1,2,3,4)$，如此下去，可由 4 阶行列式定义 5 阶行列式等. 一般地，假设$(n-1)$阶行列式已经定义，现在来定义 n 阶行列式.

定义 由 n^2 个数构成的形如 $\begin{vmatrix} a_{11} & a_{12} & \cdots & a_{1n} \\ a_{21} & a_{22} & \cdots & a_{2n} \\ \cdots & \cdots & \cdots & \cdots \\ a_{n1} & a_{n2} & \cdots & a_{nn} \end{vmatrix}$

的符号称为 n 阶行列式，表示由其中 n^2 个元素所组成的一个代数式的值，即

$$D=\begin{vmatrix} a_{11} & a_{12} & \cdots & a_{1n} \\ a_{21} & a_{22} & \cdots & a_{2n} \\ \cdots & \cdots & \cdots & \cdots \\ a_{n1} & a_{n2} & \cdots & a_{nn} \end{vmatrix}=a_{11}\begin{vmatrix} a_{22} & a_{23} & \cdots & a_{2n} \\ a_{32} & a_{33} & \cdots & a_{3n} \\ \cdots & \cdots & \cdots & \cdots \\ a_{n2} & a_{n3} & \cdots & a_{nn} \end{vmatrix}-a_{12}\begin{vmatrix} a_{21} & a_{23} & \cdots & a_{2n} \\ a_{31} & a_{33} & \cdots & a_{3n} \\ \cdots & \cdots & \cdots & \cdots \\ a_{n1} & a_{n3} & \cdots & a_{nn} \end{vmatrix}$$

$$+\cdots+(-1)^{1+n}a_{1n}\begin{vmatrix} a_{21} & a_{22} & \cdots & a_{2n-1} \\ a_{31} & a_{32} & \cdots & a_{3n-1} \\ \cdots & \cdots & \cdots & \cdots \\ a_{n1} & a_{n2} & \cdots & a_{nn-1} \end{vmatrix}.$$

$a_{ij}(i,j=1,2,3,\cdots,n)$称为 n 阶行列式的**元素**，行列式左上角到右下角的对角线称为**主对角线**，位于主对角线上的元素称为主对角元素.

为了今后叙述方便，我们引入余子式、代数余子式的一般概念，在 n 阶行列式中划去元素a_{ij}所在的第 i 行和第 j 列上的所有元素后得到的$(n-1)$阶行列式，称为元素 a_{ij} 的**余子式**，记作 D_{ij}，而将$(-1)^{i+j}D_{ij}$称为元素 a_{ij} 的代数余子式，记作 A_{ij}，即 $A_{ij}=(-1)^{i+j}D_{ij}$. 利用代数余子式，n 阶行列式 D 可以表示为

$$D=a_{11}A_{11}+a_{12}A_{12}+\cdots+a_{1n}A_{1n}.$$

在一般情况下，按 n 阶行列式的定义直接计算阶数较高的行列式的值时，整个计算将会显得十分麻烦，为简化行列式的计算，先介绍行列式的主要性质.

二、行列式的主要性质

性质 1 行列式所有的行与相应的列互换，行列式的值不变.

$$\begin{vmatrix} a_{11} & a_{12} & \cdots & a_{1n} \\ a_{21} & a_{22} & \cdots & a_{2n} \\ \cdots & \cdots & \cdots & \cdots \\ a_{n1} & a_{n2} & \cdots & a_{nn} \end{vmatrix} = \begin{vmatrix} a_{11} & a_{21} & \cdots & a_{n1} \\ a_{12} & a_{22} & \cdots & a_{n2} \\ \cdots & \cdots & \cdots & \cdots \\ a_{1n} & a_{2n} & \cdots & a_{nn} \end{vmatrix}.$$

这两个行列式互称为**转置行列式**，行列式 D 的转置行列式记为 D^{T}，则性质 1 可表示为 $D=D^{\mathrm{T}}$.

例如，$A=\begin{vmatrix} 3 & 2 & 0 & 1 \\ -4 & -6 & -1 & -2 \\ 2 & 3 & 1 & 0 \\ -1 & -3 & -4 & -5 \end{vmatrix} = \begin{vmatrix} 3 & -4 & 2 & -1 \\ 2 & -6 & 3 & -3 \\ 0 & -1 & 1 & -4 \\ 1 & -2 & 0 & -5 \end{vmatrix} = A^{\mathrm{T}}.$

性质 2 行列式的任意两行(或列) 互换，行列式仅改变符号.

例如，行列式的第 1 行与第 2 行互换，有

$$\begin{vmatrix} a_{11} & a_{12} & a_{13} & a_{14} \\ a_{21} & a_{22} & a_{23} & a_{24} \\ a_{31} & a_{32} & a_{33} & a_{34} \\ a_{41} & a_{42} & a_{43} & a_{44} \end{vmatrix} = -\begin{vmatrix} a_{21} & a_{22} & a_{23} & a_{24} \\ a_{11} & a_{12} & a_{13} & a_{14} \\ a_{31} & a_{32} & a_{33} & a_{34} \\ a_{41} & a_{42} & a_{43} & a_{44} \end{vmatrix}.$$

性质 3 若行列式中某两行(或列)对应元素相同，则此行列式的值为零.

例如，$\begin{vmatrix} a_{11} & a_{12} & a_{13} \\ a_{11} & a_{12} & a_{13} \\ a_{31} & a_{32} & a_{33} \end{vmatrix}=0.$

性质 4 行列式中某行(或列)的各元素有公因子时，可把公因子提到行列式符号前面.

例如，$\begin{vmatrix} ka_{11} & ka_{12} & ka_{13} & ka_{14} \\ a_{21} & a_{22} & a_{23} & a_{24} \\ a_{31} & a_{32} & a_{33} & a_{34} \\ a_{41} & a_{42} & a_{43} & a_{44} \end{vmatrix} = k\begin{vmatrix} a_{11} & a_{12} & a_{13} & a_{14} \\ a_{21} & a_{22} & a_{23} & a_{24} \\ a_{31} & a_{32} & a_{33} & a_{34} \\ a_{41} & a_{42} & a_{43} & a_{44} \end{vmatrix}.$

推论 1 若行列式有一行(或列)的各元素都是零,则此行列式等于零.

例如, $\begin{vmatrix} a_{11} & a_{12} & a_{13} & a_{14} \\ 0 & 0 & 0 & 0 \\ a_{31} & a_{32} & a_{33} & a_{34} \\ a_{41} & a_{42} & a_{43} & a_{44} \end{vmatrix}=0.$

推论 2 若行列式有两行(或列)对应元素成比例,则此行列式的值等于零.

例如, $\begin{vmatrix} a_{11} & a_{12} & a_{13} & a_{14} \\ ka_{11} & ka_{12} & ka_{13} & ka_{14} \\ a_{31} & a_{32} & a_{33} & a_{34} \\ a_{41} & a_{42} & a_{43} & a_{44} \end{vmatrix}=k\begin{vmatrix} a_{11} & a_{12} & a_{13} & a_{14} \\ a_{11} & a_{12} & a_{13} & a_{14} \\ a_{31} & a_{32} & a_{33} & a_{34} \\ a_{41} & a_{42} & a_{43} & a_{44} \end{vmatrix}=0.$

性质 5 若行列式某一行(或列)的各元素都是某两个数之和,则可将这一行列式按这两组数分成两个行列式.

例如, $\begin{vmatrix} a_{11}+b_{11} & a_{12}+b_{12} & a_{13}+b_{13} & a_{14}+b_{14} \\ a_{21} & a_{22} & a_{23} & a_{24} \\ a_{31} & a_{32} & a_{33} & a_{34} \\ a_{41} & a_{42} & a_{43} & a_{44} \end{vmatrix}$

$$=\begin{vmatrix} a_{11} & a_{12} & a_{13} & a_{14} \\ a_{21} & a_{22} & a_{23} & a_{24} \\ a_{31} & a_{32} & a_{33} & a_{34} \\ a_{41} & a_{42} & a_{43} & a_{44} \end{vmatrix}+\begin{vmatrix} b_{11} & b_{12} & b_{13} & b_{14} \\ a_{21} & a_{22} & a_{23} & a_{24} \\ a_{31} & a_{32} & a_{33} & a_{34} \\ a_{41} & a_{42} & a_{43} & a_{44} \end{vmatrix}.$$

性质 6 行列式的某一行(或列)的各元素加上另一行(或列)对应元素的 k 倍,则行列式的值不变.

例如, $\begin{vmatrix} a_{11} & a_{12} & a_{13} & a_{14} \\ a_{21} & a_{22} & a_{23} & a_{24} \\ a_{31} & a_{32} & a_{33} & a_{34} \\ a_{41} & a_{42} & a_{43} & a_{44} \end{vmatrix}=\begin{vmatrix} a_{11} & a_{12} & a_{13} & a_{14} \\ a_{21}+ka_{11} & a_{22}+ka_{12} & a_{23}+ka_{13} & a_{24}+ka_{14} \\ a_{31} & a_{32} & a_{33} & a_{34} \\ a_{41} & a_{42} & a_{43} & a_{44} \end{vmatrix}.$

性质 7 行列式等于它的任意一行(或列)的各元素与对应的代数余子式的乘积之和.

例如, $D=\begin{vmatrix} a_{11} & a_{12} & a_{13} & a_{14} \\ a_{21} & a_{22} & a_{23} & a_{24} \\ a_{31} & a_{32} & a_{33} & a_{34} \\ a_{41} & a_{42} & a_{43} & a_{44} \end{vmatrix}$,

按第 1 行展开为 $D=a_{11}A_{11}+a_{12}A_{12}+a_{13}A_{13}+a_{14}A_{14}$;

按第 2 行展开为 $D=a_{21}A_{21}+a_{22}A_{22}+a_{23}A_{23}+a_{24}A_{24}$;

按第 3 列展开为 $D=a_{13}A_{13}+a_{23}A_{23}+a_{33}A_{33}+a_{43}A_{43}$.

性质 8 行列式 D 中,任一行(或列)的各元素与另一行(或列)相应元素的代数余子式的乘积之和等于零.

对 4 阶行列式，性质 7 和性质 8 可以合写成

$$a_{i1}A_{j1}+a_{i2}A_{j2}+a_{i3}A_{j3}+a_{i4}A_{j4}=\begin{cases}D, & i=j,\\ 0, & i\neq j\end{cases}$$

或

$$a_{1i}A_{1j}+a_{2i}A_{2j}+a_{3i}A_{3j}+a_{4i}A_{4j}=\begin{cases}D, & i=j,\\ 0, & i\neq j.\end{cases}$$

三、行列式的计算举例

利用行列式的性质，可以简化行列式的计算，现举例如下：

例 1 计算：$D=\begin{vmatrix}1 & -1 & 2 & 1\\ 2 & 1 & 2 & 0\\ 3 & 1 & 0 & -1\\ -2 & -1 & 1 & 2\end{vmatrix}$.

解

$$\begin{vmatrix}1 & -1 & 2 & 1\\ 2 & 1 & 2 & 0\\ 3 & 1 & 0 & -1\\ -2 & -1 & 1 & 2\end{vmatrix}\xlongequal[\substack{③行+(-1)\times②行\\ ④行+②行}]{①行+②行}\begin{vmatrix}3 & 0 & 4 & 1\\ 2 & 1 & 2 & 0\\ 1 & 0 & -2 & -1\\ 0 & 0 & 3 & 2\end{vmatrix}\xlongequal{按第 2 列展开}$$

$$(-1)^{2+2}\begin{vmatrix}3 & 4 & 1\\ 1 & -2 & -1\\ 0 & 3 & 2\end{vmatrix}\xlongequal[③列+①列]{②列+①列\times 2}\begin{vmatrix}3 & 10 & 4\\ 1 & 0 & 0\\ 0 & 3 & 2\end{vmatrix}\xlongequal{按第 2 行展开}(-1)^{2+1}\begin{vmatrix}10 & 4\\ 3 & 2\end{vmatrix}$$

$$=-(20-12)=-8.$$

利用行列式的性质，将 n 阶行列式的某行（或列）中的元素化为只有一个元素不等于零，由此转化为 $n-1$ 阶行列式的计算，这是常用的**降阶计算法**.

例 2 计算： $D=\begin{vmatrix}a_{11} & a_{12} & a_{13} & \cdots & a_{1n-1} & a_{1n}\\ 0 & a_{22} & a_{23} & \cdots & a_{2n-1} & a_{2n}\\ 0 & 0 & a_{33} & \cdots & a_{3n-1} & a_{3n}\\ \cdots & \cdots & \cdots & \cdots & \cdots & \cdots\\ 0 & 0 & 0 & \cdots & a_{n-1n-1} & a_{n-1n}\\ 0 & 0 & 0 & \cdots & 0 & a_{nn}\end{vmatrix}$.

解 将行列式按第 1 列逐步展开，有

$$D=a_{11}\begin{vmatrix}a_{22} & a_{23} & \cdots & a_{2n-1} & a_{2n}\\ 0 & a_{33} & \cdots & a_{3n-1} & a_{3n}\\ \cdots & \cdots & \cdots & \cdots & \cdots\\ 0 & 0 & \cdots & a_{n-1n-1} & a_{n-1n}\\ 0 & 0 & \cdots & 0 & a_{nn}\end{vmatrix}=a_{11}a_{22}\begin{vmatrix}a_{33} & a_{34} & \cdots & a_{3n-1} & a_{3n}\\ 0 & a_{44} & \cdots & a_{4n-1} & a_{4n}\\ \cdots & \cdots & \cdots & \cdots & \cdots\\ 0 & 0 & \cdots & a_{n-1n-1} & a_{n-1n}\\ 0 & 0 & \cdots & 0 & a_{nn}\end{vmatrix}$$

$$=\cdots=a_{11}a_{22}a_{33}\cdots a_{nn}.$$

形如例 2 的行列式称为**上三角形行列式**，其特征是主对角线下侧元素全为零. 若行列式主对角线上侧元素全为零，则称这类行列式为**下三角形行列式**. 利用行列式的性质化行

列式为上(下)三角形形式的计算方法称为**化三角形法**.

例 3 计算：$D=\begin{vmatrix}3&1&-1&2\\-5&1&3&-4\\2&0&1&-1\\1&-5&3&-3\end{vmatrix}$.

解 $D\xlongequal[\text{对换}]{\text{①列、②列}}-\begin{vmatrix}1&3&-1&2\\1&-5&3&-4\\0&2&1&-1\\-5&1&3&-3\end{vmatrix}\xlongequal[a_{31},a_{41}]{\text{消去 }a_{21},}\begin{vmatrix}1&3&-1&2\\0&-8&4&-6\\0&2&1&-1\\0&16&-2&7\end{vmatrix}$

$\xlongequal[\text{对换}]{\text{②行、③行}}\begin{vmatrix}1&3&-1&2\\0&2&1&-1\\0&-8&4&-6\\0&16&-2&7\end{vmatrix}\xlongequal[a_{42}]{\text{消去 }a_{32},}\begin{vmatrix}1&3&-1&2\\0&2&1&-1\\0&0&8&-10\\0&0&-10&15\end{vmatrix}$

$\xlongequal{\text{消去 }a_{43}}\begin{vmatrix}1&3&-1&2\\0&2&1&-1\\0&0&8&-10\\0&0&0&\frac{5}{2}\end{vmatrix}=1\times2\times8\times\frac{5}{2}=40.$

例 4 计算：$D=\begin{vmatrix}3&1&1&1\\1&3&1&1\\1&1&3&1\\1&1&1&3\end{vmatrix}$.

解 这个行列式的特点是各列 4 个数之和都是 6，现把第 2、第 3、第 4 行同时加到第 1 行，提取公因子 6，然后各行减去第 1 行.

$$D=\begin{vmatrix}6&6&6&6\\1&3&1&1\\1&1&3&1\\1&1&1&3\end{vmatrix}=6\begin{vmatrix}1&1&1&1\\1&3&1&1\\1&1&3&1\\1&1&1&3\end{vmatrix}=6\begin{vmatrix}1&1&1&1\\0&2&0&0\\0&0&2&0\\0&0&0&2\end{vmatrix}=48.$$

例 5 证明：$\begin{vmatrix}c&a&d&b\\a&c&d&b\\a&c&b&d\\c&a&b&d\end{vmatrix}=0$.

证明 $\begin{vmatrix}c&a&d&b\\a&c&d&b\\a&c&b&d\\c&a&b&d\end{vmatrix}=\begin{vmatrix}c&a&d&b\\a&c&d&b\\a+c&c+a&b+d&d+b\\c+a&a+c&b+d&d+b\end{vmatrix}$

$$=\begin{vmatrix} c & a & d & b \\ a & c & d & b \\ a+c & a+c & b+d & b+d \\ a+c & a+c & b+d & b+d \end{vmatrix}=0.$$

练习1

利用行列式的性质计算下列行列式：

(1) $\begin{vmatrix} 1 & 2 & 0 & 1 \\ 1 & 3 & 5 & 0 \\ 0 & 1 & 5 & 6 \\ 1 & 3 & 3 & 4 \end{vmatrix}$； (2) $\begin{vmatrix} -1 & 3 & 2 & -2 \\ 1 & 1 & 1 & 4 \\ -1 & 2 & 1 & -1 \\ 1 & 1 & 2 & 9 \end{vmatrix}$.

四、克莱姆法则

含有 n 个未知量 $x_1,x_2,x_3,\cdots,x_n$ 的 n 个线性方程的方程组

$$\begin{cases} a_{11}x_1+a_{12}x_2+\cdots+a_{1n}x_n=b_1, \\ a_{21}x_1+a_{22}x_2+\cdots+a_{2n}x_n=b_2, \\ \cdots\cdots\cdots\cdots\cdots\cdots\cdots\cdots\cdots\cdots \\ a_{n1}x_1+a_{n2}x_2+\cdots+a_{nn}x_n=b_n. \end{cases} \tag{1}$$

如果线性方程组(1)的系数行列式不等于零，即

$$D=\begin{vmatrix} a_{11} & a_{12} & \cdots & a_{1n} \\ a_{21} & a_{22} & \cdots & a_{2n} \\ \cdots & \cdots & \cdots & \cdots \\ a_{n1} & a_{n2} & \cdots & a_{nn} \end{vmatrix}\neq 0,$$

那么方程组有唯一解

$$x_1=\frac{D_1}{D},x_2=\frac{D_2}{D},\cdots,x_n=\frac{D_n}{D}.$$

其中 $D_j(j=1,2,\cdots,n)$ 是用方程组(1)右端的常数项替换 D 中的第 j 列元素所得到的 n 阶行列式，即

$$D_j=\begin{vmatrix} a_{11} & a_{12} & \cdots & a_{1j-1} & b_1 & a_{1j+1} & \cdots & a_{1n} \\ a_{21} & a_{22} & \cdots & a_{2j-1} & b_2 & a_{2j+1} & \cdots & a_{2n} \\ \cdots & \cdots & \cdots & \cdots & \cdots & \cdots & \cdots & \cdots \\ a_{n1} & a_{n2} & \cdots & a_{nj-1} & b_n & a_{nj+1} & \cdots & a_{nn} \end{vmatrix}.$$

上述线性方程组的解法，称为**克莱姆法则**.

当方程组(1)右边常数项全为零时，即

$$\begin{cases} a_{11}x_1+a_{12}x_2+\cdots+a_{1n}x_n=0, \\ a_{21}x_1+a_{22}x_2+\cdots+a_{2n}x_n=0, \\ \cdots\cdots\cdots\cdots\cdots\cdots\cdots\cdots\cdots\cdots \\ a_{n1}x_1+a_{n2}x_2+\cdots+a_{nn}x_n=0, \end{cases} \tag{2}$$

线性方程组(2)称为**齐次线性方程组**.

$x_1=x_2=\cdots=x_n=0$ 显然是齐次线性方程组(2)的解,称为**零解**.如果齐次线性方程组(2)除了零解外,还有不全为零的解 $x_1,x_2,\cdots,x_n$,则称为**非零解**.当齐次线性方程组的行列式 $D\neq 0$ 时,按克莱姆法则,齐次线性方程组有唯一解——零解,**因此 $D=0$ 是齐次线性方程组(2)有非零解的必要条件**,可以证明这个条件也是**充分的**.

例 6 用克莱姆法则解方程组

$$\begin{cases}2x_1+x_2-5x_3+x_4=8,\\ x_1-3x_2-6x_4=9,\\ 2x_2-x_3+2x_4=-5,\\ x_1+4x_2-7x_3+6x_4=0.\end{cases}$$

解 因为

$$D=\begin{vmatrix}2&1&-5&1\\1&-3&0&-6\\0&2&-1&2\\1&4&-7&6\end{vmatrix}=27\neq 0,$$

根据克莱姆法则,方程组有唯一解,且

$$D_1=\begin{vmatrix}8&1&-5&1\\9&-3&0&-6\\-5&2&-1&2\\0&4&-7&6\end{vmatrix}=81,D_2=\begin{vmatrix}2&8&-5&1\\1&9&0&-6\\0&-5&-1&2\\1&0&-7&6\end{vmatrix}=-108,$$

$$D_3=\begin{vmatrix}2&1&8&1\\1&-3&9&-6\\0&2&-5&2\\1&4&0&6\end{vmatrix}=-27,\ D_4=\begin{vmatrix}2&1&-5&8\\1&-3&0&9\\0&2&-1&-5\\1&4&-7&0\end{vmatrix}=27.$$

所以方程组的解为

$$x_1=\frac{81}{27}=3,x_2=-\frac{108}{27}=-4,x_3=\frac{-27}{27}=-1,x_4=\frac{27}{27}=1.$$

练习 2

用克莱姆法则解线性方程组

$$\begin{cases}2x_1+2x_2+3x_3=2,\\ x_1-x_2=2,\\ -x_1+2x_2+x_3=4.\end{cases}$$

习题 21-1

A 组

1. 根据行列式的定义,按第 1 行展开下列各行列式:

(1) $\begin{vmatrix} x & y & z & w \\ 1 & 1 & 2 & 1 \\ 1 & 2 & 1 & 1 \\ 2 & 1 & 1 & 1 \end{vmatrix}$;　　(2) $\begin{vmatrix} s & t & u & v \\ 2 & 1 & 1 & 1 \\ 1 & 3 & 1 & 1 \\ 1 & 1 & 4 & 1 \end{vmatrix}$.

2. 按指定的行或列展开并计算下列各行列式:

(1) $\begin{vmatrix} 3 & 2 & 1 & x \\ 2 & 1 & 3 & y \\ 1 & 3 & 2 & z \\ 6 & 6 & 6 & w \end{vmatrix}$,第 4 列;　　(2) $\begin{vmatrix} 0 & 1 & 1 & 1 \\ s & t & u & v \\ 1 & 1 & 0 & 1 \\ 1 & 1 & 1 & 0 \end{vmatrix}$,第 2 行.

3. 利用行列式的性质计算下列各行列式:

(1) $\begin{vmatrix} 1 & 1 & 2 \\ 2 & 1 & 1 \\ 1 & 2 & 1 \end{vmatrix}$;　　(2) $\begin{vmatrix} 1 & 1 & 1 \\ a & b & c \\ b+c & c+a & a+b \end{vmatrix}$;

(3) $\begin{vmatrix} 1+\cos x & 1+\sin x & 1 \\ 1-\cos x & 1+\cos x & 1 \\ 1 & 1 & 1 \end{vmatrix}$;　　(4) $\begin{vmatrix} 1 & 1 & 1 & 1 \\ 1 & -1 & 1 & 1 \\ 1 & 1 & -1 & 1 \\ 1 & 1 & 1 & -1 \end{vmatrix}$;

(5) $\begin{vmatrix} 0 & 1 & 1 & 1 \\ 1 & 0 & 1 & 1 \\ 1 & 1 & 0 & 1 \\ 1 & 1 & 1 & 0 \end{vmatrix}$;　　(6) $\begin{vmatrix} -1 & 2 & -2 & 1 \\ 2 & 3 & 1 & -1 \\ 2 & 0 & 0 & 3 \\ 4 & 1 & 0 & 1 \end{vmatrix}$.

4. 用克莱姆法则解下列各方程组:

(1) $\begin{cases} x_1+x_2+2x_3+3x_4=1, \\ 3x_1+x_2-x_3-2x_4=-4, \\ 2x_1-3x_2-x_3-x_4=-6, \\ x_1+2x_2+3x_3-x_4=-4; \end{cases}$　　(2) $\begin{cases} x_1+x_2+x_3+x_4+3x_5=1, \\ x_1+x_2+x_3+3x_4+x_5=2, \\ x_1+x_2+3x_3+x_4+x_5=3, \\ x_1+3x_2+x_3+x_4+x_5=4, \\ 3x_1+x_2+x_3+x_4+x_5=5. \end{cases}$

B 组

1. 利用行列式的性质计算下列各行列式：

(1) $\begin{vmatrix} 1 & 6 & 7 & 0 & 8 \\ 0 & 2 & 0 & 0 & 9 \\ 0 & 10 & 3 & 0 & 11 \\ 12 & 13 & 14 & 4 & 15 \\ 0 & 0 & 0 & 0 & 5 \end{vmatrix}$；　　(2) $\begin{vmatrix} 5 & 1 & 1 & 1 & 1 \\ 1 & 4 & 0 & 0 & 0 \\ 1 & 0 & 3 & 0 & 0 \\ 1 & 0 & 0 & 2 & 0 \\ 1 & 0 & 0 & 0 & 1 \end{vmatrix}$；

(3) $\begin{vmatrix} 1 & 4 & 4 & 4 & 4 \\ 4 & 2 & 4 & 4 & 4 \\ 4 & 4 & 3 & 4 & 4 \\ 4 & 4 & 4 & 4 & 4 \\ 4 & 4 & 4 & 4 & 5 \end{vmatrix}$；　　(4) $\begin{vmatrix} a_{11} & a_{12} & a_{13} & a_{14} \\ a_{21} & a_{22} & a_{23} & 0 \\ a_{31} & a_{32} & 0 & 0 \\ a_{41} & 0 & 0 & 0 \end{vmatrix}$.

2. 利用行列式的性质证明：

(1) $\begin{vmatrix} 1 & a & a^2-bc \\ 1 & b & b^2-ca \\ 1 & c & c^2-ab \end{vmatrix}=0$；　　(2) $\begin{vmatrix} 1 & a & a^2 \\ 1 & b & b^2 \\ 1 & c & c^2 \end{vmatrix}=(a-b)(b-c)(c-a)$；

(3) $\begin{vmatrix} a^2 & (a+1)^2 & (a+2)^2 \\ b^2 & (b+1)^2 & (b+2)^2 \\ c^2 & (c+1)^2 & (c+2)^2 \end{vmatrix}=4(a-c)(c-b)(b-a)$；

(4) $\begin{vmatrix} \cos\alpha & \sin\alpha & 0 & 0 \\ -\sin\alpha & \cos\alpha & 0 & 0 \\ 0 & 0 & \cos\beta & \sin\beta \\ 0 & 0 & -\sin\beta & \cos\beta \end{vmatrix}=1$.

3. 用克莱姆法则解下列方程组：

$$\begin{cases} x_1+2x_2+3x_3+4x_4=2, \\ 4x_1+x_2+2x_3+3x_4=2, \\ 3x_1+4x_2+x_3+2x_4=2, \\ 2x_1+3x_2+4x_3+x_4=2. \end{cases}$$

§21-2 矩阵的概念和矩阵的运算

一、矩阵的概念

定义 1 由 $m\times n$ 个数 $a_{ij}(i=1,2,\cdots,m;j=1,2,\cdots,n)$ 排成的 m 行 n 列的表

$$\begin{pmatrix} a_{11} & a_{12} & \cdots & a_{1n} \\ a_{21} & a_{22} & \cdots & a_{2n} \\ \cdots & \cdots & \cdots & \cdots \\ a_{m1} & a_{m2} & \cdots & a_{mn} \end{pmatrix}$$

称为 m 行 n 列**矩阵**(或 $m\times n$ 矩阵),a_{ij} ($i=1,2,\cdots,m;j=1,2,\cdots,n$)称为**矩阵的元素**.

矩阵常用大写字母 $\boldsymbol{A},\boldsymbol{B},\boldsymbol{C},\cdots$表示.

例如,
$$\boldsymbol{A}=\begin{pmatrix} a_{11} & a_{12} & \cdots & a_{1n} \\ a_{21} & a_{22} & \cdots & a_{2n} \\ \cdots & \cdots & \cdots & \cdots \\ a_{m1} & a_{m2} & \cdots & a_{mn} \end{pmatrix},$$

或简写为
$$\boldsymbol{A}=(a_{ij})_{m\times n}.$$

只有一列的矩阵

$$\boldsymbol{A}=\begin{pmatrix} a_{11} \\ a_{21} \\ \cdots \\ a_{n1} \end{pmatrix}$$

称为**列矩阵**.

只有一行的矩阵

$$\boldsymbol{A}=(a_{11} \quad a_{12} \quad \cdots \quad a_{1n})$$

称为**行矩阵**.

元素全为零的矩阵称为**零矩阵**,记为 $\boldsymbol{O}$.

当 $m=n$ 时,矩阵的行数与列数相等,这时矩阵称为 **n 阶方阵**,一个 n 阶方阵从左上角到右下角的对角线称为**主对角线**,一个方阵如果除主对角线上的元素外,其余元素均为0,即

$$\boldsymbol{A}=\begin{pmatrix} a_{11} & 0 & \cdots & 0 \\ 0 & a_{22} & \cdots & 0 \\ \cdots & \cdots & \cdots & \cdots \\ 0 & 0 & \cdots & a_{nn} \end{pmatrix},$$

这样的方阵称为**对角方阵**.

主对角线上的元素都是1,其他元素都是零的 n 阶方阵称为**单位矩阵**,记作 $\boldsymbol{E}$,即

$$\boldsymbol{E}=\begin{pmatrix} 1 & 0 & \cdots & 0 \\ 0 & 1 & \cdots & 0 \\ \cdots & \cdots & \cdots & \cdots \\ 0 & 0 & \cdots & 1 \end{pmatrix}.$$

把矩阵 $\boldsymbol{A}$ 的行依次换成相应的列所得到的矩阵称为矩阵 $\boldsymbol{A}$ 的**转置矩阵**,记作 $\boldsymbol{A}^{\mathrm{T}}$.

例如,矩阵
$$\boldsymbol{A}=\begin{pmatrix} 3 & 2 & 4 & 1 \\ 0 & 5 & -3 & 2 \\ -1 & 3 & 8 & 6 \end{pmatrix}$$

的转置矩阵是

$$A^{T}=\begin{pmatrix}3 & 0 & -1\\2 & 5 & 3\\4 & -3 & 8\\1 & 2 & 6\end{pmatrix}.$$

显然，$(A^{T})^{T}=A$.

如果 $A=(a_{ij})$ 与 $B=(b_{ij})$ 都是 m 行 n 列矩阵，并且它们的对应元素都相等，即

$$a_{ij}=b_{ij}\ (i=1,2,\cdots,m;j=1,2,\cdots,n),$$

则称矩阵 A 与矩阵 B 是相等的，记作 $A=B$.

二、矩阵的运算

1. 矩阵的加法与减法

定义 2 设 $A=(a_{ij})$ 与 $B=(b_{ij})$ 是两个 $m\times n$ 矩阵，由矩阵 A 与 B 的对应元素的和（或差）为元素的 $m\times n$ 矩阵，称为矩阵 A 和矩阵 B 的和（或差），记作 $A+B$（或 $A-B$），即

$$A\pm B=(a_{ij}\pm b_{ij}).$$

矩阵的加(减)法运算就是矩阵对应元素相加(减). 当然，相加(减)的矩阵必须要有相同的行数和列数.

例如，设 $A=\begin{pmatrix}5 & 6 & -7\\4 & 3 & 1\end{pmatrix}$，$B=\begin{pmatrix}6 & 8 & -4\\9 & -1 & 3\end{pmatrix}$，

$$A+B=\begin{pmatrix}5+6 & 6+8 & (-7)+(-4)\\4+9 & 3+(-1) & 1+3\end{pmatrix}=\begin{pmatrix}11 & 14 & -11\\13 & 2 & 4\end{pmatrix},$$

$$A-B=\begin{pmatrix}5-6 & 6-8 & (-7)-(-4)\\4-9 & 3-(-1) & 1-3\end{pmatrix}=\begin{pmatrix}-1 & -2 & -3\\-5 & 4 & -2\end{pmatrix}.$$

$A+B$ 和 $A-B$ 仍是 2 行 3 列的矩阵.

容易验证，矩阵的加法运算满足以下规律：

(1) **交换律** $A+B=B+A$;

(2) **结合律** $(A+B)+C=A+(B+C)$.

例 1 已知

$$A=\begin{pmatrix}0 & 4 & 8\\8 & 2 & -4\\-6 & 4 & -2\end{pmatrix},B=\begin{pmatrix}0 & x_1 & x_2\\x_1 & 2 & x_3\\x_2 & x_3 & -2\end{pmatrix},C=\begin{pmatrix}0 & y_1 & y_2\\-y_1 & 0 & y_3\\-y_2 & -y_3 & 0\end{pmatrix}，且 A=B+C.$$

求 B 和 C 中未知数 x_1,x_2,x_3 和 y_1,y_2,y_3.

解 由 $A=B+C$，得

$$\begin{pmatrix}0 & 4 & 8\\8 & 2 & -4\\-6 & 4 & -2\end{pmatrix}=\begin{pmatrix}0 & x_1+y_1 & x_2+y_2\\x_1-y_1 & 2 & x_3+y_3\\x_2-y_2 & x_3-y_3 & -2\end{pmatrix}.$$

按矩阵相等的定义，得方程组

$$\begin{cases}x_1+y_1=4,\\x_1-y_1=8;\end{cases}\quad\begin{cases}x_2+y_2=8,\\x_2-y_2=-6;\end{cases}\quad\begin{cases}x_3+y_3=-4,\\x_3-y_3=4.\end{cases}$$

解得 $x_1=6, x_2=1, x_3=0$； $y_1=-2, y_2=7, y_3=-4$.

即当 $\boldsymbol{B}=\begin{bmatrix}0 & 6 & 1\\ 6 & 2 & 0\\ 1 & 0 & -2\end{bmatrix}, \boldsymbol{C}=\begin{bmatrix}0 & -2 & 7\\ 2 & 0 & -4\\ -7 & 4 & 0\end{bmatrix}$时，有 $\boldsymbol{B}+\boldsymbol{C}=\boldsymbol{A}$.

2. 数与矩阵相乘

定义 3 数 k 乘以矩阵 $\boldsymbol{A}=(a_{ij})$ 的每个元素所得的矩阵 (ka_{ij}) 称为数 k 与矩阵 $\boldsymbol{A}$ 的乘积，记作 $k\boldsymbol{A}$，即 $k\boldsymbol{A}=(ka_{ij})$. 并且规定 $\boldsymbol{A}k=k\boldsymbol{A}$, $(-1)\boldsymbol{B}=-\boldsymbol{B}$.

由定义可看出 $\boldsymbol{A}-\boldsymbol{B}=\boldsymbol{A}+(-\boldsymbol{B})$.

数与矩阵相乘满足以下规律：

(1) **分配律** $(k_1+k_2)\boldsymbol{A}=k_1\boldsymbol{A}+k_2\boldsymbol{A}$, $k(\boldsymbol{A}+\boldsymbol{B})=k\boldsymbol{A}+k\boldsymbol{B}$；

(2) **结合律** $k_1(k_2\boldsymbol{A})=(k_1k_2)\boldsymbol{A}$.

例 2 已知 $\boldsymbol{A}=\begin{pmatrix}2 & 1 & -2\\ 3 & 2 & 1\end{pmatrix}, \boldsymbol{B}=\begin{pmatrix}0 & -1 & 2\\ 3 & 2 & -1\end{pmatrix}$，求 $2\left(\boldsymbol{A}+\frac{1}{2}\boldsymbol{B}\right)$.

解 $2\left(\boldsymbol{A}+\frac{1}{2}\boldsymbol{B}\right)=2\boldsymbol{A}+\boldsymbol{B}=\begin{pmatrix}4 & 2 & -4\\ 6 & 4 & 2\end{pmatrix}+\begin{pmatrix}0 & -1 & 2\\ 3 & 2 & -1\end{pmatrix}=\begin{pmatrix}4 & 1 & -2\\ 9 & 6 & 1\end{pmatrix}$.

练习 1

已知 $\boldsymbol{A}=\begin{pmatrix}3 & 2 & -3\\ 4 & 3 & 2\end{pmatrix}, \boldsymbol{B}=\begin{pmatrix}0 & -2 & 3\\ 4 & 3 & -2\end{pmatrix}$，求 $3\left(\boldsymbol{A}+\frac{1}{3}\boldsymbol{B}\right)$.

3. 矩阵与矩阵的乘法

先看一个例子.

设
$$\boldsymbol{A}=\begin{pmatrix}8 & -2\\ 4 & 1\end{pmatrix},\ \boldsymbol{B}=\begin{pmatrix}1 & 3 & 5\\ 0 & 4 & 2\end{pmatrix},$$

我们按下列法则作出一个新的矩阵 $\boldsymbol{C}$.

用矩阵 $\boldsymbol{A}$ 的第 i 行的元素与矩阵 $\boldsymbol{B}$ 的第 j 列相应的元素之积的和作为矩阵 $\boldsymbol{C}$ 的元素 c_{ij}. 例如，

$$c_{11}=8\times1+(-2)\times0=8,$$
$$c_{21}=4\times1+1\times0=4,$$
$$\cdots,$$
$$c_{23}=4\times5+1\times2=22,$$

即 $\boldsymbol{C}$ 为 2 行 3 列的矩阵

$$\boldsymbol{C}=\begin{pmatrix}8 & 16 & 36\\ 4 & 16 & 22\end{pmatrix}.$$

我们把矩阵 $\boldsymbol{C}$ 称为矩阵 $\boldsymbol{A}$ 与矩阵 $\boldsymbol{B}$ 的积.

定义 4 设 $\boldsymbol{A}$ 是 m 行 n 列的矩阵，$\boldsymbol{B}$ 是 n 行 p 列的矩阵，$\boldsymbol{C}$ 是 m 行 p 列的矩阵，若矩阵 $\boldsymbol{C}$ 的元素 c_{ij} 为 $\boldsymbol{A}$ 的第 i 行元素与 $\boldsymbol{B}$ 的第 j 列对应元素乘积之和，即

$$c_{ij}=\sum_{k=1}^{n}a_{ik}b_{kj}\quad(i=1,2,\cdots,m;j=1,2,\cdots,p),$$

则称矩阵 $\boldsymbol{C}$ 为矩阵 $\boldsymbol{A}$ 与矩阵 $\boldsymbol{B}$ 的**乘积**，记作 $\boldsymbol{C}=\boldsymbol{AB}$.

必须注意，两个矩阵相乘，只有在左边的矩阵的列数与右边矩阵的行数相等时，乘积才有意义，否则没有意义. 容易看出，上例中 $\boldsymbol{BA}$ 就没有意义.

例 3 求矩阵

$$\boldsymbol{A}=\begin{pmatrix}1&0&3&-1\\2&1&0&2\end{pmatrix},\ \boldsymbol{B}=\begin{pmatrix}4&1&0\\-1&1&3\\2&0&1\\1&3&4\end{pmatrix}\text{的乘积 }\boldsymbol{AB}.$$

解 $\boldsymbol{C}=\boldsymbol{AB}=\begin{pmatrix}1&0&3&-1\\2&1&0&2\end{pmatrix}\begin{pmatrix}4&1&0\\-1&1&3\\2&0&1\\1&3&4\end{pmatrix}=\begin{pmatrix}9&-2&-1\\9&9&11\end{pmatrix}.$

例 4 已知矩阵

$$\boldsymbol{A}=\begin{pmatrix}a_1&b_1&c_1\\a_2&b_2&c_2\\a_3&b_3&c_3\end{pmatrix},\ \boldsymbol{E}=\begin{pmatrix}1&0&0\\0&1&0\\0&0&1\end{pmatrix},$$

求 $\boldsymbol{AE}$ 和 $\boldsymbol{EA}$.

解 $\boldsymbol{AE}=\begin{pmatrix}a_1&b_1&c_1\\a_2&b_2&c_2\\a_3&b_3&c_3\end{pmatrix}\begin{pmatrix}1&0&0\\0&1&0\\0&0&1\end{pmatrix}=\boldsymbol{A},\boldsymbol{EA}=\begin{pmatrix}1&0&0\\0&1&0\\0&0&1\end{pmatrix}\begin{pmatrix}a_1&b_1&c_1\\a_2&b_2&c_2\\a_3&b_3&c_3\end{pmatrix}=\boldsymbol{A}.$

由例 4 可知，在矩阵乘法中，单位矩阵 $\boldsymbol{E}$ 所起的作用与普通代数中数 1 的作用类似，即 $\boldsymbol{AE}=\boldsymbol{A},\boldsymbol{EA}=\boldsymbol{A}$. 但当 $\boldsymbol{A}$ 不是方阵即 $\boldsymbol{A}$ 为 m 行 n 列矩阵，且 $m\neq n$ 时，左乘单位矩阵为 m 阶，右乘单位矩阵为 n 阶.

例 5 求矩阵 $\boldsymbol{A}=\begin{pmatrix}-2&4\\1&-2\end{pmatrix}$ 与 $\boldsymbol{B}=\begin{pmatrix}2&4\\-3&-6\end{pmatrix}$ 的乘积 $\boldsymbol{AB}$ 与 $\boldsymbol{BA}$.

解 $\boldsymbol{AB}=\begin{pmatrix}-2&4\\1&-2\end{pmatrix}\begin{pmatrix}2&4\\-3&-6\end{pmatrix}=\begin{pmatrix}-16&-32\\8&16\end{pmatrix},$

$\boldsymbol{BA}=\begin{pmatrix}2&4\\-3&-6\end{pmatrix}\begin{pmatrix}-2&4\\1&-2\end{pmatrix}=\begin{pmatrix}0&0\\0&0\end{pmatrix}=\boldsymbol{O}.$

由例 5 可知，虽然 $\boldsymbol{AB},\boldsymbol{BA}$ 都存在，但 $\boldsymbol{AB}\neq\boldsymbol{BA}$，即矩阵乘法不满足交换律，且由 $\boldsymbol{BA}=\boldsymbol{O}$，不一定有 $\boldsymbol{A}=\boldsymbol{O}$ 或 $\boldsymbol{B}=\boldsymbol{O}$.

可以证明矩阵乘法满足以下规律：

(1) **结合律** $(\boldsymbol{AB})\boldsymbol{C}=\boldsymbol{A}(\boldsymbol{BC})$,

$k(\boldsymbol{AB})=(k\boldsymbol{A})\boldsymbol{B}=\boldsymbol{A}(k\boldsymbol{B})$（$k$ 为常数）；

(2) **分配律** $\boldsymbol{A}(\boldsymbol{B}+\boldsymbol{C})=\boldsymbol{AB}+\boldsymbol{AC}$.

练习2

已知 $A=\begin{pmatrix}3 & 2 & -1\\ 2 & -3 & 5\end{pmatrix}$，$B=\begin{pmatrix}1 & 3\\ -5 & 4\\ 3 & 6\end{pmatrix}$，求 AB 和 BA.

4. 线性方程组的矩阵形式

设线性方程组的一般形式为

$$\begin{cases}a_{11}x_1+a_{12}x_2+\cdots+a_{1n}x_n=b_1,\\ a_{21}x_1+a_{22}x_2+\cdots+a_{2n}x_n=b_2,\\ \cdots\cdots\cdots\cdots\cdots\cdots\cdots\cdots\cdots\cdots\\ a_{m1}x_1+a_{m2}x_2+\cdots+a_{mn}x_n=b_m,\end{cases} \tag{1}$$

其中 m 与 n 可以相等，也可以不相等.

当右端的常数项全为零时，即

$$\begin{cases}a_{11}x_1+a_{12}x_2+\cdots+a_{1n}x_n=0,\\ a_{21}x_1+a_{22}x_2+\cdots+a_{2n}x_n=0,\\ \cdots\cdots\cdots\cdots\cdots\cdots\cdots\cdots\cdots\cdots\\ a_{m1}x_1+a_{m2}x_2+\cdots+a_{mn}x_n=0,\end{cases} \tag{2}$$

称为**齐次线性方程组**.

令 $A=\begin{pmatrix}a_{11} & a_{12} & \cdots & a_{1n}\\ a_{21} & a_{22} & \cdots & a_{2n}\\ \cdots & \cdots & \cdots & \cdots\\ a_{m1} & a_{m2} & \cdots & a_{mn}\end{pmatrix}$，$X=\begin{pmatrix}x_1\\ x_2\\ \cdots\\ x_n\end{pmatrix}$，$B=\begin{pmatrix}b_1\\ b_2\\ \cdots\\ b_m\end{pmatrix}$，

称矩阵 A 为方程组的**系数矩阵**，则方程组(1)、(2)可分别表示成

$$AX=B \text{ 及 } AX=O.$$

三、向量与向量的线性相关性

1. n 维向量的概念

定义5 一组有序的 n 个实数 $(x_1,x_2,\cdots,x_n)$ 称为一个 **n 维向量**，其中数 $x_i(i=1,2,\cdots,n)$ 称为该向量的第 i 个分量. 向量常用希腊字母 $\boldsymbol{\alpha}$，$\boldsymbol{\beta}$ 等表示，分量全为零的向量称为**零向量**，记作 $\mathbf{0}$.

n 维向量 $\boldsymbol{\alpha}=(x_1,x_2,\cdots,x_n)$ 有时也写成

$$\boldsymbol{\alpha}=\begin{pmatrix}x_1\\ x_2\\ \cdots\\ x_n\end{pmatrix}.$$

为了区别起见，前者称为**行向量**，后者称为**列向量**，行向量的各分量间用“,”分隔.

一个行向量(或列向量)与一个行矩阵(或列矩阵)一一对应. 因此，向量可看作行(或

列)矩阵,并可仿照矩阵相等及运算的定义来定义向量的相等和运算,且矩阵的运算律同样适用于向量.注意:维数相同的行(或列)向量运算才有意义.

一个 $m\times n$ 矩阵 $\boldsymbol{A}=(a_{ij})_{m\times n}$ 可看成由 m 个 n 维行向量 $\boldsymbol{\alpha}_1,\boldsymbol{\alpha}_2,\cdots,\boldsymbol{\alpha}_m$ 或 n 个 m 维列向量 $\boldsymbol{\beta}_1,\boldsymbol{\beta}_2,\cdots,\boldsymbol{\beta}_n$ 组成的向量组构成的,其中

$$\begin{aligned}&\boldsymbol{\alpha}_1=(a_{11},a_{12},\cdots,a_{1n}),\\&\boldsymbol{\alpha}_2=(a_{21},a_{22},\cdots,a_{2n}),\\&\cdots,\\&\boldsymbol{\alpha}_m=(a_{m1},a_{m2},\cdots,a_{mn});\end{aligned}$$

$$\boldsymbol{\beta}_1=\begin{pmatrix}a_{11}\\a_{21}\\\cdots\\a_{m1}\end{pmatrix},\boldsymbol{\beta}_2=\begin{pmatrix}a_{12}\\a_{22}\\\cdots\\a_{m2}\end{pmatrix},\cdots,\boldsymbol{\beta}_n=\begin{pmatrix}a_{1n}\\a_{2n}\\\cdots\\a_{mn}\end{pmatrix}.$$

2. 向量的线性相关性

给定一组向量 $\boldsymbol{\alpha}_1,\boldsymbol{\alpha}_2,\cdots,\boldsymbol{\alpha}_m$,若存在不全为零的实数 $k_1,k_2,\cdots,k_m$ 能使关系式

$$k_1\boldsymbol{\alpha}_1+k_2\boldsymbol{\alpha}_2+\cdots+k_m\boldsymbol{\alpha}_m=\boldsymbol{0}$$

成立,则称向量(或向量组)$\boldsymbol{\alpha}_1,\boldsymbol{\alpha}_2,\cdots,\boldsymbol{\alpha}_m$ 为**线性相关**的;若上述等式仅在 $k_1,k_2,\cdots,k_m$ 全是零时才能成立,则称向量 $\boldsymbol{\alpha}_1,\boldsymbol{\alpha}_2,\cdots,\boldsymbol{\alpha}_m$ 为**线性无关**的.

例 6 讨论向量 $\boldsymbol{\alpha}_1=(1,1,1),\boldsymbol{\alpha}_2=(1,2,1),\boldsymbol{\alpha}_3=(1,0,0)$ 的线性相关性.

解 欲使 $k_1\boldsymbol{\alpha}_1+k_2\boldsymbol{\alpha}_2+k_3\boldsymbol{\alpha}_3=\boldsymbol{0}$,即

$$k_1(1,1,1)+k_2(1,2,1)+k_3(1,0,0)=(0,0,0),$$

故 k_1,k_2,k_3 需满足方程组

$$\begin{cases}k_1+k_2+k_3=0,\\k_1+2k_2=0,\\k_1+k_2=0.\end{cases}$$

这个三元线性方程组的系数行列式为

$$D=\begin{vmatrix}1&1&1\\1&2&0\\1&1&0\end{vmatrix}\neq0,$$

方程组只有零解 $k_1=k_2=k_3=0$.所以向量 $\boldsymbol{\alpha}_1,\boldsymbol{\alpha}_2,\boldsymbol{\alpha}_3$ 是线性无关的.

从例 6 可以看出,一般地,对于 n 个 n 维向量 $\boldsymbol{\alpha}_1=(a_{11},a_{12},\cdots,a_{1n}),\boldsymbol{\alpha}_2=(a_{21},a_{22},\cdots,a_{2n}),\cdots,\boldsymbol{\alpha}_n(a_{n1},a_{n2},\cdots,a_{nn})$,由关系式

$$k_1\boldsymbol{\alpha}_1+k_2\boldsymbol{\alpha}_2+\cdots+k_n\boldsymbol{\alpha}_n=\boldsymbol{0},$$

得到关于 $k_j(j=1,2,\cdots,n)$ 的齐次线性方程组

$$\begin{cases}k_1a_{11}+k_2a_{21}+\cdots+k_na_{n1}=0,\\k_1a_{12}+k_2a_{22}+\cdots+k_na_{n2}=0,\\\cdots\cdots\cdots\cdots\cdots\cdots\cdots\cdots\cdots\cdots\\k_1a_{1n}+k_2a_{2n}+\cdots+k_na_{nn}=0.\end{cases}$$

其系数行列式为

$$D^{\mathrm{T}}=\begin{vmatrix} a_{11} & a_{21} & \cdots & a_{n1} \\ a_{12} & a_{22} & \cdots & a_{n2} \\ \cdots & \cdots & \cdots & \cdots \\ a_{1n} & a_{2n} & \cdots & a_{nn} \end{vmatrix}=\begin{vmatrix} a_{11} & a_{12} & \cdots & a_{1n} \\ a_{21} & a_{22} & \cdots & a_{2n} \\ \cdots & \cdots & \cdots & \cdots \\ a_{n1} & a_{n2} & \cdots & a_{nn} \end{vmatrix}=D,$$

(1) 当 $D\neq 0$ 时，向量 $\boldsymbol{\alpha}_1,\boldsymbol{\alpha}_2,\cdots,\boldsymbol{\alpha}_n$ 线性无关；

(2) 当 $D=0$ 时，向量 $\boldsymbol{\alpha}_1,\boldsymbol{\alpha}_2,\cdots,\boldsymbol{\alpha}_n$ 线性相关.

设有 $m+1$ 个向量 $\boldsymbol{\alpha}_1,\boldsymbol{\alpha}_2,\cdots,\boldsymbol{\alpha}_m,\boldsymbol{\alpha}$，若存在 m 个实数 $k_1,k_2,\cdots,k_m$，使

$$\boldsymbol{\alpha}=k_1\boldsymbol{\alpha}_1+k_2\boldsymbol{\alpha}_2+\cdots+k_m\boldsymbol{\alpha}_m$$

成立，则称向量 $\boldsymbol{\alpha}$ 可由向量 $\boldsymbol{\alpha}_1,\boldsymbol{\alpha}_2,\cdots,\boldsymbol{\alpha}_m$ **线性表示**，或称向量 $\boldsymbol{\alpha}$ 是向量 $\boldsymbol{\alpha}_1,\boldsymbol{\alpha}_2,\cdots,\boldsymbol{\alpha}_m$ 的一个**线性组合**.

例 7 设 n 维向量 $\boldsymbol{e}_1=(1,0,0,\cdots,0)$，$\boldsymbol{e}_2=(0,1,0,\cdots,0)$，$\cdots$，$\boldsymbol{e}_n=(0,0,0,\cdots,1)$.

(1) 讨论 $\boldsymbol{e}_1,\boldsymbol{e}_2,\cdots,\boldsymbol{e}_n$ 的线性相关性；

(2) 证明任意一个 n 维向量 $\boldsymbol{\alpha}=(a_1,a_2,\cdots,a_n)$ 都可以由向量 $\boldsymbol{e}_1,\boldsymbol{e}_2,\boldsymbol{e}_3,\cdots,\boldsymbol{e}_n$ 线性表示.

解 (1) 欲使 $k_1\boldsymbol{e}_1+k_2\boldsymbol{e}_2+\cdots+k_n\boldsymbol{e}_n=\boldsymbol{0}$，即

$$k_1(1,0,0,\cdots,0)+k_2(0,1,0,\cdots,0)+\cdots+k_n(0,0,0,\cdots,1)=\boldsymbol{0}.$$

显然上式仅当 $k_1=k_2=\cdots=k_n=0$ 时才成立，故向量 $\boldsymbol{e}_1,\boldsymbol{e}_2,\cdots,\boldsymbol{e}_n$ 是线性无关的.

(2) 显然 $\boldsymbol{\alpha}=(a_1,a_2,\cdots,a_n)=a_1\boldsymbol{e}_1+a_2\boldsymbol{e}_2+\cdots+a_n\boldsymbol{e}_n$，

即 $\boldsymbol{\alpha}$ 可以由向量 $\boldsymbol{e}_1,\boldsymbol{e}_2,\cdots,\boldsymbol{e}_n$ 线性表示.

关于向量的线性相关性有如下常用定理：

定理 (1) 如果向量 $\boldsymbol{\alpha}_1,\boldsymbol{\alpha}_2,\cdots,\boldsymbol{\alpha}_m$ 线性无关，那么其中任意 $k(1\leqslant k\leqslant m)$ 个向量都是线性无关的；

(2) 如果向量 $\boldsymbol{\alpha}_1,\boldsymbol{\alpha}_2,\cdots,\boldsymbol{\alpha}_m$ 线性相关，任意添加 s 个向量 $\boldsymbol{\alpha}_{m+1},\boldsymbol{\alpha}_{m+2},\cdots,\boldsymbol{\alpha}_{m+s}$，那么向量 $\boldsymbol{\alpha}_1,\boldsymbol{\alpha}_2,\cdots,\boldsymbol{\alpha}_m,\boldsymbol{\alpha}_{m+1},\cdots,\boldsymbol{\alpha}_{m+s}$ 也是线性相关的；

(3) 向量 $\boldsymbol{\alpha}_1,\boldsymbol{\alpha}_2,\cdots,\boldsymbol{\alpha}_m$ 线性相关的充要条件是其中至少有一个向量是其余向量的线性组合.

练习 3

讨论向量 $\boldsymbol{\alpha}_1=(1,-1,1)$，$\boldsymbol{\alpha}_2=(1,2,1)$，$\boldsymbol{\alpha}_3=(0,0,1)$ 的线性相关性.

习题 21-2

A 组

1. 已知

$$A=\begin{pmatrix}3&6&2\\2&4&7\\-1&2&5\end{pmatrix},\text{求 } A+A^{\mathrm{T}} \text{ 及 } A-A^{\mathrm{T}}.$$

2. 设

$$A=\begin{pmatrix}3&7&4\\-3&4&4\\-2&0&3\end{pmatrix},B=\begin{pmatrix}3&x_1&x_2\\x_1&4&x_3\\x_2&x_3&3\end{pmatrix},C=\begin{pmatrix}0&y_1&y_2\\-y_1&0&y_3\\-y_2&-y_3&0\end{pmatrix},$$

且 $A=B+C$，求 B 和 C 中未知数 x_1,x_2,x_3 和 y_1,y_2,y_3.

3. 已知

$$A=\begin{pmatrix}3&2&5\\1&6&1\\4&5&7\end{pmatrix},B=\begin{pmatrix}4&3&7.5\\1.5&8.5&1.5\\6&7.5&10\end{pmatrix},\text{求 } 3A+2B \text{ 及 } 3A-2B.$$

4. 已知

$$\begin{cases}3A+2B=C,\\A-2B=D,\end{cases}\quad\text{其中 } C=\begin{pmatrix}7&10&-2\\1&-5&-10\end{pmatrix},D=\begin{pmatrix}5&-2&-6\\-5&-15&-14\end{pmatrix},\text{求矩阵 } A \text{ 和 } B.$$

5. 计算：

(1) $\begin{pmatrix}1&0\\0&1\end{pmatrix}\begin{pmatrix}3&2\\5&6\end{pmatrix}$；　　(2) $(1\quad 0)\begin{pmatrix}0\\1\end{pmatrix}$；

(3) $\begin{pmatrix}2\\1\\-1\end{pmatrix}(-2\quad 1\quad 0)$；　　(4) $(x\quad y)\begin{pmatrix}9&-12\\-12&16\end{pmatrix}\begin{pmatrix}x\\y\end{pmatrix}$；

(5) $\begin{pmatrix}\lambda&1&0\\0&\lambda&1\\0&0&\lambda\end{pmatrix}^3$；

(6) $\begin{pmatrix}9&9&2&-12\\0&1&0&0\\0&0&1&0\\0&0&0&1\end{pmatrix}\begin{pmatrix}-1&0&1&2\\9&9&2&-12\\0&1&0&0\\0&0&1&0\end{pmatrix}\begin{pmatrix}\frac{1}{9}&-1&-\frac{2}{9}&\frac{12}{9}\\0&1&0&0\\0&0&1&0\\0&0&0&1\end{pmatrix}$.

6. 判别下列向量组的线性相关性：

(1) $\boldsymbol{\alpha}_1=(1,1,0),\boldsymbol{\alpha}_2=(0,1,1),\boldsymbol{\alpha}_3=(3,0,0)$；

(2) $\boldsymbol{\alpha}_1=(1,3,0),\boldsymbol{\alpha}_2=\left(-\frac{1}{2},-\frac{3}{2},0\right)$;

(3) $\boldsymbol{\alpha}_1=(5,2,9),\boldsymbol{\alpha}_2=(2,1,2),\boldsymbol{\alpha}_3=(7,3,11)$;

(4) $\boldsymbol{\alpha}_1=(1,1,2),\boldsymbol{\alpha}_2=(1,3,0),\boldsymbol{\alpha}_3=(3,-1,10)$;

(5) $\boldsymbol{\alpha}_1=(1,-1,0),\boldsymbol{\alpha}_2=(2,1,1),\boldsymbol{\alpha}_3=(1,3,-1)$.

B 组

1. 已知

$$\boldsymbol{A}=\begin{pmatrix}3&1&1\\2&1&2\\1&2&3\end{pmatrix},\boldsymbol{B}=\begin{pmatrix}1&1&-1\\2&-1&0\\1&0&1\end{pmatrix},\text{求 }\boldsymbol{AB}-\boldsymbol{BA}.$$

2. 对于下列各组矩阵 $\boldsymbol{A}$ 和 $\boldsymbol{B}$,验证 $\boldsymbol{AB}=\boldsymbol{BA}=\boldsymbol{E}$.

(1) $\boldsymbol{A}=\begin{pmatrix}1&2&-3\\0&1&2\\0&0&1\end{pmatrix},\boldsymbol{B}=\begin{pmatrix}1&-2&7\\0&1&-2\\0&0&1\end{pmatrix}$;

(2) $\boldsymbol{A}=\begin{pmatrix}\cos\theta&\sin\theta\\-\sin\theta&\cos\theta\end{pmatrix},\boldsymbol{B}=\boldsymbol{A}^{\mathrm{T}}$.

3. 将向量 $\boldsymbol{\beta}$ 表示成向量 $\boldsymbol{\alpha}_1,\boldsymbol{\alpha}_2,\boldsymbol{\alpha}_3$ 的线性组合,其中 $\boldsymbol{\alpha}_1=(1,1,-1),\boldsymbol{\alpha}_2=(1,2,1)$, $\boldsymbol{\alpha}_3=(0,0,1),\boldsymbol{\beta}=(1,0,-2)$.

§21-3 逆 矩 阵

一、逆矩阵的概念

定义 对于一个 n 阶方阵 $\boldsymbol{A}$,如果存在一个 n 阶方阵 $\boldsymbol{C}$,使 $\boldsymbol{CA}=\boldsymbol{AC}=\boldsymbol{E}$,那么矩阵 $\boldsymbol{C}$ 称为矩阵 $\boldsymbol{A}$ 的**逆矩阵**,矩阵 $\boldsymbol{A}$ 的逆矩阵记为 $\boldsymbol{A}^{-1}$,即 $\boldsymbol{C}=\boldsymbol{A}^{-1}$.

如果矩阵 $\boldsymbol{A}$ 存在逆矩阵,则称矩阵 $\boldsymbol{A}$ 是**可逆的**.

例如,设矩阵

$$\boldsymbol{A}=\begin{pmatrix}2&1&1\\1&0&2\\3&1&2\end{pmatrix},\ \boldsymbol{C}=\begin{pmatrix}-2&-1&2\\4&1&-3\\1&1&-1\end{pmatrix},$$

因为

$$\boldsymbol{AC}=\begin{pmatrix}2&1&1\\1&0&2\\3&1&2\end{pmatrix}\begin{pmatrix}-2&-1&2\\4&1&-3\\1&1&-1\end{pmatrix}=\begin{pmatrix}1&0&0\\0&1&0\\0&0&1\end{pmatrix}=\boldsymbol{E},$$

$$\boldsymbol{CA}=\begin{pmatrix}-2&-1&2\\4&1&-3\\1&1&-1\end{pmatrix}\begin{pmatrix}2&1&1\\1&0&2\\3&1&2\end{pmatrix}=\begin{pmatrix}1&0&0\\0&1&0\\0&0&1\end{pmatrix}=\boldsymbol{E},$$

所以 $\boldsymbol{A}$ 是可逆的，$\boldsymbol{C}$ 是 $\boldsymbol{A}$ 的逆矩阵，即

$$\boldsymbol{C}=\boldsymbol{A}^{-1}=\begin{pmatrix}-2 & -1 & 2\\ 4 & 1 & -3\\ 1 & 1 & -1\end{pmatrix}.$$

二、逆矩阵的性质

1. 若 $\boldsymbol{A}$ 是可逆的，则其逆矩阵是唯一的.

事实上，若 $\boldsymbol{A}$ 有两个逆矩阵 $\boldsymbol{C}_1$ 与 $\boldsymbol{C}_2$，则根据定义，有

$$\boldsymbol{AC}_1=\boldsymbol{C}_1\boldsymbol{A}=\boldsymbol{E},\boldsymbol{AC}_2=\boldsymbol{C}_2\boldsymbol{A}=\boldsymbol{E},$$

于是

$$\boldsymbol{C}_1=\boldsymbol{C}_1\boldsymbol{E}=\boldsymbol{C}_1(\boldsymbol{AC}_2)=(\boldsymbol{C}_1\boldsymbol{A})\boldsymbol{C}_2=\boldsymbol{EC}_2=\boldsymbol{C}_2,$$

即

$$\boldsymbol{C}_1=\boldsymbol{C}_2.$$

2. $\boldsymbol{A}$ 的逆矩阵的逆矩阵仍为 $\boldsymbol{A}$，即 $(\boldsymbol{A}^{-1})^{-1}=\boldsymbol{A}$.

事实上，由于 $\boldsymbol{AC}=\boldsymbol{CA}=\boldsymbol{A}$，所以 $\boldsymbol{C}$ 是 $\boldsymbol{A}$ 的逆矩阵，$\boldsymbol{A}$ 也是 $\boldsymbol{C}$ 的逆矩阵，即 $\boldsymbol{A}^{-1}=\boldsymbol{C}$，$\boldsymbol{C}^{-1}=\boldsymbol{A}$，于是 $(\boldsymbol{A}^{-1})^{-1}=\boldsymbol{C}^{-1}=\boldsymbol{A}$.

3. 若 n 阶方阵 $\boldsymbol{A}$ 与 $\boldsymbol{B}$ 均有逆矩阵，则 $(\boldsymbol{AB})^{-1}=\boldsymbol{B}^{-1}\boldsymbol{A}^{-1}$.

事实上，由于

$$(\boldsymbol{AB})(\boldsymbol{B}^{-1}\boldsymbol{A}^{-1})=\boldsymbol{A}(\boldsymbol{BB}^{-1})\boldsymbol{A}^{-1}=\boldsymbol{AA}^{-1}=\boldsymbol{E},$$

$$(\boldsymbol{B}^{-1}\boldsymbol{A}^{-1})(\boldsymbol{AB})=\boldsymbol{B}^{-1}(\boldsymbol{AA}^{-1})\boldsymbol{B}=\boldsymbol{B}^{-1}\boldsymbol{B}=\boldsymbol{E},$$

即 $\boldsymbol{AB}$ 有逆矩阵，且 $(\boldsymbol{AB})^{-1}=\boldsymbol{B}^{-1}\boldsymbol{A}^{-1}$.

三、逆矩阵的求法

以 3 阶方阵为例进行讨论，一般情况完全相类似.

设

$$\boldsymbol{A}=\begin{pmatrix}a_{11} & a_{12} & a_{13}\\ a_{21} & a_{22} & a_{23}\\ a_{31} & a_{32} & a_{33}\end{pmatrix}.$$

我们作矩阵

$$\boldsymbol{A}^*=\begin{pmatrix}A_{11} & A_{21} & A_{31}\\ A_{12} & A_{22} & A_{32}\\ A_{13} & A_{23} & A_{33}\end{pmatrix},$$

其中 A_{ij} 表示行列式 $|\boldsymbol{A}|$（以方阵 $\boldsymbol{A}$ 的元素为元素的行列式）中元素 a_{ij} 的代数余子式，矩阵 $\boldsymbol{A}^*$ 称为 $\boldsymbol{A}$ 的**伴随矩阵**（注意矩阵 $\boldsymbol{A}^*$ 与矩阵 $\boldsymbol{A}$ 的行与列的标号正好相反）.

由行列式的性质可得

$$\begin{cases}a_{i1}A_{i1}+a_{i2}A_{i2}+a_{i3}A_{i3}=|A|, & i=1,2,3,\\ a_{j1}A_{i1}+a_{j2}A_{i2}+a_{j3}A_{i3}=0, & i\neq j.\end{cases}$$

又由矩阵乘法可得

$$\boldsymbol{AA}^*=\begin{pmatrix}a_{11} & a_{12} & a_{13}\\ a_{21} & a_{22} & a_{23}\\ a_{31} & a_{32} & a_{33}\end{pmatrix}\begin{pmatrix}A_{11} & A_{21} & A_{31}\\ A_{12} & A_{22} & A_{32}\\ A_{13} & A_{23} & A_{33}\end{pmatrix}=\begin{pmatrix}|\boldsymbol{A}| & 0 & 0\\ 0 & |\boldsymbol{A}| & 0\\ 0 & 0 & |\boldsymbol{A}|\end{pmatrix}=|\boldsymbol{A}|\boldsymbol{E},$$

同理可得 $A^*A=|A|E$，即 $AA^*=A^*A=|A|E$.

如果 $|A|\neq 0$，作矩阵 $C=\frac{1}{|A|}A^*$，那么

$$AC=A\left(\frac{1}{|A|}A^*\right)=\frac{1}{|A|}AA^*=\frac{1}{|A|}\cdot|A|E=E,$$

$$CA=\left(\frac{1}{|A|}A^*\right)A=\frac{1}{|A|}A^*A=\frac{1}{|A|}\cdot|A|E=E,$$

即矩阵 C 是 A 的逆矩阵.

这就证明了，如果 $|A|\neq 0$，则 A 可逆，且

$$A^{-1}=\frac{1}{|A|}A^*.$$

也就是说，$|A|\neq 0$ 是方阵 A 有逆矩阵的充分条件. 我们可以进一步证明它也是必要条件.

定理 n 阶方阵 A 有逆矩阵的充分必要条件是方阵 A 的行列式 $|A|\neq 0$.

例 1 已知

$$A=\begin{pmatrix}1&2&3\\2&2&1\\3&4&3\end{pmatrix}，求 A^{-1}.$$

解 求得 $|A|=2\neq 0$，知 A^{-1} 存在，再计算

$A_{11}=2, A_{21}=6, A_{31}=-4, A_{12}=-3, A_{22}=-6, A_{32}=5, A_{13}=2, A_{23}=2, A_{33}=-2$，

所以

$$A^*=\begin{pmatrix}2&6&-4\\-3&-6&5\\2&2&-2\end{pmatrix},$$

$$A^{-1}=\frac{1}{|A|}A^*=\begin{pmatrix}1&3&-2\\-\frac{3}{2}&-3&\frac{5}{2}\\1&1&-1\end{pmatrix}.$$

例 2 设

$$A=\begin{pmatrix}1&2&3\\2&2&1\\3&4&3\end{pmatrix},B=\begin{pmatrix}2&1\\5&3\end{pmatrix},C=\begin{pmatrix}1&3\\2&0\\3&1\end{pmatrix},$$

求满足 $AXB=C$ 的矩阵 X.

解 若 A^{-1}，B^{-1} 存在，则由 A^{-1} 左乘上式，B^{-1} 右乘上式，有

$$A^{-1}AXBB^{-1}=A^{-1}CB^{-1},$$

即

$$X=A^{-1}CB^{-1}.$$

直接计算可知 $|A|=2$，而 $|B|=1$，故 A，B 都可逆，且

$$A^{-1}=\begin{pmatrix}1&3&-2\\-\frac{3}{2}&-3&\frac{5}{2}\\1&1&-1\end{pmatrix},B^{-1}=\begin{pmatrix}3&-1\\-5&2\end{pmatrix},$$

于是有 $X=A^{-1}CB^{-1}=\begin{pmatrix}1 & 3 & -2\\ -\frac{3}{2} & -3 & \frac{5}{2}\\ 1 & 1 & -1\end{pmatrix}\begin{pmatrix}1 & 3\\ 2 & 0\\ 3 & 1\end{pmatrix}\begin{pmatrix}3 & -1\\ -5 & 2\end{pmatrix}=\begin{pmatrix}-2 & 1\\ 10 & -4\\ -10 & 4\end{pmatrix}$.

练习1

1. 验证下列一对矩阵互为逆矩阵：

$\begin{pmatrix}2 & 5\\ 1 & 2\end{pmatrix}$和$\begin{pmatrix}-2 & 5\\ 1 & -2\end{pmatrix}$.

2. 求矩阵 $A=\begin{pmatrix}2 & 2 & 3\\ 1 & -1 & 0\\ -1 & 2 & 1\end{pmatrix}$的逆矩阵.

习题 21-3

A 组

1. 验证下列各对矩阵互为逆矩阵：

(1) $\begin{pmatrix}3 & 4\\ 2 & 5\end{pmatrix}$与$\begin{pmatrix}\frac{5}{7} & -\frac{4}{7}\\ -\frac{2}{7} & \frac{3}{7}\end{pmatrix}$；　　(2) $\begin{pmatrix}2 & 0 & 1\\ 0 & 3 & 2\\ 4 & 1 & 3\end{pmatrix}$与$\begin{pmatrix}\frac{7}{2} & \frac{1}{2} & -\frac{3}{2}\\ 4 & 1 & -2\\ -6 & -1 & 3\end{pmatrix}$.

2. 求下列矩阵的逆矩阵：

(1) $\begin{pmatrix}1 & 2\\ 2 & 5\end{pmatrix}$；　(2) $\begin{pmatrix}2 & 2 & 3\\ 1 & -1 & 0\\ -1 & 2 & 1\end{pmatrix}$；　(3) $\begin{pmatrix}2 & 1 & 0 & 0\\ 0 & 2 & 1 & 0\\ 0 & 0 & 2 & 1\\ 0 & 0 & 0 & 2\end{pmatrix}$.

B 组

1. 验证下列一对矩阵互为逆矩阵：

$\begin{pmatrix}\cos\alpha & \sin\alpha & 0\\ -\sin\alpha & \cos\alpha & 0\\ 0 & 0 & 1\end{pmatrix}$与$\begin{pmatrix}\cos\alpha & -\sin\alpha & 0\\ \sin\alpha & \cos\alpha & 0\\ 0 & 0 & 1\end{pmatrix}$.

2. 已知

$B=\begin{pmatrix}1 & 1 & -1\\ 2 & 1 & 0\\ 1 & -1 & 1\end{pmatrix}$，$C=\begin{pmatrix}1 & -1 & 3\\ 4 & 3 & 2\\ 1 & -2 & 5\end{pmatrix}$.

求满足 $XB=C$ 的矩阵 X.

§ 21-4　矩阵的秩与初等变换

一、矩阵的秩

1. 矩阵的 k 阶子式

定义 1　在 m 行 n 列矩阵中，任取 k 行 k 列（$k\leqslant m, k\leqslant n$），位于这些行、列相交处的元素按原来的相对位置所构成的行列式，称为**矩阵 $\boldsymbol{A}$ 的 k 阶子式**.

例如，矩阵

$$\boldsymbol{A}=\begin{pmatrix}1 & 2 & -2 & 11\\ 1 & -3 & -3 & -14\\ 3 & 1 & 1 & 8\end{pmatrix}$$

中，第 1、第 2 两行和第 2、第 4 列相交处的元素构成的 2 阶子式是 $\begin{vmatrix}2 & 11\\ -3 & -14\end{vmatrix}$，第 1、第 2、第 3 行和第 1、第 3、第 4 列相交处的元素构成的 3 阶子式是 $\begin{vmatrix}1 & -2 & 11\\ 1 & -3 & -14\\ 3 & 1 & 8\end{vmatrix}$.

一个 n 阶方阵 $\boldsymbol{A}$ 的 n 阶子式，就是 $\boldsymbol{A}$ 的行列式 $|\boldsymbol{A}|$.

2. 矩阵的秩

定义 2　矩阵 $\boldsymbol{A}$ 的不为零的最高阶子式的阶数 r 称为矩阵 $\boldsymbol{A}$ 的秩，记作 $\mathrm{r}(\boldsymbol{A})$，即

$$\mathrm{r}(\boldsymbol{A})=r.$$

例 1　求矩阵

$$\boldsymbol{A}=\begin{pmatrix}1 & 2 & 2 & 11\\ 1 & -3 & -3 & -14\\ 3 & 1 & 1 & 8\end{pmatrix}\text{的秩.}$$

解　显然 $\boldsymbol{A}$ 中左上角的 2 阶子式 $\begin{vmatrix}1 & 2\\ 1 & -3\end{vmatrix}\neq 0$，不难验证 $\boldsymbol{A}$ 的所有四个 3 阶子式全为零，即 $\mathrm{r}(\boldsymbol{A})=2$.

练习 1

1. 以 3×2 阶矩阵为例，考察子式的个数，并找出一般矩阵子式个数的计算方法.
2. 求矩阵

$$\boldsymbol{A}=\begin{pmatrix}1 & 3 & 3 & 5\\ 1 & -2 & -2 & -7\\ 2 & 1 & 1 & 6\end{pmatrix}\text{的秩.}$$

二、矩阵的初等变换

定义 3　对矩阵的行（或列）所作的以下三种变换称为**矩阵的初等变换**：

(1) 矩阵的任意两行(或列)互换位置;

(2) 矩阵的某一行(或列)乘以一个不为零的常数;

(3) 矩阵的某一行(或列)乘以一个常数,再加到另一行(或列)的对应元素上去.

关于矩阵的初等变换有如下定理:

定理 1 矩阵的初等变换不改变矩阵的秩.

运用这个定理,可以将矩阵 $\boldsymbol{A}$ 经过适当的初等变换变成一个求秩较方便的矩阵 $\boldsymbol{B}$,从而通过 $\mathrm{r}(\boldsymbol{B})$ 得到 $\mathrm{r}(\boldsymbol{A})$.

例 2 求矩阵

$$\boldsymbol{A}=\begin{pmatrix}1&1&2&2&1\\0&2&1&5&-1\\2&0&3&-1&3\\1&1&0&4&-1\end{pmatrix}\text{的秩.}$$

解 $$\boldsymbol{A}=\begin{pmatrix}1&1&2&2&1\\0&2&1&5&-1\\2&0&3&-1&3\\1&1&0&4&-1\end{pmatrix}\xrightarrow[\text{④行}+(-1)\times\text{①行}]{\text{③行}+(-2)\times\text{①行}}\begin{pmatrix}1&1&2&2&1\\0&2&1&5&-1\\0&-2&-1&-5&1\\0&0&-2&2&-2\end{pmatrix}$$

$$\xrightarrow{\text{③行}+\text{②行}}\begin{pmatrix}1&1&2&2&1\\0&2&1&5&-1\\0&0&0&0&0\\0&0&-2&2&-2\end{pmatrix}\xrightarrow{\text{③行、④行互换}}\begin{pmatrix}1&1&2&2&1\\0&2&1&5&-1\\0&0&-2&2&2\\0&0&0&0&0\end{pmatrix}=\boldsymbol{B}.$$

在 $\boldsymbol{B}$ 中前三行三列的所有元素构成的 3 阶子式主对角线元素均不为零,主对角线下方元素都为零,故该子式等于-4,而任何 4 阶子式均有一行为零,其值都等于零,故 $\mathrm{r}(\boldsymbol{B})=3$,即

$$\mathrm{r}(\boldsymbol{A})=3.$$

练习 2

利用矩阵的初等变换求矩阵

$$\boldsymbol{A}=\begin{pmatrix}1&1&0&2&1\\0&2&1&3&-1\\2&0&3&-2&6\\2&2&0&4&2\end{pmatrix}\text{的秩.}$$

一般地,若经一系列变换将矩阵

$$\boldsymbol{A}=\begin{pmatrix}a_{11}&a_{12}&\cdots&a_{1n}\\a_{21}&a_{22}&\cdots&a_{2n}\\\cdots&\cdots&\cdots&\cdots\\a_{m1}&a_{m2}&\cdots&a_{mn}\end{pmatrix}$$

化成下面的形式:

$$B=\begin{pmatrix} b_{11} & b_{12} & \cdots & b_{1r-1} & b_{1r} & \cdots & b_{1n} \\ 0 & b_{22} & \cdots & b_{2r-1} & b_{2r} & \cdots & b_{2n} \\ \cdots & \cdots & \cdots & \cdots & \cdots & \cdots & \cdots \\ 0 & 0 & \cdots & 0 & b_{rr} & \cdots & b_{rn} \\ 0 & 0 & \cdots & 0 & 0 & \cdots & 0 \\ \cdots & \cdots & \cdots & \cdots & \cdots & \cdots & \cdots \\ 0 & 0 & \cdots & 0 & 0 & \cdots & 0 \end{pmatrix},$$

其中 $b_{ii}\neq 0(i=1,2,\cdots,r)$，则 $\mathrm{r}(\boldsymbol{A})=\mathrm{r}(\boldsymbol{B})=r$.

$\boldsymbol{B}$ 还可以进一步化成形式：

$$B=\left(\begin{array}{ccc|cccc} 1 & 0 & \cdots & 0 & 0 & \cdots & 0 \\ 0 & 1 & \cdots & 0 & 0 & \cdots & 0 \\ \cdots & \cdots & \cdots & \cdots & \cdots & \cdots & \cdots \\ 0 & 0 & \cdots & 1 & 0 & \cdots & 0 \\ \hline 0 & 0 & \cdots & 0 & 0 & \cdots & 0 \\ \cdots & \cdots & \cdots & \cdots & \cdots & \cdots & \cdots \\ 0 & 0 & \cdots & 0 & 0 & \cdots & 0 \end{array}\right).\text{第 } r \text{ 行}$$

第 r 列

由于可逆方阵 $\boldsymbol{A}$ 的行列式 $|\boldsymbol{A}|\neq 0$，因而 $\mathrm{r}(\boldsymbol{A})=n$；反之，若 $\mathrm{r}(\boldsymbol{A})=n$，则 $|\boldsymbol{A}|\neq 0$. 所以可得如下定理：

定理 2 方阵 $\boldsymbol{A}$ 可逆的充分必要条件是 $\boldsymbol{A}$ 经过一系列初等变换可化为单位矩阵 $\boldsymbol{E}$.

我们还可以进一步证明：若 $\boldsymbol{A}$ 可逆(或 $|\boldsymbol{A}|\neq 0$)，则可仅经过初等行(或列)变换将 $\boldsymbol{A}$ 化为单位矩阵 $\boldsymbol{E}$.

习题 21-4

A 组

1. (1) 一个秩为 r 的矩阵 $\boldsymbol{A}$，它的所有 r 阶子式是否均不为零？它的所有 $r+1$ 阶子式是否都为零？

(2) 一个秩为 r 的矩阵 $\boldsymbol{A}$，它的 $r-1$ 阶子式中，能否有为零的情形？举例说明.

(3) 一个秩为 r 的矩阵 $\boldsymbol{A}$，它的 $r-1$ 阶子式是否都为零？为什么？

(4) 如果矩阵 $\boldsymbol{B}$ 是由矩阵 $\boldsymbol{A}$ 添加一行得到的，试问 $\boldsymbol{A}$ 与 $\boldsymbol{B}$ 的秩有什么关系？为什么？

2. 求下列各矩阵的秩：

(1) $\begin{pmatrix} 1 & 2 & -3 \\ -1 & -3 & 4 \\ 1 & 1 & -2 \end{pmatrix}$；　　(2) $\begin{pmatrix} 2 & 0 & 2 & 2 \\ 0 & 1 & 0 & 0 \\ 2 & 1 & 0 & 1 \\ 0 & 1 & 0 & 0 \end{pmatrix}$.

B 组

求下列各矩阵的秩：

(1) $\begin{pmatrix} 1 & 0 & 1 & 0 & 0 \\ 1 & 1 & 0 & 0 & 0 \\ 0 & 1 & 1 & 0 & 0 \\ 0 & 0 & 1 & 1 & 0 \\ 0 & 1 & 0 & 1 & 1 \end{pmatrix}$；　　(2) $\begin{pmatrix} 1 & 0 & 0 & 1 & 4 \\ 0 & 1 & 0 & 2 & 5 \\ 0 & 0 & 1 & 3 & 6 \\ 1 & 2 & 3 & 14 & 32 \\ 4 & 5 & 6 & 32 & 77 \end{pmatrix}$.

§21-5 初等变换的几个应用

一、解线性方程组

先看一个例子.

设方程组
$$\begin{cases} 2x-y=2, \\ x+2y=6, \end{cases}$$

记系数矩阵
$$\boldsymbol{A}=\begin{pmatrix} 2 & -1 \\ 1 & 2 \end{pmatrix}.$$

将方程组中的系数及常数项按原来相对位置写成矩阵
$$\widetilde{\boldsymbol{A}}=\begin{pmatrix} 2 & -1 & 2 \\ 1 & 2 & 6 \end{pmatrix}.$$

现用消去法解这个方程，并观察 $\widetilde{\boldsymbol{A}}$ 的相应变化.

$$\begin{cases} 2x-y=2, & (1) \\ x+2y=6. & (2) \end{cases} \qquad \widetilde{\boldsymbol{A}}=\begin{pmatrix} 2 & -1 & 2 \\ 1 & 2 & 6 \end{pmatrix}$$

$$\Big\downarrow \text{方程位置互换} \qquad\qquad \Big\downarrow \text{①行与②行互换}$$

$$\begin{cases} x+2y=6, & (2) \\ 2x-y=2. & (1) \end{cases} \qquad \begin{pmatrix} 1 & 2 & 6 \\ 2 & -1 & 2 \end{pmatrix}$$

$$\Big\downarrow (1)-(2)\times 2 \qquad\qquad \Big\downarrow \text{②行}-\text{①行}\times 2$$

$$\begin{cases} x+2y=6, & (2) \\ -5y=-10. & (3) \end{cases} \qquad \begin{pmatrix} 1 & 2 & 6 \\ 0 & -5 & -10 \end{pmatrix}$$

$$\Big\downarrow (3)\times\left(-\frac{1}{5}\right) \qquad\qquad \Big\downarrow \text{②行}\times\left(-\frac{1}{5}\right)$$

$$\begin{cases} x+2y=6, & (2) \\ y=2. & (4) \end{cases} \qquad \begin{pmatrix} 1 & 2 & 6 \\ 0 & 1 & 2 \end{pmatrix}$$

$$\Big\downarrow (2)-(4)\times 2 \qquad\qquad \Big\downarrow \text{①行}-\text{②行}\times 2$$

$$\begin{cases} x=2, & (5) \\ y=2. & (4) \end{cases} \qquad \begin{pmatrix} 1 & 0 & 2 \\ 0 & 1 & 2 \end{pmatrix}$$

从上述过程可以看出，对方程组的同解变形，实质上相当于对 $\widetilde{\boldsymbol{A}}$ 施行行初等变换，在行初等变换的过程中达到消元的目的，从而求出方程组的解，这种消元法称为**高斯消元法**.

一般地，把含 n 个未知量 n 个方程的线性方程组

$$\begin{cases} a_{11}x_1+a_{12}x_2+\cdots+a_{1n}x_n=b_1, \\ a_{21}x_1+a_{22}x_2+\cdots+a_{2n}x_n=b_2, \\ \cdots\cdots\cdots\cdots\cdots\cdots\cdots\cdots \\ a_{n1}x_1+a_{n2}x_2+\cdots+a_{nn}x_n=b_n \end{cases} \tag{1}$$

的常数项并在系数矩阵 $\boldsymbol{A}$ 的最后一列构成一个新矩阵

$$\begin{pmatrix} a_{11} & a_{12} & \cdots & a_{1n} & b_1 \\ a_{21} & a_{22} & \cdots & a_{2n} & b_2 \\ \cdots & \cdots & \cdots & \cdots & \cdots \\ a_{n1} & a_{n2} & \cdots & a_{nn} & b_n \end{pmatrix}.$$

我们把这个矩阵称为线性方程组的**增广矩阵**，记作 $\widetilde{\boldsymbol{A}}$.

若方程组(1)的系数矩阵行列式 $|\boldsymbol{A}|\neq 0$，即 $\mathrm{r}(\boldsymbol{A})=n$，则 $\widetilde{\boldsymbol{A}}$ 经过行初等变换，可化为以下形式：

$$\begin{pmatrix} 1 & 0 & \cdots & 0 & c_1 \\ 0 & 1 & \cdots & 0 & c_2 \\ \cdots & \cdots & \cdots & \cdots & \cdots \\ 0 & 0 & \cdots & 1 & c_n \end{pmatrix},$$

即将 $\widetilde{\boldsymbol{A}}$ 中的系数矩阵变换成单位矩阵. 因此，方程组的唯一解为 $x_1=c_1, x_2=c_2, \cdots, x_n=c_n$.

例 1 用初等变换解方程组

$$\begin{cases} 2x_1-3x_2+x_3-x_4=3, \\ 3x_1+x_2+x_3+x_4=0, \\ 4x_1-x_2-x_3-x_4=7, \\ -2x_1-x_2+x_3+x_4=-5. \end{cases}$$

解 对 $\widetilde{\boldsymbol{A}}$ 施行行变换：

$$\widetilde{\boldsymbol{A}}=\begin{pmatrix} 2 & -3 & 1 & -1 & 3 \\ 3 & 1 & 1 & 1 & 0 \\ 4 & -1 & -1 & -1 & 7 \\ -2 & -1 & 1 & 1 & -5 \end{pmatrix} \xrightarrow{①、②互换} \begin{pmatrix} 3 & 1 & 1 & 1 & 0 \\ 2 & -3 & 1 & -1 & 3 \\ 4 & -1 & -1 & -1 & 7 \\ -2 & -1 & 1 & 1 & -5 \end{pmatrix}$$

$$\xrightarrow{①+③} \begin{pmatrix} 7 & 0 & 0 & 0 & 7 \\ 2 & -3 & 1 & -1 & 3 \\ 4 & -1 & -1 & -1 & 7 \\ -2 & -1 & 1 & 1 & -5 \end{pmatrix} \xrightarrow[④\times(-1)]{①\times\frac{1}{7}} \begin{pmatrix} 1 & 0 & 0 & 0 & 1 \\ 2 & -3 & 1 & -1 & 3 \\ 4 & -1 & -1 & -1 & 7 \\ 2 & 1 & -1 & -1 & 5 \end{pmatrix}$$

$$\xrightarrow[\substack{③-①\times 4 \\ ④-①\times 2}]{②-①\times 2} \begin{pmatrix} 1 & 0 & 0 & 0 & 1 \\ 0 & -3 & 1 & -1 & 1 \\ 0 & -1 & -1 & -1 & 3 \\ 0 & 1 & -1 & -1 & 3 \end{pmatrix} \xrightarrow{②、④互换} \begin{pmatrix} 1 & 0 & 0 & 0 & 1 \\ 0 & 1 & -1 & -1 & 3 \\ 0 & -1 & -1 & -1 & 3 \\ 0 & -3 & 1 & -1 & 1 \end{pmatrix}$$

$$\to\cdots\to\begin{pmatrix}1&0&0&0&1\\0&1&0&0&0\\0&0&1&0&-1\\0&0&0&1&-2\end{pmatrix}.$$

因此，方程组的解为 $x_1=1, x_2=0, x_3=-1, x_4=-2$.

练习1

用初等变换解线性方程组

$$\begin{cases}-3x_1+x_2-x_3=1,\\-x_1-x_2-x_3=3,\\x_1-x_2-x_3=3.\end{cases}$$

二、向量的线性相关性判定

设齐次线性方程组

$$\begin{cases}a_{11}x_1+a_{12}x_2+\cdots+a_{1n}x_n=0,\\a_{21}x_1+a_{22}x_2+\cdots+a_{2n}x_n=0,\\\cdots\cdots\cdots\cdots\cdots\cdots\cdots\cdots\cdots\cdots\\a_{m1}x_1+a_{m2}x_2+\cdots+a_{mn}x_n=0.\end{cases}\qquad(2)$$

令向量

$$\boldsymbol{\alpha}_1=\begin{pmatrix}a_{11}\\a_{21}\\\cdots\\a_{m1}\end{pmatrix},\boldsymbol{\alpha}_2=\begin{pmatrix}a_{12}\\a_{22}\\\cdots\\a_{m2}\end{pmatrix},\cdots,\boldsymbol{\alpha}_n=\begin{pmatrix}a_{1n}\\a_{2n}\\\cdots\\a_{mn}\end{pmatrix},$$

则可将齐次线性方程组(2)写成如下形式：

$$x_1\boldsymbol{\alpha}_1+x_2\boldsymbol{\alpha}_2+\cdots+x_n\boldsymbol{\alpha}_n=\mathbf{0}.\qquad(3)$$

(3)式称为齐次线性方程组的**向量式**.

将方程组(2)写成矩阵式($\boldsymbol{AX}=\boldsymbol{O}$)，并对 $\boldsymbol{A}$ 仅施行行初等变换，化成矩阵 $\boldsymbol{B}$，由于方程组(2)右端的常数项全为零，相当于对齐次方程组(2)作同解变形，因此以 $\boldsymbol{B}$ 为系数矩阵的齐次方程组 $\boldsymbol{BX}=\boldsymbol{O}$ 与 $\boldsymbol{AX}=\boldsymbol{O}$ 同解.

记 $\boldsymbol{B}$ 的列向量为 $\boldsymbol{\beta}_1,\boldsymbol{\beta}_2,\cdots,\boldsymbol{\beta}_n$，则 $\boldsymbol{BX}=\boldsymbol{O}$ 可写作向量式

$$x_1\boldsymbol{\beta}_1+x_2\boldsymbol{\beta}_2+\cdots+x_n\boldsymbol{\beta}_n=\mathbf{0}.\qquad(4)$$

根据以上讨论，对同一组实数 $x_1,x_2,\cdots,x_n$ 而言，(3)式和(4)式同时成立或同时不成立，也就是说，向量 $\boldsymbol{\alpha}_1,\boldsymbol{\alpha}_2,\cdots,\boldsymbol{\alpha}_n$ 与向量 $\boldsymbol{\beta}_1,\boldsymbol{\beta}_2,\cdots,\boldsymbol{\beta}_n$ 的线性组合关系相同，由此得到矩阵的一个重要性质.

性质 对一矩阵仅施行行初等变换，它保持矩阵诸列向量间的线性组合关系不变.

利用这个性质可以判断向量的线性相关性，并寻求向量的线性组合关系式，现举例说明.

例2 设向量 $\boldsymbol{\alpha}_1=(1,0,0,-1)$，$\boldsymbol{\alpha}_2=(2,1,1,0)$，$\boldsymbol{\alpha}_3=(1,1,1,1)$，$\boldsymbol{\alpha}_4=(1,2,3,4)$，

$\boldsymbol{\alpha}_5=(0,1,2,3)$. 试讨论向量 $\boldsymbol{\alpha}_1,\boldsymbol{\alpha}_2,\boldsymbol{\alpha}_3,\boldsymbol{\alpha}_4,\boldsymbol{\alpha}_5$ 的线性相关性及向量间的线性组合关系.

解 将向量 $\boldsymbol{\alpha}_1,\boldsymbol{\alpha}_2,\boldsymbol{\alpha}_3,\boldsymbol{\alpha}_4,\boldsymbol{\alpha}_5$ 写成列形式,并依次合并成矩阵 $\boldsymbol{A}$:

$$\boldsymbol{A}=\begin{pmatrix}1&2&1&1&0\\0&1&1&2&1\\0&1&1&3&2\\-1&0&1&4&3\end{pmatrix},$$

对 $\boldsymbol{A}$ 施行行初等变换,化成下列**阶梯形矩阵** $\boldsymbol{B}$:

$$\boldsymbol{B}=\begin{pmatrix}1&0&-1&0&1\\0&1&1&0&-1\\0&0&0&1&1\\0&0&0&0&0\end{pmatrix},$$

$\boldsymbol{B}$ 中列向量记为 $\boldsymbol{\beta}_1,\boldsymbol{\beta}_2,\boldsymbol{\beta}_3,\boldsymbol{\beta}_4,\boldsymbol{\beta}_5$. 可知位于每个阶梯的最左边的列向量 $\boldsymbol{\beta}_1,\boldsymbol{\beta}_2,\boldsymbol{\beta}_4$ 线性无关,相应的 $\boldsymbol{\alpha}_1,\boldsymbol{\alpha}_2,\boldsymbol{\alpha}_4$ 也线性无关.

位于同一阶梯或不同阶梯中的对应分量不成比例的列向量,也是线性无关的. 例如,$\boldsymbol{\beta}_2$ 与 $\boldsymbol{\beta}_3$,$\boldsymbol{\beta}_3$ 与 $\boldsymbol{\beta}_5$ 都是线性无关的,相应地 $\boldsymbol{\alpha}_2$ 与 $\boldsymbol{\alpha}_3$ 线性无关,$\boldsymbol{\alpha}_3$ 与 $\boldsymbol{\alpha}_5$ 也线性无关.

位于同一阶梯的列向量均可用该阶梯及前各阶梯最左边的列向量线性表示. 例如,$\boldsymbol{\beta}_3=\boldsymbol{\beta}_2-\boldsymbol{\beta}_1$,相应地 $\boldsymbol{\alpha}_3=\boldsymbol{\alpha}_2-\boldsymbol{\alpha}_1$,$\boldsymbol{\beta}_5=\boldsymbol{\beta}_1-\boldsymbol{\beta}_2+\boldsymbol{\beta}_4$,相应地 $\boldsymbol{\alpha}_5=\boldsymbol{\alpha}_1-\boldsymbol{\alpha}_2+\boldsymbol{\alpha}_4$. 将组合关系变形可得其他表示式,如由 $\boldsymbol{\alpha}_3=\boldsymbol{\alpha}_2-\boldsymbol{\alpha}_1$ 得 $\boldsymbol{\alpha}_2=\boldsymbol{\alpha}_1+\boldsymbol{\alpha}_3$ 等.

上述例 2 中的讨论可推广到一般情形. 值得提出的是,为了便于寻求向量的线性组合关系,将矩阵 $\boldsymbol{A}$ 化为阶梯形矩阵 $\boldsymbol{B}$ 时,$\boldsymbol{B}$ 中每个阶梯中的最左边的列向量除阶梯所在行元素为 1 外,其余元素均为零;若所有阶梯只含一个列向量,则 $\boldsymbol{A}$ 中列向量线性无关.

练习 2

设向量 $\boldsymbol{\alpha}_1=(1,1,1,1)$,$\boldsymbol{\alpha}_2=(0,1,1,1)$,$\boldsymbol{\alpha}_3=(0,0,1,1)$,$\boldsymbol{\alpha}_4=(0,0,0,1)$,$\boldsymbol{\alpha}_5=(1,1,2,3)$. 试讨论向量 $\boldsymbol{\alpha}_1,\boldsymbol{\alpha}_2,\boldsymbol{\alpha}_3,\boldsymbol{\alpha}_4,\boldsymbol{\alpha}_5$ 的线性相关性及向量间的线性组合关系.

三、求逆矩阵

求矩阵的逆矩阵,可以使用初等变换的方法.

把 n 阶方阵 $\boldsymbol{A}$ 和 n 阶单位矩阵 $\boldsymbol{E}$ 合写成一个 $n\times 2n$ 的矩阵,中间用竖线分开,即写成

$$(\boldsymbol{A}|\boldsymbol{E}).$$

然后对它施行行初等变换,可以证明左边的矩阵 $\boldsymbol{A}$ 变成单位矩阵时,右边的矩阵 $\boldsymbol{E}$ 就变成矩阵 $\boldsymbol{A}^{-1}$,即

$$(\boldsymbol{A}|\boldsymbol{E})\xrightarrow{\text{行初等变换}}(\boldsymbol{E}|\boldsymbol{A}^{-1}).$$

例 3 用初等变换求矩阵

$$\boldsymbol{A}=\begin{pmatrix}1&-1&-2\\0&2&1\\2&0&-1\end{pmatrix}$$

的逆矩阵.

解

$$(\boldsymbol{A}|\boldsymbol{E})=\left(\begin{array}{ccc|ccc}1&-1&-2&1&0&0\\0&2&1&0&1&0\\2&0&-1&0&0&1\end{array}\right)\to\cdots\to\left(\begin{array}{ccc|ccc}1&0&0&-\frac{1}{2}&-\frac{1}{4}&\frac{3}{4}\\0&1&0&\frac{1}{2}&\frac{3}{4}&-\frac{1}{4}\\0&0&1&-1&-\frac{1}{2}&\frac{1}{2}\end{array}\right),$$

于是有

$$\boldsymbol{A}^{-1}=\begin{pmatrix}-\frac{1}{2}&-\frac{1}{4}&\frac{3}{4}\\\frac{1}{2}&\frac{3}{4}&-\frac{1}{4}\\-1&-\frac{1}{2}&\frac{1}{2}\end{pmatrix}.$$

用初等变换求方阵 $\boldsymbol{A}$ 的逆矩阵前,不必考虑逆矩阵是否存在,只要注意在变换过程中,若发现竖线左边某一行的元素全为零,则方阵 $\boldsymbol{A}$ 的逆矩阵就不存在.

练习3

用初等变换求矩阵

$$\boldsymbol{A}=\begin{pmatrix}1&-1&0\\2&-5&-2\\-2&4&2\end{pmatrix}\text{的逆矩阵.}$$

四、求矩阵方程的解

含有未知矩阵的方程叫做**矩阵方程**.例如,$\boldsymbol{AX}=\boldsymbol{B}$,其中 $\boldsymbol{X}$ 为未知矩阵,这里只讨论 $\boldsymbol{A},\boldsymbol{X},\boldsymbol{B}$ 都是 n 阶方阵,且 $\boldsymbol{A}$ 是可逆矩阵的情形.

解矩阵方程 $\boldsymbol{AX}=\boldsymbol{B}$ 的方法,原则上已是解决了的问题.因为只要求出 $\boldsymbol{A}^{-1}$,再左乘方程两边便可得到 $\boldsymbol{X}=\boldsymbol{A}^{-1}\boldsymbol{B}$.可是对于阶数稍大的矩阵,这些计算可能是很困难的,然而用初等变换并采用下面的形式会较方便.为了求出 $\boldsymbol{A}^{-1}\boldsymbol{B}$,我们对下面形式的矩阵施行行初等变换:

$$(\boldsymbol{A}|\boldsymbol{B})\xrightarrow{\text{行初等变换}}(\boldsymbol{E}|\boldsymbol{D}).$$

当 $\boldsymbol{A}$ 化为单位矩阵 $\boldsymbol{E}$ 时,$\boldsymbol{B}$ 便化为 $\boldsymbol{D}$,可以证明 $\boldsymbol{D}$ 就是我们所要求的 $\boldsymbol{A}^{-1}\boldsymbol{B}$.

例4 解矩阵方程 $\begin{pmatrix}2&5\\1&3\end{pmatrix}\boldsymbol{X}=\begin{pmatrix}4&-6\\2&1\end{pmatrix}$.

解

$$(\boldsymbol{A}|\boldsymbol{B})=\left(\begin{array}{cc|cc}2&5&4&-6\\1&3&2&1\end{array}\right)\to\left(\begin{array}{cc|cc}1&2&2&-7\\1&3&2&1\end{array}\right)\to\left(\begin{array}{cc|cc}1&2&2&-7\\0&1&0&8\end{array}\right)\to\left(\begin{array}{cc|cc}1&0&2&-23\\0&1&0&8\end{array}\right)$$
$$=(\boldsymbol{E}|\boldsymbol{D}),$$

所以 $\boldsymbol{X}=\begin{pmatrix}2 & -23\\0 & 8\end{pmatrix}$.

例 5 解矩阵方程 $\boldsymbol{AX}=\boldsymbol{B}$,其中

$$\boldsymbol{A}=\begin{pmatrix}2 & 0 & -2 & 1\\1 & 1 & 1 & 3\\0 & 2 & 1 & 1\\1 & 2 & 2 & 2\end{pmatrix},\boldsymbol{B}=\begin{pmatrix}1 & 1 & -1 & -1\\2 & -1 & 2 & -1\\-1 & 1 & 1 & 0\\0 & 1 & 1 & 1\end{pmatrix}.$$

解

$$\boldsymbol{A}=\left(\begin{array}{cccc|cccc}2 & 0 & -2 & 1 & 1 & 1 & -1 & -1\\1 & 1 & 1 & 3 & 2 & -1 & 2 & -1\\0 & 2 & 1 & 1 & -1 & 1 & 1 & 0\\1 & 2 & 2 & 2 & 0 & 1 & 1 & 1\end{array}\right)\rightarrow\left(\begin{array}{cccc|cccc}1 & 0 & 0 & 0 & 0 & 1 & -1 & 1\\0 & 1 & 0 & 0 & -1 & 1 & 0 & 0\\0 & 0 & 1 & 0 & 0 & 0 & 0 & 1\\0 & 0 & 0 & 1 & 1 & -1 & 1 & -1\end{array}\right),$$

所以 $\boldsymbol{X}=\begin{pmatrix}0 & 1 & -1 & 1\\-1 & 1 & 0 & 0\\0 & 0 & 0 & 1\\1 & -1 & 1 & -1\end{pmatrix}$.

练习 4

解矩阵方程 $\begin{pmatrix}1 & 1 & 3\\2 & 1 & 1\\2 & 2 & 2\end{pmatrix}\boldsymbol{X}=\begin{pmatrix}-1 & 2 & -1\\1 & 1 & 0\\1 & 1 & 1\end{pmatrix}$.

习题 21-5

A 组

1. 用高斯消元法解下列各方程组：

(1) $\begin{cases}3x_1+4x_2-4x_3+2x_4=-3,\\6x_1+5x_2-2x_3+3x_4=-1,\\9x_1+3x_2+8x_3+5x_4=9,\\-3x_1-7x_2-10x_3+x_4=2;\end{cases}$ (2) $\begin{cases}x_1+2x_2+3x_3+4x_4=0,\\x_1+x_2+2x_3+3x_4=0,\\x_1+5x_2+x_3+2x_4=0,\\x_1+5x_2+5x_3+2x_4=0.\end{cases}$

2. 判断下列向量组是否线性相关，若线性相关，试求出它们的一个线性组合关系式：

(1) $\boldsymbol{\alpha}_1=(1,2,3,4)$, $\boldsymbol{\alpha}_2=(1,0,1,2)$, $\boldsymbol{\alpha}_3=(3,-1,-1,0)$, $\boldsymbol{\alpha}_4=(1,2,0,-5)$;

(2) $\boldsymbol{\alpha}_1=(5,6,7,7)$, $\boldsymbol{\alpha}_2=(2,0,0,0)$, $\boldsymbol{\alpha}_3=(0,1,1,1)$, $\boldsymbol{\alpha}_4=(7,4,5,5)$;

(3) $\boldsymbol{\alpha}_1=(3,-1,2,3)$, $\boldsymbol{\alpha}_2=(1,1,2,0)$, $\boldsymbol{\alpha}_3=(0,0,1,1)$;

(4) $\boldsymbol{\alpha}_1=(1,1,0,1)$, $\boldsymbol{\alpha}_2=(2,1,1,3)$, $\boldsymbol{\alpha}_3=(1,2,-1,0)$.

3. 利用初等变换求下列矩阵的逆矩阵：

(1) $\begin{pmatrix} 1 & -1 & 1 \\ 3 & 0 & 3 \\ -1 & 2 & 0 \end{pmatrix}$；　　(2) $\begin{pmatrix} 1 & 1 & 1 & 1 \\ 1 & 1 & -1 & -1 \\ 1 & -1 & 1 & -1 \\ 1 & -1 & -1 & 1 \end{pmatrix}$.

4. 解矩阵方程：

$$\begin{pmatrix} 1 & 2 \\ 2 & 5 \end{pmatrix}\boldsymbol{X}=\begin{pmatrix} 1 & 0 \\ 0 & 1 \end{pmatrix}.$$

B 组

1. 利用初等变换求下列矩阵的逆矩阵：

(1) $\begin{pmatrix} 1 & 3 & -5 & 7 \\ 0 & 1 & 2 & -3 \\ 0 & 0 & 1 & 2 \\ 0 & 0 & 0 & 1 \end{pmatrix}$；　　(2) $\begin{pmatrix} 2 & 1 & 0 & 0 & 0 \\ 0 & 2 & 1 & 0 & 0 \\ 0 & 0 & 2 & 1 & 0 \\ 0 & 0 & 0 & 2 & 1 \\ 0 & 0 & 0 & 0 & 2 \end{pmatrix}$.

2. 解矩阵方程

$$\begin{pmatrix} 3 & 0 & 8 \\ 3 & -1 & 6 \\ -2 & 0 & -5 \end{pmatrix}\boldsymbol{X}=\begin{pmatrix} 1 & -1 & 2 \\ -1 & 3 & 4 \\ -2 & 0 & 5 \end{pmatrix}.$$

3. (1) 向量 $\boldsymbol{\alpha}_1=(1,1,3)$，$\boldsymbol{\alpha}_2=(2,4,5)$，$\boldsymbol{\alpha}_3=(1,-1,0)$，$\boldsymbol{\alpha}_4=(2,2,6)$，其中哪些向量可由其余向量线性表示？写出表达式.

(2) 将向量 $\boldsymbol{\beta}=(3,1,11)$ 表示成 $\boldsymbol{\alpha}_1=(1,2,3)$，$\boldsymbol{\alpha}_2=(1,0,4)$，$\boldsymbol{\alpha}_3=(1,3,1)$ 的线性组合.

§21-6　一般线性方程组解的讨论

在前面我们利用克莱姆法则及高斯消元法解线性方程组时，有两个限制：一个是线性方程组中方程个数和未知量的个数相等，另一个是系数行列式不等于零(系数矩阵的秩等于未知量的个数). 现在取消上述两个限制，讨论一般的线性方程组

$$\begin{cases} a_{11}x_1+a_{12}x_2+\cdots+a_{1n}x_n=b_1, \\ a_{21}x_1+a_{22}x_2+\cdots+a_{2n}x_n=b_2, \\ \cdots\cdots\cdots\cdots\cdots\cdots\cdots\cdots \\ a_{m1}x_1+a_{m2}x_2+\cdots+a_{mn}x_n=b_m \end{cases} \tag{1}$$

及齐次线性方程组

$$\begin{cases} a_{11}x_1+a_{12}x_2+\cdots+a_{1n}x_n=0, \\ a_{21}x_1+a_{22}x_2+\cdots+a_{2n}x_n=0, \\ \cdots\cdots\cdots\cdots\cdots\cdots\cdots\cdots\cdots\cdots \\ a_{m1}x_1+a_{m2}x_2+\cdots+a_{mn}x_n=0. \end{cases} \tag{2}$$

为区别起见，称方程组(1)为**非齐次线性方程组**.

本节主要目的是用向量及矩阵的理论来讨论线性方程组的有关理论，并解决以下几个问题：

(1) 线性方程组(1)在什么情况下有解？

(2) 解是否唯一？

(3) 如何求解？

一、齐次线性方程组

由于 $x_1=0,x_2=0,\cdots,x_n=0$ 是齐次线性方程组(2)的一个解，我们称这样的解为**零解**，所以齐次线性方程组(2)总有解存在. 但在很多情况下，我们只对(2)的非零解(即 x_i 不全为零的解)感兴趣.

如果 $x_1=p_1,x_2=p_2,\cdots,x_n=p_n$ 是线性方程组的一个解，则将这个解记成向量形式 $\boldsymbol{\eta}=(p_1,p_2,\cdots,p_n)$，并称 $\boldsymbol{\eta}$ 是方程组的一个**解**(或**解向量**).

下面的定理表明了齐次线性方程组(2)的解的性质.

定理 1 设 $\boldsymbol{\eta}_1=(x_1,x_2,\cdots,x_n)$ 和 $\boldsymbol{\eta}_2=(y_1,y_2,\cdots,y_n)$ 是方程组(2)的解，则有：

(1) $\boldsymbol{\eta}_1+\boldsymbol{\eta}_2=(x_1+y_1,x_2+y_2,\cdots,x_n+y_n)$ 也是方程组(2)的解；

(2) $k\boldsymbol{\eta}_1=(kx_1,kx_2,\cdots,kx_n)$ 也是方程组(2)的解，其中 k 为任意常数.

这个定理易证，读者不妨自行证明.

由定理 1 可知：① 如果方程组(2)有非零解，便有无穷多组解；② 如果方程组(2)有 s 个解 $\boldsymbol{\eta}_1,\boldsymbol{\eta}_2,\cdots,\boldsymbol{\eta}_s$，那么这 s 个解的线性组合 $\boldsymbol{\eta}=c_1\boldsymbol{\eta}_1+c_2\boldsymbol{\eta}_2+c_s\boldsymbol{\eta}_s$ 也是方程组(2)的解，其中 $c_i(i=1,2,\cdots,s)$ 为任意常数.

设齐次线性方程组(2)的系数矩阵 $\boldsymbol{A}$ 的秩为 r，于是 $\boldsymbol{A}$ 有一个 r 阶不为零的子式. 为叙述方便起见，设 $\boldsymbol{A}$ 的左上角的 r 阶子式不为零. 经过适当的行初等变换，可使 $\boldsymbol{A}$ 的左上角出现一个 r 阶单位矩阵 $\boldsymbol{E}$，而在以下 $m-r$ 行各行元素均为零，即 $\boldsymbol{A}$ 可化为以下形式：

$$\boldsymbol{B}=\begin{pmatrix} 1 & 0 & \cdots & 0 & c_{1r+1} & \cdots & c_{1n} \\ 0 & 1 & \cdots & 0 & c_{2r+1} & \cdots & c_{2n} \\ \cdots & \cdots & \cdots & \cdots & \cdots & \cdots & \cdots \\ 0 & 0 & \cdots & 1 & c_{rr+1} & \cdots & c_{rn} \\ \cdots & \cdots & \cdots & \cdots & \cdots & \cdots & \cdots \\ 0 & 0 & \cdots & 0 & 0 & \cdots & 0 \end{pmatrix}.$$

由于方程组(2)右端常数项全为零，对 $\boldsymbol{A}$ 进行行初等变换，相当于对方程组同解变形. 若 $r=n$，则 $\boldsymbol{B}$ 对应的齐次线性方程组只有零解，即齐次线性方程组(2)只有零解. 若 $r<n$，则 $\boldsymbol{B}$ 所对应的齐次线性方程组为

$$\begin{cases} x_1 & & +c_{1r+1}x_{r+1} & \cdots & +c_{1n}x_n & =0, \\ & x_2 & +c_{2r+1}x_{r+1} & \cdots & +c_{2n}x_n & =0, \\ \cdots & \cdots \quad \cdots & \cdots & \cdots & \cdots & \cdots \\ & & x_r+c_{rr+1}x_{r+1} & \cdots & +c_{rn}x_n & =0. \end{cases} \tag{3}$$

方程组(3)与方程组(2)同解,任给 $x_{r+1},\cdots,x_n$ 一组数值,由(3)便得到齐次方程组(2)的一组解,亦获一个解向量.特别地,如果取下面 $n-r$ 组数值:

$$\begin{array}{cccc} x_{r+1}=1, & x_{r+2}=0, & \cdots, & x_n=0, \\ x_{r+1}=0, & x_{r+2}=1, & \cdots, & x_n=0, \\ \cdots & \cdots & \cdots & \cdots \\ x_{r+1}=0, & x_{r+2}=0, & \cdots, & x_n=1, \end{array}$$

可得 $n-r$ 个解向量:

$$\begin{aligned} &\boldsymbol{\eta}_1=(-c_{1r+1},-c_{2r+1},\cdots,-c_{rr+1},1,0,\cdots,0), \\ &\boldsymbol{\eta}_2=(-c_{1r+2},-c_{2r+2},\cdots,-c_{rr+2},0,1,\cdots,0), \\ &\cdots, \\ &\boldsymbol{\eta}_{n-r}=(-c_{1n},-c_{2n},\cdots,-c_{rn},0,0,\cdots,1), \end{aligned}$$

我们可以证明这 $n-r$ 个解向量线性无关,且方程组(2)的任一个解向量都可由 $\boldsymbol{\eta}_1$,$\boldsymbol{\eta}_2,\cdots,\boldsymbol{\eta}_{n-r}$线性表示.

定义 设 $\boldsymbol{\eta}_1,\boldsymbol{\eta}_2,\cdots,\boldsymbol{\eta}_s$ 是齐次线性方程组(2)的一组解向量,且

(1) $\boldsymbol{\eta}_1,\boldsymbol{\eta}_2,\cdots,\boldsymbol{\eta}_s$ 是线性无关的;

(2) 齐次线性方程组(2)的任何一个解向量都是 $\boldsymbol{\eta}_1,\boldsymbol{\eta}_2,\cdots,\boldsymbol{\eta}_s$ 的线性组合,则 $\boldsymbol{\eta}_1$,$\boldsymbol{\eta}_2,\cdots,\boldsymbol{\eta}_s$ 称为齐次线性方程组(2)的一个**基础解系**.

基础解系中,解向量 $\boldsymbol{\eta}_1,\boldsymbol{\eta}_2,\cdots,\boldsymbol{\eta}_s$ 的线性组合

$$\boldsymbol{\eta}=c_1\boldsymbol{\eta}_1+c_2\boldsymbol{\eta}_2+\cdots+c_s\boldsymbol{\eta}_s$$

称为(2)的**通解**.

综上讨论,对于齐次线性方程组 $\boldsymbol{AX}=\boldsymbol{O}$,

(1) 当 $\mathrm{r}(\boldsymbol{A})=n$ 时,方程组仅有零解;

(2) 当 $\mathrm{r}(\boldsymbol{A})=r<n$ 时,方程组有无穷多解,基础解系中含有 $n-r$ 个线性无关的解向量 $\boldsymbol{\eta}_1,\boldsymbol{\eta}_2,\cdots,\boldsymbol{\eta}_{n-r}$,其通解为 $\boldsymbol{\eta}=c_1\boldsymbol{\eta}_1+c_2\boldsymbol{\eta}_2+\cdots+c_{n-r}\boldsymbol{\eta}_{n-r}$.

例 1 求下面方程组的基础解系及通解:

$$\begin{cases} x_1+2x_2+x_3+\ x_4 \qquad\quad =0, \\ \qquad\ \ x_2+x_3+2x_4+\ x_5=0, \\ \qquad\ \ x_2+x_3+3x_4+2x_5=0, \\ -x_1 \qquad\ \ +x_3+4x_4+3x_5=0. \end{cases}$$

解

$$\boldsymbol{A}=\begin{pmatrix} 1 & 2 & 1 & 1 & 0 \\ 0 & 1 & 1 & 2 & 1 \\ 0 & 1 & 1 & 3 & 2 \\ -1 & 0 & 1 & 4 & 3 \end{pmatrix} \xrightarrow{\text{行初等变换}} \boldsymbol{B}=\begin{pmatrix} 1 & 0 & -1 & 0 & 1 \\ 0 & 1 & 1 & 0 & -1 \\ 0 & 0 & 0 & 1 & 1 \\ 0 & 0 & 0 & 0 & 0 \end{pmatrix}.$$

由 $\boldsymbol{B}$ 可知 $r(\boldsymbol{A})=3$，而未知量个数 $n=5$，所以方程组的基础解系含 2 个向量. 由于

$$\begin{cases}x_1 \quad -x_3 \quad +x_5=0, \\ \quad x_2+x_3 \quad -x_5=0, \\ \qquad x_4+x_5=0\end{cases}$$

与原方程组同解，可得解

$$\begin{cases}x_1=x_3-x_5, \\ x_2=-x_3+x_5, \\ x_4=-x_5.\end{cases}$$

故基础解系为

$$\boldsymbol{\eta}_1=(1 \quad -1 \quad 1 \quad 0 \quad 0),$$

$$\boldsymbol{\eta}_2=(-1 \quad 1 \quad 0 \quad -1 \quad 1).$$

其通解为

$$\boldsymbol{\eta}=c_1\boldsymbol{\eta}_1+c_2\boldsymbol{\eta}_2=(c_1-c_2,-c_1+c_2,c_1,-c_2,c_2).$$

注意：将 $\boldsymbol{A}$ 经过适当的行初等变换化成上面的阶梯形矩阵 $\boldsymbol{B}$，当 $r(\boldsymbol{A})=r$ 时，r 阶不等于零的子式不一定出现在 $\boldsymbol{A}$ 的左上角，即行初等变换后的 r 阶单位矩阵不一定在 $\boldsymbol{B}$ 的左上角. 例如，例 1 中 $r(\boldsymbol{A})=3$，而三阶单位矩阵由 $\boldsymbol{B}$ 的前三行与 1,2,4 列交叉处的元素构成.

练习 1

求方程组的基础解系及通解：

$$\begin{cases}x_1+x_2+2x_3+x_4=0, \\ 2x_2+x_3+x_4=0, \\ -x_1+3x_2+x_4=0.\end{cases}$$

二、非齐次线性方程组

设非齐次线性方程组(1)的系数矩阵 $\boldsymbol{A}$ 的秩为 r，假定 $\boldsymbol{A}$ 不为零的 r 阶子式就在 $\boldsymbol{A}$ 的左上角，它的增广矩阵为

$$\widetilde{\boldsymbol{A}}=\begin{pmatrix}a_{11} & a_{12} & \cdots & a_{1n} & b_1 \\ a_{21} & a_{22} & \cdots & a_{2n} & b_2 \\ \cdots & \cdots & \cdots & \cdots & \cdots \\ a_{m1} & a_{m2} & \cdots & a_{mn} & b_m\end{pmatrix}.$$

对 $\widetilde{\boldsymbol{A}}$ 经过适当的行初等变换，总可以仿齐次线性方程组(2)的情形，使 $\widetilde{\boldsymbol{A}}$ 中系数矩阵 $\boldsymbol{A}$ 在左上角出现 r 阶单位矩阵，而在以下 $m-r$ 行除最后一列可能有非零元素以外，其余元素全为零. 即 $\widetilde{\boldsymbol{A}}$ 可化为以下形式：

$$\boldsymbol{C}=\begin{pmatrix}1 & 0 & \cdots & 0 & c_{1r+1} & \cdots & c_{1n} & c_1 \\ 0 & 1 & \cdots & 0 & c_{2r+1} & \cdots & c_{2n} & c_2 \\ \cdots & \cdots & \cdots & \cdots & \cdots & \cdots & \cdots & \cdots \\ 0 & 0 & \cdots & 1 & c_{rr+1} & \cdots & c_{rn} & c_r \\ 0 & 0 & \cdots & 0 & 0 & \cdots & 0 & c_{r+1} \\ \cdots & \cdots & \cdots & \cdots & \cdots & \cdots & \cdots & \cdots \\ 0 & 0 & \cdots & 0 & 0 & \cdots & 0 & 0\end{pmatrix}.$$

$\boldsymbol{C}$ 对应的方程组为

$$
\begin{cases}
x_1 & & & +c_{1r+1}x_{r+1} & +\cdots & +c_{1n}x_n=c_1, \\
& x_2 & & +c_{2r+1}x_{r+1} & +\cdots & +c_{2n}x_n=c_2, \\
\cdots & \cdots & \cdots & \cdots & \cdots & \cdots \\
& & x_r & +c_{rr+1}x_{r+1} & +\cdots & +c_{rn}x_n=c_r, \\
& & & & & 0=c_{r+1},
\end{cases} \tag{4}
$$

它与方程组(1)同解.

若 $c_{r+1}\neq 0$,方程组(4)中最后一个方程不能成立,即方程组(1)无解. 此时 $\mathrm{r}(\widetilde{\boldsymbol{A}})=r+1\neq \mathrm{r}(\boldsymbol{A})=r$.

若 $c_{r+1}=0$,表明 $\mathrm{r}(\widetilde{\boldsymbol{A}})=\mathrm{r}(\boldsymbol{A})=r$,矩阵 $\boldsymbol{C}$ 对应的方程组为

$$
\begin{cases}
x_1 & & & +c_{1r+1}x_{r+1} & \cdots & +c_{1n}x_n=c_1, \\
& x_2 & & +c_{2r+1}x_{r+1} & \cdots & +c_{2n}x_n=c_2, \\
\cdots & \cdots & \cdots & \cdots & \cdots & \cdots\ \cdots \\
& & x_r & +c_{rr+1}x_{r+1} & \cdots & c_{rn}x_n=c_r.
\end{cases} \tag{5}
$$

(1) 当 $r=n$ 时,由(5)知,方程组(1)有唯一的解.

$$x_1=c_1, x_2=c_2, \cdots, x_n=c_n.$$

(2) 当 $r<n$ 时,由(5)知,给定 $x_{r+1}, x_{r+2}, \cdots, x_n$ 任意一组数值,都可求得(5)的一组解,从而得到方程(1)的一组解,由于 $x_{r+1}, x+2, \cdots, x_n$ 的值可以任取,所以方程组(1)有无穷多解.

因此,对于非齐次线性方程组(1)有:

(1) 方程组(1)有解的充分必要条件是系数矩阵的秩与增广矩阵的秩相等,即 $\mathrm{r}(\boldsymbol{A})=\mathrm{r}(\widetilde{\boldsymbol{A}})=r$.

(2) 当 $r=n$ 时,方程组(1)有唯一解;当 $r<n$ 时,方程组(1)有无穷多组解.

当齐次线性方程组有无穷多组解时,如何求出这些解呢?为此给出非齐次方程组的解的结构定理.

定理 2 设 $\boldsymbol{\eta}$ 是齐次线性方程组 $\boldsymbol{AX}=\boldsymbol{O}$ 的通解,$\boldsymbol{\alpha}$ 是非齐次线性方程组 $\boldsymbol{AX}=\boldsymbol{B}$ 的一个解向量,则 $\boldsymbol{AX}=\boldsymbol{B}$ 的一切解 $\boldsymbol{X}$ 可表示为

$$\boldsymbol{X}=\boldsymbol{\eta}+\boldsymbol{\alpha}.$$

根据这个定理,将 $\boldsymbol{AX}=\boldsymbol{B}$ 的增广矩阵化为阶梯形后,由 $\mathrm{r}(\widetilde{\boldsymbol{A}})$,$\mathrm{r}(\boldsymbol{A})$ 确定非齐次线性方程组 $\boldsymbol{AX}=\boldsymbol{B}$ 是否有解. 若有解,由阶梯矩阵就可以直接得到 $\boldsymbol{AX}=\boldsymbol{B}$ 的一个解向量,并求出阶梯矩阵中去除最后一列所得矩阵对应的齐次线性方程组的通解,从而得到 $\boldsymbol{AX}=\boldsymbol{B}$ 的一切解.

例 2 当 a 取什么值时,方程组

$$
\begin{cases}
x_1+x_2+x_3+x_4=1, \\
3x_1+2x_2+x_3-3x_4=a, \\
x_2+2x_3+6x_4=3
\end{cases}
$$

有解?若有解,求出它的解.

解

因为 $\widetilde{\boldsymbol{A}}=\begin{pmatrix}1&1&1&1&1\\3&2&1&-3&a\\0&1&2&6&3\end{pmatrix}\to\begin{pmatrix}1&1&1&1&1\\0&-1&-2&-6&a-3\\0&1&2&6&3\end{pmatrix}$

$$\to\begin{pmatrix}1&1&1&1&1\\0&1&2&6&3\\0&-1&-2&-6&a-3\end{pmatrix}\to\begin{pmatrix}1&0&-1&-5&-2\\0&1&2&6&3\\0&0&0&0&a\end{pmatrix}.$$

所以，当 $a\neq0$ 时，$\mathrm{r}(\boldsymbol{A})=2$，$\mathrm{r}(\widetilde{\boldsymbol{A}})=3$，方程组无解；当 $a=0$ 时，$\mathrm{r}(\boldsymbol{A})=\mathrm{r}(\widetilde{\boldsymbol{A}})=2$，方程组有解. 这时，可得方程组的一个解向量（常取 $\mathrm{r}(\boldsymbol{A})=r$ 阶单位矩阵以外的列向量所对应的未知数为零）为

$$\boldsymbol{\alpha}=(-2,3,0,0),$$

对应的齐次线性方程组为

$$\begin{cases}x_1\qquad-x_3-5x_4=0,\\ \qquad x_2+2x_3+6x_4=0.\end{cases}$$

其基础解系为 $\boldsymbol{\eta}_1=(1,-2,1,0)$，$\boldsymbol{\eta}_2=(5,-6,0,1)$，

其通解为 $\boldsymbol{\eta}=c_1\boldsymbol{\eta}_1+c_2\boldsymbol{\eta}_2$.

因此，原方程组的解为

$$\boldsymbol{X}=\boldsymbol{\eta}+\boldsymbol{\alpha}=c_1\boldsymbol{\eta}_1+c_2\boldsymbol{\eta}_2+\boldsymbol{\alpha}=(-2+c_1+5c_2,3-2c_1-6c_2,c_1,c_2).$$

练习 2

当 a 取什么值时，方程组

$$\begin{cases}x_1+x_2+x_3+x_4=2,\\x_1+2x_2+3x_3-x_4=a,\\ \qquad x_2+2x_3-2x_4=4\end{cases}$$

有解？若有解，求出它的解.

习题 21-6

A 组

1. 求出下面方程组的基础解系及通解：

$$\begin{cases}x_1+x_2+2x_3+x_4=0,\\ \qquad x_2+x_3+2x_4=0,\\-x_1+x_2\qquad+3x_4=0.\end{cases}$$

2. 方程组

$$\begin{cases} x_1-2x_2+x_3+\ \ x_4=1, \\ x_1-2x_2+x_3-\ \ x_4=-1, \\ x_1-2x_2+x_3-5x_4=-5 \end{cases}$$

是否有解？若有解，求出它的解.

3. 当 a 取什么值时，方程组

$$\begin{cases} x_1+\ \ x_2+\ \ x_3+\ \ x_4=2, \\ x_1+3x_2+2x_3-\ \ x_4=a, \\ \qquad 2x_2+\ \ x_3-2x_4=3 \end{cases}$$

有解？若有解，求出它的解.

B 组

1. 方程组

$$\begin{cases} x_1+x_2+2x_3+x_5=1, \\ x_2+x_3+x_4+2x_5=3, \\ x_2+x_3+2x_4+3x_5=4, \\ -x_1+x_2+3x_4+4x_5=6 \end{cases}$$

是否有解？若有解，求出它的解.

2. 确定 m 的值，使方程组

$$\begin{cases} 2x_1-\ \ x_2+\ \ x_3+\ \ x_4=1, \\ x_1+2x_2-\ \ x_3+\ \ 4x_4=2, \\ x_1+7x_2-4x_3+11x_4=m \end{cases}$$

有解，并求出它的解.

本章内容小结

一、主要内容

1. n 阶行列式的定义和性质，克莱姆法则，利用行列式的性质计算行列式.

2. 矩阵的定义，矩阵的运算：加法、减法、乘法、数与矩阵的乘法运算及其运算规律. 逆矩阵的定义及其存在的充分必要条件，矩阵秩的定义，矩阵的初等变换，利用初等变换求矩阵的秩和逆矩阵的方法.

3. n 维向量的概念，向量的线性相关与线性无关的概念，向量组线性相关与线性无关的判定方法，向量线性组合表达式的求法.

4. 齐次线性方程组的基础解系、通解的概念，齐次线性方程组有非零解的充分必要条件，非齐次线性方程组有解的充分必要条件，用初等行变换求线性方程组解的方法.

二、知识结构

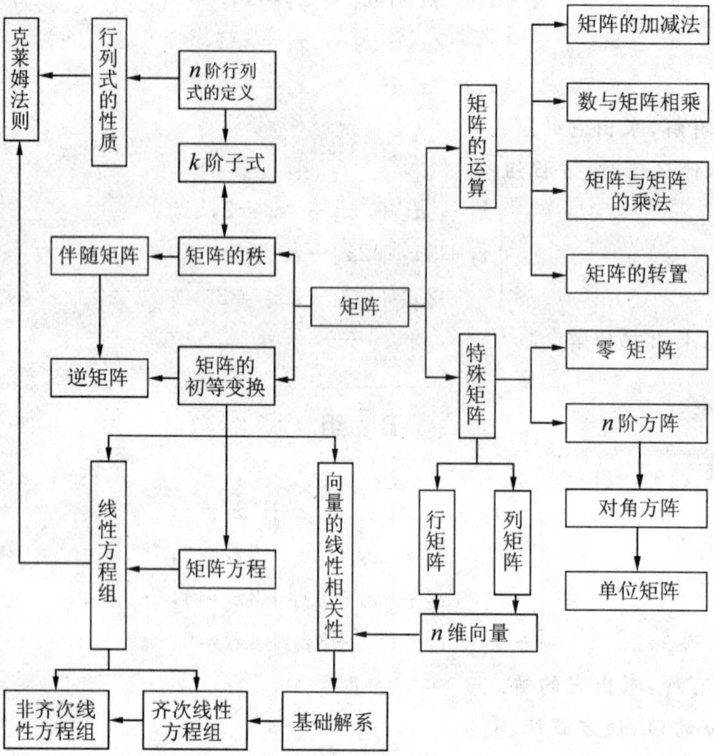

三、注意事项

1. n 阶行列式的性质是计算行列式的基础，计算行列式时，首先要观察和分析行列式各行（或列）元素的构造特点，然后利用行列式的性质简化行列式的计算. 其中“化三角形法”是利用性质把行列式化为三角形行列式并求其值，“降阶计算法”是利用性质把阶数较高的行列式转化为阶数较低的行列式，再求其值. 另外注意尽量避免分数运算，以防计算出错.

2. 克莱姆法则、逆矩阵法两种方法只适用于系数行列式不等于零的 n 个元（未知数）、n 个方程的线性方程组，它不适用于系数行列式等于零或方程个数与未知量个数不等的线性方程组，利用矩阵的初等行变换的高斯消元法适用于一般的线性方程组.

3. 矩阵是由 $m\times n$ 个数 $a_{ij}\ (i=1, 2, \cdots, m;\ j=1, 2, \cdots, n)$ 排列成的矩形数表. 要注意矩阵与行列式是有本质区别的：行列式是规定了计算规则的一个算式，其结果是一个数或代数式；而矩阵仅仅是一个数表，它的行数和列数可以不同.

4. 矩阵按其结构和性质，可分为零矩阵、单位矩阵、对角矩阵、行矩阵、列矩阵、转置矩阵、可逆矩阵、伴随矩阵等. 注意 n 阶方阵 $\boldsymbol{A}$ 可逆的充分必要条件为 $|\boldsymbol{A}|\neq 0$ 或 $\mathrm{r}(\boldsymbol{A})=n$.

5. 矩阵的加法、减法、乘法运算时要注意：

（1）两个矩阵要满足可进行此种运算的条件.

（2）矩阵乘法不满足交换律，即 $\boldsymbol{AB}=\boldsymbol{BA}$ 一般不成立；矩阵乘法不满足消去律，即 $\boldsymbol{AB}=\boldsymbol{AC}$ 时，当 $\boldsymbol{A}\neq\boldsymbol{O}$ 时 $\boldsymbol{B}=\boldsymbol{C}$ 一般不成立，只有当 $\boldsymbol{A}$ 是可逆矩阵时，$\boldsymbol{B}=\boldsymbol{C}$ 才成立. 由

$\boldsymbol{AB}=\boldsymbol{O}$ 也不能得到 $\boldsymbol{A}=\boldsymbol{O}$ 或 $\boldsymbol{B}=\boldsymbol{O}$.

6. 矩阵与它经过初等变换后的矩阵之间不能用等号,而用"→"连接;矩阵的秩是一个重要的概念,它主要用于可逆矩阵的判别及线性方程组解的判定,且有定理:矩阵的初等变换不改变矩阵的秩.

7. 求逆矩阵的方法:(1) 伴随矩阵法,即 $\boldsymbol{A}^{-1}=\dfrac{1}{|\boldsymbol{A}|}\boldsymbol{A}^*$. 注意伴随矩阵 $\boldsymbol{A}^*$ 中元素的排列顺序是正常排列顺序的转置. (2) 初等行变换法,即 $(\boldsymbol{A}|\boldsymbol{E})\xrightarrow{\text{行初等变换}}(\boldsymbol{E}|\boldsymbol{A}^{-1})$.

8. 一般 n 元线性方程组的解有下列表中的几种情形:

$\mathrm{r}(\boldsymbol{A})$与$\mathrm{r}(\widetilde{\boldsymbol{A}})$的关系	齐次线性方程组 $\boldsymbol{AX}=O$	非齐次线性方程组 $\boldsymbol{AX}=\boldsymbol{B}$
$\mathrm{r}(\boldsymbol{A})\neq\mathrm{r}(\widetilde{\boldsymbol{A}})$		无解
$\mathrm{r}(\boldsymbol{A})=\mathrm{r}(\widetilde{\boldsymbol{A}})=n$	只有零解	有唯一解
$\mathrm{r}(\boldsymbol{A})=\mathrm{r}(\widetilde{\boldsymbol{A}})=r<n$	有无穷多组解,通解中含有 $n-r$ 个任意常数	有无穷多组解,通解中含有 $n-r$ 个任意常数

9. 求 n 元齐次线性方程组 $\boldsymbol{AX}=\boldsymbol{O}$ 解的一般步骤:(1) 首先用初等行变换把方程组的系数矩阵 $\boldsymbol{A}$ 化为阶梯矩阵 $\boldsymbol{B}$;(2) 找出 $\boldsymbol{B}$ 的 r 阶单位矩阵所在的列,并把 $\boldsymbol{B}$ 的剩余 $n-r$ 列所对应的未知量作为自由未知量(若无自由未知量,方程组只有零解),写出与 $\boldsymbol{AX}=\boldsymbol{O}$ 同解的方程组 $\boldsymbol{BX}=\boldsymbol{O}$;(3) 再分别令自由未知量中的一个为 1,其余全部为 0,求出 $n-r$ 个解向量 $\boldsymbol{\eta}_1,\boldsymbol{\eta}_2,\cdots,\boldsymbol{\eta}_{n-r}$,这 $n-r$ 个解向量就构成了一个基础解系;(4) 基础解系 $\boldsymbol{\eta}_1,\boldsymbol{\eta}_2,\cdots,\boldsymbol{\eta}_{n-r}$ 的线性组合 $\boldsymbol{\eta}=c_1\boldsymbol{\eta}_1+c_2\boldsymbol{\eta}_2+\cdots+c_{n-r}\boldsymbol{\eta}_{n-r}$ 就是齐次线性方程组 $\boldsymbol{AX}=\boldsymbol{O}$ 的通解.

10. 求 n 元非齐次线性方程组 $\boldsymbol{AX}=\boldsymbol{B}$ 解的一般步骤:(1) 用初等行变换把 $\boldsymbol{AX}=\boldsymbol{B}$ 的增广矩阵 $\widetilde{\boldsymbol{A}}$ 化为阶梯矩阵 $\boldsymbol{C}$,并判定解的情况,有唯一解时可直接求出;(2) 有无穷多解时,在阶梯矩阵 $\boldsymbol{C}$ 的左边 n 列中找出 r 阶单位矩阵所在的列,并把剩余 $n-r$ 列所对应未知量都取 0,就可以直接得到 $\boldsymbol{AX}=\boldsymbol{B}$ 的一个解向量 $\boldsymbol{\alpha}$;(3) 求对应的齐次线性方程组 $\boldsymbol{AX}=\boldsymbol{O}$ 的通解 $\boldsymbol{\eta}$,从而就得到 $\boldsymbol{AX}=\boldsymbol{B}$ 的一切解 $\boldsymbol{X}=\boldsymbol{\eta}+\boldsymbol{\alpha}$.

复习题二十一

1. 选择题.

(1) 若 $D=\begin{vmatrix} a_{11} & a_{12} & a_{13} \\ a_{21} & a_{22} & a_{23} \\ a_{31} & a_{32} & a_{33} \end{vmatrix}=1$,则 $D_1=\begin{vmatrix} 3a_{11} & 3a_{11}-4a_{12} & a_{13} \\ 3a_{21} & 3a_{21}-4a_{22} & a_{23} \\ 3a_{31} & 3a_{31}-4a_{32} & a_{33} \end{vmatrix}=$ ( )

(A) 9　　(B) -3　　(C) -12　　(D) -36

(2) $\begin{vmatrix} 0 & 0 & 0 & -1 \\ 0 & 0 & 2 & 0 \\ 0 & 3 & 0 & 0 \\ 4 & 0 & 0 & 0 \end{vmatrix}=$ ( )

(A) 0　(B) 8　(C) $-4!$　(D) $4!$

(3) 设 $D=|a_{ij}|$ 中元素 a_{ij} 的代数余子式是 A_{ij}，则 $\sum_{j=1}^{n} a_{ij}A_{sj}\ (i\neq s)=$ ( )

(A) 0　(B) 1　(C) D　(D) na_{ij}

(4) 若有矩阵 $\boldsymbol{A}_{3\times 2}$，$\boldsymbol{B}_{2\times 3}$，$\boldsymbol{C}_{3\times 3}$，下列可运算的式子是 ( )

(A) $\boldsymbol{AC}$　(B) $\boldsymbol{ABC}$　(C) $\boldsymbol{CB}$　(D) $\boldsymbol{AB}-\boldsymbol{AC}$

(5) 设 $\boldsymbol{A}=\begin{pmatrix} 0 & 1 & 0 \\ 0 & 0 & 1 \\ 0 & 0 & 0 \end{pmatrix}$，若 $\boldsymbol{AB}=\boldsymbol{BA}$，则 $\boldsymbol{B}$ 的形状应为 ( )

(A) $\begin{vmatrix} 0 & a_{12} & a_{13} \\ 0 & 0 & a_{23} \\ 0 & 0 & 0 \end{vmatrix}$　(B) $\begin{vmatrix} a_{11} & a_{12} & a_{13} \\ 0 & a_{11} & a_{12} \\ 0 & 0 & a_{11} \end{vmatrix}$

(C) $\begin{vmatrix} a_{11} & a_{12} & a_{13} \\ a_{21} & a_{22} & a_{23} \\ 0 & 0 & 0 \end{vmatrix}$　(D) $\begin{vmatrix} a_{11} & a_{12} & a_{13} \\ 0 & a_{22} & a_{23} \\ 0 & 0 & a_{33} \end{vmatrix}$

(6) 若 $\boldsymbol{A}$ 为三阶矩阵，则 $|2\boldsymbol{A}|=$ ( )

(A) $3^2|\boldsymbol{A}|$　(B) $2|\boldsymbol{A}|$　(C) $3|\boldsymbol{A}|$　(D) $2^3|\boldsymbol{A}|$

2. 计算行列式：

(1) $\begin{vmatrix} 1 & 4 & 9 & 16 \\ 4 & 9 & 16 & 25 \\ 9 & 16 & 25 & 36 \\ 16 & 25 & 36 & 49 \end{vmatrix}$；　(2) $\begin{vmatrix} 1 & 2 & 3 & 4 & 5 \\ -1 & 0 & 3 & 4 & 5 \\ -1 & -2 & 0 & 4 & 5 \\ -1 & -2 & -3 & 0 & 5 \\ -1 & -2 & -3 & -4 & 0 \end{vmatrix}$；

(3) $\begin{vmatrix} 1 & 1 & 1 & 1 \\ a & a & b & b \\ b & b & a & c \\ c & c & c & a \end{vmatrix}$；　(4) $\begin{vmatrix} 2 & 0 & 2\cos\alpha & 0 \\ 0 & 2 & 0 & 2\cos\alpha \\ 2\cos\alpha & 0 & 2 & 0 \\ 0 & 2\cos\alpha & 0 & 2 \end{vmatrix}$.

3. 求证：

(1) $\begin{vmatrix} a-b-c & 2a & 2a \\ 2b & b-c-a & 2b \\ 2c & 2c & c-b-a \end{vmatrix}=(a+b+c)^3$；

(2) $\begin{vmatrix} \cos(\alpha-\beta) & \sin\alpha & \cos\alpha \\ \sin(\alpha+\beta) & \cos\alpha & \sin\alpha \\ 1 & \sin\beta & \cos\beta \end{vmatrix}=0$.

4. 解下列各线性方程组：

(1) $\begin{cases} x+3y+z=5, \\ x+y+5z=-7, \\ 2x+3y-3z=14; \end{cases}$

(2) $\begin{cases} x+y+z=a+b+c, \\ ax+by+cz=a^2+b^2+c^2, \\ bcx+cay+abz=3abc \end{cases}$ $(a,b,c$ 互不相等$)$；

(3) $\begin{cases} 3x_1+2x_2=1, \\ x_1+3x_2+2x_3=0, \\ x_2+3x_3+2x_4=0, \\ x_3+3x_4=-2. \end{cases}$

5. λ,a,b 应取什么值时，才能使下列方程组有解？并求出它们的解.

(1) $\begin{cases} \lambda x_1+x_2+x_3=1, \\ x_1+\lambda x_2+x_3=\lambda, \\ x_1+x_2+\lambda x_3=\lambda^2; \end{cases}$　　(2) $\begin{cases} ax_1+x_2+x_3=4, \\ x_1+bx_2+x_3=3, \\ x_1+2bx_2+x_3=4; \end{cases}$

(3) $\begin{cases} x_1+2x_2+3x_3=6, \\ 2x_1+3x_2+x_3=-1, \\ x_1+x_2+ax_3=-7, \\ 3x_1+5x_2+4x_3=b. \end{cases}$

6. 求下列矩阵的逆矩阵：

(1) $\begin{pmatrix} 1 & 2 & -1 \\ 3 & 5 & 0 \\ -1 & 0 & 0 \end{pmatrix}$；　　(2) $\begin{pmatrix} 1 & -1 & 1 & 1 \\ -1 & 0 & -1 & 0 \\ 1 & -1 & 1 & 0 \\ 1 & 0 & 0 & 2 \end{pmatrix}$；

(3) $\begin{pmatrix} 1 & m & 0 & 0 & 0 \\ 0 & m & 1 & 0 & 0 \\ 0 & 0 & 0 & m & 1 \\ 0 & 0 & -1 & -m & 0 \\ -1 & 0 & 0 & 0 & 0 \end{pmatrix}$ $(m\neq 0)$.

7. 解矩阵方程：

(1) $\begin{pmatrix} 2 & 1 \\ 3 & 2 \end{pmatrix}\boldsymbol{X}\begin{pmatrix} -3 & 2 \\ 5 & -3 \end{pmatrix}=\begin{pmatrix} -2 & 4 \\ 3 & -1 \end{pmatrix}$；

(2) $\begin{pmatrix} 0 & 1 & 0 \\ 1 & 0 & 0 \\ 0 & 0 & 1 \end{pmatrix}\boldsymbol{X}\begin{pmatrix} 1 & 0 & 0 \\ 0 & 0 & 1 \\ 0 & 1 & 0 \end{pmatrix}=\begin{pmatrix} 1 & -4 & 3 \\ 2 & 0 & -1 \\ 1 & -2 & 0 \end{pmatrix}$.

阅读材料

一、Mathematica 在矩阵与线性方程组中的应用

（一）矩阵

1. 构造和输入矩阵

矩阵是一个数表，在 Mathematica 中构造并输入一个已知的矩阵就相当于构造一个表(list)，表在形式上是用花括号括起来的若干个元素，元素之间用逗号分隔. 例如，输入 a={1,2,3}在 Mathematica 中就构造了一个名为 a 的 3 维向量{1,2,3}.

输入 aa={{1,2,3},{4,5,6}}，则得到了一个名为 aa 的 2 行 3 列的矩阵.

矩阵的输出默认是数表形式，也可利用 MatrixForm 命令将其输出为矩阵形式.

2. 矩阵的运算

常用命令格式为：

(1) 矩阵的运算命令与运算的符号类似，A+B，A-B，A · B，k * A 分别表示矩阵的加法、减法、乘法及数乘矩阵运算.

注意矩阵的运算必须满足相应的运算要求，数与矩阵乘用"*"，矩阵与矩阵的乘用"·".

(2) Inverse[A]表示矩阵 $\boldsymbol{A}$ 的逆矩阵.

(3) Det[A]表示求矩阵 $\boldsymbol{A}$ 的行列式.

(4) Transpose[A]表示求矩阵 $\boldsymbol{A}$ 的转置矩阵.

例 1 已知矩阵 $\boldsymbol{A}=\begin{bmatrix}3&1&1\\2&1&2\\1&2&3\end{bmatrix}$，$\boldsymbol{B}=\begin{bmatrix}1&1&-1\\2&-1&0\\1&0&1\end{bmatrix}$. (1) 屏幕输出 $\boldsymbol{A}$ 与 $\boldsymbol{B}$；(2) 求$\boldsymbol{A}+\boldsymbol{B}$；(3) 求 $\boldsymbol{A}\cdot\boldsymbol{B}$；(4) 求 $\boldsymbol{A}^{-1}$；(5) 求 $\boldsymbol{A}^{\mathrm{T}}$；(6) 求 $\boldsymbol{A}$ 的行列式的值.

解

```
In[1]:=A={{3,1,1},{2,1,2},{1,2,3}};
MatrixForm[A]
Out[1]={{3,1,1},{2,1,2},{1,2,3}}
```

$$\begin{bmatrix}3&1&1\\2&1&2\\1&2&3\end{bmatrix}\qquad\text{(以矩阵形式输出 }\boldsymbol{A}\text{)}$$

```
In[2]:=B={{1,1,-1},{2,-1,0},{1,0,1}};
MatrixForm[B]
Out[2]={{1,1,-1},{2,-1,0},{1,0,1}}
```

$$\begin{bmatrix}1 & 1 & -1\\ 2 & -1 & 0\\ 1 & 0 & 1\end{bmatrix}$$

In[3]:=Z=A+B

Out[3]={{4,2,0},{4,0,2},{2,2,4}}

In[4]:=W=A·B;

MatrixForm[W]

Out[4]={{6,2,−2},{5,1,0},{8,−1,2}}

$$\begin{bmatrix}6 & 2 & -2\\ 5 & 1 & 0\\ 8 & -1 & 2\end{bmatrix}$$

In[5]:=P=Inverse[A]

Out[5]= $\left\{\left\{\frac{1}{4},\frac{1}{4},-\frac{1}{4}\right\},\{1,-2,1\},\left\{-\frac{3}{4},\frac{5}{4},-\frac{1}{4}\right\}\right\}$ ($\boldsymbol{A}^{-1}$)

In[6]:=MatrixForm[Transpose[A]]

Out[6]= $\begin{bmatrix}3 & 2 & 1\\ 1 & 1 & 2\\ 1 & 2 & 3\end{bmatrix}$ ($\boldsymbol{A}^{\mathrm{T}}$)

In[7]:=Det[A]

Out[7]=−4 (**A** 的行列式|**A**|的值)

(二) 解线性方程组

常用命令格式为：

1. RowReduce[A]表示对矩阵 **A** 作行的初等变换将其化简成阶梯矩阵.

2. LinearSolve[A,B]表示求线性方程组 **AX**=**B** 的解. 当方程组有唯一解时，给出这个解；当方程组有无穷多组解时，只能给出一个特解；当方程组无解时，给出无解的信息.

3. NullSpace[A]表示求齐次线性方程组 **AX**=**O** 的解空间的一组基向量，即基础解系.

例 2 已知 $\boldsymbol{A}=\begin{pmatrix}1 & 1 & 1 & 1\\ 1 & 0 & -1 & 1\\ 3 & 1 & -1 & 3\\ 3 & 2 & 1 & 3\end{pmatrix}$，求 **A** 的秩，并求齐次线性方程组 **AX**=**O** 的基础解系.

解

In[1]:=A={{1,1,1,1},{1,0,−1,1},{3,1,−1,3},{3,2,1,3}};

RowReduce[A]

Out[1]={{1,0,−1,1},{0,1,2,0},{0,0,0,0},{0,0,0,0}}(显然，**A** 的秩是 2)

In[2]:=NullSpace[A]

Out[2]={{-1,0,0,1},{1,-2,1,0}}(齐次线性方程组 $\boldsymbol{AX}=\boldsymbol{O}$ 的两个基向量)

例 3 求解线性方程组 $\begin{cases} x_1-3x_2-x_3+x_4=1, \\ 3x_1-x_2-3x_3+4x_4=4, \\ x_1+5x_2-9x_3-8x_4=6. \end{cases}$

解

```
In[1]:=A={{1,-3,-1,1},{3,-1,-3,4},{1,5,-9,-8}};
       B={1,4,6};
LinearSolve[A,B]
```

Out[1]= $\left\{\left\{\frac{7}{8},\frac{1}{8},-\frac{1}{2},0\right\}\right\}$(线性方程组 $\boldsymbol{AX}=\boldsymbol{B}$ 的一个特解)

In[2]:=NullSpace[A]

Out[2]= $\left\{\left\{-\frac{21}{8},-\frac{1}{8},-\frac{5}{4},11\right\}\right\}$(对应的齐次线性方程组 $\boldsymbol{AX}=\boldsymbol{O}$ 的一组基向量)

二、矩阵与解析几何

许多问题的解决都需要运用矩阵的知识,在解析几何中,矩阵知识是解决解析几何问题的重要桥梁.下面介绍解析几何中用矩阵讨论空间平面之间关系的几个定理及其应用.

定理 1 已知平面 $\pi_1: a_1x+b_1y+c_1z=d_1$ 与平面 $\pi_2: a_2x+b_2y+c_2z=d_2$,设线性方程组

$$\begin{cases} a_1x+b_1y+c_1z=d_1, \\ a_2x+b_2y+c_2z=d_2 \end{cases}$$

的系数矩阵为 $\boldsymbol{A}$,增广矩阵为 $\widetilde{\boldsymbol{A}}$.

(1) 若 $\mathrm{r}(\boldsymbol{A})=\mathrm{r}(\widetilde{\boldsymbol{A}})=2$,则平面 π_1 与 π_2 相交于一条直线;

(2) 若 $\mathrm{r}(\boldsymbol{A})=\mathrm{r}(\widetilde{\boldsymbol{A}})=1$,则平面 π_1 与 π_2 重合;

(3) 若 $\mathrm{r}(\boldsymbol{A})=1$,但 $\mathrm{r}(\widetilde{\boldsymbol{A}})=2$,则平面 π_1 与 π_2 平行.

定理 2 已知两条直线:

$$\begin{cases} a_1x+b_1y+c_1z+d_1=0, \\ a_2x+b_2y+c_2z+d_2=0, \end{cases}$$

$$\begin{cases} a_3x+b_3+c_3z+d_3=0, \\ a_4x+b_4y+c_4z+d_4=0, \end{cases}$$

矩阵$\begin{bmatrix} a_1 & b_1 & c_1 \\ a_2 & b_2 & c_2 \\ a_3 & b_3 & c_3 \\ a_4 & b_4 & c_4 \end{bmatrix}$和$\begin{bmatrix} a_1 & b_1 & c_1 & d_1 \\ a_2 & b_2 & c_2 & d_2 \\ a_3 & b_3 & c_3 & d_3 \\ a_4 & b_4 & c_4 & d_4 \end{bmatrix}$的秩分别为$r$和$R$,则

(1) 两条直线既不平行也不相交的充要条件是$r=3,R=4$;

(2) 两条直线相交的充要条件是$r=R=3$;

(3) 两条直线平行且相异的充要条件是$r=2,R=3$;

(4) 两条直线重合的充要条件是$r=R=2$.

例 证明下列两条直线互相平行:

$$l_1:\begin{cases} x+2y-z-7=0, \\ -2x+y+z-7=0 \end{cases} 与\ l_2:\begin{cases} 3x+6y-3z-8=0, \\ 2x-y-z=0. \end{cases}$$

证明 令$\boldsymbol{A}=\begin{bmatrix} 1 & 2 & -1 \\ -2 & 1 & 1 \\ 3 & 6 & -3 \\ 2 & -1 & -1 \end{bmatrix}$,$\boldsymbol{B}=\begin{bmatrix} 1 & 2 & -1 & -7 \\ -2 & 1 & 1 & -7 \\ 3 & 6 & -3 & -8 \\ 2 & -1 & -1 & 0 \end{bmatrix}$.

因为$\boldsymbol{A}\to\begin{bmatrix} 1 & 2 & -1 \\ 0 & 5 & -1 \\ 0 & 0 & 0 \\ 0 & -5 & 1 \end{bmatrix}\to\begin{bmatrix} 1 & 2 & -1 \\ 0 & 5 & -1 \\ 0 & 0 & 0 \\ 0 & 0 & 0 \end{bmatrix}$,

所以$\mathrm{r}(\boldsymbol{A})=r=2$.

因为$\boldsymbol{B}\to\begin{bmatrix} 1 & 2 & -1 & -7 \\ 0 & 5 & -1 & -2 \\ 0 & 0 & 0 & 13 \\ 0 & -5 & 1 & 14 \end{bmatrix}\to\begin{bmatrix} 1 & 2 & -1 & -7 \\ 0 & 5 & -1 & -2 \\ 0 & 0 & 0 & 13 \\ 0 & 0 & 0 & 0 \end{bmatrix}$,

所以$\mathrm{r}(\boldsymbol{B})=R=3$.

所以由定理2(3)知,两条直线平行.

第二十二章　常微分方程和拉氏变换

在数学运算中，为了把比较复杂的运算转化为比较简单的运算，经常采用两种手段，一是分解，二是变换. 例如，我们曾通过分析一阶线性微分方程解的结构，把解一阶线性非齐次微分方程的过程分解为求其一个特解和对应的一阶线性齐次微分方程的通解两个过程，而求特解时所采用的常数变易法又将其变换为求一个原函数的问题. 本章将继续以这种分解与变换的基本思想来讨论二阶线性微分方程的解法，并介绍由法国著名数学家拉普拉斯创立，并应用于许多领域的一种分析和综合的数学工具——拉普拉斯变换. 拉普拉斯变换既是现代控制理论建立的基础，也是解常微分方程的一种有效的数学方法，它可把求常微分方程的特解转化为解容易求解的代数方程来处理，从而使计算简化.

§22-1　二阶线性微分方程解的结构

在第十七章中我们讨论了一阶线性微分方程 $y'+P(x)y=Q(x)$ 的解法，其通解为

$$y=\mathrm{e}^{-\int P(x)\mathrm{d}x}\int Q(x)\mathrm{e}^{\int P(x)\mathrm{d}x}\mathrm{d}x+C\mathrm{e}^{-\int P(x)\mathrm{d}x}.$$

实际问题中，我们还会遇到比一阶线性微分方程更为复杂的二阶线性微分方程. 其形式如下：

$$y''+P(x)y'+Q(x)y=f(x).\tag{22-1}$$

当 $f(x)\neq 0$ 时，方程(22-1)称为**二阶非齐次线性微分方程**. 当 $f(x)\equiv 0$ 时，方程(22-1)变为

$$y''+P(x)y'+Q(x)y=0.\tag{22-2}$$

方程(22-2)称为**二阶齐次线性微分方程**.

一、二阶齐次线性微分方程解的结构

定理 1　如果函数 y_1 和 y_2 是方程(22-2)的两个解，那么

$$y=c_1y_1+c_2y_2$$

也是方程(22-2)的解，其中 c_1,c_2 是任意常数.

证明　将 $y=c_1y_1+c_2y_2$ 代入方程(22-2)的左边，得

$$(c_1y_1+c_2y_2)''+P(x)(c_1y_1+c_2y_2)'+Q(x)(c_1y_1+c_2y_2)$$
$$=c_1(y_1''+P(x)y_1'+Q(x)y_1)+c_2(y_2''+P(x)y_2'+Q(x)y_2).$$

由于 y_1 和 y_2 是方程(22-2)的解，即

$$y_1''+P(x)y_1'+Q(x)y_1=0,$$
$$y_2''+P(x)y_2'+Q(x)y_2=0,$$

因此，$(c_1y_1+c_2y_2)''+P(x)(c_1y_1+c_2y_2)'+Q(x)(c_1y_1+c_2y_2)=0$.
所以 $y=c_1y_1+c_2y_2$ 是方程(22-2)的解.

这个定理表明了齐次线性微分方程的解具有叠加性.

叠加起来的解 $y=c_1y_1+c_2y_2$ 从形式上看含有两个任意常数，但它还不一定是方程(22-2)的通解. 例如，可以验证 $y_1=\sin 2x$ 和 $y_2=\sin x\cos x$ 都是方程 $y''+4y=0$ 的解，而

$$y=c_1y_1+c_2y_2=c_1\sin 2x+c_2\sin x\cos x$$
$$=\left(c_1+\frac{1}{2}c_2\right)\sin 2x=c\sin 2x,\text{其中 } c=c_1+\frac{1}{2}c_2.$$

由于叠加起来的解只有一个独立的任意常数，所以它不是方程的通解. 那么在什么情况下 $y=c_1y_1+c_2y_2$ 才是方程(22-2)的通解呢？要解决这个问题，需引入函数的线性相关和线性无关的概念.

定义 设函数 y_1 和 y_2 不恒等于零，如果存在常数 c，使 $y_2=cy_1$，那么把 y_1 与 y_2 称为**线性相关**；否则，就称为**线性无关**.

显然，如果 $\frac{y_2}{y_1}=c(y_1\neq 0)$，则 y_1 与 y_2 线性相关；如果 $\frac{y_2}{y_1}$ 不恒等于一个常数，则 y_1 与 y_2 线性无关.

例如，函数 $y_1=\sin 2x$ 与 $y_2=\sin x\cos x$，由于 $\frac{y_1}{y_2}=2$，所以 y_1，y_2 线性相关.

又如，$y_1=e^{r_1x}$ 与 $y_2=e^{r_2x}$，因为 $\frac{y_2}{y_1}=\frac{e^{r_2x}}{e^{r_1x}}=e^{(r_2-r_1)x}$，当 $r_1\neq r_2$ 时，指数函数 $e^{(r_2-r_1)x}$ 不可能是常数，所以函数 e^{r_1x} 与 e^{r_2x} 当 $r_1\neq r_2$ 时线性无关.

定理 2 如果 y_1 和 y_2 是齐次线性微分方程(22-2)的两个线性无关的特解，那么

$$y=c_1y_1+c_2y_2$$

就是方程(22-2)的通解，其中 c_1 和 c_2 是任意常数(证明略).

容易验证 $y_1=\sin 2x$ 与 $y_2=\cos 2x$ 是二阶齐次线性微分方程

$$y''+4y=0$$

的两个特解，而 $\frac{y_1}{y_2}=\frac{\cos 2x}{\sin 2x}=\cot 2x$ 不恒为常数，即 y_1 和 y_2 是线性无关的，所以 $y=c_1\sin 2x+c_2\cos 2x$ 是方程的通解.

又如，$y_1=e^{-2x}$ 与 $y_2=e^{-3x}$ 是方程 $y''+5y'+6y=0$ 的两个线性无关的特解，所以方程的通解为

$$y=c_1e^{-2x}+c_2e^{-3x}.$$

二、二阶非齐次线性微分方程解的结构

二阶非齐次线性微分方程通解的构成和一阶非齐次线性微分方程通解的构成完

全类似.

定理 3 设 $\overline{y}$ 是二阶非齐次线性微分方程(22-1)的一个特解，Y 是方程(22-1)所对应的齐次方程(22-2)的通解，那么

$$y=Y+\overline{y}$$

是二阶非齐次线性微分方程(22-1)的通解.

例如，方程 $y''+4y=x$ 对应齐次方程 $y''+4y=0$ 的通解为

$$Y=c_1\sin 2x+c_2\cos 2x.$$

容易验证 $\overline{y}=\frac{1}{4}x$ 是该方程的一个特解，因此

$$y=c_1\sin 2x+c_2\cos 2x+\frac{1}{4}x$$

是该方程的通解.

定理 4 如果 $\overline{y}_1$ 和 $\overline{y}_2$ 分别是方程

$$y''+P(x)y'+Q(x)y=f_1(x)$$

和

$$y''+P(x)y'+Q(x)y=f_2(x)$$

的解，那么 $y=c_1\overline{y}_1+c_2\overline{y}_2$ 是方程

$$y''+P(x)y'+Q(x)y=c_1f_1(x)+c_2f_2(x)$$

的解，其中 c_1,c_2 是常数.(证明略)

练　习

1. 下列各组函数中，哪些是线性相关的，哪些是线性无关的？

(1) x 与 x^2；　　(2) x 与 $2x$；

(2) e^x 与 $3e^x$；　　(4) e^x 与 e^{-x}.

2. 验证 $y_1=\cos 2x$ 与 $y_2=\sin 2x$ 都是方程 $y''+4y=0$ 的解，并写出该方程的通解.

习题 22-1

A 组

1. 下列各组函数中，哪些是线性相关的？哪些是线性无关的？

(1) x 与 $\sqrt{x}$；　　(2) x^2 与 $2x^2$；

(3) e^{-x} 与 $3e^{-x}$；　　(4) e^{-x} 与 e^x；

(5) e^x 与 xe^x；　　(6) $e^{2x}\sin 2x$ 与 $e^{2x}\cos 2x$.

2. 验证 $y_1=e^{2x}$ 与 $y_2=e^{3x}$ 都是方程 $y''-5y'+6y=0$ 的解，并写出该方程的通解.

3. 验证 $y_1=e^{-2x}$ 与 $y_2=xe^{-2x}$ 都是方程 $y''+4y'+4y=0$ 的解，并写出该方程的通解.

4. 验证 $y_1=e^{-x}\sin 3x$ 与 $y_2=e^{-x}\cos 3x$ 都是方程 $y''+2y'+10y=0$ 的解，并写出该方程的通解.

5. 验证 $y=c_1e^x+c_2e^{2x}+e^{3x}$($c_1,c_2$ 是任意常数)是方程 $y''-3y'+2y=2e^{3x}$ 的通解.

B 组

1. 下列各组函数中,哪些是线性相关的?哪些是线性无关的?

(1) $\sin 2x$ 与 $\cos 2x$; (2) $\sin 2x$ 与 $\sin x\cos x$;

(3) $e^x\sin 2x$ 与 $e^x\cos 2x$; (4) $\ln x$ 与 $x\ln x$;

(5) e^{ax} 与 e^{bx} $(a\neq b)$.

2. 验证 $y_1=\cos\omega x$ 与 $y_2=\sin\omega x$ 都是方程 $y''+\omega^2y=0$ 的解,并写出该方程的通解.

3. 验证 $y_1=e^{x^2}$ 与 $y_2=xe^{x^2}$ 都是方程 $y''-4xy'+(4x^2-2)y=0$ 的解,并写出该方程的通解.

4. 验证 $y_1=c_1e^x+c_2e^{2x}+\frac{1}{12}e^{5x}$($c_1,c_2$ 是任意常数)是方程 $y''-3y'+2y=e^{5x}$ 的通解.

§22-2 二阶常系数齐次线性微分方程

方程

$$y''+py'+qy=0, \tag{22-3}$$

其中 p,q 是常数,称为**二阶常系数齐次线性微分方程**.

由解的结构定理可知,求方程(22-3)的通解,关键在于求出方程的两个线性无关的特解 y_1 与 y_2. 我们分析方程(22-3)的特点后,设方程(22-3)的解是指数函数 $y=e^{rx}$(r 为常数),将 $y=e^{rx}$ 和它的一、二阶导数 $y'=re^{rx}$, $y''=r^2e^{rx}$ 代入方程(22-3),得

$$e^{rx}(r^2+pr+q)=0.$$

因为 $e^{rx}\neq 0$,所以应有

$$r^2+pr+q=0. \tag{22-4}$$

显然,函数 $y=e^{rx}$ 为方程(22-3)的解的条件是 r 是方程(22-4)的根.

称方程(22-4)为微分方程(22-3)的**特征方程**,特征方程的根 r 称为**特征根**.

按特征方程的根可能出现的三种不同情形,分别讨论如下:

(1) 相异实根

设 r_1,r_2 是特征方程的两个相异实根,这时微分方程(22-3)的两个特解为

$$y_1=e^{r_1x}, y_2=e^{r_2x}.$$

由于 $\frac{y_2}{y_1}=e^{(r_2-r_1)x}$ 不等于常数,所以方程(22-3)的通解为

$$y=c_1e^{r_1x}+c_2e^{r_2x}.$$

例 1 求微分方程 $y''-6y'+8y=0$ 的通解.

解 特征方程 $r^2-6r+8=0$ 的两个特征根是

$$r_1=4, r_2=2,$$

所以,方程的通解为

$$y=c_1e^{4x}+c_2e^{2x}.$$

(2) 重根($r_1=r_2=r$)

这时只能得到微分方程的一个特解 $y_1=e^{rx}$,用常数变易法,即设 $y_2=c(x)y_1$ 是方程的另一个与 y_1 线性无关的解,代入方程(22-3),其中 $c(x)$ 不是常数. 容易求出方程(22-3)的另一个特解 $y_2=xy_1=xe^{rx}$.

因此,微分方程的通解为

$$y=(c_1+c_2x)e^{rx}.$$

例 2 求微分方程 $y''-6y'+9y=0$ 满足初始条件 $y\big|_{x=0}=0$ 和 $y'\big|_{x=0}=1$ 的特解.

解 特征方程 $r^2-6r+9=0$ 的特征根为

$$r_1=r_2=3,$$

所以,微分方程的通解为

$$y=(c_1+c_2x)e^{3x}.$$

求导得

$$y'=(3c_1+c_2+3c_2x)e^{3x}.$$

将 $x=0$ 时,$y=0,y'=1$ 代入上两式,得

$$c_1=0,c_2=1.$$

因此,满足初始条件的微分方程的特解为

$$y=xe^{3x}.$$

(3) 共轭复数根

设 $r_1=\alpha+i\beta,r_2=\alpha-i\beta$ 是特征方程的一对共轭复根,可以验证

$$y_1=e^{\alpha x}\cos\beta x,y_2=e^{\alpha x}\sin\beta x$$

也是方程(22-3)的解. 显然,它们是线性无关的.

因此,方程的通解为

$$y=e^{\alpha x}(c_1\cos\beta x+c_2\sin\beta x).$$

例 3 求微分方程 $y''+2y'+10y=0$ 的通解.

解 特征方程 $r^2+2r+10=0$ 的两个特征根为

$$r_1=-1+3i,r_2=-1-3i,$$

所以,原方程的通解为

$$y=e^{-x}(c_1\cos 3x+c_2\sin 3x).$$

根据以上讨论,现将二阶常系数齐次线性微分方程的通解归纳如下表:

特征方程 $r^2+pr+q=0$ 的根的情形	方程 $y''+py'+qy=0$ 的通解
相异实根 $r_1\neq r_2$	$y=c_1e^{r_1x}+c_2e^{r_2x}$
重根 $r_1=r_2=r$	$y=(c_1+c_2x)e^{rx}$
共轭复数根 $r=\alpha\pm i\beta$	$y=e^{\alpha x}(c_1\cos\beta x+c_2\sin\beta x)$

练　习

1. 求下列微分方程的通解:

(1) $y''-2y'-3y=0$;　　(2) $y''-4y'+4y=0$;

(3) $y''+2y'+5y=0$.

2. 求方程 $y''+2y'+10y=0$ 满足初始条件 $y\big|_{x=0}=2$ 和 $y'\big|_{x=0}=1$ 的特解.

例 4 弹簧上端固定，下端悬挂质量为 m 的物体，如图 22-1 所示. 当物体处于静止状态时，作用在物体上的重力与弹性力大小相等，方向相反，这个位置称为物体的平衡位置；当弹簧做上下振动时，物体受到与速度成比例的阻力. 求物体的运动规律.

解 取垂直向下为 x 轴，平衡位置为原点，在时间 t，物体的坐标为 x. 作用于物体的力有弹簧的弹性力 $-kx$ 及阻力 $-\mu\dfrac{\mathrm{d}x}{\mathrm{d}t}$（$k$ 为弹簧的弹性系数，μ 为阻尼系数），于是

$$m\frac{\mathrm{d}^2x}{\mathrm{d}t^2}=-\mu\frac{\mathrm{d}x}{\mathrm{d}t}-kx \quad 或 \quad \frac{\mathrm{d}^2x}{\mathrm{d}t^2}+\frac{\mu}{m}\frac{\mathrm{d}x}{\mathrm{d}t}+\frac{k}{m}x=0.$$

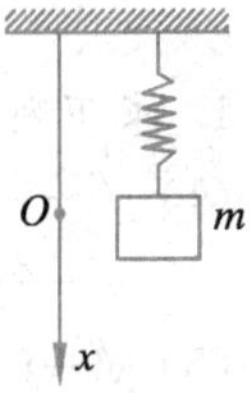

图 22-1

特征方程 $r^2+\dfrac{\mu}{m}r+\dfrac{k}{m}=0$.

① 当 $\mu^2-4mk>0$ 时，r_1 与 r_2 为两个不相等的实根，$r_{1,2}=\dfrac{-\mu\pm\sqrt{\mu^2-4mk}}{2m}$，方程的通解为

$$x=\mathrm{e}^{-\frac{\mu}{2m}t}\left(c_1\mathrm{e}^{\frac{\sqrt{\mu^2-4mk}}{2m}t}+c_2\mathrm{e}^{-\frac{\sqrt{\mu^2-4mk}}{2m}t}\right).$$

上式说明，当 μ 比 k 大得多，即在“大阻尼”的情况下，物体的运动按指数函数规律迅速衰减，不会产生振动，如图 22-2 所示.

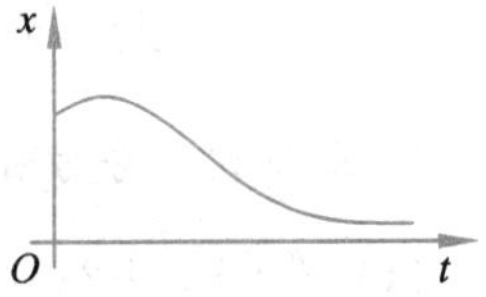

图 22-2

② 当 $\mu^2-4mk=0$ 时，$r_1=r_2=-\dfrac{\mu}{2m}$ 是相等的实根，于是方程的通解为

$$x=(c_1+c_2t)\mathrm{e}^{-\frac{\mu}{2m}t}.$$

上式说明，在这种情况（称为临界阻尼）下物体也按指数函数规律做衰减运动，图形与图 22-2 相似.

③ 当 $\mu^2-4mk<0$ 时，则特征方程有一对复根

$$r_{1,2}=-\frac{\mu}{2m}\pm\mathrm{i}\,\frac{\sqrt{4mk-\mu^2}}{2m},$$

于是方程的通解为

$$x=\mathrm{e}^{-\frac{\mu}{2m}t}\left(c_1\cos\frac{\sqrt{4mk-\mu^2}}{2m}t+c_2\sin\frac{\sqrt{4mk-\mu^2}}{2m}t\right).$$

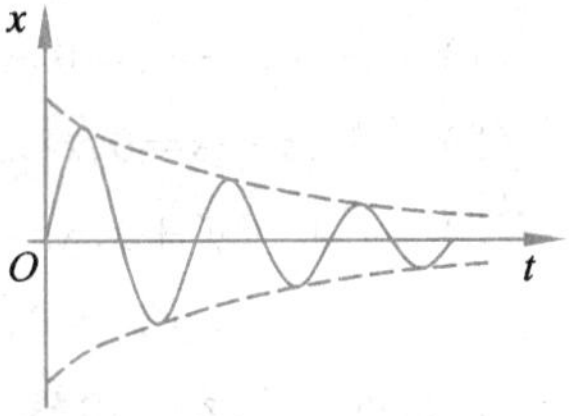

图 22-3

化为正弦型，得

$$x=A\mathrm{e}^{-\frac{\mu}{2m}t}\sin\left(\frac{\sqrt{4mk-\mu^2}}{2m}t+\varphi\right),$$

其中 $A=\sqrt{c_1^2+c_2^2}$，$\sin\varphi=\dfrac{c_1}{A}$，$\cos\varphi=\dfrac{c_2}{A}$，$\varphi$ 所在象限与点 (c_1,c_2) 所在象限相同.

上式说明，在当 μ 比 k 小得多，即在“小阻尼”的情况下，物体做衰减振荡运动，$\varphi=0$ 时的情形如图 22-3 所示.

习题 22-2

A 组

1. 求下列微分方程的通解：

(1) $y''-9y=0$；　　(2) $y''+y'-2y=0$；

(3) $y''-2y'=0$；　　(4) $y''+4y=0$；

(5) $y''+6y'+10y=0$；　　(6) $y''-2y'+10y=0$.

2. 求下列微分方程满足初始条件的特解：

(1) $y''-4y'+3y=0, y|_{x=0}=6, y'|_{x=0}=0$；

(2) $4y''+4y'+y=0, y|_{x=0}=2, y'|_{x=0}=0$；

(3) $x''+2x'+5x=0, x|_{t=0}=2, x'|_{t=0}=0$.

3. 求简谐运动方程 $x''+100x=0$ 满足 $t=0$ 时，$x=10, x'=50$ 的解，并求振幅、周期.

4. 一质点运动的加速度为 $a=-2v-5x$，如果 $t=0$ 时，$x=0, v_0=12$，求质点的运动方程.

B 组

1. 求下列微分方程的通解：

(1) $y''+3y'+2y=0$；　　(2) $\dfrac{d^2s}{dt^2}+2\dfrac{ds}{dt}+s=0$；

(3) $y''-4y'+5y=0$；　　(4) $y''-2y'+(1-a^2)y=0\ (a>0)$.

2. 求下列微分方程满足所给初始条件的特解：

(1) $y''-3y'-4y=0, y|_{x=0}=0, y'|_{x=0}=-5$；

(2) $s''+2s'+s=0, s|_{t=0}=4, s'|_{t=0}=2$；

(3) $4y''+16y'+17y=0, y|_{t=0}=1, y'|_{t=0}=0$；

(4) $y''-4y'+13y=0, y|_{x=0}=0, y'|_{x=0}=3$.

3. 已知特征方程的根为下面的形式，试写出相应的二阶常系数齐次线性微分方程和它们的通解：

(1) $r_1=2, r_2=-1$；(2) $r_1=r_2=2$；(3) $r_1=-1+i, r_2=-1-i$.

4. 已知二阶常系数齐次线性微分方程的一个特解为 $y=e^{nx}$，对应的特征方程 $\Delta=0$，求此方程满足 $y|_{x=0}=1, y'|_{x=0}=1$ 的特解.

5. 在 R-L-C 回路中，电动势为 E 的电源向电容 C 充电，电容的初始电压为零，已知 $E=20$ 伏，$R=10^3$ 欧，$L=0.1$ 亨，$C=0.2$ 微法，设开关闭合时 $t=0$，求开关闭合后回路中的电流 i.

§22-3 二阶常系数非齐次线性微分方程

在这一节里,我们讨论二阶常系数非齐次线性微分方程

$$y''+py'+qy=f(x) \tag{22-5}$$

的求解问题.

根据二阶线性微分方程解的结构定理 3,这个问题归结为求方程(22-5)的一个特解$\overline{y}$和它对应的齐次方程的通解 Y,和式 $y=Y+\overline{y}$即为方程(22-5)的通解.

当方程(22-5)右端的函数 $f(x)$是某些特殊类型的函数时,我们用待定系数法就可以求得所需要的特解$\overline{y}$.

例 1 求方程 $y''+3y'-2y=xe^x$ 的一个特解.

解 设$\overline{y}=(Ax+B)e^x$(A,B 为待定常数),$\overline{y}'=(A+B+Ax)e^x$,$\overline{y}''=(2A+B+Ax)e^x$,代入方程并约去 e^x,得

$$2Ax+5A+2B=x,$$

比较系数,得

$$2A=1,5A+B=0,\text{即 } A=\frac{1}{2},B=-\frac{5}{4}.$$

所以方程的一个特解为

$$y=\left(\frac{1}{2}x-\frac{5}{4}e^x\right).$$

例 2 讨论方程 $y''+py'+qy=ke^{\lambda x}$($k,\lambda$ 为常数)的特解$\overline{y}$的形式.

解 考虑到 λ 可能是特征方程 $r^2+pr+q=0$ 的根,故先设 $\overline{y}=u(x)e^{\lambda x}$,代入方程,得

$$[u(x)e^{\lambda x}]''+p[u(x)e^{\lambda x}]'+q[u(x)e^{\lambda x}]=ke^{\lambda x},$$

即

$$u''+(2\lambda+p)u'+(\lambda^2+p\lambda+q)u=k.$$

① 如果 λ 不是特征方程的根,即 $\lambda^2+p\lambda+q\neq 0$,要使上式两端恒等,可令 $u=A$,即应设特解 $\overline{y}=Ae^{\lambda x}$.

② 如果 λ 是特征方程的单根,即 $\lambda^2+px+q=0$,且 $2\lambda+p\neq 0$,要使上式两端恒等,可令 $u=Ax$,即应设 $\overline{y}=Axe^{\lambda x}$.

③ 如果 λ 是特征方程的重根,即 $\lambda^2+p\lambda+q=0$,且 $2\lambda+p=0$,要使上式两端恒等,可令 $u=Ax^2$,即应设 $\overline{y}=Ax^2e^{\lambda x}$.

综合以上两例,我们有如下结论:

● 如果 $f(x)=P_m(x)e^{\lambda x}$,则方程(22-5)具有形如

$$\overline{y}=x^kQ_m(x)e^{\lambda x}$$

的特解,其中 $Q_m(x)$是与 $P_m(x)$同次(m 次)的多项式,而 k 按 λ 不是特征方程的根、是特征方程的单根或重根,依次取 0、1 或 2.

例 3 求方程 $y''+y'+y=x^2+1$ 的一个特解.

解 方程的右端不出现 $e^{\lambda x}$,这时可认为 $\lambda=0$,又原方程的特征方程为

$$r^2+r+1=0,$$

因此，$\lambda=0$ 不是特征方程的根，故设特解为（由求导可知，某二次多项式是方程的一个特解）

$$\overline{y}=Ax^2+Bx+C.$$

将它及它的导数代入方程，得

$$Ax^2+(2A+B)x+2A+B+C=x^2+1.$$

比较系数，得

$$A=1,2A+B=0,2A+B+C=1,$$

即

$$A=1,B=-2,C=1.$$

于是求得一个特解为

$$y=x^2-2x+1.$$

例 4 求方程 $y''-3y'+2y=(2x+1)\mathrm{e}^x$ 的通解.

解 特征方程 $r^2-3r+2=0$ 的特征根为

$$r_1=1,r_2=2.$$

对应齐次方程的通解为

$$Y=c_1\mathrm{e}^x+c_2\mathrm{e}^{2x}.$$

因为 $\lambda=1$ 是特征方程的单根，所以应设 $\overline{y}=x(Ax+B)\mathrm{e}^x$，求导并代入原方程，得

$$-2Ax+2A-B=2x+1,$$

比较系数，得

$$-2A=2,2A-B=1,A=-1,B=-3.$$

于是求得方程的一个特解为

$$\overline{y}=-x(x+3)\mathrm{e}^x.$$

从而所求的通解为

$$y=c_1\mathrm{e}^x+c_2\mathrm{e}^{2x}-x(x+3)\mathrm{e}^x.$$

练习 1

1. 求方程 $y''+2y'-y=x^2+1$ 的一个特解.
2. 求方程 $y''+2y'-2y=x\mathrm{e}^x$ 的一个特解.
3. 求方程 $y''-3y'+2y=(4x-1)\mathrm{e}^x$ 的一个特解.

● 如果 $f(x)=\mathrm{e}^{\lambda x}(a\cos\omega x+b\sin\omega x)$，可以证明方程(22-5)具有形如

$$\overline{y}=x^k\mathrm{e}^{\lambda x}(A\cos\omega x+B\sin\omega x)$$

的特解，其中 A,B 为待定系数，而 k 按 $\lambda\pm\mathrm{i}\omega$ 不是特征方程的根、是特征方程的根，依次取 0 或 1.

例 5 求方程 $y''+2y'+5y=3\mathrm{e}^{-x}\sin x$ 的一个特解.

解 因为 $\lambda\pm\mathrm{i}\omega=-1\pm\mathrm{i}$ 不是特征方程 $r^2+2r+5=0$ 的根，所以可设 $\overline{y}=\mathrm{e}^{-x}(A\cos x+B\sin x)$，求导并代入原方程，得

$$3A\cos x+3B\sin x=3\sin x,$$

比较系数，得

$$A=0,B=1.$$

因此，方程的一个特解为

$$y=e^{-x}\sin x.$$

例 6 求微分方程 $y''+4y=e^{2x}+\cos 2x$ 满足初值条件 $y\big|_{x=0}=1, y'\big|_{x=0}=0$ 的解.

解 特征方程 $r^2+4=0$ 的特征根为

$$r=\pm 2i.$$

对应齐次方程的通解为

$$Y=c_1\cos 2x+c_2\sin 2x.$$

将原方程分为如下两个方程

$$y''+4y=e^{2x}, \qquad ①$$

$$y''+4y=\cos 2x. \qquad ②$$

先求①的特解$\bar{y}_1$.

设 $\bar{y}_1=Ae^{2x}$，代入①，得 $A=\frac{1}{8}$，所以 $\bar{y}_1=\frac{1}{8}e^{2x}$.

再求②的特解 $\bar{y}_2$.

因为 $\lambda\pm i\omega=\pm 2i$ 是特征方程的根，可设 $\bar{y}_2=x(B\cos 2x+C\sin 2x)$，代入②，得

$$4C\cos 2x-4B\sin 2x=\cos 2x.$$

比较系数，得 $B=0, C=\frac{1}{4}$，因此

$$\bar{y}_2=\frac{1}{4}x\sin 2x.$$

根据 § 22-1 定理 4 可知，原方程的一个特解为

$$\bar{y}=\bar{y}_1+\bar{y}_2=\frac{1}{8}e^{2x}+\frac{1}{4}x\sin 2x.$$

原方程的通解为

$$y=c_1\cos 2x+c_2\sin 2x+\frac{1}{8}e^{2x}+\frac{1}{4}x\sin 2x.$$

将上式求导，得

$$y'=-2c_1\sin 2x+2c_2\cos 2x+\frac{1}{4}e^{2x}+\frac{1}{4}\sin 2x+\frac{1}{2}x\cos 2x,$$

将初值条件代入，得

$$\begin{cases} c_1+\dfrac{1}{8}=1, \\ 2c_2+\dfrac{1}{2}=0. \end{cases}$$

解得 $c_1=\frac{7}{8}, c_2=-\frac{1}{4}$. 于是原方程满足初值条件的解为

$$y=\frac{7}{8}\cos 2x-\frac{1}{4}\sin 2x+\frac{1}{8}e^{2x}+\frac{1}{4}x\sin 2x.$$

练习 2

1. 求方程 $y''+2y'+5y=3e^{-x}\cos x$ 的一个特解.

2. 求方程 $y''+4y=\sin 2x$ 的一个特解.

例 7 在电感 L 和电容 C 的串联电路中，当开关 K 合上后，电源 $E=U\sin\omega t$ 向电容充电，如图 22-4 所示，求电容器上电压 u 的变化规律.

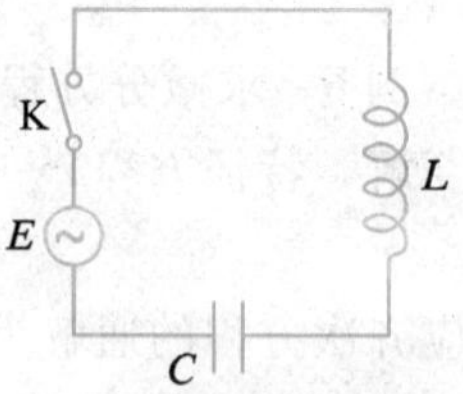

图 22-4

解 根据回路电压定律可知

$$u_L+u_C=U\sin\omega t.$$

由于 $i=C\dfrac{\mathrm{d}u_C}{\mathrm{d}t}$，因此 $u_L=L\dfrac{\mathrm{d}i}{\mathrm{d}t}=LC\dfrac{\mathrm{d}^2u_C}{\mathrm{d}t^2}$.

代入上式，得

$$LC\frac{\mathrm{d}^2u_C}{\mathrm{d}t^2}+u_C=U\sin\omega t.$$

令 $\dfrac{1}{LC}=k^2$，$\dfrac{U}{LC}=h$，方程变为

$$u_C''+k^2u_C=h\sin\omega t.$$

它的特征方程 $r^2+k^2=0$ 的根为 $r=\pm k\mathrm{i}$，对应齐次方程的通解为

$$u_C=C_1\cos kt+C_2\sin kt \text{ 或 } u_C=A\sin(kt+\varphi).$$

(1) 如果 $\omega\neq k$，则 $\pm\omega\mathrm{i}$ 不是特征根，故设 $\bar{u}_1=A_1\cos\omega t+B_1\sin\omega t$，代入方程可求得

$$A_1=0,B_1=\frac{h}{k^2-\omega^2}.$$

于是

$$\bar{u}_C=\frac{h}{k^2-\omega^2}\sin\omega t.$$

从而得方程的通解为

$$u_C=A\sin(kt+\varphi)+\frac{h}{k^2-\omega^2}\sin\omega t.$$

(2) 如果 $\omega=k$，则 $\pm\omega\mathrm{i}$ 是特征根，故设 $\bar{u}_C=t(A_2\cos\omega t+B_2\sin\omega t)$，代入方程可求得

$$A_2=-\frac{h}{2k},B_2=0,$$

于是

$$\bar{u}_C=-\frac{h}{2k}t\cos\omega t.$$

从而得方程的通解为

$$u_C=A\sin(kt+\varphi)-\frac{h}{2k}t\cos\omega t.$$

用待定系数法求方程(22-5)的特解 $\bar{y}$，$\bar{y}$ 的形式归纳如下表：

$f(x)$的形式	特解 $\bar{y}$ 的形式
$P_m(x)\mathrm{e}^{\lambda x}$	$\bar{y}=x^kQ_m(x)\mathrm{e}^{\lambda x}$ λ 不是特征根，取 $k=0$；λ 是特征方程的单根，取 $k=1$；λ 是特征方程的重根，取 $k=2$
$\mathrm{e}^{\lambda x}(a\cos\omega x+b\sin\omega x)$	$\bar{y}=x^k\mathrm{e}^{\lambda x}(A\cos\omega t+B\sin\omega x)$ $\lambda\pm\mathrm{i}\omega$ 不是特征方程的根，取 $k=0$；是特征方程的根，取 $k=1$

习题 22-3

A 组

1. 写出下列方程特解的形式：

(1) $y''+3y'+2y=(x+1)e^{x}$, $\bar{y}=$ ________________;

(2) $y''+3y'+2y=xe^{-x}$, $\bar{y}=$ ________________;

(3) $y''+3y'+2y=e^{-2x}$, $\bar{y}=$ ________________;

(4) $y''+4y'+4y=x^{2}e^{-2x}$, $\bar{y}=$ ________________;

(5) $y''+2y'+2y=x^{2}e^{-x}$, $\bar{y}=$ ________________;

(6) $y''+2y'+2y=e^{-x}\sin x$, $\bar{y}=$ ________________.

2. 求微分方程 $y''+y=2x^{2}-3$ 的一个特解.

3. 求方程 $y''-5y'+6y=e^{x}$ 的一个特解.

4. 求方程 $y''+2y'-3y=4\sin x$ 的一个特解.

5. 求方程 $y''-2y'=3x+1$ 的通解.

6. 求方程 $y''+6y'+9y=5xe^{-3x}$ 的通解.

7. 求方程 $y''+4y=2\cos^{2}x$ 满足初始条件 $y\big|_{x=0}=0, y'\big|_{x=0}=0$ 的一个特解.

B 组

1. 求下列微分方程的一个特解：

(1) $y''+2y'-3y=x^{2}+2x$;

(2) $y''+3y'=x^{2}+1$;

(3) $y''-5y'-14y=xe^{x}$;

(4) $y''+2y'+5y=3e^{-5x}$;

(5) $y''+4y'+4y=2e^{-2x}$;

(6) $y''+9y=3\sin 3x$;

(7) $y''+2y'+5y=3e^{-x}\cos x-20$.

2. 求下列微分方程的通解：

(1) $y''-2y'-3y=3x+2$;

(2) $x''+3x'-4x=5e^{t}$;

(3) $4y''+4y'+y=e^{\frac{x}{2}}$;

(4) $y''+y=x+1+\cos x$.

3. 求下列微分方程满足初值条件的特解：

(1) $y''+y=-\sin 2x$，当 $x=\pi$ 时，$y=y'=1$;

(2) $y''+y'-2y=2x, y\big|_{x=0}=0, y'\big|_{x=0}=3$;

(3) $x''+x=2\cos t, x\big|_{t=0}=2, x'\big|_{t=0}=0$;

(4) $2y''+2y'+y=26e^{2x}, y\big|_{x=0}=1, y'\big|_{x=0}=0$.

4. 一弹簧下端悬挂 10kg 的物体时，弹簧伸长了 9.8cm，在平衡位置弹簧由静止受到一外力 $f=20\cos 5t$(N) 的作用，物体有向上 10cm/s 的初速度，并产生振动，如果阻力忽略不计，求物体的运动规律 $x(t)$.

5. 在电感 L、电容 C 及电源 E 的串联电路中，已知 $L=1$ 亨，$C=0.04$ 法，$E=10\sin 10t$ 伏，设在 $t=0$ 时，将开关闭合，并设电容器初始电压为零，试求开关闭合后回路电流 $i(t)$.

§22-4 拉普拉斯变换

在数学中，为了把复杂的运算转化为较简单的运算，常常采用变换的手段，拉氏变换就是其中的一种.

一、拉氏变换的基本概念

定义 设函数 $f(t)$ 的定义域为 $[0,+\infty)$，如果广义积分

$$\int_0^{\infty} f(t)\,\mathrm{e}^{-pt}\,\mathrm{d}t$$

对于 p 在某一范围内的值收敛，那么此积分就确定了一个参数为 p 的函数，记作 $F(p)$，即

$$F(p)=\int_0^{+\infty} f(t)\mathrm{e}^{-pt}\,\mathrm{d}t. \tag{22-6}$$

函数 $F(p)$ 称为 $f(t)$ 的**拉普拉斯变换**（或称为 $f(t)$ 的**象函数**），公式(22-6)称为函数 $f(t)$ 的**拉氏变换式**，用记号 $L[f(t)]$ 表示，即

$$F(p)=L[f(t)].$$

若 $F(p)$ 为 $f(t)$ 的拉氏变换，则称 $f(t)$ 为 $F(p)$ 的**拉氏逆变换**（或 $F(p)$ 的**象原函数**），记作 $L^{-1}[F(p)]$，即

$$f(t)=L^{-1}[F(p)].$$

关于拉氏变换，作三点说明：

(1) 在定义中，只要求 $f(t)$ 在 $t\geqslant 0$ 时有定义，当 $t<0$ 时，则假定 $f(t)\equiv 0$.

(2) 对于公式(22-6)中的参数 p，可以在复数范围内取值，但本教材只把 p 作为实数来讨论.

(3) 拉氏变换是将给定的函数 $f(t)$ 通过广义积分转换成一个新的函数 $F(p)$，通过变换可以化繁为简.

例 1 求 $f(t)=t\,(t\geqslant 0)$ 的拉氏变换.

解 根据公式(22-6)有

$$L[t]=\int_0^{+\infty} t\mathrm{e}^{-pt}\,\mathrm{d}t=\left[-\frac{1}{p}t\mathrm{e}^{-pt}-\frac{1}{p^2}\mathrm{e}^{-pt}\right]_0^{+\infty},$$

上述积分当 $p>0$ 时收敛于 $\frac{1}{p^2}$，所以有

$$L[t]=\frac{1}{p^2}\ (p>0).$$

一般地，有

$$L[at]=\frac{a}{p^2}\ (p>0,a\text{ 为常数}).$$

例 2　求 $f(t)=\mathrm{e}^{at}$ ($t\geqslant 0$, a 为常数)的拉氏变换.

解
$$L[\mathrm{e}^{at}]=\int_0^{+\infty}\mathrm{e}^{at}\cdot\mathrm{e}^{-pt}\mathrm{d}t=\int_0^{+\infty}\mathrm{e}^{-(p-a)t}\mathrm{d}t,$$
这一积分当 $p>a$ 时收敛于 $\frac{1}{p-a}$，所以有 $L[\mathrm{e}^{at}]=\frac{1}{p-a}$ ($p>a$).

例 3　求 $f(x)=\sin\omega t$ ($t\geqslant 0$)的拉氏变换.

解
$$L[\sin\omega t]=\int_0^{+\infty}\sin\omega t\,\mathrm{e}^{-pt}\mathrm{d}t$$
$$=\left[-\frac{1}{p^2+\omega^2}\mathrm{e}^{-pt}(p\sin\omega t+\omega\cos\omega t)\right]_0^{+\infty}=\frac{\omega}{p^2+\omega^2}\ (p>0).$$

同样可得
$$L[\cos\omega t]=\frac{p}{p^2+\omega^2}\ (p>0).$$

二、拉氏变换的性质

拉氏变换有以下几个主要性质：

1. 线性性质

若 a_1, a_2 为常数，并设
$$L[f_1(t)]=F_1(p),L[f_2(t)]=F_2(p),$$
则
$$L[a_1f_1(t)+a_2f_2(t)]=a_1L[f_1(t)]+a_2L[f_2(t)]=a_1F_1(p)+a_2F_2(p).\tag{22-7}$$

例 4　求函数 $f(t)=1-\mathrm{e}^{-at}$ 的拉氏变换.

解　$\because L[1]=\int_0^{+\infty}\mathrm{e}^{-pt}\mathrm{d}t=\frac{1}{p}(p>0)$,

由例 2 的结果可得　　$L[\mathrm{e}^{-at}]=\frac{1}{p+a}$,

$$\therefore L[1-\mathrm{e}^{-at}]=L[1]-L[\mathrm{e}^{-at}]=\frac{1}{p}-\frac{1}{p+a}=\frac{a}{p(p+a)}.$$

2. 平移性质

若 $L[f(t)]=F(p)$，则
$$L[\mathrm{e}^{at}f(t)]=F(p-a).\tag{22-8}$$

例 5　求 $L[2t\mathrm{e}^{at}]$, $L[\mathrm{e}^{-at}\sin\omega t]$.

解　$\because L[2t]=\frac{2}{p^2}$, $\therefore L[2t\mathrm{e}^{at}]=\frac{2}{(p-a)^2}$.

$\because L[\sin\omega t]=\frac{\omega}{p^2+\omega^2}$, $\therefore L[\mathrm{e}^{-at}\sin\omega t]=\frac{\omega}{(p+a)^2+\omega^2}$.

3. 延滞性质

若 $L[f(t)]=F(p)$，则
$$L[f(t-a)]=\mathrm{e}^{-ap}F(p)\quad(a>0).\tag{22-9}$$

函数 $f(t-a)$ 表示函数 $f(t)$ 在时间上滞后了 a 个单位(图 22-5)，所以这个性质称为**延滞性质**.

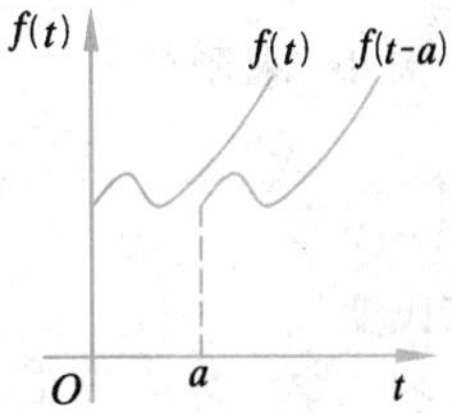

图 22-5

练 习 1

1. 求下列函数的拉氏变换：

(1) $3t+1$；　(2) $e^{-t}+3e^{2t}$；　(3) $\sin 2t$；

(4) $\cos 2t$；　(5) $2te^{-2t}$；　(6) $e^{-2t}\sin 2t$.

在自动控制系统中，常常会用到下面两个函数.

(1) 单位阶梯函数

它的表示式为

$$u(t)=\begin{cases}0, & t<0,\\ 1, & t\geqslant 0\end{cases}$$ 及

$$u(t-a)=\begin{cases}0, & t<a,\\ 1, & t\geqslant a.\end{cases}$$

如图 22-6(1)、图 22-6(2)所示.

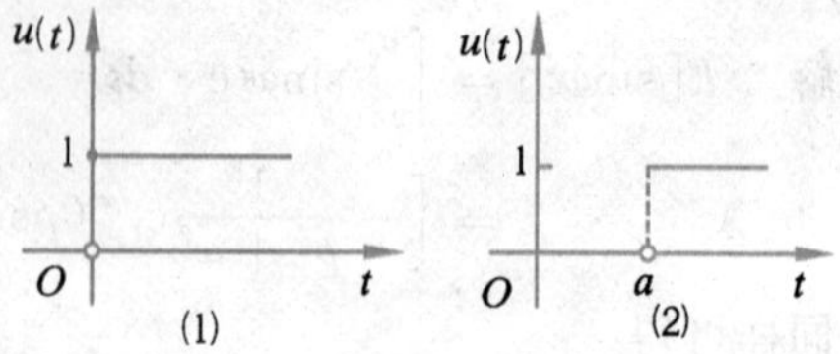

图 22-6

显然，$L[u(t)]=L[1]=\frac{1}{p}$ $(p>0)$.

例 6 求分段函数(图 22-7)

$$h(t)=\begin{cases}1, & a\leqslant t<b,\\ 0, & t<a \text{ 或 } t>b\end{cases}$$

的拉氏变换.

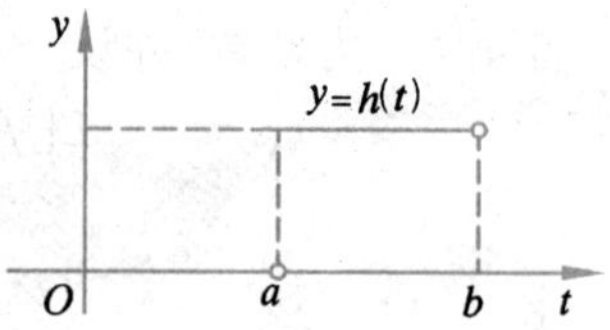

图 22-7

解 $\because h(t)=u(t-a)-u(t-b)$,

$$\begin{aligned}\therefore L[h(t)]&=L[u(t-a)-u(t-b)]\\ &=L[u(t-a)]-L[u(t-b)]\\ &=e^{-ap}\frac{1}{p}-e^{-bp}\frac{1}{p}\\ &=(e^{-ap}-e^{-bp})\frac{1}{p}.\end{aligned}$$

例 7 求 $L[\sin(\omega t+\varphi)]$ $(\omega>0)$.

解 $\because L[\sin\omega t]=\frac{\omega}{p^2+\omega^2}$,

$$\therefore L[\sin(\omega t+\varphi)]=L\left[\sin\omega\left(t+\frac{\varphi}{\omega}\right)\right]=e^{\frac{\varphi}{\omega}p}\frac{\omega}{p^2+\omega^2}.$$

例 8 求函数

$$f(t)=\begin{cases}\sin t, & 0\leqslant t<2\pi,\\ \sin t+\cos t, & t\geqslant 2\pi\end{cases}$$

的拉氏变换.

解 $\because f(t)=f_1(t)+f_2(t)$，其中

$f_1(t)=\sin t(t\geqslant 0)$，$f_2(t)=\begin{cases}0, & 0\leqslant t<2\pi,\\ \cos t, & t\geqslant 2\pi\end{cases}$ 或 $f_1(t)=\sin t\cdot u(t)$,

$f_2(t)=\cos t\cdot u(t-2\pi)=\cos(t-2\pi)\cdot u(t-2\pi)$,

$\therefore\ f(t)=\sin t\cdot u(t)+\cos(t-2\pi)\cdot u(t-2\pi)$.

$$\begin{aligned}L[f(t)]&=L[\sin t\cdot u(t)+\cos(t-2\pi)\cdot u(t-2\pi)]\\&=L[\sin t\cdot u(t)]+L[\cos(t-2\pi)\cdot u(t-2\pi)]\\&=\frac{1}{p^2+1}+e^{-2\pi p}\frac{p}{p^2+1}=\frac{1+pe^{-2\pi p}}{p^2+1}.\end{aligned}$$

练习 2

1. 求 $L[u(t-a)]$.
2. 求 $L[e^{a(t-\tau)}u(t-\tau)]$.
3. 已知 $f(t)=\begin{cases}1, & 0\leqslant t<2,\\ 0, & t\geqslant 2,\end{cases}$ 求 $L[f(t)]$.
4. 求 $L[\cos(\omega t+\varphi)](\omega>0)$.

(2) 狄拉克函数

在许多实际问题中，常常会遇到一瞬间很大的量，如大作用力和超高压等，这种量不能用通常的函数来表达，为此我们假设

$$\delta_\tau(t)\begin{cases}\dfrac{1}{\tau}, & 0\leqslant t\leqslant\tau,\\ 0, & 其他,\end{cases}$$

其中 τ 是一个很小的正数，当 $\tau\to 0$ 时，$\delta_\tau(t)$ 的极限

$$\delta(t)=\lim_{\tau\to 0}\delta_\tau(t)$$

称为**狄拉克**(Dirac)**函数**，简称 δ-**函数**.

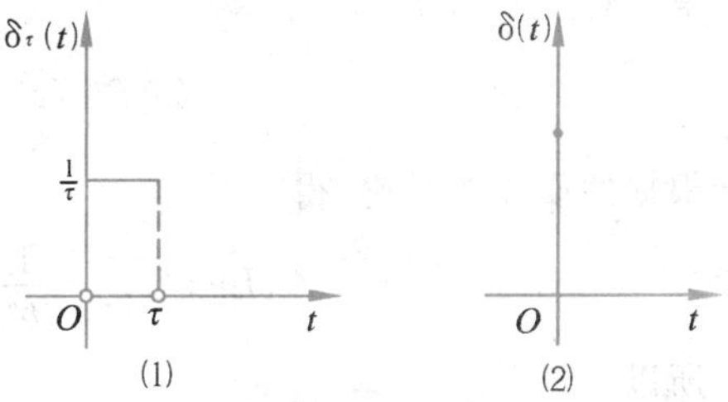

图 22-8

$\delta_\tau(t)$和 $\delta(t)$的图形如图 22-8(1)、图 22-8(2)所示.

$\delta(t)$不是通常意义下的函数，它适用于表达某类脉冲式的强迫函数.

因为

$$\int_{-\infty}^{+\infty}\delta_\tau(t)\,dt=\int_0^\tau\delta_\tau(t)\,dt=\int_0^\tau\frac{1}{\tau}dt=1,$$

所以，结合 $\delta(t)$ 的定义便得到

$$\int_{-\infty}^{+\infty}\delta_\tau(t)\,dt=1.$$

例 9 求狄拉克函数 $\delta(t)$的拉氏变换.

解 先对 $\delta_\tau(t)$作拉氏变换

$$\begin{aligned}L[\delta_\tau(t)]&=\int_{-\infty}^{+\infty}\delta_\tau(t)e^{-pt}\,dt=\int_0^\tau\frac{1}{\tau}e^{-pt}\,dt\\&=\frac{1}{\tau\cdot p}(1-e^{-\tau p}).\end{aligned}$$

$\delta(t)$的拉氏变换为

$$L[\delta(t)]=\lim_{\tau\to 0}L[\delta_\tau(t)]=\lim_{\tau\to 0}\frac{1-e^{-\tau p}}{\tau p}=\lim_{\tau\to 0}\frac{pe^{-\tau p}}{p}=1(\text{洛必达法则}).$$

根据性质 3，有

$$L[\delta(t-a)]=e^{-pa}(a>0).$$

4. 微分性质

若 $L[f(t)]=F(p)$，并设 $f(t)$在$[0,+\infty)$上连续，$f'(t)$为分段连续，则

$$L[f'(t)]=pF(p)-f(0). \tag{22-10}$$

推论 若 $L[f(t)]=F(p)$，$f(t)$及其各阶导数连续，则

$$L[f^{(n)}(t)]=p^nL[f(t)]-[p^{n-1}f(0)+p^{n-2}f'(0)+\cdots+f^{(n-1)}(0)]. \tag{22-11}$$

特别地，当 $f(0)=f'(0)=\cdots=f^{(n-1)}(0)=0$ 时，

$$L[f^{(n)}(t)]=p^nL[f(t)].$$

利用这个性质，可将 $f(t)$的微分运算化为 $F(p)$的代数运算，解决这类问题就简便得多了.

例 10 求函数 $f(t)=t^n$ 的拉氏变换，n 是正整数.

解 容易求出 $f(0)=f'(0)=\cdots=f^{(n-1)}(0)=0$，$f^{(n)}(t)=n!$.

$$L[f^{(n)}(t)]=L[n!]=\frac{n!}{p}.$$

根据性质 4 的推论，得

$$L[f(t)]=\frac{1}{p^n}L[f^{(n)}(t)]=\frac{n!}{p^{n+1}}.$$

所以

$$L[t^n]=\frac{n!}{p^{n+1}}(n\text{ 是正整数}).$$

5. 积分性质

若 $L[f(t)]=F(p)$，且 $f(t)$连续，则

$$L\left[\int_0^t f(x)\mathrm{d}x\right]=\frac{F(p)}{p}. \tag{22-12}$$

拉氏变换除上述五个主要性质外，还有其他一些性质，这里不再赘述，现将其性质和实际应用中常用的一些函数的拉氏变换分别列表如下：

拉氏变换的性质

	设 $L[f(t)]=F(p)$
1	$L[a_1f_1(t)+a_2f_2(t)]=a_1L[f_1(t)]+a_2L[f_2(t)]$
2	$L[e^{at}f(t)]=F(p-a)$

续表

	设 $L[f(t)]=F(p)$
3	$L[f(t-a)u(t-a)]=e^{-ap}F(p)\ (a>0)$
4	$L[f'(t)]=pF(p)-f(0)$ $L[f^{(n)}(t)]=p^nF(p)-[p^{n-1}f(0)+p^{n-2}f'(0)+\cdots+f^{(n-1)}(0)]$
5	$L\left[\int_0^t f(x)\mathrm{d}x\right]=\frac{1}{p}F(p)$
6	$L[f(at)]=\frac{1}{a}F\left(\frac{p}{a}\right)(a>0)$
7	$L[t^nf(t)]=(-1)^nF^{(n)}(p)$
8	$L\left[\frac{f(t)}{t}\right]=\int_p^{+\infty}F(p)\mathrm{d}p$

常用函数的拉氏变换

	$f(t)$	$F(p)$
1	$\delta(t)$	1
2	$u(t)$	$\frac{1}{p}$
3	t	$\frac{1}{p^2}$
4	$t^n\ (n=1,2,\cdots)$	$\frac{n!}{p^{n+1}}$
5	e^{at}	$\frac{1}{p-a}$
6	$1-e^{-at}$	$\frac{a}{p(p+a)}$

续表

	$f(t)$	$F(p)$
7	te^{at}	$\frac{1}{(p-a)^2}$
8	$t^n e^{at}\,(n=1,2,\cdots)$	$\frac{n!}{(p-a)^{n+1}}$
9	$\sin\omega t$	$\frac{\omega}{p^2+\omega^2}$
10	$\cos\omega t$	$\frac{p}{p^2+\omega^2}$
11	$\sin(\omega t+\varphi)$	$\frac{p\sin\varphi+\omega\cos\varphi}{p^2+\omega^2}$
12	$\cos(\omega t+\varphi)$	$\frac{p\cos\varphi-\omega\sin\varphi}{p^2+\omega^2}$
13	$t\sin\omega t$	$\frac{2\omega p}{(p^2+\omega^2)^2}$
14	$\sin\omega t-\omega t\cos\omega t$	$\frac{2\omega^3}{(p^2+\omega^2)^2}$
15	$t\cos\omega t$	$\frac{p^2-\omega^2}{(p^2+\omega^2)^2}$
16	$e^{-at}\sin\omega t$	$\frac{\omega}{(p+a)^2+\omega^2}$
17	$e^{-at}\cos\omega t$	$\frac{p+a}{(p+a)^2+\omega^2}$
18	$\frac{1}{a^2}(1-\cos at)$	$\frac{1}{p(p^2+a^2)}$
19	$e^{at}-e^{bt}$	$\frac{a-b}{(p-a)(p-b)}$
20	$2\sqrt{\frac{t}{\pi}}$	$\frac{1}{p\sqrt{p}}$
21	$\frac{1}{\sqrt{\pi t}}$	$\frac{1}{\sqrt{p}}$

例 11　求 $L[t\sin 2t]$.

解　由拉氏变换表中公式 13 得 $L[t\sin 2t]=\frac{4p}{(p^2+4)^2}$.

练习 3

求 $L[t^3]$，$L[t^3\mathrm{e}^{-t}]$，$L[t\sin 3t]$.

习题 22-4

A 组

求下列函数的拉氏变换：

(1) $2t$；

(2) t^2+2t+3；

(3) e^{-t}；

(4) $2\mathrm{e}^{-t}-3\mathrm{e}^{2t}$；

(5) $2\sin 3t+3\cos 2t$；

(6) $\cos\left(2t+\dfrac{\pi}{3}\right)$；

(7) $2\sin t\cos t$；

(8) $t^2\mathrm{e}^{-t}$；

(9) $\mathrm{e}^{2t}\cos 3t$；

(10) $f(t)=\begin{cases}1, & 0\leqslant t<2,\\ 0, & t\geqslant 2;\end{cases}$

(11) $t\cos 2t$.

B 组

求下列函数的拉氏变换：

(1) $3\mathrm{e}^{-4t}$；

(2) t^2+6t-3；

(3) $5\sin 2t-3\cos 2t$；

(4) $\sin 2t\cos 2t$；

(5) $8\sin^2 3t$；

(6) $1+t\mathrm{e}^t$；

(7) $1-4\sin^2 t$；

(8) $\mathrm{e}^{-2t}\sin(2t+1)$；

(9) $t^n\mathrm{e}^{at}$；

(10) $\mathrm{e}^t\sin 2t\sin 3t$；

(11) $u(3t+1)$；

(12) $f(t)=\begin{cases}1, & 0\leqslant t<1,\\ 2, & 1\leqslant t<2,\\ 0, & t\geqslant 2;\end{cases}$

(13) $f(t)=\begin{cases}\cos t, & 0\leqslant t<\pi,\\ \cos t+t, & t\geqslant \pi;\end{cases}$

(14) $t\sin^2 t$；

(15) $t\mathrm{e}^t\sin t$；

(16) $\dfrac{\sin t}{t}$；

(17) $\dfrac{1-\mathrm{e}^t}{t}$；

(18) $t^2\sin t\cos t$.

§22-5 拉氏变换的逆变换

这一节我们讨论拉氏逆变换，即由象函数 $F(p)$ 求它相应的象原函数 $f(t)$. 对于常见的象函数 $F(p)$，可以直接从拉氏变换表中查找，同时还可利用拉氏变换的逆变换的性质求解. 逆变换的性质如下表：

	$L^{-1}[F_1(p)]=f_1(t), L^{-1}[F_2(p)]=f_2(t)$
1	$L^{-1}[a_1F_1(p)+a_2F_2(p)]=a_1L^{-1}[F_1(p)]+a_2L^{-1}[F_2(p)]=a_1f_1(t)+a_2f_2(t)$
2	$L^{-1}[F(p-a)]=e^{at}L^{-1}[F(p)]=e^{at}f(t)$
3	$L^{-1}[e^{-at}F(p)]=f(t-a)u(t-a)$

例 1 求下列象函数的逆变换：

(1) $F(p)=\frac{1}{p+1}$；　　(2) $F(p)=\frac{p^2-2p+3}{p^3}$；

(3) $F(p)=\frac{1}{(p+2)^2}$；　　(4) $F(p)=\frac{4p+9}{p^2+9}$.

解 (1) 查表得 $L^{-1}\left[\frac{1}{p}\right]=u(t)$，$L^{-1}\left[\frac{1}{p+1}\right]=e^{-t}u(t)=e^{-t}$.

(2) $\because F(p)=\frac{p^2-2p+3}{p^3}=\frac{1}{p}-\frac{2}{p^2}+\frac{3}{p^3}$，

$$\therefore f(t)=L^{-1}[F(p)]=L^{-1}\left[\frac{1}{p}-\frac{2}{p^2}+\frac{3}{p^3}\right]$$
$$=L^{-1}\left[\frac{1}{p}\right]-2L^{-1}\left[\frac{1}{p^2}\right]+\frac{3}{2}L^{-1}\left[\frac{2!}{p^3}\right]$$
$$=1-2t+\frac{3}{2}t^2.$$

(3) $\because L^{-1}\left[\frac{1}{p^2}\right]=t$，$\therefore f(t)=L^{-1}\left[\frac{1}{(p+2)^2}\right]=e^{-2t}L^{-1}\left[\frac{1}{p^2}\right]=e^{-2t}t$.

(4) $\because L^{-1}\left[\frac{p}{p^2+9}\right]=\cos 3t$，$L^{-1}\left[\frac{3}{p^2+9}\right]=\sin 3t$，

$$\therefore f(t)=L^{-1}\left[\frac{4p+9}{p^2+9}\right]=4L^{-1}\left[\frac{p}{p^2+9}\right]+3L^{-1}\left[\frac{3}{p^2+9}\right]=4\cos 3t+3\sin 3t.$$

练习 1

求下列象函数的逆变换：

(1) $F(p)=\frac{1}{p-1}$；　　(2) $F(p)=\frac{p^2+3p-4}{p^3}$；

(3) $F(p)=\frac{1}{(p-2)^2}$；　　(4) $F(p)=\frac{3p+4}{p^2+4}$.

例 2 求函数

$$F(p)=\frac{p-e^{-p}}{p^2}(p>0)$$

的拉氏逆变换.

解 $\because L^{-1}\left[\frac{1}{p}\right]=1, L^{-1}\left[\frac{1}{p^2}\right]=t$,

$\therefore f(t)=L^{-1}\left[\frac{p-e^{-p}}{p^2}\right]=L^{-1}\left[\frac{1}{p}\right]-L^{-1}\left[e^{-p}\frac{1}{p^2}\right]=1-(t-1)u(t-1)$.

当 $0\leqslant t<1$ 时, $u(t-1)=0, f(t)=1$; 当 $t\geqslant 1$ 时, $u(t-1)=1, f(t)=2-t$.

$\therefore f(t)=\begin{cases}1, & 0\leqslant t<1,\\ 2-t, & t\geqslant 1.\end{cases}$

例 3 求 $F(p)=\frac{3p+2}{p^2+2p+10}$ 的逆变换.

解 $f(t)=L^{-1}\left[\frac{3p+2}{p^2+2p+10}\right]=L^{-1}\left[\frac{3(p+1)-1}{(p+1)^2+9}\right]$

$$=3L^{-1}\left[\frac{p+1}{(p+1)^2+9}\right]-\frac{1}{3}L^{-1}\left[\frac{3}{(p+1)^2+9}\right]$$

$$=3e^{-t}L^{-1}\left[\frac{p}{p^2+9}\right]-\frac{e^{-t}}{3}L^{-1}\left[\frac{3}{p^2+9}\right]=3e^{-t}\left(\cos 3t-\frac{1}{9}\sin 3t\right).$$

在运用拉氏变换解决工程技术中的应用问题时,遇到的象函数常常是有理分式,对于有理分式一般可采用部分分式方法将它分解为较简单的分式之和,然后再利用拉氏变换表求出象原函数.

例 4 求 $F(p)=\frac{2p+1}{p^2+5p-6}$ 的逆变换.

解 先将 $F(p)$ 分解为两个最简分式之和:

$$\frac{2p+1}{p^2+5p-6}=\frac{2p+1}{(p+6)(p-1)}=\frac{A}{p+6}+\frac{B}{p-1}.$$

从而有 $2p+1=A(p-1)+B(p+6)$, 求得 $A=\frac{11}{7}, B=\frac{3}{7}$.

所以 $\frac{2p+1}{p^2+5p-6}=\frac{\frac{11}{7}}{p+6}+\frac{\frac{3}{7}}{p-1}$.

于是 $f(t)=L^{-1}[F(p)]=L^{-1}\left[\frac{\frac{11}{7}}{p+6}\right]+L^{-1}\left[\frac{\frac{3}{7}}{p-1}\right]=\frac{11}{7}e^{-6t}+\frac{3}{7}e^{t}$.

例 5 求 $F(p)=\frac{p-1}{p(p+1)^2}$ 的逆变换.

解 设 $\frac{p-1}{p(p+1)^2}=\frac{A}{p}+\frac{B}{p+1}+\frac{C}{(p+1)^2}$.

从而有 $p-1=A(p+1)^2+Bp(p+1)+Cp$, 求得 $A=-1, B=1, C=2$.

所以 $\frac{p-1}{p(p+1)^2}=\frac{-1}{p}+\frac{1}{p+1}+\frac{2}{(p+1)^2}$.

于是 $f(t)=L^{-1}[F(p)]=L^{-1}\left[\frac{-1}{p}\right]+L^{-1}\left[\frac{1}{p+1}\right]+L^{-1}\left[\frac{2}{(p+1)^2}\right]$

$$=-1+\mathrm{e}^{-t}+2t\mathrm{e}^{-t}.$$

例 6 求 $F(p)=\frac{\mathrm{e}^{-\pi p}}{p(p^2+4)}$的逆变换.

解 先求 $L^{-1}\left[\frac{1}{p(p^2+4)}\right]$.

设$\frac{1}{p(p^2+4)}=\frac{A}{p}+\frac{Bp+C}{p^2+4}$,用待定系数法求得 $A=\frac{1}{4},B=-\frac{1}{4},C=0$.

所以 $\frac{1}{p(p^2+4)}=\frac{1}{4}\left(\frac{1}{p}-\frac{p}{p^2+4}\right)$.

$$f(t)=L^{-1}\left[\frac{1}{4}\left(\frac{1}{p}-\frac{p}{p^2+4}\right)\right]=\frac{1}{4}\left(L^{-1}\left[\frac{1}{p}\right]-L^{-1}\left[\frac{p}{p^2+4}\right]\right)$$

$$=\frac{1}{4}(1-\cos 2t).$$

再由逆变换的性质 3,得

$$L^{-1}\left[\frac{\mathrm{e}^{-\pi p}}{p(p^2+4)}\right]=f(t-\pi)u(t-\pi)=\frac{1}{4}[1-\cos 2(t-\pi)]u(t-\pi)$$

$$=\begin{cases}\frac{1}{4}[1-\cos 2t], & t\geqslant\pi,\\ 0, & 0\leqslant t<\pi.\end{cases}$$

练习 2

求下列各函数的拉氏逆变换:

(1) $F(p)=\frac{p+9}{p^2+5p+6}$;

(2) $F(p)=\frac{p+3}{p^3+4p^2+4p}$;

(3) $F(p)=\frac{p^2}{(p+2)(p^2+2p+2)}$.

习题 22-5

A 组

求下列各函数的拉氏逆变换:

(1) $F(p)=\frac{3}{p-2}$;

(2) $F(p)=\frac{1}{2p+1}$;

(3) $F(p)=\frac{3p}{p^2+9}$;

(4) $F(p)=\frac{1}{9p^2+4}$;

(5) $F(p)=\frac{2p-6}{p^2+16}$;

(6) $F(p)=\frac{p}{(p+3)(p+5)}$;

(7) $F(p)=\frac{4}{p^2+4p+10}$;　　(8) $F(p)=\frac{p}{p+2}$.

B　组

求下列各函数的拉氏逆变换：

(1) $\frac{1}{p(p+2)}$;　　(2) $\frac{2p+1}{p^2+5p+6}$;

(3) $\frac{2}{p^2+2p+5}$;　　(4) $\frac{p+2}{p^2(p+1)}$;

(5) $\frac{1}{4p^2+9}$;　　(6) $\frac{2p-8}{p^2+36}$;

(7) $\frac{1}{p(p+1)(p+2)}$;　　(8) $\frac{p+2}{p^3+6p^2+9p}$;

(9) $\frac{p^3+1}{p(p-1)^3}$;　　(10) $\frac{2}{(p^2+10)(p^2+20)}$;

(11) $\frac{e^{-2p}}{p^2+p-2}$;　　(12) $\frac{2e^p}{p^2+4}$.

§22-6　用拉氏变换解常微分方程举例

下面举例说明拉氏变换在解常系数微分方程中的用法.

例 1　求微分方程 $y''+4y'-12y=0$ 满足初始条件 $y(0)=1, y'(0)=0$ 的解.

解　对方程两端取拉氏变换，因为 $L[0]=0$，所以

$$L[y''+4y'-12y]=0,$$

根据拉氏变换的线性性质，得

$$L[y'']+4L[y']-12L[y]=0,$$

再由微分性质，得

$$[p^2L[y]-py(0)-y'(0)]+4[pL[y]-y(0)]-12L[y]=0.$$

设 $L[y]=Y(p)$，并将初值条件代入上式，得

$$(p^2+4p-12)Y(p)-p-4=0,$$

$$Y(p)=\frac{p+4}{p^2+4p-12}.$$

至此，我们求出了未知函数 $y(t)$ 的拉氏变换 $Y(p)$，再通过逆变换来确定 $y(t)$. 将 $Y(p)$ 分解为分式，得

$$Y(p)=\frac{\frac{1}{4}}{p+6}+\frac{\frac{3}{4}}{p-2},$$

$$y(t)=L^{-1}[Y(p)]=\frac{1}{4}L^{-1}\left[\frac{1}{p+6}\right]+\frac{3}{4}L^{-1}\left[\frac{1}{p-2}\right]=\frac{1}{4}e^{-6t}+\frac{3}{4}e^{2t}.$$

这样就得到微分方程的解 $y=\frac{1}{4}e^{-6t}+\frac{3}{4}e^{2t}$.

由例 1 可以看出，用拉氏变换解微分方程的步骤就是先对方程两端作拉氏变换，推导出未知函数 $y(t)$ 的拉氏变换 $Y(p)$ 所满足的代数方程，解此方程确定 $Y(p)$，再对 $Y(p)$ 作拉氏逆变换便求得原方程的特解 $y(t)$.

例 2 求微分方程 $y''+4y=2\sin 2t$ 满足初始条件 $y(0)=0, y'(0)=1$ 的解.

解 对方程两端取拉氏变换，得

$$L[y'']+4L[y]=2L[\sin 2t].$$

设 $L[y]=Y(p)$，并将初始条件代入，得

$$p^2Y(p)-1+4Y(p)=\frac{4}{p^2+4},$$

$$Y(p)=\frac{p^2+8}{(p^2+4)^2},$$

亦即

$$Y(p)=\frac{1}{p^2+4}+\frac{4}{(p^2+4)^2}.$$

查表得 $L^{-1}\left[\frac{1}{p^2+4}\right]=\frac{1}{2}\sin 2t, L^{-1}\left[\frac{4}{(p^2+4)^2}\right]=\frac{1}{4}(\sin 2t-2t\cos 2t).$

所以 $y(t)=L^{-1}[Y(p)]=L^{-1}\left[\frac{1}{p^2+4}\right]+L^{-1}\left[\frac{4}{(p^2+4)^2}\right]$

$$=\frac{1}{2}\sin 2t+\frac{1}{4}(\sin 2t-2t\cos 2t)=\frac{3}{4}\sin 2t-\frac{1}{2}t\cos 2t.$$

练　习

1. 求微分方程 $x'(t)+2x(t)=0$ 满足初始条件 $x(0)=3$ 的解.
2. 求微分方程 $y''-3y'+2y=2e^{-t}$ 满足初始条件 $y(0)=2, y'(0)=-1$ 的解.

例 3 一静止的弹簧在 $t=0$ 的一瞬间受到一个垂直方向的力的冲击而振动，振动所满足的方程为

$$y''+2y'+2y=\delta(t), y(0)=0, y'(0)=0,$$

试解之.

解 对方程两端取拉氏变换，并设 $L[y]=Y(p)$，得

$$L[y''+2y'+2y]=L[\delta(t)],$$

$$p^2Y(p)-py(0)-y'(0)+2[pY(p)-y(0)]+2Y(p)=1.$$

将初始条件代入，得

$$(p^2+2p+2)Y(p)=1,$$

$$Y(p)=\frac{1}{p^2+2p+2}=\frac{1}{(p+1)^2+1},$$

$$y(t)=L^{-1}[Y(p)]=L^{-1}\left[\frac{1}{(p+1)^2+1}\right]=e^{-t}\sin t.$$

例 4 在如图 22-9 所示的电路中，设输入电压为

$$u_0(t)=\begin{cases}1, & 0\leqslant t<T,\\ 0, & t\geqslant T.\end{cases}$$

求输出电压 $u_R(t)$(电容 C 在 $t=0$ 时不带电).

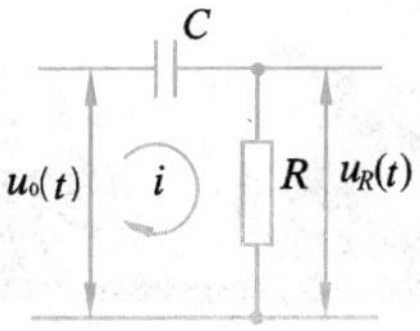

图 22-9

解 设电路中的电流为 $i(t)$,由图可得关于 $i(t)$ 的方程为

$$Ri(t)+\frac{1}{C}\int_0^t i(t)\mathrm{d}t=u_0(t). \tag{1}$$

设 $L[i(t)]=I(p)$,对(1)式作拉氏变换,得

$$RI(p)+\frac{1}{C\cdot p}I(p)=\frac{1}{p}(1-\mathrm{e}^{-Tp}),$$

$$I(p)=\frac{C(1-\mathrm{e}^{-Tp})}{RCp+1}.$$

因为 $u_R(t)=Ri(t)$,

所以 $u_R(p)=L[u_R(t)]=L[Ri(t)]=RI(p)$

$$=\frac{RC(1-\mathrm{e}^{-Tp})}{RCp+1}=\frac{RC}{RCp+1}-\frac{RC\mathrm{e}^{-Tp}}{RCp+1}.$$

于是 $u_R(t)=L^{-1}[u_R(p)]=\mathrm{e}^{-\frac{t}{RC}}-\mathrm{e}^{-\frac{t-T}{RC}}u(t-T)$.

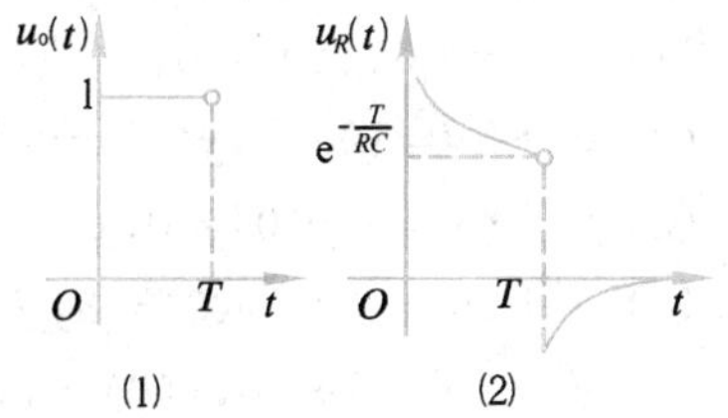

图 22-10

输入、输出电压与时间 t 的关系分别如图 22-10(1)、图 22-10(2)所示.

例 5 设有某种商品,它的价格主要由供求关系决定,为了方便起见,设供给量 x 与需求量 y 是只依赖于价格 s 的线性函数,它们分别为

$$x=k_1s-b_1,\ y=-k_2s+b_2. \tag{1}$$

设初始价格为 $s(0)=s_0$,价格的变化率与过剩需求量 $y-x$ 成正比,求价格函数 $s(t)$.

解 根据题意,得

$$\frac{\mathrm{d}s}{\mathrm{d}t}=a(y-x),$$

其中 a 是正常数.

将(1)式代入上式,得

$$\frac{\mathrm{d}s}{\mathrm{d}t}+ms=n,$$

其中 $m=a(k_1+k_2)$,$n=a(b_1+b_2)$.

对上式两端取拉氏变换,得

$$pL[s(t)]-s_0+mL[s(t)]=L[n],$$

$$L[s(t)]=\frac{n+s_0p}{(p+m)p}=\frac{s_0-\bar{s}}{p+m}+\frac{\bar{s}}{p},$$

其中 $\bar{s}=\dfrac{b_1+b_2}{k_1+k_2}$ 为平衡价格,求逆变换得

$$s(t)=\bar{s}+(s_0-\bar{s})\mathrm{e}^{-mt}.$$

习题 22-6

A 组

用拉氏变换解下列方程：

(1) $y'-y=0, y(0)=0$；

(2) $y'+5y=10e^{-3t}, y(0)=0$；

(3) $y''+4y=0, y(0)=0, y'(0)=2$；

(4) $y''+16y=32t, y(0)=3, y'(0)=-2$；

(5) $y''+2y'+5y=0, y(0)=1, y'(0)=5$.

B 组

1. 用拉氏变换解下列方程：

(1) $y'+y=1, y(0)=0$；

(2) $y''-y=0, y(0)=0, y'(0)=2$；

(3) $y''-3y'+2y=4, y(0)=0, y'(0)=1$；

(4) $y''+y'=32t, y(0)=3, y'(0)=-3$；

(5) $y''+y=\sin 2t, y(0)=0, y'(0)=1$；

(6) $y''+4y=\cos 2t, y(0)=1, y'(0)=0$；

(7) $y''+y=u(t)-u\left(t-\frac{\pi}{2}\right), y(0)=1, y'(0)=1$；

(8) $x'''+x'=1, x(0)=x'(0)=x''(0)=0$.

2. 在 RL 串联电路中，当 $t=0$ 时，将开关闭合，接上直流电源 E，求电路中的电流 $i(t)$.

本章内容小结

一、主要内容

1. 函数线性相关和线性无关的概念和判别；二阶线性微分方程解的结构，二阶线性常系数齐次微分方程和二阶线性常系数非齐次微分方程的解法，二阶线性微分方程在实际问题中的简单应用.

2. 拉普拉斯变换的概念，拉氏变换和逆变换的性质，常用函数的拉氏变换和逆变换公式，求解函数的拉氏变换与逆变换的典型方法，利用拉普拉斯变换求解二阶线性常系数微分方程的特解.

二、知识结构

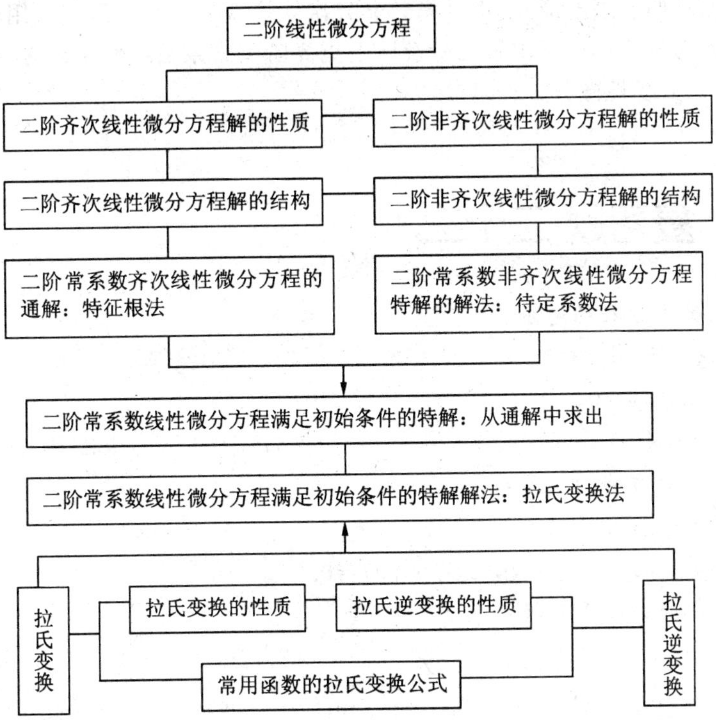

三、注意事项

1. 求二阶常系数齐次线性微分方程的通解时，实际上是根据其特征方程 $r^2+pr+q=0$ 的解的三种情形，以及与解相对应的两个线性无关解的形式，就可以写出方程的通解；求解二阶常系数齐次线性微分方程满足初始条件的解时，一般是先求其方程的通解，再根据给定的初始条件，确定通解中的任意常数的取值，写出相应的解.

2. 解二阶常系数非齐次线性微分方程的关键是设法求出一个特解. 本章中主要介绍的是自由项为 $f(x)=p_m(x)e^{\lambda x}$ 和 $f(x)=e^{\lambda x}(a\cos\omega x+b\sin\omega x)$ 两种形式的非齐次方程特解的求法. 一般是先根据自由项中 λ 的值与对应的齐次方程的特征根相等的个数，设定特解 $\bar{y}=x^kQ_m(x)e^{\lambda x}$ 或 $\bar{y}=x^ke^{\lambda x}(a\cos\omega x+b\sin\omega x)$ 中 k 的值，再求出其中的待定系数，从而得到一个特解. 特别注意：上述用待定系数法求出的特解 $\bar{y}$ 一般仅能满足通解结构中要求的一个特解，它与根据给定的初始条件从通解中求出满足题意要求的解一般是不同的.

3. 熟悉拉氏变换表及其性质是熟练求函数的拉氏变换和逆变换的基础. 拉氏变换的线性性质、平移性质、延滞性质的正、逆运用，拉氏变换的微分性质在求象函数时的运用，将函数(象函数)表示成拉氏变换表中函数 $f(t)$(象函数 $F(p)$)的线性组合，以及对照拉氏变换表写出象函数 $F(p)$(函数 $f(t)$)是实际训练的重点.

4. 本章中拉氏变换的主要应用是直接求出常系数线性微分方程满足给定的初始条件的特解. 利用拉氏变换求常系数线性微分方程的三个主要步骤中，常系数线性微分方程取拉氏变换后，特解的拉氏变换变成关于 p 的代数式，在取拉氏逆变换时常需要将其中关于 p 的有理分式分解为部分分式. 另外，利用拉氏变换求常系数线性微分方程的特解的方法、过程比前面介绍的简化，求常系数非齐次线性微分方程特解时适用于更多形式的自由项. 更重要的是它适用于求解三阶及以上更高阶的常系数线性微分方程，并可以直接用它来求解常系数线性微分方程组等.

复习题二十二

1. 求下列微分方程的通解：

(1) $y''+4y'+3y=0$；　　(2) $y''+2y'=0$；

(3) $y''+2y'-3y=0$；　　(4) $y''+y'=1$；

(5) $y''+4y'+4y=2e^{2x}$；　　(6) $y''+9y=3\sin 2x+2\cos 2x$.

2. 求下列微分方程的特解：

(1) $y''-5y'-6y=0, y\big|_{t=0}=0, y'\big|_{t=0}=6$；

(2) $y''-8y'+16y=x+e^{x}, y(0)=y'(0)=0$.

3. 求下列函数的拉氏变换：

(1) $f(t)=3t^2$；　　(2) $f(t)=t^3-2e^{-t}$；

(3) $f(t)=\begin{cases}8, & 0\leqslant t<2,\\ 0, & t\geqslant 2;\end{cases}$　　(4) $f(t)=\begin{cases}3, & 0\leqslant t<\dfrac{\pi}{2},\\ \cos t, & t\geqslant \dfrac{\pi}{2};\end{cases}$

(5) $f(t)=e^{-2t}\cos t$；　　(6) $f(t)=\dfrac{1}{e^{3t}}-e^{3t}$.

4. 求下列象函数的象原函数：

(1) $F(p)=\dfrac{3}{(p-1)(p-2)}$；　　(2) $F(p)=\dfrac{1}{p^2+2p+1}$；

(3) $F(p)=\dfrac{p^2}{(p-2)^3}$；　　(4) $F(p)=\dfrac{2e^{-p}-e^{-3p}}{p}$.

5. 用拉氏变换解下列微分方程：

(1) $y''+2y'+2y=e^{-x}, y(0)=y'(0)=0$；　　(2) $y''+2y'=3e^{-2t}, y(0)=y'(0)=0$；

(3) $y''+9y=\cos 3t, y(0)=y'(0)=0$；

(4) $y'''+8y=8t^3+6, y(0)=y'(0)=y''(0)=0$.

阅读材料

一、Mathematica 在常微分方程和拉氏变换中的应用

1. 解常微分方程

Mathematica 能求常微分方程(组)的准确解，其能求解的方程类型大致覆盖了人工求解的范围，功能很强，但输出的结果与课本上的答案可能在形式上不同.

求常微分方程(组)准确解的命令格式如下：

(1) DSolve[eqn,y[x],x]表示求方程 eqn 的通解 $y(x)$，其中自变量是 x.

(2) DSolve[{eqn,y[x0]==y0},y[x],x]表示求方程 eqn 满足初始条件 $y(x_0)=y_0$ 的特解 $y(x)$.

(3) DSolve[{eqn1,eqn2,…},{y1[x],y2[x],…},x]表示求方程组 eqn1,eqn2,…的通解.

(4) DSolve[{eqn1,eqn2,…},{y1[x0]==y10,y2[x0]==y20,…},{y1[x],y2[x],…},x]表示求方程组 eqn1,eqn2,…满足初始条件 $y_1(x_0)=y_{10}$，$y_2(x_0)=y_{20}$，…的特解.

应当特别注意：方程及各项参数的表述方式很严格，容易出现输入错误. 输入格式中，未知函数总带有自变量，等号用连续键入两个等号表示，这两点由于不习惯容易出错. 导数符号用键盘上的撇号，连续两撇表示二阶导数，这与我们的习惯也相同. 自变量、未知量、初始值的表示法与普通变量相同.

输出结果时，系统总是尽量用显式解表出，有时反而会使表达式变得复杂，这与教科书的习惯不同. 当求显式解遇到问题时，会给出提示. 通解中的任意常数用 C[1]，C[2]，…表示.

例 1 求微分方程 $y''+5y'-6y=0$ 的通解.

解 In[1]:=DSolve[y"[x]+5y'[x]-6y[x]==0, y[x], x]

Out[1]={{y[x]→e^{-6x}C[1]+e^{x}C[2]}}

例 2 已知微分方程 $y''+y'-2y=0$，

(1) 求方程的通解；

(2) 求方程满足初始条件 $y|_{x=0}=4$，$y'|_{x=0}=1$ 的特解.

解 In[1]:=DSolve[y"[x]+y'[x]-2y[x]==0, y[x], x]

Out[1]={{y[x]→e^{-2x}C[1]+e^{x}C[2]}}

In[2]:=DSolve[{y"[x]+y'[x]-2y[x]==0,y[0]==4,y'[0]==1},y[x],x]

Out[2]={{y[x]→$e^{-2x}(1+3e^{3x})$}}

2. 拉普拉斯变换

拉普拉斯变换常用命令格式为：

(1) LaplaceTransform[f,t,s] 求函数 $f(t)$的 Laplace 变换，返回自变量为 s 的函数.

(2) InverseLaplaceTransform[F,s,t] 求函数 $F(s)$的 Laplace 逆变换，返回自变量为 t 的函数.

其中函数 $f(t)$和 $F(s)$也可以是函数表，这样可一次变换多个函数.

注意：课本中的象函数自变量用 p 表示，而此处系统输出的象函数自变量用 s 表示.

例 3 求函数 $t^3\sin t$ 的拉氏变换.

解

In[1]:=LaplaceTransform[t^3sin[t],t,s]

Out[1]= $\frac{24s(-1+s^2)}{(1+s^2)^4}$

求上述函数的逆变换是：

In[2]:=InverseLaplaceTransform [%,s,t]　　(%代表前一次的计算结果)

Out[2]= $t^3\sin t$

例 4 用拉氏变换求微分方程：$x'''+3x''+3x'+x=1$ 满足初始条件 $x''(0)=x'(0)=x(0)=0$ 的解.

解 对方程两端分别进行拉氏变换：

In[1]: =f1=LaplaceTransform[x'''[t]+3x"[t]+3x'[t]+x[t],t,s]

Out[1]=LaplaceTransform[x[t],t,s]+s3LaplaceTransform[x[t],t,s]+
3(sLaplaceTransform[x[t],t,s]-x[0])-s2x[0]+
3(s2LaplaceTransform[x[t],t,s]-sx[0]-x'[0])-sx'[0]-x"[0]

In[2]:=s1=LaplaceTransform[1,t,s]

Out[2]= $\frac{1}{s}$

求满足初始条件的解函数的拉氏变换：

In[3]:=x"[0]=x'[0]=x[0]=0;
Solve[f1==s1,LaplaceTransform[x[t],t,s]] (解出解函数的象函数 $x(s)$)

Out[3]= $\left\{\left\{\text{LaplaceTransform[x[t],t,s]}\to\frac{1}{s(1+s)^3}\right\}\right\}$

求解函数的拉氏逆变换

In[4]:=InverseLaplaceTransform$\left[\frac{1}{s(1+s)^3},s,t\right]$

Out[4]= $1-\frac{1}{2}e^{-t}(2+2t+t^2)$

二、奇妙的微分方程

微分方程理论是在17世纪末开始，与微积分学一起成长发展的．早在牛顿(Newton,1642—1727)、莱布尼兹(Leibiniz,1646—1716)时代，当时的数学家们谋求用微积分解决愈来愈多的物理问题，他们很快发现必须面对这样一类新问题：比较简单的问题可以引出用初等函数计算的积分，而某些比较困难的问题则引出不能如此表达的积分(如椭圆积分)，这两类问题都属于微积分的常规问题．解决更为复杂的问题就需要专门的技巧，这样微分方程学科就应时兴起了．

有几类物理问题促进了微分方程的研究，最典型的一个问题是等时问题：

求一条曲线，使得一个摆沿着它做每一次完全的振动，都取得相等的时间．伯努利(Bernoulli,1654—1705)最先提出和解决了这个问题．他运用微积分方法求得方程

$$\mathrm{d}y \cdot \sqrt{b^2 y - a^3} = \mathrm{d}x \cdot \sqrt{a^3},$$

通过对等式两边积分，得到答案

$$\frac{2b^2 y - 2a^3}{3b^2}\sqrt{b^2 y - a^3} = x\sqrt{a^3},$$

这是一条摆线．

伯努利还解决了弹性力学中的一个问题：受力细杆所具有的形状．他得到方程

$$\mathrm{d}y = \frac{(x^2 + ab)\mathrm{d}x}{\sqrt{a^4 - (x^2 + ab)^2}}.$$

这个方程可用椭圆积分来求解．

数学史上著名的“膜盖问题”：求船帆在风力作用下的形状．这也是与伯努利的名字联系在一起的．伯努利从这个问题中引出二阶微分方程

$$\frac{\mathrm{d}^2 x}{\mathrm{d}s^2} = \left(\frac{\mathrm{d}y}{\mathrm{d}s}\right)^3,$$

这里s为弧长．

他还于1695年提出了著名的伯努利方程

$$\frac{\mathrm{d}y}{\mathrm{d}s} = p(x)y + Q(x)y^n.$$

微积分的创立者牛顿和莱布尼兹在用微积分解决物理问题的过程中，也提出和解决了许多重要的常微分方程．牛顿研究了著名的“三体问题”：月球在太阳和地球引力作用下的运动状态，从中引出一种常微分方程并构造了它的解．莱布尼兹探讨了形如

$$y\frac{\mathrm{d}x}{\mathrm{d}y} = f(x) \cdot q(y)$$

的方程，并用变量分离法给出了它的解．

随着一阶常微分方程的大量出现，二阶和高阶常微分方程以及常微分方程组也相继不断出现．这些方程也都是在解常规问题的过程中得到的．欧拉(Euler,1707—1783)和丹尼尔・伯努利(Bernoulli. Daniel,1700—1782)在这方面作出了突出贡献．

例如,欧拉于 1743 年提出形如

$$Ay+B\frac{\mathrm{d}y}{\mathrm{d}x}+C\frac{\mathrm{d}^2y}{\mathrm{d}x^2}+D\frac{\mathrm{d}^3y}{\mathrm{d}x^3}+\cdots+L\frac{\mathrm{d}^ny}{\mathrm{d}x^n}=0$$

的常系数一般线性方程.至此,所积累的常微分方程知识已达到足够建立一门独立分支学科的程度,于是在 18 世纪中叶,常微分方程论便应运而生了.

微分方程理论的重要性是人们早就公认了的.它是各种精确自然科学中表述基本定律和各种问题的根本工具之一.换言之,只要列出了相应的微分方程,并且有了解(数值地或定性地)这种方程的方法,人们就得以预见到,在已知条件下这种或那种运动过程将怎么进行,或者为了实现人们所希望的某种运动应该怎样设计必要的装置和条件等.总之,微分方程从它诞生起就日益成为人类认识并改造自然的有力工具,成为数学科学联系实际的主要途径之一.如今,微分方程在科技、工程、经济管理以及生态、环境、人口、交通等各个领域中都有着广泛的应用.例如,研究弹性物体的振动,电阻、电容、电感电路的瞬变,热量在介质中的传播,抛射体的轨道,以及污染物浓度的变化,人口增长的预测,种群数量的演变,交通流量的控制等.建立微分方程只是解决问题的第一步,通常需要求出方程的解来说明实际现象,并加以检验.如果能得到解析形式的解固然是便于分析和应用的,但是,只有线性常系数微分方程,并且自由项是某些特殊类型的函数时,才可能肯定得到这样的解,而绝大多数变系数方程、非线性方程都是所谓"解不出来"的,即使看起来非常简单的方程,如

$$\frac{\mathrm{d}y}{\mathrm{d}x}=y^2+x^2.$$

于是,对于用微分方程解决实际问题来说,数值法是一个十分重要的手段,计算机技术和数学软件的飞速发展,日益成为微分方程实际应用的快速有效的重要工具.

在长达 3 个世纪的不断发展过程中,它一方面直接从与生产实践联系的其他科学技术中汲取活力,另一方面又不断以数学科学的成就来武装自己,所以它的问题和方法越来越多.时至今日,微分方程仍然是最有生命力的数学分支之一.

第二十三章　级　　数

我们知道函数是研究许多科学问题的有力工具之一,但在研究过程中会发现很多函数不能用初等函数的解析形式来表示,或其解析表达式比较复杂不便于分析和应用.为了解决这个问题,伴随着微积分理论研究的不断发展,数学家们试图用 n 个比较简单的函数 $u_1(x),u_2(x),\cdots,u_n(x)$ 相加得到的和式 $u_1(x)+u_2(x)+\cdots+u_n(x)$,近似地表达函数 $f(x)$,即通过增加和式中简单函数的个数 n 来达到预想的近似程度,或者说控制近似的过程,达到当 n 无限增大时,无穷个简单函数的和与所表示函数无限近似的目的.这就是以极限的思想表示和研究函数 $f(x)$ 的另一种方法——无穷级数.

无穷级数是表示和研究函数性质以及进行数值计算的一种重要工具,在电学、力学等多个学科中有着广泛的应用.本章将在研究由无穷个数构成的和式——常数项级数的基础上,进一步分别介绍两种形式的无穷级数,即用简单的幂函数构成的无穷级数——幂级数,以及用简单的三角函数构成的无穷级数——傅里叶级数.

§23-1　常数项级数

一、常数项级数的基本概念

我国三国时代的数学家刘徽曾利用圆的内接正多边形来计算圆的面积.具体做法是:在半径为 1 的单位圆内作一内接正六边形,其面积记为 a_1,它是圆面积 A 的一个近似值;再以正六边形的每一边为底,在小弓形内作一个顶点在圆周上的等腰三角形(图 23-1),记这六个等腰三角形的面积之和为 a_2,于是圆内接正十二边形的面积为 a_1+a_2,显然 a_1+a_2 较 a_1 更接近于圆面积 A.如此继续下去,可以得到一系列圆面积的近似值:

$$A_1=a_1,A_2=a_1+a_2,\cdots,A_n=a_1+a_2+\cdots+a_n.$$

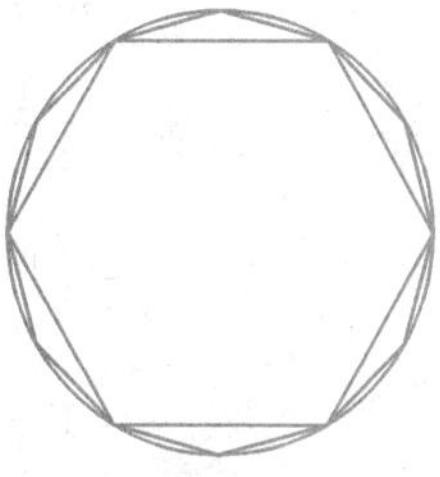

图 23-1

当 n 无限增大时,我们就得到一个由无穷多个数相加的式子 $a_1+a_2+\cdots+a_n+\cdots$,这样的式子就称为常数项级数.

定义 1　设给定数列 $u_1,u_2,\cdots,u_n,\cdots$,则将式子 $u_1+u_2+\cdots+u_n+\cdots$ 称为**常数项无穷级数**,简称**级数**,记作 $\sum\limits_{n=1}^{\infty}u_n$,即

$$\sum_{n=1}^{\infty} u_n = u_1 + u_2 + \cdots + u_n + \cdots, \tag{23-1}$$

其中 u_n 称为级数的**通项**或**一般项**.

可见,级数是一个用加号把无穷多个数加起来的"式子",有限个数相加得到的是一个确定的数,那么这"无穷个数相加"究竟是什么意思呢?这需要以极限的观点给出规定.

一般地,我们把(23-1)式的前 n 项的和

$$S_n = u_1 + u_2 + \cdots + u_n$$

叫做级数(23-1)的**前 n 项部分和**.

当 n 取值为确定的正整数时,相应的部分和是一个确定的和数.所有部分和构成一个数列:$S_1, S_2, \cdots, S_n, \cdots$.

定义 2 如果当 $n \to \infty$ 时,级数 $\sum_{n=1}^{\infty} u_n$ 的部分和数列$\{S_n\}$有极限 S,即 $\lim_{n\to\infty} S_n = S$,则称级数 $\sum_{n=1}^{\infty} u_n$ **收敛**,并称极限值 S 为级数 $\sum_{n=1}^{\infty} u_n$ 的**和**,记为

$$\sum_{n=1}^{\infty} u_n = S.$$

如果部分和数列$\{S_n\}$没有极限,则称级数 $\sum_{n=1}^{\infty} u_n$ **发散**.

由定义知,只有收敛级数才有和,此时"无穷多个数相加"有意义;发散级数没有和.

对于级数(23-1),称

$$r_n = u_{n+1} + u_{n+2} + \cdots = \sum_{k=n+1}^{\infty} u_k$$

为级数(23-1)的余项,显然级数 $\sum_{n=1}^{\infty} u_n$ 收敛的充要条件是 $\lim_{n\to\infty} r_n = 0$.

例 1 讨论级数 $\sum_{n=1}^{\infty} \frac{1}{n(n+1)}$ 的敛散性.

解 通项 $u_n = \frac{1}{n(n+1)} = \frac{1}{n} - \frac{1}{n+1}$,

$$\begin{aligned} S_n &= \frac{1}{1\cdot 2} + \frac{1}{2\cdot 3} + \cdots + \frac{1}{n(n+1)} \\ &= \left(1 - \frac{1}{2}\right) + \left(\frac{1}{2} - \frac{1}{3}\right) + \left(\frac{1}{3} - \frac{1}{4}\right) + \cdots + \left(\frac{1}{n} - \frac{1}{n+1}\right) \\ &= 1 - \frac{1}{n+1}. \end{aligned}$$

因为 $\lim_{n\to\infty} S_n = \lim_{n\to\infty}\left(1 - \frac{1}{n+1}\right) = 1$,所以级数 $\sum_{n=1}^{\infty} \frac{1}{n(n+1)}$ 收敛,且 $\sum_{n=1}^{\infty} \frac{1}{n(n+1)} = 1$.

例 2 讨论几何级数 $\sum_{n=1}^{\infty} aq^{n-1} (a \neq 0)$ 的敛散性.

解 $S_n = a + aq + \cdots + aq^{n-1}$.

当 $q = 1$ 时,$S_n = na \to \infty (n \to \infty)$,级数发散;

当 $q=-1$ 时，$S_n=a-a+a-a+\cdots=\begin{cases}0, & n=2k,\\ a, & n=2k-1\end{cases}(k\in\mathbf{Z})$，所以当 $n\to\infty$ 时，$\{S_n\}$ 的极限不存在，故 $\sum\limits_{n=1}^{\infty}aq^{n-1}$ 发散；

当 $|q|<1$ 时，$\lim\limits_{n\to\infty}S_n=\lim\limits_{n\to\infty}\dfrac{a-aq^n}{1-q}=\dfrac{a}{1-q}$，$\sum\limits_{n=1}^{\infty}aq^{n-1}$ 收敛；

当 $|q|>1$ 时，$\{S_n\}$ 的极限不存在，$\sum\limits_{n=1}^{\infty}aq^{n-1}$ 发散.

综上所述，当 $|q|<1$ 时，$\sum\limits_{n=1}^{\infty}aq^{n-1}$ 收敛；当 $|q|\geqslant 1$ 时，$\sum\limits_{n=1}^{\infty}aq^{n-1}$ 发散.

练 习 1

1. 讨论级数 $\sum\limits_{n=1}^{\infty}\ln\dfrac{n+1}{n}$ 的敛散性.

2. 讨论级数 $\sum\limits_{n=1}^{\infty}(-1)^{n-1}$ 的敛散性.

3. 讨论级数 $\sum\limits_{n=1}^{\infty}\dfrac{(n+1)^a-n^a}{[n(n+1)]^a}$ 的敛散性$(a>0)$.

二、常数项级数的基本性质

级数的收敛问题也就是其部分和数列是否有极限的问题，通过数列极限的有关性质可得到级数的一组重要性质.

性质 1 若 $\sum\limits_{n=1}^{\infty}u_n$ 收敛，c 为常数，则 $\sum\limits_{n=1}^{\infty}cu_n$ 也收敛.

性质 2 若 $\sum\limits_{n=1}^{\infty}u_n$ 收敛于 s，$\sum\limits_{n=1}^{\infty}v_n$ 收敛于 σ，则 $\sum\limits_{n=1}^{\infty}(u_n\pm v_n)$ 收敛于 $s\pm\sigma$.

性质 3 若级数 $\sum\limits_{n=1}^{\infty}u_n$ 收敛，则 $\lim\limits_{n\to\infty}u_n=0$.

性质 3 表明，$\lim\limits_{n\to\infty}u_n=0$ 是级数 $\sum\limits_{n=1}^{\infty}u_n$ 收敛的必要条件. 因此，若级数的通项不趋于 0，则该级数一定发散；若级数的通项趋于 0，则该级数可能收敛，也可能发散.

例 3 判别级数 $\sum\limits_{n=1}^{\infty}\dfrac{n}{10n+3}$ 的敛散性.

解 因为 $u_n=\dfrac{n}{10n+3}$，$\lim\limits_{n\to\infty}u_n=\lim\limits_{n\to\infty}\dfrac{n}{10n+3}=\dfrac{1}{10}\neq 0$，

所以级数 $\sum\limits_{n=1}^{\infty}\dfrac{n}{10n+3}$ 发散.

例 4 考察调和级数 $\sum\limits_{n=1}^{\infty}\dfrac{1}{n}$ 的敛散性.

解 调和级数$\sum_{n=1}^{\infty}\frac{1}{n}$的部分和

$$S_n=1+\frac{1}{2}+\cdots+\frac{1}{n},$$

由不等式$x>\ln(1+x)$ $(x>0)$可知

$$\begin{aligned}S_n&=1+\frac{1}{2}+\cdots+\frac{1}{n}>\ln(1+1)+\ln\left(1+\frac{1}{2}\right)+\cdots+\ln\left(1+\frac{1}{n}\right)\\&=\ln2+\ln\frac{3}{2}+\cdots+\ln\frac{n+1}{n}=\ln\left(2\cdot\frac{3}{2}\cdot\cdots\cdot\frac{n+1}{n}\right)=\ln(n+1)\to\infty\quad(n\to\infty).\end{aligned}$$

即当$n\to\infty$时，部分和S_n的极限不存在，故调和级数$\sum_{n=1}^{\infty}\frac{1}{n}$发散，但调和级数通项的极限为零.

本例告诉我们，通项趋于零仅是级数收敛的必要条件，而不是充分条件. 调和级数是著名的发散级数.

练习2

1. 判别级数$\sum_{n=1}^{\infty}\frac{(-1)^n\cdot n}{2n+1}$的敛散性.

2. 一同学在讨论级数$\sum_{n=1}^{\infty}2^{n-1}$的敛散性时，是这样解答的：

设$\sum_{n=1}^{\infty}2^{n-1}=A$，则

$$\begin{aligned}A&=1+2+2^2+\cdots+2^n+\cdots\\&=1+2(1+2+2^2+\cdots+2^n+\cdots)\\&=1+2A,\end{aligned}$$

解得$A=-1$，所以$\sum_{n=1}^{\infty}2^{n-1}$收敛，且收敛于$-1$.

请问该同学的解答是否正确？若不正确，请你给出正确答案.

三、级数收敛与发散的判定方法

1. 正项级数收敛性的判定

如果级数$\sum_{n=1}^{\infty}u_n$中的每一项均非负，即$u_n\geqslant0(n=1,2,3,\cdots)$，则称该级数为**正项级数**.

(1) 比较判别法

设$\sum_{n=1}^{\infty}u_n$，$\sum_{n=1}^{\infty}v_n$均为正项级数，且$u_n\leqslant v_n(n=1,2,\cdots)$，则

① 由$\sum_{n=1}^{\infty}v_n$收敛，可推断$\sum_{n=1}^{\infty}u_n$亦收敛；

② 由$\sum_{n=1}^{\infty}u_n$发散，可推断$\sum_{n=1}^{\infty}v_n$亦发散.

例 5 证明级数$\sum_{n=1}^{\infty}\frac{1}{2^n+3}$收敛.

证 因为$0<\frac{1}{2^n+3}<\frac{1}{2^n}=\left(\frac{1}{2}\right)^n$，而$\sum_{n=1}^{\infty}\left(\frac{1}{2}\right)^n$是公比为$\frac{1}{2}$的几何级数，是收敛的，由比较判别法知$\sum_{n=1}^{\infty}\frac{1}{2^n+3}$收敛.

例 6 讨论p-级数$\sum_{n=1}^{\infty}\frac{1}{n^p}$的敛散性($p>0$).

解 ① 当$p=1$时，$\sum_{n=1}^{\infty}\frac{1}{n^p}=\sum_{n=1}^{\infty}\frac{1}{n}$为调和级数，发散.

② 当$p<1$时，$\frac{1}{n^p}>\frac{1}{n}$，由比较判别法知$\sum_{n=1}^{\infty}\frac{1}{n^p}$发散.

③ 当$p>1$时，

$$\begin{aligned}\sum_{n=1}^{\infty}\frac{1}{n^p}&=1+\left(\frac{1}{2^p}+\frac{1}{3^p}\right)+\left(\frac{1}{4^p}+\frac{1}{5^p}+\frac{1}{6^p}+\frac{1}{7^p}\right)+\cdots\\&\leqslant 1+\left(\frac{1}{2^p}+\frac{1}{2^p}\right)+\left(\frac{1}{4^p}+\frac{1}{4^p}+\frac{1}{4^p}+\frac{1}{4^p}\right)+\cdots\\&=\sum_{n=1}^{\infty}\left(\frac{1}{2^{p-1}}\right)^n,\end{aligned}$$

因为$q=\frac{1}{2^{p-1}}<1$，所以级数$\sum_{n=1}^{\infty}\frac{1}{n^p}$收敛.

利用比较判别法可以由已知级数的敛散性来判定未知级数的敛散性. 最常用的比较级数是$\sum_{n=1}^{\infty}\frac{1}{n}$，$\sum_{n=1}^{\infty}q^n$和$\sum_{n=1}^{\infty}\frac{1}{n^p}$.

练习 3

利用比较判别法，判断下列级数的敛散性：

(1) $1+\frac{1}{3}+\frac{1}{5}+\frac{1}{7}+\cdots$；

(2) $1+\frac{2}{3}+\frac{3}{5}+\cdots+\frac{n}{2n-1}+\cdots$；

(3) $\frac{1}{2\cdot5}+\frac{1}{3\cdot6}+\cdots+\frac{1}{(n+1)(n+4)}+\cdots$.

(2) 比值判别法

设$\sum_{n=1}^{\infty}u_n$是正项级数，且

$$\lim_{n\to\infty}\frac{u_{n+1}}{u_n}=l,$$

则 ① 当 $l<1$ 时，级数 $\sum\limits_{n=1}^{\infty}u_n$ 收敛；

② 当 $l>1$ 时，级数 $\sum\limits_{n=1}^{\infty}u_n$ 发散；

③ 当 $l=1$ 时，级数 $\sum\limits_{n=1}^{\infty}u_n$ 可能收敛，也可能发散.

例 7 讨论级数 $\sum\limits_{n=1}^{\infty}\dfrac{n}{2^n}$ 的敛散性.

解 $\lim\limits_{n\to\infty}\dfrac{u_{n+1}}{u_n}=\lim\limits_{n\to\infty}\left(\dfrac{\dfrac{n+1}{2^{n+1}}}{\dfrac{n}{2^n}}\right)=\lim\limits_{n\to\infty}\dfrac{n+1}{2n}=\dfrac{1}{2}<1$，根据比值判别法，级数 $\sum\limits_{n=1}^{\infty}\dfrac{n}{2^n}$ 收敛.

例 8 讨论级数 $\sum\limits_{n=1}^{\infty}\dfrac{n^n}{n!}$ 的敛散性.

解 $\lim\limits_{n\to\infty}\dfrac{u_{n+1}}{u_n}=\lim\limits_{n\to\infty}\left[\dfrac{\dfrac{(n+1)^{n+1}}{(n+1)!}}{\dfrac{n^n}{n!}}\right]=\lim\limits_{n\to\infty}\left(1+\dfrac{1}{n}\right)^n=\mathrm{e}>1$，所以级数 $\sum\limits_{n=1}^{\infty}\dfrac{n^n}{n!}$ 发散.

练 习 4

利用比值判别法研究下列级数的敛散性：

(1) $\sum\limits_{n=2}^{\infty}\dfrac{1}{1\cdot2\cdot\cdots\cdot(n-1)}$；

(2) $\sum\limits_{n=2}^{\infty}\dfrac{3^n}{n^2\cdot2^n}$；

(3) $\sum\limits_{n=2}^{\infty}\dfrac{1}{(2n+1)!}$.

2. 交错级数敛散性判别法

设 $u_n>0$，则级数 $\sum\limits_{n=1}^{\infty}(-1)^{n-1}u_n$（或 $\sum\limits_{n=1}^{\infty}(-1)^n u_n$）称为**交错级数**. 交错级数敛散性的判别方法如下：

如果交错级数 $\sum\limits_{n=1}^{\infty}(-1)^{n-1}u_n\ (u_n>0, n=1,2,\cdots)$ 满足：

① $u_{n+1}\leqslant u_n\ (n=1,2,\cdots)$，

② $\lim\limits_{n\to\infty}u_n=0$，

则该交错级数收敛，且其和 $S\leqslant u_1$.

例 9 判定级数 $\sum\limits_{n=1}^{\infty}\dfrac{(-1)^{n-1}}{n}$ 的敛散性.

解 $u_n=\dfrac{1}{n}$，显然 $u_{n+1}=\dfrac{1}{n+1}<\dfrac{1}{n}=u_n$，且 $\lim\limits_{n\to\infty}u_n=0$，所以该级数是收敛的.

将级数 $\sum_{n=1}^{\infty}(-1)^{n-1}\frac{1}{n}$ 的每一项取绝对值后变成调和级数 $\sum_{n=1}^{\infty}\frac{1}{n}$，$\sum_{n=1}^{\infty}\frac{1}{n}$ 是发散的，于是我们称 $\sum_{n=1}^{\infty}(-1)^{n-1}\frac{1}{n}$ 为条件收敛级数.

一般地，若 $\sum_{n=1}^{\infty}u_n$ 收敛，但 $\sum_{n=1}^{\infty}|u_n|$ 发散，则称 $\sum_{n=1}^{\infty}u_n$ 是**条件收敛级数**；若 $\sum_{n=1}^{\infty}u_n$ 收敛，$\sum_{n=1}^{\infty}|u_n|$ 也收敛，则称 $\sum_{n=1}^{\infty}u_n$ 为**绝对收敛级数**. 例如，级数 $\sum_{n=1}^{\infty}(-1)^{n-1}\frac{1}{n^2}$ 是绝对收敛级数.

习题 23-1

A 组

1. 判断下列级数的敛散性：

(1) $\frac{1}{2}+\frac{3}{4}+\frac{5}{6}+\cdots+\frac{2n-1}{2n}+\cdots$；

(2) $\sin\frac{\pi}{6}+\sin\frac{2\pi}{6}+\cdots+\sin\frac{n\pi}{6}+\cdots$；

(3) $\sum_{n=1}^{\infty}(\sqrt{n+2}-2\sqrt{n+1}+\sqrt{n})$.

2. 用比较判别法判别下列级数的敛散性：

(1) $\sum_{n=1}^{\infty}\frac{1}{\sqrt{(2n-1)(2n+1)}}$；

(2) $\sum_{n=1}^{\infty}\frac{\sin n\theta}{n^2}$.

3. 用比值判别法判别下列级数的敛散性：

(1) $\sum_{n=1}^{\infty}\frac{n}{3^n}$；

(2) $\sum_{n=1}^{\infty}\frac{1}{2^{2n-1}(2n-1)}$；

(3) $\sum_{n=1}^{\infty}\frac{2^n}{n(n+1)}$.

4. 讨论下列级数的敛散性：

(1) $\sum_{n=1}^{\infty}(-1)^{n-1}\frac{1}{\sqrt{n}}$；

(2) $\sum_{n=1}^{\infty}(-1)^{n-1}\frac{n}{(2n-1)}$;

(3) $\sum_{n=1}^{\infty}(-1)^{n-1}\frac{n}{n+1}$.

B 组

判断下列级数的敛散性：

(1) $\frac{1}{3}+\frac{1}{\sqrt{3}}+\frac{1}{\sqrt[3]{3}}+\frac{1}{\sqrt[4]{3}}+\cdots$;

(2) $\sum_{n=1}^{\infty}\frac{1}{n(n+1)(n+2)}$;

(3) $\sum_{n=1}^{\infty}\left(\frac{1}{n^3}-\frac{\ln^n 3}{3^n}\right)$;

(4) $\sum_{n=1}^{\infty}\frac{n+2}{2^n}$;

(5) $\sum_{n=1}^{\infty}\frac{1}{1+a^n}(a>0)$;

(6) $\sum_{n=1}^{\infty}\frac{n^n}{(n!)^2}$.

§23-2 幂 级 数

一、幂级数的概念

1. 函数项级数

设 $u_1(x), u_2(x), \cdots, u_n(x), \cdots$ 都是定义在数集 E 上的函数，则和式

$$u_1(x)+u_2(x)+\cdots+u_n(x)+\cdots=\sum_{k=1}^{\infty}u_k(x) \tag{23-2}$$

称为定义在数集 E 上的函数项级数，$u_n(x)$ 称为**一般项或通项**.

当 x 在数集 E 上取某个特定值 x_0 时，级数(23-2) 就是一个数项级数. 如果这个数项级数 $\sum_{k=1}^{\infty}u_k(x_0)$ 收敛，则称级数(23-2) **在点 x_0 收敛**，x_0 称为该级数的一个收敛点；如果发散，则称 x_0 为这个级数的发散点. 一个级数的收敛点的全体称为它的**收敛域**.

对于收敛域内的任意一个数 x，函数项级数成为一个收敛域内的数项级数，因此，有一个确定的和 $S(x)$. 这样，在收敛域上，函数项级数的和是关于 x 的函数 $S(x)$，通常称 $S(x)$ 为函数项级数(23-2) 的**和函数**，记作

$$S(x)=\sum_{k=1}^{\infty}u_k(x),$$

其中 x 是收敛域内的任意一点.

将函数项级数的前 n 项和记作 $S_n(x)$，则在收敛域上有 $\lim\limits_{n\to\infty}S_n(x)=S(x)$.

2. 幂级数及其收敛区间

形如

$$\sum_{n=0}^{\infty}a_n(x-x_0)^n=a_0+a_1(x-x_0)+a_2(x-x_0)^2+\cdots+a_n(x-x_0)^n+\cdots$$

的函数项级数称为 $x-x_0$ 的**幂级数**，其中常数 $a_0,a_1,a_2,\cdots,a_n\cdots$ 称为**幂级数的系数**.

当 $x_0=0$ 时，$x-x_0$ 的幂级数变为

$$\sum_{n=0}^{\infty}a_nx^n=a_0+a_1x+a_2x^2+\cdots+a_nx^n+\cdots, \tag{23-3}$$

称为 x 的幂级数，由于 $x-x_0$ 的幂级数可以通过变换 $y=x-x_0$ 转变为 x 的幂级数，因此，下面只讨论形如(23-3)的幂级数.

关于幂级数(23-3)的收敛性问题，首先介绍如下定理：

定理 设 $\lim\limits_{n\to\infty}\left|\dfrac{a_{n+1}}{a_n}\right|=\rho(\rho\geqslant 0)$，则

① 当 $\rho=0$ 时，幂级数 $\sum\limits_{n=0}^{\infty}a_nx^n$ 在任何 $x\in(-\infty,+\infty)$ 处收敛；

② 当 $\rho=+\infty$ 时，幂级数 $\sum\limits_{n=0}^{\infty}a_nx^n$ 仅在 $x=0$ 处收敛；

③ 当 ρ 为不等于零的正常数时，幂级数 $\sum\limits_{n=0}^{\infty}a_nx^n$ 在 $x\in\left(-\dfrac{1}{\rho},\dfrac{1}{\rho}\right)$ 内收敛，在 $x\in\left(-\infty,\dfrac{1}{\rho}\right)\cup\left(\dfrac{1}{\rho},+\infty\right)$ 内发散.

$\rho\neq 0$ 时，令 $R=\dfrac{1}{\rho}$，并规定：$\rho=0$ 时，$R=+\infty$；$\rho=+\infty$ 时，$R=0$. R 称为幂级数 $\sum\limits_{n=0}^{\infty}a_nx^n$ 的**收敛半径**，区间 $(-R,R)$ 称为幂级数的**收敛区间**. R 为正常数时，幂级数在收敛区间的端点 $x=\pm R$ 处可能收敛，也可能发散；$|x|>R$ 时，幂级数发散.

例 1 求级数 $\sum\limits_{n=1}^{\infty}(-1)^{n-1}\dfrac{x^n}{n}$ 的收敛区间与收敛域.

解 $\lim\limits_{n\to\infty}\left|\dfrac{a_{n+1}}{a_n}\right|=\lim\limits_{n\to\infty}\left|\dfrac{\dfrac{1}{n+1}}{\dfrac{1}{n}}\right|=1$，即 $\rho=1$，所以收敛半径 $R=\dfrac{1}{\rho}=1$.

当 $x=-1$ 时，级数化为 $\sum\limits_{n=1}^{\infty}\dfrac{(-1)^{2n-1}}{n}=-\sum\limits_{n=1}^{\infty}\dfrac{1}{n}$，级数发散；

当 $x=1$ 时，级数化为 $\sum\limits_{n=1}^{\infty}\dfrac{(-1)^{n-1}}{n}$，级数收敛.

所以，该级数的收敛区间为 $(-1,1)$，收敛域为 $(-1,1]$.

例 2 求级数 $\sum\limits_{n=0}^{\infty}\dfrac{x^n}{n!}$ 的收敛半径.

解 $\lim\limits_{n\to\infty}\left|\dfrac{a_{n+1}}{a_n}\right|=\lim\limits_{n\to\infty}\left[\dfrac{\dfrac{1}{(n+1)!}}{\dfrac{1}{n!}}\right]=\lim\limits_{n\to\infty}\dfrac{1}{n+1}=0.$

所以,收敛半径 $R=+\infty$.

例 3 求级数 $\sum\limits_{n=1}^{\infty}n^n x^n$ 的收敛半径.

解 $\lim\limits_{n\to\infty}\left|\dfrac{a_{n+1}}{a_n}\right|=\lim\limits_{n\to\infty}\left[\dfrac{(n+1)^{n+1}}{n^n}\right]=\lim\limits_{n\to\infty}\left(\dfrac{n+1}{n}\right)^n(n+1)=+\infty.$

因此,级数的收敛半径 $R=0$.

练习 1

求下列幂级数的收敛域:

(1) $\sum\limits_{n=1}^{\infty}\dfrac{x^n}{n}$; (2) $\sum\limits_{n=1}^{\infty}n!x^n$; (3) $\sum\limits_{n=1}^{\infty}\dfrac{2^n}{n^2+1}\cdot x^n$.

二、幂级数的性质

性质 1 如果幂级数 $\sum\limits_{n=0}^{\infty}a_n x^n$ 和 $\sum\limits_{n=0}^{\infty}b_n x^n$ 的收敛半径分别为 $R_1>0,R_2>0$,令 $R=\min(R_1,R_2)$,则在 $(-R,R)$ 内,幂级数 $\sum\limits_{n=0}^{\infty}(a_n\pm b_n)x^n$ 收敛,且有

$$\sum_{n=0}^{\infty}(a_n\pm b_n)x^n=\sum_{n=0}^{\infty}a_n x^n\pm\sum_{n=0}^{\infty}b_n x^n. \tag{23-4}$$

性质 2 如果幂级数 $\sum\limits_{n=0}^{\infty}a_n x^n$ 的收敛半径 $R>0$,则在收敛区间 $(-R,R)$ 内,其和函数 $S(x)$ 是连续函数.

性质 3 如果幂级数 $\sum\limits_{n=0}^{\infty}a_n x^n$ 的收敛半径 $R>0$,则在收敛区间 $(-R,R)$ 内,其和函数 $S(x)$ 是可积的,并且有

$$\int_0^x S(t)\mathrm{d}t=\int_0^x\Big(\sum_{n=0}^{\infty}a_n t^n\Big)\mathrm{d}t=\sum_{n=0}^{\infty}\int_0^x a_n t^n\mathrm{d}t=\sum_{n=0}^{\infty}\frac{a_n}{n+1}x^{n+1}. \tag{23-5}$$

这性质表明**幂级数在收敛区间内可以逐项积分.**

性质 4 如果幂级数 $\sum\limits_{n=0}^{\infty}a_n x^n$ 的收敛半径 $R>0$,则在收敛区间 $(-R,R)$ 内,其和函数 $S(x)$ 是可导的,并且有

$$S'(x)=\Big(\sum_{n=0}^{\infty}a_n x^n\Big)'=\sum_{n=0}^{\infty}(a_n x^n)'=\sum_{n=1}^{\infty}na_n x^{n-1}. \tag{23-6}$$

这性质表明**幂级数在收敛区间内可以逐项求导.**

易验证,当 $x\in(-1,1)$ 时,

$$1+x+x^2+\cdots+x^n+\cdots=\frac{1}{1-x}. \tag{23-7}$$

事实上，
$$S_n(x)=1+x+x^2+\cdots+x^n=\frac{1-x^n}{1-x},$$
所以
$$S(x)=\lim_{n\to\infty}S_n(x)=\lim_{n\to\infty}\frac{1-x^n}{1-x}=\frac{1}{1-x}.$$

由幂级数的性质知：

(1) 和函数 $S(x)=\dfrac{1}{1-x}$ 在$(-1,1)$内连续.

(2) $\left(\dfrac{1}{1-x}\right)'=(1+x+x^2+\cdots+x^n+\cdots)'$,

即
$$\frac{1}{(1-x)^2}=1+2x+\cdots+nx^{n-1}+\cdots. \tag{23-8}$$

(3) $\displaystyle\int_0^x\frac{1}{1-t}\mathrm{d}t=\int_0^x(1+t+t^2+\cdots+t^n+\cdots)\mathrm{d}t$
$$=x+\frac{x^2}{2}+\cdots+\frac{x^{n+1}}{n+1}+\cdots,$$

即
$$\ln(1-x)=-x-\frac{x^2}{2}-\cdots-\frac{x^{n+1}}{n+1}\cdots. \tag{23-9}$$

级数(23-7)经逐项微分和逐项积分后的函数(23-8)、(23-9)的收敛半径仍为1.

例4 求幂级数$\displaystyle\sum_{n=0}^{\infty}\frac{x^{2n+1}}{2n+1}$的和函数,并求级数$\displaystyle\sum_{n=0}^{\infty}\frac{1}{2n+1}\left(\frac{1}{2}\right)^{2n+1}$的值.

解 因为$\rho=\lim\limits_{n\to\infty}\dfrac{\frac{1}{2(n+1)+1}}{\frac{1}{2n+1}}=1$,所以$R=1$. 又$\dfrac{x^{2n+1}}{2n+1}=\displaystyle\int_0^x t^{2n}\mathrm{d}t$,而

$$\sum_{n=0}^{\infty}x^{2n}=1+x^2+x^4+\cdots+x^{2n}+\cdots=\frac{1}{1-x^2},x\in(-1,1),$$

逐项积分,得

$$x+\frac{x^3}{3}+\frac{x^5}{5}+\cdots+\frac{x^{2n+1}}{2n+1}+\cdots=\int_0^x\frac{\mathrm{d}t}{1-t^2}=\frac{1}{2}\ln\frac{1+x}{1-x},x\in(-1,1),$$

即 $\displaystyle\sum_{n=0}^{\infty}\frac{x^{2n+1}}{2n+1}=\frac{1}{2}\ln\frac{1+x}{1-x},x\in(-1,1).$

所以 $\displaystyle\sum_{n=0}^{\infty}\frac{1}{2n+1}\left(\frac{1}{2}\right)^{2n+1}=\frac{1}{2}\ln\frac{1+x}{1-x}\bigg|_{x=\frac{1}{2}}=\frac{1}{2}\ln3.$

练习2

求下列幂级数的和函数：

(1) $\displaystyle\sum_{n=0}^{\infty}nx^{n-1}$；　　(2) $\displaystyle\sum_{n=0}^{\infty}(-1)^n\cdot\frac{1}{2n+1}\cdot x^{2n+1}$.

习题 23-2

A 组

1. 求下列幂级数的收敛域：

(1) $\sum_{n=1}^{\infty}(-1)^{n-1}\frac{x^n}{n}$； (2) $\sum_{n=1}^{\infty}\frac{x^n}{(2n)!}$；

(3) $\sum_{n=1}^{\infty}10^n x^n$.

2. 求下列幂级数的和函数：

(1) $2x+4x^3+6x^5+8x^7+\cdots$； (2) $\sum_{n=1}^{\infty}\frac{(-1)^n x^{n+1}}{n+1}$.

B 组

1. 求下列幂级数的收敛域：

(1) $\sum_{n=1}^{\infty}\frac{x^n}{n\cdot 2^n}$； (2) $\sum_{n=1}^{\infty}(-1)^n\cdot\frac{x^{2n+1}}{2n+1}$；

(3) $\sum_{n=1}^{\infty}\frac{(-1)^{n-1}}{3^n\cdot n^2}x^n$.

2. 求下列幂级数的和函数：

(1) $\sum_{n=1}^{\infty}n(n+1)x^n$；

(2) $\sum_{n=1}^{\infty}\frac{x^{2n-1}}{2n-1}$，并求级数 $\sum_{n=1}^{\infty}\frac{1}{(2n-1)\cdot 2^n}$ 的和.

§23-3 函数的幂级数展开式

上一节讨论了幂级数的收敛域及其和函数的求法，但在实际应用中往往会提出相反的问题：对于已知函数 $f(x)$，能否用幂级数来表示？本节将讨论这个问题.

一、泰勒级数

1. 泰勒展开式

设 $y=f(x)$ 在 x_0 的某邻域内有直至 $n+1$ 阶导数，则对此邻域内任意 x 有

$$f(x)=f(x_0)+\frac{f'(x_0)}{1!}(x-x_0)+\frac{f''(x_0)}{2!}(x-x_0)^2+\cdots$$

$$+\frac{f^{(n)}(x_0)}{n!}(x-x_0)^n+\frac{f^{n+1}(\xi)}{(n+1)!}(x-x_0)^{n+1}, \tag{23-10}$$

ξ 在 x_0，x 之间. 称(23-10)为 $f(x)$的**泰勒展开式**或**泰勒公式**，其中

$$R_n(x)=\frac{f^{n+1}(\xi)}{(n+1)!}(x-x_0)^{n+1} \tag{23-11}$$

称为 $f(x)$的 n 阶泰勒余项.

在 x_0 的附近利用泰勒公式，我们可以用一个关于$(x-x_0)$的 n 次多项式

$$P_n(x)=f(x_0)+\frac{f'(x_0)}{1!}(x-x_0)+\cdots+\frac{f^{(n)}(x_0)}{n!}(x-x_0)^n$$

去近似地表示函数 $f(x)$，并可通过余项 $R_n(x)$估计误差.

在微分学中我们曾学过的近似计算公式

$$f(x)\approx f(x_0)+f'(x_0)(x-x_0)$$

实际上就是泰勒公式在 $n=1$ 时的特例. 一般来说，提高次数 n，可以提高近似计算的精确程度.

在泰勒展开式中，当 $x_0=0$ 时，记 $\xi=\theta x$，$0<\theta<1$，公式(23-10)成为

$$f(x)=f(0)+\frac{f'(0)}{1!}x+\frac{f''(0)}{2!}x^2+\cdots+\frac{f^{(n)}(0)}{n!}+\frac{f^{(n+1)}(\theta x)}{(n+1)!}x^{n+1}, \tag{23-12}$$

称(23-12)为 $f(x)$的**麦克劳林展开式**.

例 1 写出函数 $y=e^x$ 的麦克劳林展开式.

解 $f^{(k)}(x)=e^x(k=0,1,2,\cdots,n)$，$f^{(n+1)}(\theta x)=e^{\theta x}$，$f^{(k)}(0)=1(k=0,1,2,\cdots,n)$. 所以，$y=e^x$ 的麦克劳林展开式为

$$e^x=1+x+\frac{1}{2!}x^2+\cdots+\frac{1}{n!}x^n+\frac{1}{(n+1)!}e^{\theta x}x^{n+1}\quad(0<\theta<1).$$

为了计算 e 的近似值，可在上式中取 $x=1$，得 e 的表达式为

$$e=1+1+\frac{1}{2!}+\frac{1}{3!}+\cdots+\frac{1}{n!}+\frac{1}{(n+1)!}e^{n}\quad(0<\theta<1).$$

若取 $n=9$，则 $R_9(1)=\frac{1}{10!}e^{\theta}<\frac{3}{10!}\approx 8.27\times 10^{-7}$，所以有

$$e\approx 1+1+\frac{1}{2!}+\frac{1}{3!}+\cdots+\frac{1}{9!}\approx 2.71818.$$

例 2 求 $f(x)=\sin x$ 的麦克劳林展开式.

解 $f(x)=\sin x$，

$$f'(x)=\cos x=\sin\left(x+\frac{\pi}{2}\right),$$

$$f''(x)=-\sin x=\sin\left(x+\frac{2\cdot\pi}{2}\right),$$

$\cdots$，

$$f^{(n)}(x)=\sin\left(x+\frac{n\cdot\pi}{2}\right),$$

$$f^{(n)}(0)=\sin\frac{n\pi}{2}=\begin{cases}0, & n=2m,\\(-1)^{m-1}, & n=2m-1.\end{cases}$$

因此，$f(x)=\sin x$ 的麦克劳林展开式为

$$\sin x=x-\frac{1}{3!}x^3+\frac{1}{5!}x^5-\frac{1}{7!}x^7+\cdots+(-1)^{m-1}\frac{x^{2m-1}}{(2m-1)!}+R_{2m}(x),$$

其中 $R_{2m}(x)=\dfrac{1}{(2m+1)!}\sin\left[\theta x+(2m+1)\cdot\dfrac{\pi}{2}\right]x^{2m+1}$.

2. 泰勒级数

如果函数 $f(x)$ 在 x_0 邻域内的任意阶导数都存在，对于任意正整数 n，泰勒展开式(23-10)都成立，且当 $n\to\infty$ 时，$R_n(x)\to 0$，则有

$$\begin{aligned}f(x)&=\lim_{n\to\infty}\left[f(x_0)+f'(x_0)(x-x_0)+\cdots+\frac{f^{(n)}(x_0)}{n!}(x-x_0)^n+R_n(x)\right]\\&=\lim_{n\to\infty}\sum_{k=0}^{n}\frac{f^{(k)}(x_0)}{k!}(x-x_0)^k,\end{aligned}$$

即
$$f(x)=\sum_{n=0}^{\infty}\frac{f^{(n)}(x_0)}{n!}(x-x_0)^n. \tag{23-13}$$

(23-13) 称为 $f(x)$ 的**泰勒级数**.

当 $x_0=0$ 时，

$$f(x)=\sum_{n=0}^{\infty}\frac{f^{(n)}(0)}{n!}x^n. \tag{23-14}$$

(23-14) 称为 $f(x)$ 的**麦克劳林级数**.

二、函数展开成幂级数的方法

1. 直接展开法

利用泰勒公式(或麦克劳林公式) 将 $f(x)$ 展开成泰勒级数(或麦克劳林级数) 的方法如下：

(1) 求出函数 $f(x)$ 的任意阶导数 $f^{(n)}(x)(n=1,2,\cdots)$ 及在 x_0 处的各阶导数值.若在 x_0 处的某阶导数不存在，则 $f(x)$ 不能展开为幂级数.

(2) 作出 $f(x)$ 在点 $x=x_0$ 处的泰勒级数

$$\sum_{n=0}^{\infty}\frac{f^{(n)}(x_0)}{n!}(x-x_0)^n.$$

(3) 确定使等式

$$\lim_{n\to\infty}R_n(x)=0$$

成立的 x 的取值范围，其中 $R_n(x)$ 是 $f(x)$ 在 x_0 处的 n 阶泰勒余项.

注　本教材对第三步，即确定使等式 $\lim\limits_{n\to\infty}R_n(x)=0$ 成立的 x 的取值范围不作要求，直接求出幂级数的收敛域即可.

例 3　将 $f(x)=e^x$ 展开成 x 的幂级数.

解　由例 1，$f(x)=e^x$ 的麦克劳林展开式为

$$e^x=1+x+\frac{x^2}{2!}+\cdots+\frac{x^n}{n!}+\frac{x^{n+1}}{(n+1)!}e^{\theta x}\quad(0<\theta<1).$$

由此得 $f(x)=e^x$ 的幂级数展开式为

$$e^x=1+x+\frac{x^2}{2!}+\cdots+\frac{x^n}{n!}+\cdots, x\in(-\infty,+\infty). \tag{23-15}$$

例 4 将 $f(x)=\sin x$ 展开成 x 的幂级数.

解 由例 2, $f(x)=\sin x$ 的麦克劳林展开式为

$$\sin x=x-\frac{x^3}{3!}+\frac{x^5}{5!}+\cdots+(-1)^{m-1}\frac{x^{2m-1}}{(2m-1)!}+\frac{\sin\left[\theta x+(2m+1)\frac{\pi}{2}\right]}{(2m+1)!}x^{2m+1},$$

因此, $f(x)=\sin x$ 关于 x 的幂级数展开式为

$$\sin x=x-\frac{x^3}{3!}+\frac{x^5}{5!}-\frac{x^7}{7!}+\cdots+(-1)^{m-1}\frac{x^{2m-1}}{(2m-1)!}+\cdots, x\in(-\infty,+\infty). \tag{23-16}$$

2. 间接展开法

上面我们利用直接展开法求得 e^x, $\sin x$ 的幂级数展开式,可以看出这种展开方法是很麻烦的.因此,我们应尽可能利用其他方法将函数展开成幂级数.通常利用几何级数, e^x, $\sin x$ 的幂级数展开式,根据函数的幂级数展开式的唯一性,通过代数运算或求导、求积分运算将函数 $f(x)$ 展开成幂级数,这种方法称为**间接展开法**.

例 5 将 $f(x)=e^{-x}$ 展开成 x 的幂级数.

解 在(23-15)中以 $-x$ 代替 x,得 e^{-x} 的展开式:

$$e^{-x}=1-x+\frac{x^2}{2!}+\cdots+(-1)^n\frac{x^n}{n!}+\cdots, x\in(-\infty,+\infty).$$

例 6 将 $f(x)=\cos x$ 展开成 x 的幂级数.

解 将级数(23-16)两边求导得

$$\cos x=1-\frac{x^2}{2!}+\frac{x^4}{4!}+\cdots+(-1)^n\frac{x^{2n}}{(2n)!}+\cdots, x\in(-\infty,+\infty). \tag{23-17}$$

例 7 分别将(1) $\frac{1}{1-2x}$,(2) $\frac{1}{2-x}$,(3) $\frac{1}{1+x^2}$ 展开成 x 的幂级数.

解 由(23-7), $\frac{1}{1-x}=1+x+x^2+\cdots+x^n+\cdots\quad(-1<x<1)$.

(1) 在上式中用 $2x$ 代 x,得

$$\frac{1}{1-2x}=1+2x+(2x)^2+\cdots+(2x)^n+\cdots\quad(-1<2x<1),$$

$$\frac{1}{1-2x}=1+2x+2^2x^2+\cdots+2^nx^n+\cdots\quad\left(-\frac{1}{2}<x<\frac{1}{2}\right).$$

(2) 因为 $\frac{1}{2-x}=\frac{1}{2}\cdot\frac{1}{1-\frac{x}{2}}$,所以

$$\frac{1}{2-x}=\frac{1}{2}\left[1+\frac{x}{2}+\left(\frac{x}{2}\right)^2+\cdots+\left(\frac{x}{2}\right)^n+\cdots\right]$$

$$=\frac{1}{2}+\frac{x}{2^2}+\frac{x^2}{2^3}+\cdots+\frac{x^n}{2^{n+1}}+\cdots\quad(-2<x<2).$$

(3) $\frac{1}{1+x^2}=\frac{1}{1-(-x^2)}=1-x^2+x^4+\cdots+(-1)^nx^{2n}+\cdots\quad(-1<x<1)$.

例 8 分别将(1) $f(x)=\ln(1+x)$,(2) $f(x)=\arctan x$ 展开成 x 的幂级数.

解 (1) $\frac{1}{1+x}=1-x+x^2+\cdots+(-1)^nx^n+\cdots, x\in(-1,1)$，从 0 到 x 逐项积分，得

$$\ln(1+x)=x-\frac{x^2}{2}+\frac{x^3}{3}+\cdots+(-1)^{n-1}\frac{x^n}{n}+\cdots, x\in(-1,1).$$

当 $x=-1$ 时，级数发散，当 $x=1$ 时，级数收敛，因此 $\ln(1+x)$ 展开成 x 的幂级数为

$$\ln(1+x)=x-\frac{x^2}{2}+\frac{x^3}{3}+\cdots+(-1)^{n-1}\frac{x^n}{n}+\cdots, x\in(-1,1]. \tag{23-18}$$

(2) $\frac{1}{1+x^2}=1-x^2+x^4-x^6+\cdots+(-1)^nx^{2n}+\cdots, x\in(-1,1)$，

两边从 0 到 x 逐项积分得

$$\arctan x=x-\frac{x^3}{3}+\frac{x^5}{5}-\frac{x^7}{7}+\cdots+(-1)^n\frac{x^{2n+1}}{2n+1}+\cdots, x\in(-1,1).$$

易验证，当 $x=\pm1$ 时，级数收敛，因此，$f(x)=\arctan x$ 的幂级数展开式为

$$\arctan x=x-\frac{x^3}{3}+\frac{x^5}{5}-\frac{x^7}{7}+\cdots+(-1)^n\frac{x^{2n+1}}{2n+1}+\cdots, x\in[-1,1].$$

练　习

将下列函数展开成 x 的幂级数，并求收敛区间：

(1) $f(x)=\ln(a+x)\quad(a>0)$；

(2) $f(x)=a^x$.

*三、函数幂级数展开式的应用举例

在函数的幂级数展开式的收敛区间内，可以用多项式近似地表示该函数，进而可以按精度要求计算函数值.

例 9 计算 ln2 的近似值，使误差小于 10^{-4}.

解 令 $f(x)=\ln(1+x)$，则有 $f(1)=\ln2$，由(23-18)得

$$\ln2=1-\frac{1}{2}+\frac{1}{3}-\frac{1}{4}+\cdots+(-1)^{n-1}\frac{1}{n}+\cdots.$$

若取
$$\ln2\approx1-\frac{1}{2}+\frac{1}{3}-\frac{1}{4}+\cdots+(-1)^{n-1}\frac{1}{n},$$

则由此产生的误差为 $|R_n|\leqslant\frac{1}{n+1}$.

要使 $\frac{1}{n+1}<10^{-4}$，则 $n>10^4-1$. 这就是说，要取前 1 万项的和作为 ln2 的近似值才能精确到 10^{-4}，工作量太大，其原因是这里的级数收敛太慢. 下面寻求收敛较快的级数去进行计算. 由间接展开法可得 $\ln\frac{1+x}{1-x}$ 的幂级数展开式为

$$\ln\frac{1+x}{1-x}=2\left(x+\frac{x^3}{3}+\frac{x^5}{5}+\cdots+\frac{x^{2n+1}}{2n+1}+\cdots\right),\quad x\in(-1,1).$$

令 $\frac{1+x}{1-x}=2$，得 $x=\frac{1}{3}$，以 $x=\frac{1}{3}$ 代入上式得

$$\ln 2=2\left(\frac{1}{3}+\frac{1}{3}\cdot\frac{1}{3^3}+\frac{1}{5}\cdot\frac{1}{3^5}+\cdots\right).$$

如果取前四项作为 ln2 的近似值，则误差

$$|R_7|=2\left(\frac{1}{9}\cdot\frac{1}{3^9}+\frac{1}{11}\cdot\frac{1}{3^{11}}+\cdots\right)<\frac{2}{3^{11}}\left[1+\frac{1}{9}+\left(\frac{1}{9}\right)^2+\cdots\right]$$

$$=\frac{2}{3^{11}}\cdot\frac{1}{1-\frac{1}{9}}=\frac{1}{4\cdot 3^9}=\frac{1}{78732}<\frac{1}{2}\times 10^{-4}<10^{-4},$$

因此

$$\ln 2\approx 2\left(\frac{1}{3}+\frac{1}{3}\cdot\frac{1}{3^3}+\frac{1}{5}\cdot\frac{1}{3^5}+\frac{1}{7}\cdot\frac{1}{3^7}\right)\approx 0.6931.$$

习题 23-3

A 组

将下列函数展开成 x 的幂级数，并求出收敛区间：

(1) $f(x)=e^{-2x}$； (2) $f(x)=\sin\frac{x}{2}$；

(3) $f(x)=\cos^2 x$； (4) $f(x)=x^2e^{-x}$；

(5) $f(x)=\frac{1}{3-x}$； (6) $f(x)=\ln(10+x)$.

B 组

1. 把下列函数展开为 x 的幂级数，并求其收敛区间：

(1) $\frac{e^x-e^{-x}}{2}$； (2) $\frac{1}{x^2+3x+2}$；

(3) $\ln(1+x-2x^2)$.

2. 用直接展开法将函数 $y=(x+1)\ln(1+x)$ 展开成 x 的幂级数.

3. 计算 $\sqrt{e}$（精确到 0.001）.

§23-4 傅里叶级数

函数除可以用幂级数形式表示之外，也可以用由简单的三角函数为项构成的函数项级数，即傅里叶级数形式表示. 在傅里叶级数中，三角函数系的正交性起着重要作用.

一、三角级数、三角函数系的正交性

形如

$$\frac{a_0}{2}+\sum_{n=1}^{\infty}(a_n\cos n\omega x+b_n\sin n\omega x)$$

的函数项级数称为**三角级数**. 当 $\omega=1$ 时,三角级数为

$$\frac{a_0}{2}+\sum_{n=1}^{\infty}(a_n\cos nx+b_n\sin nx). \tag{23-19}$$

三角级数(23-19)中所出现的函数 $1,\cos x,\sin x,\cos 2x,\sin 2x,\cdots,\cos nx,\sin nx,\cdots$ 的全体称为**三角函数系**. 这个三角函数系具有如下特性:

三角函数系中任意两个不同的函数的乘积在 $[-\pi,\pi]$ 上的积分必为零,即

$$\int_{-\pi}^{\pi}1\cdot\cos nx\,\mathrm{d}x=0\quad(n=1,2,3,\cdots);$$

$$\int_{-\pi}^{\pi}1\cdot\sin nx\,\mathrm{d}x=0\quad(n=1,2,3,\cdots);$$

$$\int_{-\pi}^{\pi}\cos nx\cos kx\,\mathrm{d}x=0\quad(n,k=1,2,3,\cdots,n\neq k);$$

$$\int_{-\pi}^{\pi}\sin nx\sin kx\,\mathrm{d}x=0\quad(n,k=1,2,3,\cdots,n\neq k).$$

上述三角函数系的这一特性,称为三角函数系的**正交性**.

另外还有一个特性是,**三角函数系中除 1 外的任意一个函数自乘,在 $[-\pi,\pi]$ 上的积分均等于 π**,即

$$\int_{-\pi}^{\pi}\cos^2 nx\,\mathrm{d}x=\pi\quad(n=1,2,3,\cdots);$$

$$\int_{-\pi}^{\pi}\sin^2 nx\,\mathrm{d}x=\pi\quad(n=1,2,3,\cdots).$$

由于三角级数(23-19)中,除第一项常数 $\frac{a_0}{2}$ 外,其余各项的周期均为 $\frac{2\pi}{n}(n=1,2,\cdots)$,容易验证,如果级数(23-19)收敛,则它的和一定是以 2π 为周期的函数.

二、周期为 2π 的函数的傅里叶级数

设 $f(x)$ 是以 2π 为周期的函数,能否将其表示成三角级数(23-19)的形式呢?这需要解决两个问题:

(1) 级数(23-19)中的系数 $a_0,a_n,b_n(n=1,2,\cdots)$ 与 $f(x)$ 的关系如何?

(2) $f(x)$ 满足什么条件,级数(23-19)收敛,且收敛于 $f(x)$?

先回答第一个问题:

设 $f(x)$ 可表示成三角级数的形式:

$$f(x)=\frac{a_0}{2}+\sum_{n=1}^{\infty}(a_n\cos nx+b_n\sin nx). \tag{23-20}$$

假定 $f(x)$ 在 $[-\pi,\pi]$ 上可积,且右端级数可以逐项积分,即

$$\int_{-\pi}^{\pi}f(x)\mathrm{d}x=\int_{-\pi}^{\pi}\frac{a_0}{2}\mathrm{d}x+\sum_{n=1}^{\infty}\int_{-\pi}^{\pi}(a_n\cos nx+b_n\sin nx)\mathrm{d}x.$$

由三角函数系的正交性可得

$$\int_{-\pi}^{\pi}f(x)\mathrm{d}x=\int_{-\pi}^{\pi}\frac{a_0}{2}\mathrm{d}x=\pi a_0,$$

则 $$a_0=\frac{1}{\pi}\int_{-\pi}^{\pi}f(x)\mathrm{d}x.$$

现以 $\cos kx$，$\sin kx$ 分别乘以(23-20)两端，并对右端逐项积分，由三角函数系的正交性，得

$$\int_{-\pi}^{\pi}f(x)\cos nx\,\mathrm{d}x=\int_{-\pi}^{\pi}a_n\cos^2 nx\,\mathrm{d}x=a_n\pi\quad(n=1,2,\cdots),$$

$$\int_{-\pi}^{\pi}f(x)\sin nx\,\mathrm{d}x=\int_{-\pi}^{\pi}b_n\sin nx\,\mathrm{d}x=b_n\pi\quad(n=1,2,\cdots).$$

即

$$\begin{aligned}a_n&=\frac{1}{\pi}\int_{-\pi}^{\pi}f(x)\cos nx\,\mathrm{d}x\ (n=0,1,2,3,\cdots),\\ b_n&=\frac{1}{\pi}\int_{-\pi}^{\pi}f(x)\sin nx\,\mathrm{d}x\ (n=1,2,3,\cdots).\end{aligned}\tag{23-21}$$

由此得到级数(23-19)中的系数 $a_n,b_n(n=1,2,\cdots)$ 及 a_0 与 $f(x)$ 的关系式(23-21).

由公式(23-21)所确定的 a_n,b_n 及 a_0 称为函数 $f(x)$（关于三角函数系）的**傅里叶系数**. 以 $f(x)$ 的傅里叶系数为系数的三角级数(23-19)称为 $f(x)$ 的**傅里叶级数**.

以上得到的傅里叶级数是否收敛？如果收敛，是否收敛于 $f(x)$？一般有下面的收敛定理.

收敛定理 设 $f(x)$ 是以 2π 为周期的函数，如果在一个周期内满足：

(1) 连续或最多只有有限个第一类间断点(间断点处的左、右极限都存在)，

(2) 最多只有有限个极值点，

那么 $f(x)$ 的傅里叶级数收敛，且在 $f(x)$ 的连续点收敛于 $f(x)$，在 $f(x)$ 的间断点 x_0 处收敛于 $f(x)$ 在 x_0 处的左、右极限的算术平均值 $\frac{1}{2}[f(x_0+0)+f(x_0-0)]$.

由此可见，一个函数能够展开为傅里叶级数的条件是很宽的，实际问题中所遇到的周期函数一般都能满足收敛定理的条件.

由于 $$|a_n\cos nx+b_n\sin nx|\leqslant|a_n\cos nx|+|b_n\sin nx|\leqslant|a_n|+|b_n|,$$

如果数项级数 $\frac{|a_0|}{2}+\sum\limits_{n=1}^{\infty}(|a_n|+|b_n|)$ 收敛，那么 $f(x)$ 的傅里叶级数就绝对收敛，此时 $f(x)$ 可以近似地表示成

$$f(x)\approx\frac{a_0}{2}+\sum_{k=1}^{n}(a_k\cos kx+b_k\sin kx).$$

即一般的周期运动可以近似地看成有限个最简单周期运动的叠加. 这给专业课程中研究有关问题时带来了方便.

例 1 设周期为 2π 的函数 $f(x)$ 在 $[-\pi,\pi)$ 上的表达式为

$$f(x)=\begin{cases}2, & -\frac{\pi}{2}\leqslant x\leqslant\frac{\pi}{2},\\ 0, & \text{其他}.\end{cases}$$

试把 $f(x)$ 展开为傅里叶级数.

解 (1) $f(x)$ 满足收敛定理的条件.

$$a_0=\frac{1}{\pi}\int_{-\pi}^{\pi}f(x)\mathrm{d}x=\frac{1}{\pi}\int_{-\frac{\pi}{2}}^{\frac{\pi}{2}}2\mathrm{d}x=2;$$

$$a_n=\frac{1}{\pi}\int_{-\pi}^{\pi}f(x)\cos nx\,\mathrm{d}x=\frac{4}{\pi}\int_0^{\frac{\pi}{2}}\cos nx\,\mathrm{d}x$$

$$=\frac{4}{n\pi}\sin\frac{n\pi}{2}=\begin{cases}\frac{4}{n\pi}, & n=1,5,9,\cdots,\\ -\frac{4}{n\pi}, & n=3,7,11,\cdots,\\ 0, & n=2,4,6,8,\cdots.\end{cases}$$

$$b_n=\frac{1}{\pi}\int_{-\pi}^{\pi}f(x)\sin nx\,\mathrm{d}x=\frac{1}{\pi}\int_{-\frac{\pi}{2}}^{\frac{\pi}{2}}2\sin nx\,\mathrm{d}x=0.$$

(2) $f(x)$在点 $x=\frac{1}{2}(2k-1)\pi$ 处间断，在这些点处，$f(x)$的傅里叶级数收敛于

$$\frac{f\left(\frac{\pi}{2}-0\right)+f\left(\frac{\pi}{2}+0\right)}{2}=\frac{2+0}{2}=1\neq f\left(\frac{2k-1}{2}\pi\right).$$

(3) $f(x)$的傅里叶级数为

$$f(x)=1+\frac{4}{\pi}\left(\sin x-\frac{1}{3}\sin 3x+\frac{1}{5}\sin 5x-\frac{1}{7}\sin 7x+\cdots\right),$$

$$-\infty<x<+\infty,x\neq\frac{2k-1}{2}\pi,k\in\mathbf{Z}.$$

$f(x)$以及级数的和函数的图形如图 23-2、图 23-3 所示.

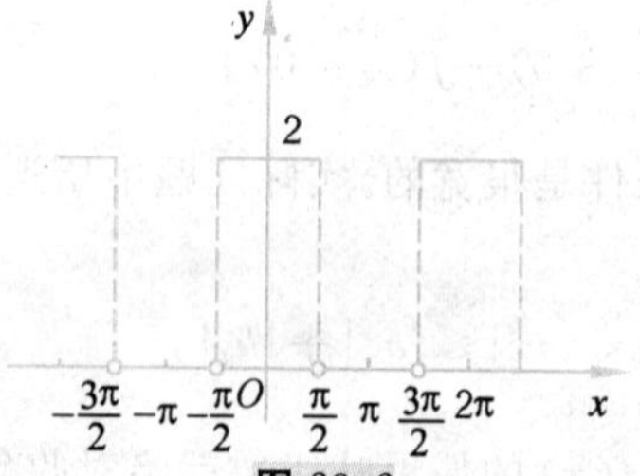

图 23-2

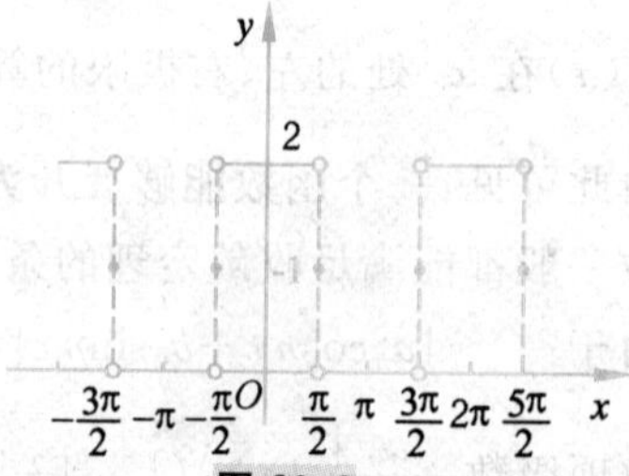

图 23-3

例 2 $f(x)$以 2π 为周期，在$[-\pi,\pi)$上的表达式为

$$f(x)=\begin{cases}0, & -\pi\leqslant x<0,\\ x, & 0\leqslant x<\pi,\end{cases}$$

试把 $f(x)$展开为傅里叶级数.

解 (1) $f(x)$满足收敛定理的条件.

$$a_0=\frac{1}{\pi}\int_{-\pi}^{\pi}f(x)\mathrm{d}x=\frac{1}{\pi}\int_0^{\pi}x\mathrm{d}x=\frac{1}{\pi}\cdot\frac{\pi^2}{2}=\frac{\pi}{2},$$

$$a_n=\frac{1}{\pi}\int_{-\pi}^{\pi}f(x)\cos nx\,\mathrm{d}x=\frac{1}{\pi}\int_0^{\pi}x\cos nx\,\mathrm{d}x=\frac{1}{n^2\pi}(\cos n\pi-1)$$

$$=\begin{cases}-\frac{2}{n^2\pi}, & n\text{ 为正奇数},\\ 0, & n\text{ 为正偶数}.\end{cases}$$

$$b_n = \frac{1}{\pi}\int_{-\pi}^{\pi} f(x)\sin nx\,\mathrm{d}x = \frac{1}{\pi}\int_0^{\pi} x\sin nx\,\mathrm{d}x$$

$$= \frac{(-1)^{n+1}}{n} = \begin{cases} \dfrac{1}{n}, & n\text{ 为正奇数}, \\ -\dfrac{1}{n}, & n\text{ 为正偶数}. \end{cases}$$

(2) 在间断点 $x=(2k-1)\pi$ 处，级数收敛于

$$\frac{f(\pi-0)+f(\pi+0)}{2} = \frac{\pi+0}{2} = \frac{\pi}{2} \neq 0 = f((2k-1)\pi).$$

(3) $f(x)$的傅里叶级数为

$$f(x) = \frac{\pi}{4} - \frac{2}{\pi}\left(\cos x + \frac{1}{3^2}\cos 2x + \frac{1}{5^2}\cos 5x + \cdots\right)$$
$$+ \left(\sin x - \frac{1}{2}\sin 2x + \frac{1}{3}\sin 3x - \frac{1}{4}\sin 4x + \cdots\right),$$
$$-\infty < x < +\infty, x \neq (2k-1)\pi, k \in \mathbf{Z}.$$

由上述例题可以看出，将以 2π 为周期的周期函数 $f(x)$ 展开成傅里叶级数的步骤是：

(1) 求傅里叶系数 a_0, a_n, b_n；

(2) 作傅里叶级数；

(3) 根据收敛定理确定收敛区域.

练习 1

将下列周期为 2π 的函数展开为傅里叶级数：

(1) $f(x) = x + \pi, -\pi \leqslant x < \pi$；　　(2) $f(x) = \cos\dfrac{x}{2}, -\pi \leqslant x < \pi$；

(3) $f(x) = \begin{cases} 1, & -\pi \leqslant x < 0, \\ 3, & 0 \leqslant x < \pi. \end{cases}$

三、正弦级数和余弦级数

将函数展开为傅里叶级数的主要工作是计算傅里叶系数，当函数具有奇偶性时，其傅里叶系数的计算量可以大为简化.

设 $f(x)$是以 2π 为周期的函数，

(1) 若 $f(x)$是奇函数，则 $a_0 = a_n = 0$，

$$b_n = \frac{2}{\pi}\int_0^{\pi} f(x)\sin nx\,\mathrm{d}x;$$

(2) 若 $f(x)$ 是偶函数，则

$$a_0 = \frac{2}{\pi}\int_0^{\pi} f(x)\,\mathrm{d}x,$$

$$a_n = \frac{2}{\pi}\int_0^{\pi} f(x)\cos nx\,\mathrm{d}x,$$

$$b_n = 0.$$

上述结果由奇、偶函数的积分性质即可推出.

由此可见,奇函数的傅里叶级数是**正弦级数**,偶函数的傅里叶级数是**余弦级数**.

例 3 设周期为 2π 的函数 $f(x)$ 在 $[-\pi,\pi)$ 上的表达式为

$$f(x)=\begin{cases}x-1, & -\pi\leqslant x<0,\\ 0, & x=0,\\ x+1 & 0<x<\pi.\end{cases}$$

将 $f(x)$ 展开为傅里叶级数.

解 (1) $f(x)$ 满足收敛定理的条件.

因为 $f(x)$ 是奇函数,故 $a_0=a_n=0$.

$$b_n=\frac{2}{\pi}\int_0^{\pi}f(x)\sin nx\,\mathrm{d}x=\frac{2}{\pi}\int_0^{\pi}(x+1)\sin nx\,\mathrm{d}x$$

$$=\frac{2}{\pi}\left[\frac{1}{n^2}\sin nx-\frac{1}{n}x\cos nx-\frac{1}{n}\cos nx\right]_0^{\pi}=\begin{cases}\dfrac{2(\pi+2)}{n\pi}, & n\text{ 为正奇数},\\ -\dfrac{2}{n}, & n\text{ 为正偶数}.\end{cases}$$

(2) 在间断点 $x=2k\pi$ 处,级数收敛于 $\dfrac{f(0-0)+f(0+0)}{2}=\dfrac{-1+1}{2}=0=f(2k\pi)$;

在间断点 $x=(2k-1)\pi$ 处,级数收敛于 $\dfrac{f(\pi-0)+f(\pi+0)}{2}=\dfrac{(\pi+1)+(-\pi-1)}{2}=0\neq f((2k-1)\pi)$.

(3) $f(x)$ 的傅里叶级数为

$$f(x)=2\left(\frac{\pi+2}{\pi}\sin x-\frac{1}{2}\sin 2x+\frac{\pi+2}{3\pi}\sin 3x-\frac{1}{4}\sin 4x+\cdots\right),$$

$$-\infty<x<+\infty,\ x\neq(2k-1)\pi,\ k\in\mathbf{Z}.$$

例 4 如图 23-4 所示,周期为 2π 的函数 $f(x)$ 在 $[-\pi,\pi)$ 上的表达式为

$$f(x)=\begin{cases}-x, & -\pi\leqslant x<0,\\ x, & 0\leqslant x<\pi.\end{cases}$$

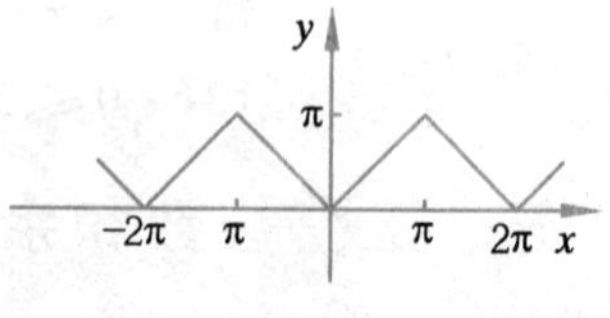

图 23-4

试将 $f(x)$ 展开为傅里叶级数.

解 (1) $f(x)$ 满足收敛定理的条件,因为 $f(x)$ 是偶函数,故 $b_n=0$.

$$a_0=\frac{2}{\pi}\int_0^{\pi}f(x)\,\mathrm{d}x=\frac{2}{\pi}\int_0^{\pi}x\,\mathrm{d}x=\pi,$$

$$a_n=\frac{2}{\pi}\int_0^{\pi}f(x)\cos nx\,\mathrm{d}x=\frac{2}{\pi}\int_0^{\pi}\cos nx\,\mathrm{d}x=\begin{cases}-\dfrac{4}{n^2\pi}, & n\text{ 为正奇数},\\ 0, & n\text{ 为正偶数}.\end{cases}$$

(2) $f(x)$ 处处连续.

(3) $f(x)$ 的傅里叶级数为

$$f(x)=\frac{\pi}{2}-\frac{4}{\pi}\left(\cos x+\frac{1}{3^2}\cos 3x+\frac{1}{5^2}\cos 5x+\cdots\right),\quad -\infty<x<\infty.$$

练习 2

将下列周期为 2π 的函数展开为正弦级数或余弦级数：

(1) $f(x)=x^2,-\pi\leqslant x<\pi$；　　(2) $f(x)=\begin{cases}1, & -\pi\leqslant x<0,\\ 1, & 0\leqslant x<\pi.\end{cases}$

四、周期为 $2l$ 的函数展开为傅里叶级数

我们已经掌握了将周期为 2π 的函数展开成傅里叶级数的方法，要将周期为 $2l$ 的函数 $f(x)$ 展开为傅里叶级数，只需将 $f(x)$ 转化为以 2π 为周期的周期函数. 为此，令 $x=\frac{lt}{\pi}$，即 $t=\frac{\pi x}{l}$，记 $\varphi(t)=f\left(\frac{lt}{\pi}\right)$，显然 $\varphi(t)$ 是周期为 2π 的周期函数. 当 $\varphi(t)$ 在 $[-\pi,\pi]$ 上满足收敛定理的条件时，$\varphi(t)$ 的傅里叶级数为

$$\varphi(t)=\frac{a_0}{2}+\sum_{n=1}^{\infty}(a_n\cos nt+b_n\sin nt),$$

$$a_n=\frac{1}{\pi}\int_{-\pi}^{\pi}\varphi(t)\cos nt\,dt\quad(n=0,1,2,\cdots),$$

$$b_n=\frac{1}{\pi}\int_{-\pi}^{\pi}\varphi(t)\sin nt\,dt\quad(n=1,2,\cdots).$$

以 $t=\frac{\pi x}{l}$ 代入，并注意到 $\varphi\left(\frac{\pi x}{l}\right)=f(x)$，得

$$\begin{cases}f(x)=\dfrac{a_0}{2}+\displaystyle\sum_{n=1}^{\infty}\left(a_n\cos\frac{n\pi x}{l}+b_n\sin\frac{n\pi x}{l}\right),\\ a_n=\dfrac{1}{l}\displaystyle\int_{-l}^{l}f(x)\cos\frac{n\pi x}{l}dx\quad(n=0,1,2,3,\cdots),\\ b_n=\dfrac{1}{l}\displaystyle\int_{-l}^{l}f(x)\sin\frac{n\pi x}{l}dx\quad(n=1,2,3,\cdots).\end{cases}\tag{23-22}$$

$f(x)$ 的可展范围仍由 $\varphi(t)$ 的收敛性确定，只需将收敛定理中的 2π 改为 $2l$ 即可. 例如，在 $x=\pm l$ 处，傅里叶级数(23-22) 收敛于 $\frac{1}{2}[f(l-0)+f(-l+0)]$.

类似地，若 $f(x)$ 是奇函数，则

$$a_0=a_n=0,$$

$$b_n=\frac{2}{l}\int_0^l f(x)\sin\frac{n\pi x}{l}dx;$$

若 $f(x)$ 是偶函数，则

$$a_0=\frac{2}{l}\int_0^l f(x)dx,$$

$$a_n=\frac{2}{l}\int_0^l f(x)\cos\frac{n\pi x}{l}dx\quad(n=1,2,\cdots),$$

$$b_n=0.$$

例 5　设周期为 2 的函数 $f(x)$ 在 $[-1,1)$ 上的表达式为

$$f(x)=\begin{cases}x^3, & -1<x<1,\\ 0, & x=-1.\end{cases}$$

将 $f(x)$ 展开为傅里叶级数.

解 (1) $f(x)$ 满足收敛定理条件,这里 $l=1$. 因为 $f(x)$ 在 $(-1,1)$ 内是奇函数,故 $a_0=a_n=0$,

$$\begin{aligned}b_n&=\frac{2}{l}\int_0^1 f(x)\sin\frac{n\pi x}{l}\mathrm{d}x=2\int_0^1 x^3\sin n\pi x\mathrm{d}x\\ &=\left[-\frac{2}{n\pi}x^3\cos n\pi x\right]_0^1+\frac{6}{n\pi}\int_0^1 x^2\cos n\pi x\mathrm{d}x\\ &=(-1)^{n+1}\frac{2}{n\pi}+\frac{6}{n\pi}\left[\frac{1}{n\pi}\sin n\pi x+\frac{2}{n^2\pi^2}x\cos n\pi x-\frac{1}{n^3\pi^3}\sin n\pi x\right]_0^1\\ &=(-1)^n\frac{2(6-n^2\pi^2)}{n^3\pi^3}.\end{aligned}$$

(2) 在间断点 $x=2k-1(k\in\mathbf{Z})$ 处,级数收敛于

$$\frac{f(1-0)+f(1+0)}{2}=\frac{1+(-1)}{2}=0=f(2k-1).$$

(3) $f(x)$ 的傅里叶级数为

$$f(x)=\sum_{n=1}^{\infty}(-1)^n\frac{2(6-n^2\pi^2)}{n^3\pi^3}\sin n\pi x\quad(-\infty<x<+\infty).$$

练习 3

1. 设周期为 4 的函数 $f(x)$ 在 $[-2,2)$ 上的表达式为

$$f(x)=\begin{cases}h, & -2\leqslant x<0,\\ 0, & 0\leqslant x<2.\end{cases}$$

将 $f(x)$ 展开为傅里叶级数.

2. 已知 $f(x)$ 的周期为 2,在 $[-1,1)$ 上的表达式为

$$f(x)=\begin{cases}x+1, & -1\leqslant x<0,\\ -x+1, & 0\leqslant x<1.\end{cases}$$

将 $f(x)$ 展开为傅里叶级数.

习题 23-4

A 组

1. 函数 $f(x)=\mathrm{e}^{|x|}$ 在 $[-\pi,\pi]$ 上的傅里叶级数为________________.

2. 函数 $f(x)=\begin{cases}x, & -\pi\leqslant x<0,\\ -x, & 0\leqslant x<\pi\end{cases}$ 展开成傅里叶级数是________________.

3. 如果 $f(x)$ 是周期为 2π 的周期函数，并且 $f(x)=\dfrac{a_0}{2}+\sum\limits_{n=1}^{\infty}(a_n\cos nx+b_n\sin nx)$，则 $a_0=$ ________，$a_n=$ ________，$b_n=$ ________ $(n=1,2,\cdots)$；若 $f(x)$ 又为偶函数，则 $a_0=$ ________，$a_n=$ ________，$b_n=$ ________ $(n=1,2,\cdots)$.

4. $f(x)=\mathrm{e}^x\cos x$ 在 $[-\pi,\pi]$ 上的傅里叶系数 $a_0=$ ________，$b_1=$ ________.

5. 函数 $f(x)=|x|\ (-\pi\leqslant x\leqslant\pi)$ 可展开为余弦级数为 ________________.

6. 函数 $f(x)=x$ 在区间 $[-1,1]$ 内可以展开为正弦级数为 ________________.

B 组

1. 把周期为 2π 的函数 $f(x)=\begin{cases}1, & 0\leqslant x\leqslant\pi,\\ 0, & -\pi<x<0\end{cases}$ 展开为傅里叶级数，分别画出 $f(x)$ 和此级数的和函数 $S(x)$ 的图象，并说明两者的异同点.

2. 把函数 $f(x)=-\sin\dfrac{x}{2}+1$ 在 $[0,\pi)$ 上展开为正弦级数.

3. 把函数 $f(x)=\sin x$ 在 $[0,\pi)$ 上展开为正弦级数.

本章内容小结

一、主要内容

1. 常数项级数

(1) 常数项级数的定义

已知数列 $u_1,u_2,\cdots,u_n\cdots$，则 $u_1+u_2+\cdots+u_n+\cdots$ 叫做无穷级数，记作 $\sum\limits_{n=1}^{\infty}u_n$，称 $S_n=u_1+u_2+\cdots+u_n$ 为级数的部分和. 若 $\lim\limits_{n\to\infty}S_n=S$，则称无穷级数收敛，$S$ 称为级数的和，并记 $S=u_1+u_2+\cdots+u_n+\cdots$；若 $\{S_n\}$ 没有极限，则称无穷级数发散.

(2) 无穷级数的基本性质

① 若 $\sum\limits_{n=1}^{\infty}u_n$ 收敛，则 $\sum\limits_{n=1}^{\infty}cu_n$ 也收敛(c 为常数)；

② 若 $\sum\limits_{n=1}^{\infty}u_n$ 收敛于 s，$\sum\limits_{n=1}^{\infty}v_n$ 收敛于 σ，则 $\sum\limits_{n=1}^{\infty}(u_n\pm v_n)$ 收敛于 $s\pm\sigma$；

③ (级数收敛的必要条件) 若级数 $\sum\limits_{n=1}^{\infty}u_n$ 收敛，则 $\lim\limits_{n\to\infty}u_n=0$.

(3) 级数敛散性的判定方法

① 比较判别法

设 $\sum\limits_{n=1}^{\infty}u_n$，$\sum\limits_{n=1}^{\infty}v_n$ 均为正项级数，且 $u_n\leqslant v_n(n=1,2,\cdots)$，则

1）从$\sum_{n=1}^{\infty} v_n$收敛可推断$\sum_{n=1}^{\infty} u_n$收敛；

2）从$\sum_{n=1}^{\infty} u_n$发散可推断$\sum_{n=1}^{\infty} v_n$发散.

② 比值判别法

设$\sum_{n=1}^{\infty} u_n$是正项级数，且$\lim\limits_{n\to\infty} \frac{u_{n+1}}{u_n} = l$，则

1）当$l < 1$时，级数$\sum_{n=1}^{\infty} u_n$收敛；

2）当$l > 1$时，级数$\sum_{n=1}^{\infty} u_n$发散；

3）当$l = 1$时，级数$\sum_{n=1}^{\infty} u_n$可能收敛，也可能发散.

③ 交错级数敛散性的判别法

交错级数$\sum_{n=1}^{\infty} (-1)^{n-1} u_n (u_n > 0)$，若满足

1）$u_{n+1} \leqslant u_n$，

2）$\lim\limits_{n\to\infty} u_n = 0$，

则交错级数收敛，且其和$S \leqslant u_1$.

2. 幂级数

(1) 幂级数的概念

形如$\sum_{n=0}^{\infty} a_n x^n \left[\sum_{n=0}^{\infty} a_n (x - x_0)^n\right]$的级数称为幂级数，对于幂级数，必有$R \geqslant 0$. 若$R > 0$，则当$|x| < R$时，幂级数绝对收敛；当$|x| > R$时，幂级数发散. R称为幂级数的收敛半径.

其中，设$\lim\limits_{n\to\infty} \left|\frac{a_{n+1}}{a_n}\right| = \rho$，若$\rho \neq 0$，则$R = \frac{1}{\rho}$；若$\rho = 0$，则$R = +\infty$；若$\rho = +\infty$，则$R = 0$.

(2) 幂级数的运算性质

设$\sum_{n=0}^{\infty} a_n x^n$，$\sum_{n=0}^{\infty} b_n x^n$的收敛半径与和函数分别为$R_1, R_2$和$S_1(x), S_2(x)$，$R = \min(R_1, R_2)$，则有如下运算性质：

① 加减法

$$\sum_{n=0}^{\infty} a_n x^n \pm \sum_{n=0}^{\infty} b_n x^n = \sum_{n=0}^{\infty} (a_n \pm b_n) x^n = S_1(x) \pm S_2(x) \quad (|x| < R).$$

② 逐项微分法

$$\left(\sum_{n=0}^{\infty} a_n x^n\right)' = \sum_{n=0}^{\infty} (a_n x^n)' = \sum_{n=1}^{\infty} n a_n x^{n-1} = S_1'(x) \quad (|x| < R_1).$$

③ 逐项积分法

$$\int_0^x \left(\sum_{n=0}^{\infty} a_n x^n\right) dx = \sum_{n=1}^{\infty} \int_0^x a_n x^n dx = \int_0^x S_1(x) dx \quad (|x| < R_1).$$

3. **函数的幂级数展开式**

(1) 泰勒公式

$f(x)$ 在含有 x_0 的某邻域内具有直到 $n+1$ 阶的导数，称

$$f(x) = f(x_0) + f'(x_0)(x-x_0) + \cdots + \frac{f^{(n)}(x_0)}{n!}(x-x_0)^n + \frac{f^{(n+1)}(\xi)}{(n+1)!}(x-x_0)^{n+1}$$

(ξ 在 x_0, x 之间) 为 $f(x)$ 在 $x = x_0$ 点的泰勒公式.

若取 $x_0 = 0$，则泰勒公式变成麦克劳林公式

$$f(x) = f(0) + f'(0)x + \frac{f''(0)}{2!}x^2 + \cdots + \frac{f^{(n)}(0)}{n!}x^n + \frac{f^{(n+1)}(\theta x)}{(n+1)!} \quad (0 < \theta < 1).$$

(2) 泰勒级数

若 $f(x)$ 在 x_0 的某邻域内存在任意阶导数，称级数

$$f(x_0) + f'(x_0)(x-x_0) + \frac{f''(x_0)}{2!}(x-x_0)^2 + \cdots + \frac{f^{(n)}(x_0)}{n!}(x-x_0)^n + \cdots$$

为函数 $f(x)$ 在 x_0 点的泰勒级数，当 $x_0 = 0$ 时，称其为麦克劳林级数.

(3) 常用的麦克劳林级数

① $e^x = 1 + x + \frac{x^2}{2!} + \cdots + \frac{x^n}{n!} + \cdots \quad (-\infty < x < +\infty)$;

② $\sin x = x - \frac{x^3}{3!} + \frac{x^5}{5!} - \cdots + (-1)^{n-1}\frac{x^{2n-1}}{(2n-1)!} + \cdots \quad (-\infty < x < +\infty)$;

③ $\cos x = 1 - \frac{x^2}{2!} + \frac{x^4}{4!} - \cdots + (-1)^n\frac{x^{2n}}{(2n)!} + \cdots \quad (-\infty < x < +\infty)$;

④ $\frac{1}{1-x} = 1 + x + x^2 + \cdots + x^n + \cdots \quad (-1 < x < 1)$.

(4) 函数展开成幂级数的方法

① 直接展开法.

② 间接展开法. 依据函数幂级数展开式的唯一性，利用上述常用函数的麦克劳林级数，通过对函数恒等变形后代入，或利用幂级数的代数运算和分析运算方法，得到 $f(x)$ 的泰勒级数. 要注意的是，函数的级数展开式只有在它的收敛域内才具有实际意义，所以当写出级数展开式后，必须注明它的收敛区域.

(5) 幂级数展开式在近似计算中的应用

在函数的幂级数展开式中，只要 $|x|$ 适当小，就可用级数的前 n 项进行近似计算，并通过余项估计误差.

4. **傅里叶级数**

将一个非正余弦型周期函数展开成三角级数的条件和方法；三角级数及三角函数系正交性的概念；周期函数的傅里叶级数的系数计算公式；傅里叶级数的收敛定理和奇、偶函数的傅里叶级数的特征，周期为 $2l$ 的函数展开为傅里叶级数.

二、知识结构

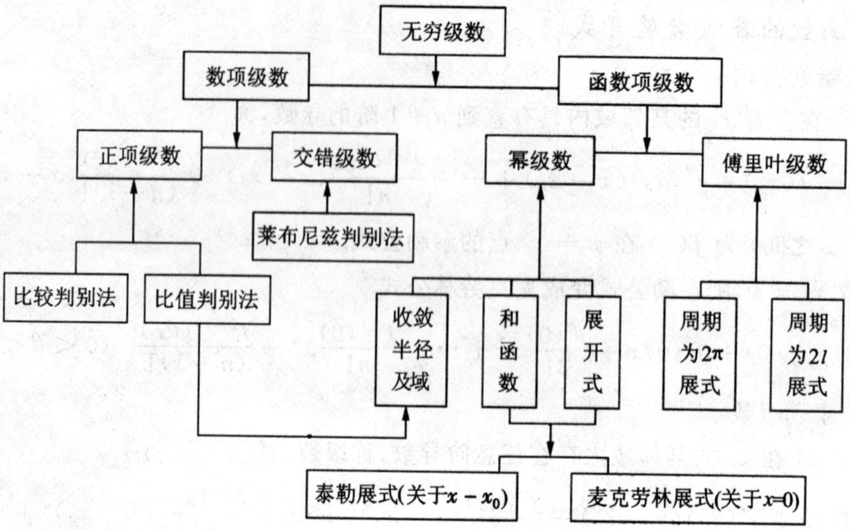

三、注意事项

1. 常数项级数是无穷多个数的和式，当"和"存在时，级数收敛，否则级数发散. 无穷级数的基本性质中级数收敛的必要条件的逆否命题：若 $\lim\limits_{x\to\infty}u_n \neq 0$，则级数 $\sum\limits_{n=1}^{\infty}u_n$ 发散. 这是判断级数发散时首要考虑的因素之一.

2. 在判断级数的敛散性时，必须理清三个判别法的条件与结论以及它们适用的级数形式. 当正项级数通项 u_n 中含有 $a^n, n^n, n!$ 因子时，应该选用比值判别法. 用莱布尼兹判别法判别交错级数 $\sum\limits_{n=1}^{\infty}(-1)^n u_n(u_n > 0)$ 的敛散性时，两个条件的检验中注意仅用 u_n，不能带负号.

判断正项级数的敛散性，选择判别法的一般考虑顺序是：

(1) 检验级数收敛的必要条件，若 $\lim\limits_{x\to\infty}u_n \neq 0$，则级数 $\sum\limits_{n=1}^{\infty}u_n$ 发散.

(2) 考虑能否用比值判别法.

(3) 考虑能否用比较判别法. 这时常用几何级数 $\sum\limits_{n=1}^{\infty}aq^{n-1}(a\neq 0)$，$p$ - 级数 $\sum\limits_{n=1}^{\infty}\frac{1}{n^p}$ $(p>0)$ 和调和级数 $\sum\limits_{n=1}^{\infty}\frac{1}{n}$ 等作为比较级数(当然也可以用已知敛散性的级数作为比较级数)，必须记住它们的收敛与发散的条件和结论.

(4) 考虑用部分和极限等其他方法.

3. 在判定数项级数一般项是否趋于 0 和比值判别法求极限时，有时需要使用求函数极限的洛必达法则. 这里不能直接对离散型的表达式 $f(n)=u_n$ 或 $f(n)=\frac{u_{n+1}}{u_n}$ 中的 n 求导数，必须引入辅助可导函数 $f(x)$，$x \in (a, +\infty)(a > 0)$. 当利用洛必达法则求得 $\lim\limits_{x \to +\infty} f(x) = b$ 存在时，得到推论 $\lim\limits_{n \to +\infty} f(n) = b$.

4. 求幂级数的收敛半径、收敛区间、收敛域时，特别要注意教材上的定理仅仅适用于形如 $\sum\limits_{n=0}^{\infty} a_n x^n$ 的级数. 对一般形式的幂级数 $\sum\limits_{n=0}^{\infty} a_n (x-x_0)^n$，必须作代换 $y = x - x_0$，先求得级数 $\sum\limits_{n=0}^{\infty} a_n y^n$ 的有关结果，再由 $y = x - x_0$ 转化为 x 的结果，或直接对通项的绝对值 $|u_n| = |a_n(x-x_0)^n|$ 应用比值判别法求得结果.

5. 用逐项微分、逐项积分求幂级数的和函数时，当级数转化为满足几何级数的形式后，可以用几何级数的求和公式求其和，此时必须随时利用公比绝对值小于 1 的几何级数收敛的条件，写出关于 x 的不等式并解出 x 的取值范围，即和函数存在的收敛区间. 求得幂级数的和函数后，注意讨论收敛区间端点处幂级数的收敛性.

6. 学习函数的幂级数展开，要理解泰勒级数、麦克劳林级数的概念，熟记 e^x，$\sin x$，$\ln(1+x)$，$\dfrac{1}{1-x}$ 的麦克劳林级数直接展开法、展开式以及它们的收敛区间，能用这些公式和几种常用间接法将函数间接展开成 x 的幂级数. 将函数展开成幂级数后，必须讨论幂级数的收敛半径、收敛域. 一个函数展开为几个幂级数之和，其收敛域为几个幂级数收敛域的交集.

7. 对以 2π 为周期的函数 $f(x)$ 展开成三角级数时，要记住傅里叶级数的系数计算公式，熟练运用对称区间上奇、偶函数的积分性质和分部积分的方法，知道傅里叶级数收敛性定理. 对以 $2l$ 为周期的函数展开成傅里叶级数，先作代换 $x = \dfrac{lt}{\pi}$ 再利用以 2π 为周期的函数的展开公式.

复习题二十三

1. 级数的收敛与发散是怎样定义的？级数收敛的必要条件是什么？

2. 比较判别法适用于哪一类级数？常用来作为比较级数的有哪些？

3. 在比值判别法中，当 $\lim\limits_{n \to \infty} \dfrac{u_{n+1}}{u_n} = l = 1$ 时，级数可能收敛也可能发散，试各举一例.

4. 什么是交错级数？如何判定它的收敛性？如何判别任意项级数的绝对收敛和条件收敛？

5. 如何确定幂级数的收敛半径和收敛区域？

6. 列出将函数直接展开成幂级数的方法和步骤，什么是幂级数的间接展开法？常用于间接展开的幂级数是哪几种？

7. 什么是傅里叶级数？叙述傅里叶级数的收敛定理.

8. 判别下列级数的敛散性：

(1) $\sum_{n=1}^{\infty}\frac{1+n}{1+n^2}$；　　(2) $\sum_{n=1}^{\infty}\sin\frac{\pi}{(n+1)^2}$；

(3) $\sum_{n=1}^{\infty}\frac{a^n}{n^3}$（$a$ 为常数）；　　(4) $\sum_{n=1}^{\infty}\frac{5^{n-1}}{n!}$；

(5) $\sum_{n=1}^{\infty}(-1)^{n-1}\frac{1}{2n-1}$；　　(6) $\sum_{n=1}^{\infty}(-1)^n\frac{1}{n^{\frac{3}{2}}}$.

9. 确定下列幂级数的收敛域：

(1) $\sum_{n=1}^{\infty}\frac{x^n}{n^p}$　（p 为常数）；　　(2) $\sum_{n=1}^{\infty}\frac{(-1)^{n-1}x^{n-1}}{\sqrt{n}}$；

(3) $\sum_{n=1}^{\infty}\frac{2^{n-1}}{n\sqrt{n}}x^n$；　　(4) $\sum_{n=1}^{\infty}\left(\frac{x}{2}\right)^n$.

10. 将下列函数展开成 x 的幂级数，并求收敛区间：

(1) $f(x)=a^x(a>0)$；　　(2) $f(x)=\sin^2 x$.

11. 设函数 $f(x)=x^3(-\pi\leqslant x<\pi)$ 以 2π 为周期，试将 $f(x)=x^3$ 展开成傅里叶级数.

阅读材料

一、Mathematica 在级数中的应用

1. 求级数有限项或无穷项的和

(1) 求级数 $\sum_{i=i_{\min}}^{i_{\max}}f(i)$ 有项限或无穷项和的精确解的命令格式是：

Sum[f,{i,imin,imax}]；

(2) 求级数 $\sum_{i=i_{\min}}^{i_{\max}}f(i)$ 有限项或无穷项和的数值解的命令格式是：

NSum[f,{i,imin,imax}].

其中 imin 可以是 $-\infty$，imax 可以是 ∞（即 $+\infty$），但是必须满足 imin $\leqslant$ imax. Mathematica 基本输入模板中也有求和专用符号，使用模板输入更方便.

例 1　求下列级数的和：

(1) $\sum_{k=1}^{n}k^2$；(2) $\sum_{k=1}^{\infty}\frac{1}{k^2}$；(3) $\sum_{k=1}^{\infty}\frac{1}{k}$.

解　In[1]:= Sum[k^2,{k,1,n}]

Out[1] = $\frac{1}{6}$n(1 + n)(1 + 2n)

In[2]:= Sum[1/k^2,{k,1,∞}]

$\text{Out}[2] = \frac{\pi^2}{6}$

In[3]: = Sum[1/k,{k,1,∞}]

Sum::div:Sum does not converge

$\text{Out}[3] = \sum_{k=1}^{\infty} \frac{1}{k}$

说明:例 1 中第三个级数发散,Mathematica 给出提示(Sum::div:Sum does not converge),并在不能给出结果时将输入的式子作为输出.

2. 将函数展开为幂级数

(1) 将函数展开为幂级数的命令格式为:

Series[f,{x,x_0,n}] 表示将函数 $f(x)$ 在 x_0 处展成幂级数直到 n 次项为止.

(2) 对已经展开的幂级数进行操作,常用的两个命令格式为:

Normal[expr] 表示将幂级数 expr 去掉余项转换成多项式.

SeriesCoefficient[expr,n] 表示找出幂级数 expr 的 n 次项系数.

注意:命令中 n 为具体的正整数(展开式中的最高次数),输入时不能缺省.

例 2 将下列函数展开成幂级数:

(1) $y = \tan x (x_0 = 0)$;(2) $y = \frac{\sin x}{x} (x_0 = 0)$;(3) $y = f(x)(x_0 = 1)$.

解 In[1]: = Series[Tan[x],{x,0,9}]

$\text{Out}[1] = x + \frac{x^3}{3} + \frac{2x^5}{15} + \frac{17x^7}{315} + \frac{62x^9}{2835} + o[x]^{10}$

In[2]: = Series[Sin[x]/x,{x,0,9}]

$\text{Out}[2] = 1 - \frac{x^2}{6} + \frac{x^4}{120} - \frac{x^6}{5040} + \frac{x^8}{362880} + o[x]^{10}$

In[3]: = Series[f[x],{x,1,7}]

$$\begin{aligned}\text{Out}[3] = {} & f[1] + f'[1](x-1) + \frac{1}{2}f''[1](x-1)^2 + \frac{1}{6}f^{(3)}[1](x-1)^3 \\ & + \frac{1}{24}f^{(4)}[1](x-1)^4 + \frac{1}{120}f^{(5)}[1](x-1)^5 \\ & + \frac{1}{720}f^{(6)}[1](x-1)^6 + \frac{f^{(7)}[1](x-1)^7}{5040} + o[x-1]^8\end{aligned}$$

In[4]: = Normal[%2]

$\text{Out}[4] = 1 - \frac{x^2}{6} + \frac{x^4}{120} - \frac{x^6}{5040} + \frac{x^8}{362880}$

说明:例 2 中 In[3]表明也可以展开抽象的函数.

3. 傅里叶级数

求傅里叶级数就是求出傅里叶系数,傅里叶系数是一个积分表达式,所以利用积分命令 Integrate 就可以实现.

例如,设周期矩形脉冲信号的脉冲宽度为 τ,脉冲幅度为 A,周期为 T,这种信号在

一个周期$\left[-\frac{T}{2},\frac{T}{2}\right]$内的表达式为

$$f(t)=\begin{cases}A, & |t|\leqslant\frac{\tau}{2},\\ 0, & |t|\geqslant\frac{\tau}{2}.\end{cases}$$

根据傅里叶系数的积分表达式，输入以下语句：

a0 = 2/T Integrate[A,{t, − τ/2,τ/2}];

a[n_] = 2/T Integrate[ACos[2n Pi t/T],{t, − τ/2,τ/2}];

b[n_] = 2/T Integrate[ASin[2n Pi t/T],{t, − τ/2,τ/2}]

可得到下面三个输出，分别是 a_0，a_n 与 b_n，即

$$a_0=\frac{2A\tau}{T},a_n=\frac{2A}{n\pi}\sin\frac{n\pi\tau}{T}\text{ 与 }b_n=0.$$

从而可写出给定的傅里叶级数为

$$f(t)=\frac{A\tau}{T}+\frac{2A}{\pi}\sum_{n=1}^{\infty}\frac{1}{n}\sin\frac{n\pi\tau}{T}\cos\frac{2n\pi t}{T}.$$

二、级数理论的发展简史

在数学史上，级数出现得很早.古希腊时期，亚里士多德就知道公比小于1(大于零)的几何级数可以求出和数.14世纪的法国数学家奥雷姆证明了调和级数的和为无穷，并把一些收敛级数和发散级数区别开来.但直到微积分发明的时代，人们才把级数作为独立的概念.

由于幂级数是研究复杂函数性质的有力工具，幂级数一直被认为是微积分的一个不可缺少的部分.在微积分理论研究和发展的早期阶段，研究超越函数时，用它们的幂级数来处理是所用方法中最富有成效的.在这个时期，幂级数还被用来计算一些特殊的量，如某些数项级数的和以及求隐函数的显式解.1721年，泰勒(B. Taylor，1685—1731)提出了函数展开为无穷幂级数的一般方法，建立了著名的泰勒公式，并得到了大量的应用，如我们在初中已用到的大量数学用表的制作.18世纪末，拉格朗日在研究泰勒级数时，给出了我们今天所谓的泰勒定理.在1810年前后，数学家们开始确切地表述无穷级数.高斯在其《无穷级数的一般研究》(1812年)中，第一个对级数的收敛性作出了重要而严密的探讨.1821年，柯西给出了级数收敛和发散的确切定义，并建立了判别级数收敛的柯西准则以及正项级数收敛的根值判别法和比值判别法，推导出交错级数的莱布尼兹判别法，然后用它来研究幂级数，给出了确定收敛区间的方法.

幂级数的一致收敛性概念最初是由斯托克斯和德国数学家赛德尔认识到的.1842年，维尔斯特拉斯给出一致收敛概念的确切表述，并建立了逐项积分和微分的条件.狄里克莱在1837年证明了绝对收敛级数的性质，并和黎曼(B. Riemann，1826—1866)分

别给出例子，说明条件收敛级数通过重新排序使其和不相同或等于任何已知数. 到 19 世纪末，无穷级数收敛的许多法则都已经建立起来. 19 世纪，法国数学家傅里叶在研究热传导问题时，创立了傅里叶级数理论. 1822 年，傅里叶发表了他的经典著作《热的解析理论》，书中研究的主要问题是吸热或放热物体内部任何点处的温度随时间和空间的变化规律，同时也系统地研究了函数的三角级数表示问题，这就是我们书中所称的傅里叶级数. 不过傅里叶从没有给出一个函数可以展成三角级数必须满足的条件和任何完全的证明. 后来，许多数学家都为傅里叶级数理论的发展做了大量的工作. 例如，狄里克莱第一个给出函数的傅里叶级数收敛于它自身的充分条件，黎曼建立了重要的局部性定理，并证明了傅里叶级数的一些性质.

第二十四章 计算方法简介

在求解数学问题的数值计算中，我们经常会遇到这样两种情况：有些问题没有普遍意义的精确解的求解方法，如一般情况下五次以上的代数方程和超越方程无法求得精确解；有些问题虽然有精确解的求解方法，但由于运算过程太复杂或者无法使用，失去实际的应用价值，如求定积分 $\int_{-1}^{1} e^{-x^2}\,dx$，由于被积函数的原函数不是初等函数，无法使用牛顿-莱布尼兹公式. 因此，研究和解决求数学问题近似的数值解的方法就显得十分必要，这就是本章介绍的计算方法. 计算方法是应用数学的一个重要分支，包含的内容十分广泛，本章只是其中很少的部分. 计算方法研究的中心任务是为各种数学问题的数值解提供最有效的算法. 现代的计算方法还要求适应电子计算机的特点.

§24-1 误　　差

应用计算机解决科学计算问题的过程，大致可分为两个环节：首先将实际问题归结为数学问题，建立比较适合的、具体的数学模型；然后选择适当的解题方法，编制好程序，上机算出结果. 这种结果与精确值（真值）之间的差异称为**误差**.

下面给出有关误差的一些定义：

$$\textbf{误差}=\text{精确值}-\text{近似值},$$

$$\textbf{绝对误差}=|\text{误差}|,$$

$$\textbf{相对误差}=\left|\frac{\text{误差}}{\text{精确值}}\right|.$$

从解决科学计算问题的过程不难看到，通过对实际问题进行抽象、简化得到的数学模型，与实际现象之间必然存在误差，这种误差称为**模型误差**. 模型中出现的各种参数，常常是通过观测和实验得到的，它们与实际大小之间也有误差，这种误差称为**测量误差**.

根据实际问题建立起来的数学模型，又常用数值方法算出它的近似解. 例如，可以利用级数

$$e^x=1+x+\frac{x^2}{2!}+\cdots+\frac{x^n}{n!}+\cdots\quad(|x|<\infty),$$

计算积分

$$\int_0^1 e^{-x^2}\,dx=\int_0^1\left(1-x^2+\frac{x^4}{2!}-\frac{x^6}{3!}+\cdots\right)dx$$

$$=1-\frac{1}{3}+\frac{1}{2!}\cdot\frac{1}{5}-\frac{1}{3!}\cdot\frac{1}{7}+\cdots.$$

显然，只能经过有限步运算，即取上式右端的前有限项来获得解的近似值，这样产生的误差称为**截断误差**.

在运算过程中，所取的数值只能是有限位，通常采取四舍五入的办法取到小数点后某一位，由于对数进行舍入而引起的误差称为**舍入误差**.

上述种种误差，都会影响计算结果的精确程度，在科学计算中都必须予以考虑和分析. 通常，总是设法估计出近似值z与精确值z^*的绝对误差的范围，看是否满足给定的要求，即对于指定正数ε，有

$$|z^*-z|<\varepsilon$$

成立，那么，就说近似值z关于允许误差ε是"精确"的.

§24-2 方程的近似解

在许多实际问题中，有时会遇到求一元高次方程和其他类型方程的解. 在精确解很难求出时，需要寻求近似解的方法. 下面介绍两种常用方法.

一、对分区间法

设函数$f(x)$在$[a,b]$上连续，且$f(a)\cdot f(b)<0$，由连续函数的性质，可知方程$f(x)=0$在(a,b)内至少有一个根. 我们用**对分区间法**可以求出其中的一个根，具体步骤如下：

取区间(a,b)的中点$\frac{a+b}{2}$，将区间(a,b)分成两个区间，并计算$f\left(\frac{a+b}{2}\right)$. 当$f\left(\frac{a+b}{2}\right)=0$时，$x=\frac{a+b}{2}$即为所求的根. 当$f\left(\frac{a+b}{2}\right)\neq 0$时，若$f\left(\frac{a+b}{2}\right)$与$f(a)$异号，记$a_1=a$，$b_1=\frac{a+b}{2}$；若$f\left(\frac{a+b}{2}\right)$与$f(b)$异号，记$a_1=\frac{a+b}{2}$，$b_1=b$. 则方程$f(x)=0$在区间$(a_1,b_1)$中必有一根，这样得到方程新的有根区间$(a_1,b_1)$，它的长度是初始有根区间$(a,b)$的一半. 在方程新的有根区间$(a_1,b_1)$上重复上述过程，得到方程又一新的有根区间$(a_2,b_2)$. 如此重复$n$次，若还没有找到方程的根，我们得到了方程有根区间的一个序列：

$$(a,b),(a_1,b_1),(a_2,b_2),\cdots,(a_n,b_n).$$

取区间(a_n,b_n)的中点作为方程$f(x)=0$根的近似值x：

$$x=\frac{a_n+b_n}{2}.$$

它的误差小于$\frac{b-a}{2^{n+1}}$. 如此下去，直到满足精度要求，停止计算.

二、切线法

如图 24-1 所示，方程

$$f(x)=0$$

的实根 x^* 是曲线 $y=f(x)$ 与 x 轴交点的横坐标. 这里介绍的切线法的基本思想是用曲线弧一端的切线和 x 轴交点的横坐标来代替曲线和 x 轴交点的横坐标，从而求得方程实根的近似值.

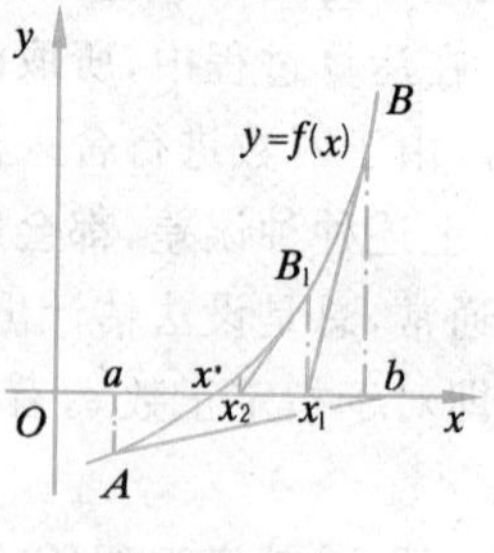

图 24-1

从点 $B(b,f(b))$ 作曲线的切线，它的方程为

$$y-f(b)=f'(b)(x-b).$$

令 $y=0$，便得到切线与 x 轴交点的横坐标

$$x_1=b-\frac{f(b)}{f'(b)}.$$

如果 x_1 的精度不满足要求，就把 x_1 作为方程的实根 x^* 的第一次近似值，再运用切线法求出 x_2.

$$x_2=x_1-\frac{f(x_1)}{f'(x_1)}.$$

如果 x_2 的精度还不能满足要求，可继续运用切线法.

依次类推，直至 $|x_n-x_{n-1}|$ 满足精度要求为止. 由此可得 x^* 的第 n 次近似值 x_n 的计算公式为

$$x_n=x_{n-1}-\frac{f(x_{n-1})}{f'(x_{n-1})}\quad(n=2,3,\cdots).\tag{24-1}$$

当然，在图 24-1 中，如果从 A 点作切线，可以看出它与 x 轴的交点不但不会接近于 x^*，反而远离 x^*. 如何选择起始点作切线有以下一般结论：

设函数 $f(x)$ 是 $[a,b]$ 上的连续函数，$f(a)\cdot f(b)<0$，在 (a,b) 内 $f'(x)$，$f''(x)$ 存在且不变号，则方程 $f(x)=0$ 在 (a,b) 内有唯一实根.

(1) 当 $f''(x)$ 与 $f(b)$ 同号时，选 B 点为起始点作切线；

(2) 当 $f''(x)$ 与 $f(a)$ 同号时，选 A 点为起始点作切线.

则当 n 无限增大时，x_n 趋向于实根 x^*.

$f(x)$ 不满足上述条件时，切线法可能失效.

公式(24-1)是一种逐步逼近的方法，也称为**牛顿迭代法**. 这种方法用某个固定的公式反复校正根的近似值，使之逐步精确化，最后达到满足精度的结果.

上述计算方案的框图如图 24-2 所示.

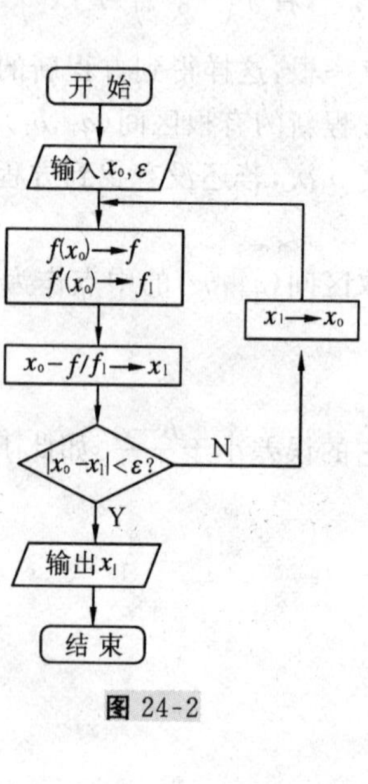

图 24-2

例 用切线法求方程 $x\lg x=1$ 的近似解，使其误差小于 0.01.

解 设 $f(x)=x\lg x-1$. 因为 $f(1)=-1<0$，$f(2)=$

$-0.398<0$，$f(3)=0.431>0$，所以方程在$[2,3]$内至少有一实根.

取 $x_0=3$，并按迭代公式

$$x_1=x_0-\frac{f(x_0)}{f'(x_0)}$$

计算得

$$x_1=3-\frac{f(3)}{f'(3)}\approx 2.527,$$

$$x_2=2.527-\frac{f(2.527)}{f'(2.527)}\approx 2.506,$$

$$x_3=2.506-\frac{f(2.506)}{f'(2.506)}\approx 2.506,$$

计算得

$$f(2.506)=0.00153>0,$$

$$f(2.50)=-0.001515<0.$$

所以方程的根在$(2.50,2.506)$内. 若取 2.506 作为根的近似值，其误差 $2.506-2.50=0.006<0.01$.

习题 24-2

A 组

1. 应用切线法求方程$\frac{1}{x}-c=0$，写出计算 c 的倒数的框图.

2. 用切线法求方程 $xe^x-1=0$ 的近似解，使其误差小于 0.0001.

3. 证明方程 $x^5+5x+1=0$ 在区间$(-1,0)$内有唯一的实根，并用切线法求这个根的近似值，使其误差不超过 0.01.

B 组

1. 求方程 $x^3+1.1x^2+0.9x-1.4=0$ 在$(0,1)$内的实根的近似值，使其误差不超过 0.001.

2. 用对分区间法求方程 $x^3-2x-5=0$ 在区间$(2,3)$之内的根，使其误差不超过 0.01.

3. 写出对分区间法的计算方案框图.

§24-3 数值积分

在实际计算中，对给定函数 $f(x)$，要计算定积分

$$I^*=\int_a^b f(x)\mathrm{d}x.$$

通常可由积分学基本定理

$$\int_a^b f(x)\mathrm{d}x = F(b) - F(a)$$

解决.但是,有些函数,如 $f(x)=\frac{\sin x}{x}$, $\sqrt{1+x^3}$, e^{-x^2} 等的积分,由于它们的原函数不能用初等函数表示,因此,有必要研究积分的数值计算问题.

一、复化梯形公式

由定积分的几何意义知,我们可以用梯形的面积来近似代替曲边梯形的面积.

如果在整个区间$[a,b]$上,只用单独一个梯形,由求梯形面积公式算出的结果

$$T=\frac{b-a}{2}[f(a)+f(b)]$$

作为

$$\int_a^b f(x)\mathrm{d}x$$

的近似值时,往往达不到精度要求,通常采取的办法是细分积分区间.即在区间$[a,b]$内插入一系列分点 x_k,使 $a=x_0<x_1<\cdots<x_k<\cdots<x_n=b$,相邻两分点间的距离 $h=x_k-x_{k-1}$ 称为步长.以下讨论中均取等步长,即取步长 $h=\frac{b-a}{n}$,把$[a,b]$分为 n 等份,分点为

$$x_k=a+k\cdot h,\quad k=1,2,\cdots,n.$$

然后对每个子区间$[x_{k-1},x_k]$求积分近似值 $I_k=\frac{h}{2}[f(x_k)+f(x_{k-1})]$,并取其和 $I=\sum_{k=1}^{n} I_k$ 作为整个区间上的积分近似值,这种求积方案称为**复化求积法**.

复化形式的梯形公式为

$$\begin{aligned} T_n &= \sum_{k=1}^{n}\frac{h}{2}[f(x_{k-1})+f(x_k)] \\ &= \frac{h}{2}\Big[f(a)+2\sum_{k=1}^{n-1}f(x_k)+f(b)\Big]. \end{aligned} \tag{24-2}$$

二、变步长的梯形法则

在使用公式(24-2)之前必须给出合适的步长,但步长如果取得太大,则精度难以保证,步长太小,则会导致计算量的增加,而事先给出一个恰当的步长又往往是困难的.

为解决上述问题,通常采用变步长的求积方案,即在步长逐次折半(或称步长等分)的过程中,反复利用复化的求积公式进行计算,直到每次等分前后的两次积分近似值"相当"接近为止.

若将等分前后的两个积分值联系起来分析,因为每个子区间$[x_{k-1},x_k]$经过等分再增加一个新分点 $x_{k-\frac{1}{2}}$ 后,其步长是等分前的一半,记等分前的步长为 h_n,用复化梯形公式求得该子区间上的积分值为

$$\frac{h_n}{4}[f(x_{k-1})+2f(x_{k-\frac{1}{2}})+f(x_k)].$$

因此有

$$T_{2n}=\sum_{k=1}^{n}\frac{h_n}{4}[f(x_{k-1})+2f(x_{k-\frac{1}{2}})+f(x_k)].$$

整理得

$$T_{2n}=\frac{h_n}{4}\sum_{k=1}^{n}[f(x_{k-1})+f(x_k)]+\frac{h_n}{2}\sum_{k=1}^{n}f(x_{k-\frac{1}{2}}).$$

再利用公式(24-2),得

$$T_{2n}=\frac{1}{2}T_n+\frac{h_n}{2}\sum_{k=1}^{n}f(x_{k-\frac{1}{2}}). \qquad (24-3)$$

这个式子的前一项 T_n 是等分前的积分值,在求 T_{2n} 时可作为已知值使用,从而使递推公式(24-3)的计算量节省了一半.

图 24-3 是变步长梯形法则的算法框图.

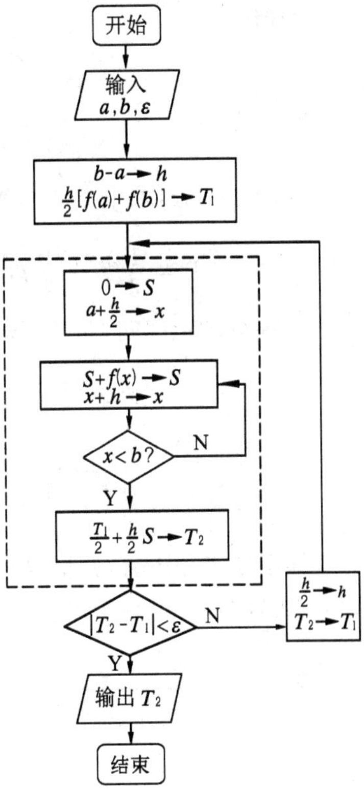

图 24-3

三、龙贝格求积算法

对于梯形求积算法,如何提高收敛速度以减少计算量,这自然是要研究的问题.

可以证明,当步长等分后,T_{2n} 的截断误差将减至原有误差的 $\frac{1}{4}$,即有

$$\frac{I^*-T_{2n}}{I^*-T_n}=\frac{1}{4},$$

移项整理,可得

$$I^*-T_{2n}=\frac{1}{3}(T_{2n}-T_n).$$

上式说明,只要 T_n 与 T_{2n} 相当接近,就可以保证结果 T_{2n} 的误差很小. 另外,如果用 $\frac{1}{3}(T_{2n}-T_n)$ 作为 T_{2n} 的一种补偿,所得到的

$$\overline{T}=T_{2n}+\frac{1}{3}(T_{2n}-T_n)=\frac{4}{3}T_{2n}-\frac{1}{3}T_n \qquad (24-4)$$

可能是更好的结果.

用梯形公式等分前后的两个结果 T_n 与 T_{2n} 按公式(24-4)作线性组合,以提高精度,这种求积方案称为**龙贝格方法**.

例 用变步长的梯形法则及龙贝格方法计算积分值

$$I=\int_0^1\frac{\sin x}{x}dx.$$

解 先对整个区间[0,1]使用梯形公式. 计算函数

$$f(x)=\frac{\sin x}{x}$$

在端点的值，

$$f(0)=1, f(1)=0.8414710,$$

则
$$T_1=\frac{1}{2}[f(0)+f(1)]=0.9207355.$$

将区间二等分，求中点的函数值 $f\left(\frac{1}{2}\right)=0.9588511$，由递推公式(24-3)有

$$T_2=\frac{1}{2}T_1+\frac{1}{2}f\left(\frac{1}{2}\right)=0.9397933 \quad (\text{其中 } h_1=1-0=1).$$

进一步二等分求积区间，并计算新的分点上的函数值

$$f\left(\frac{1}{4}\right)=0.9896158, f\left(\frac{3}{4}\right)=0.9088571.$$

再利用公式(24-3)，得

$$T_4=\frac{1}{4}T_2+\frac{1}{4}\left[f\left(\frac{1}{4}\right)+f\left(\frac{3}{4}\right)\right]=0.9445135 \quad \left(\text{其中 } h_2=\frac{1}{2}h_1=\frac{1}{2}\right).$$

这样不断等分下去，并把等分前后的两个结果 T_n 与 T_{2n} 按公式(24-4)作线性组合，把相应求出的近似值列于下表：

k	T_{2^k}	S_{2^k}
0	0.9207355	
1	0.9397933	0.9461459
2	0.9445135	0.9460849
3	0.9456909	0.9460833
…	…	…
10	0.9460831	

从表中可知，利用等分 3 次的数据，通过简单的线性组合，得到了原来用变步长梯形法则需要等分 10 次才能获得的结果.

习题 24-3

A 组

1. 用复化梯形求积公式计算(取 $n=8$)

$$\int_0^1 \frac{4}{1+x^2}\mathrm{d}x(=\pi)$$

的近似值.

2. 已知函数 $f(x)$ 在 5 个点上的函数值如下表：

x	1.8	2.0	2.2	2.4	2.6
$f(x)$	3.12014	4.42569	6.04241	8.03014	10.46675

试用变步长梯形公式和龙贝格公式计算积分 $\int_{1.8}^{2.6} f(x)\mathrm{d}x$.

B 组

用龙贝格公式计算积分 $\int_2^4 \sqrt{1+x^3}\,\mathrm{d}x$，使其误差小于 0.0001.

§24-4 常微分方程的数值解法

一、欧拉(Euler)方法

本节讨论一阶常微分方程的初值问题

$$\begin{cases} y'=f(x,y), \\ y(x_0)=y_0 \end{cases} \tag{1}$$

的数值解法.

数值解法的共同特点是把上述方程离散化，即在 x_0 到某数 x_n 的范围内插入一系列分点 x_i，使

$$x_0<x_1<x_2<\cdots<x_i<\cdots<x_n,$$

然后寻求出解 $y=y(x)$ 在相应分点上的近似值

$$y_1, y_2, \cdots, y_n.$$

步长 $h=x_{i+1}-x_i$ 通常取为常数，称为等步长.

欧拉(Euler)方法是解初值问题(1)的最简单的数值解法. 其步骤是：先采用差商代替(1)中的微商得到

$$\frac{y_{i+1}-y_i}{h}=f(x_i,y_i) \quad (i=0,1,2,\cdots,n-1)$$

或

$$y_{i+1}=y_i+hf(x_i,y_i) \quad (i=0,1,2,\cdots,n-1). \tag{24-5}$$

由初值 $y=y_0$ 再利用公式(24-5)，就可以一步一步地推算出：

$$\begin{aligned} y_1&=y_0+hf(x_0,y_0), \\ y_2&=y_1+hf(x_1,y_1), \\ &\cdots, \\ y_n&=y_{n-1}+hf(x_{n-1},y_{n-1}). \end{aligned}$$

从而就得到了微分方程(1)在点 x_0 到 $x_i(i=0,1,2,\cdots,n)$上的一个数值解.

读者从图 24-4、图 24-5 中，不难得出欧拉方法解初值问题的几何解释. 即用折线 $\overline{P_0P_1P_2\cdots P_n}$ 去代替积分曲线 $y=y(x)$，且线段 P_iP_{i+1} 与曲线 $y=y(x)$ 上的点 P_i' 处的切线平行，因而上述方法又称为**欧拉折线法**.

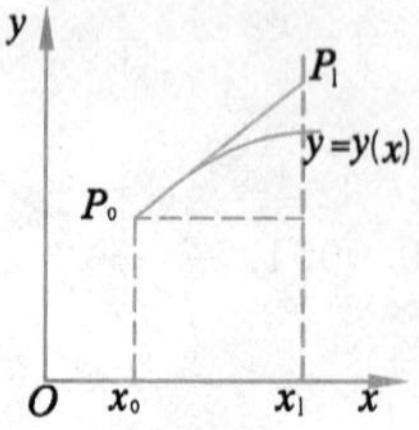

图 24-4

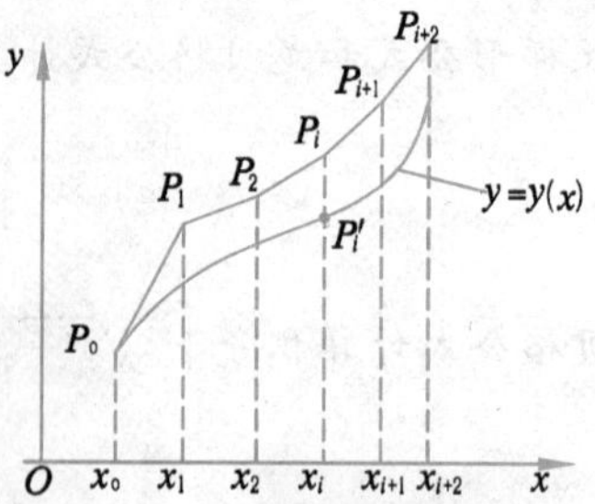

图 24-5

二、改进的欧拉方法

由图 24-5 可知，当步数增多时，由于误差的积累，用欧拉方法作出的折线$\overline{P_0P_1P_2\cdots P_n}$可能会越来越偏离积分曲线 $y=y(x)$. 下面介绍的改进的欧拉方法就是构造更高精度的一种计算方法.

将方程(1)的两端从 x_i 到 x_{i+1} 求积分，得到

$$y(x_{i+1})=y(x_i)+\int_{x_i}^{x_{i+1}}f(x,y(x))\mathrm{d}x. \tag{2}$$

显然，要获得 $y(x_{i+1})$的近似值，只要近似地算出其中的积分项 $\int_{x_i}^{x_{i+1}}f(x,y(x))\mathrm{d}x$.

用梯形法则计算积分项

$$\int_{x_i}^{x_{i+1}}f(x,y(x))\mathrm{d}y=\frac{h}{2}[f(x_i,y(x_i))+f(x_{i+1},y(x_{i+1}))].$$

将其代入(2)式，并将其中的 $y(x_i)$，$y(x_{i+1})$分别用 y_i，y_{i+1}替代，则有

$$y_{i+1}=y_i+\frac{h}{2}[f(x_i,y_i)+f(x_{i+1},y_{i+1})]. \tag{3}$$

(3)式实际上是关于 y_{i+1}的一个函数方程，当然，可以采用前面介绍过的求方程解的迭代法去解决，不过计算量比较大.

先用欧拉折线法求得一个初步的近似值 $\bar{y}_{i+1}$，称之为**预估值**，然后用预估值 $\bar{y}_{i+1}$替代(3)式右端的 y_{i+1}再直接计算，得到校正值 y_{i+1}，这样建立起来的预估-校正方法称为**改进的欧拉方法**.

预估 $\quad \bar{y}_{i+1}=y_i+hf(x_i,y_i)$，

校正 $\quad y_{i+1}=y_i+\frac{h}{2}[f(x_i,y_i)+f(x_{i+1},\bar{y}_{i+1})]$.

为减少计算量，我们将其改写成下列形式：

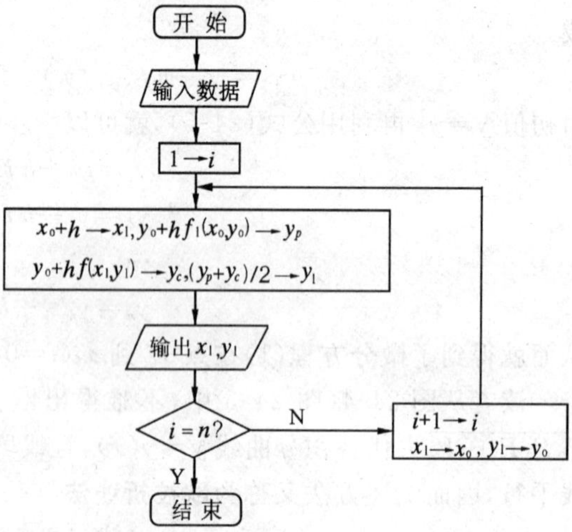

图 24-6

$$\begin{cases} y_p = y_i + hf(x_i, y_i), \\ y_c = y_i + hf(x_{i+1}, y_p), \\ y_{i+1} = \dfrac{1}{2}(y_p + y_c). \end{cases} \tag{24-6}$$

由上式可知，改进的欧拉方法由于增加了校正过程，计算量较欧拉方法增加了一倍，但换来了提高精度的目的.

图 24-6 是改进的欧拉方法的算法框图.

例 设初值问题

$$\begin{cases} y' = y - \dfrac{2x}{y}, \\ y_{(0)} = 1, \end{cases} \quad x \in [0,1].$$

其精确解为 $y=\sqrt{1+2x}$. 分别用欧拉方法和改进的欧拉方法取步长 $h=0.1$ 作数值计算，并比较计算结果，列表如下：

x_i	欧拉方法	改进的欧拉方法	精确解
0.1	1.100000	1.095909	1.095445
0.2	1.191818	1.184097	1.183216
0.3	1.277438	1.266201	1.264911
0.4	1.358213	1.343360	1.341641
0.5	1.435133	1.416402	1.414214
0.6	1.508966	1.485956	1.483240
0.7	1.580338	1.552514	1.549193
0.8	1.649783	1.616475	1.612452
0.9	1.717779	1.678166	1.673320
1.0	1.784770	1.737867	1.732051

习题 24-4

A 组

1. 用欧拉方法取步长 $h=0.1$，求初值问题

$$\begin{cases} \dfrac{dy}{dx} = -y + x + 1, \\ y_{(0)} = 1, \end{cases} \quad x \in [0,1]$$

的近似解.

2. 设初值问题

$$\begin{cases} y' = y^2, \\ y_{(0)} = 1, \end{cases} \quad x \in [0,0.4].$$

取步长 $h=0.1$，用欧拉方法和改进欧拉方法作数值计算.

3. 取步长 $h=0.1$，用改进的欧拉方法解初值问题：

$$\begin{cases} y'=x+y, \\ y(0)=1 \end{cases} \quad (0\leqslant x\leqslant 1).$$

试将计算结果与准确解相比较.

本章内容小结

一、主要内容

1. 误差的概念，求解一元方程的对分区间法、牛顿迭代法，数值积分的复化梯形公式和龙贝格求积法，求解常微分方程的改进欧拉方法.

2. 通常评定算法优劣的标准是：(1) 计算量大小；(2) 存贮量多少；(3) 逻辑结构是否简单. 要注意领会算法的递推性的基本特点.

3. 要注意领会迭代、逼近、离散变量与离散化等概念和数学思想方法.

4. 在研究算法时，要注意考虑是否收敛、收敛的速度、误差分析等问题.

二、知识结构

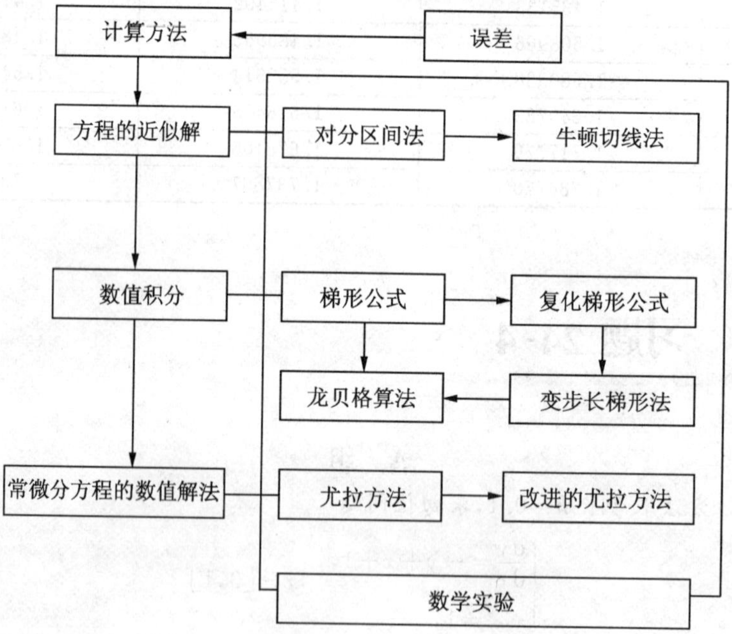

三、注意事项

1. 学习误差概念及误差分类时要注意：误差仅仅是真值与近似值之间的差，在计算方法中主要研究的是真值很难求得，而寻求其近似值的方法，这些算法本身产生误差的情形多种多样. 一般情况下真值并不可能事先知道，只能事先控制，而如何控制涉及许多复杂的理论和方法，难度较大，本章没有介绍，有兴趣的读者可以学习较系统的数值计算方面的内容.

2. 由于计算机硬件只支持有限位机器数的运算，计算机表示的实数受限于尾数的固定精度，因此，在设计算法时，除对模型误差、截断误差等进行分析外，特别注意在计算中应尽可能减少新的误差的产生、积累和传播.

3. 数值分析的学习与练习中非常重要的一点，即计算结果并不确切地等于精确结果，因为存在不少隐含的方法会破坏数值结果的精度，对于这一点的理解将有助于实现和开发正确的数值算法.

4. 学习求方程的近似解和数值积分时，要认真理解判断牛顿迭代法中收敛的条件——起始点的选择对实根的近似值是否趋向于实根真值（精确值）的重要性，以及龙贝格算法对提高精确度——加快收敛速度的作用，这对于实际工作中选择算法编写计算机上机程序或选择数学软件中的相应算法模块有很大的帮助.

5. 学习数值积分、常微分方程的数值解法时，要特别注意了解相应的计算方法的框图，便于简化上机运算过程.

6. 在理解本章计算公式、适用条件、步骤、过程的基础上，重点了解和初步实践应用数学知识和方法解决实际问题的全过程，并通过计算机或数学软件进行“实验”来完成书中的习题，初步掌握一种数学软件的应用.

复习题二十四

1. 用算法框图表示牛顿迭代法、龙贝格求积法、欧拉折线法.

2. 用牛顿迭代法求 $f(x)=x^3-3x-1=0$ 在 $x_0=2$ 附近的根，要求准确到 0.0001.

3. 用龙贝格方法求积分 $\dfrac{2}{\sqrt{\pi}}\displaystyle\int_0^1 \mathrm{e}^{-x^2}\,\mathrm{d}x$，要求误差 $\varepsilon<10^{-5}$.

4. 设初值问题 $\begin{cases} y'=-y+x^2+1, \\ y(0)=1, \end{cases}$ 取步长 $h=0.1$，分别用欧拉方法和改进的欧拉方法求从 $x=0$ 到 $x=1$ 各分点上的数值解.

阅读材料

一、Mathematica 在计算方法中的应用

1. 方程的近似解

求解方程的近似解有两种命令.

(1) NSolve 命令,用于求代数方程(组)的全部近似解,其命令格式如下:

NSolve[方程,变量,精度];NSolve[{方程 1,方程 2,…},变量,精度].

(2) FindRoot 命令,用于求方程(组)在初值附近的一个近似根(实根),其命令格式如下:

FindRoot[方程,{变量,初值},精度];FindRoot[{方程 1,方程 2,…},{{变量 1,初值 1},{变量 2,初值 2},…},精度].

Mathematica 系统中的命令 FindRoot 是根据牛顿迭代法的思想编制的.由于使用牛顿迭代法只能在方程有根区间内求出其中一个近似实根,因此在用 FindRoot 命令之前首先要寻求有根区间,再选取一个初值——起始点.FindRoot 命令中的初值可以取有根区间内的任何点.寻求有根区间可以用两种方法:一是分析方法,用的是根的存在定理,这种方法用起来不是很方便;二是作图法,用 Mathematica 系统里的画图功能 Plot 命令画出方程的图形,从而很容易看出方程的根的大致位置.

注意:输入时方程中的等号要用双等号,精度缺省默认值为 10^{-6}.

例 1 求方程 $x^5-2x+1=0$ 的近似解.

方法 1 用 NSolve 命令,显示结果如下:

In[1]:=NSolve[x^5-2x+1==0,x,0.000001]

Out[1]={{x→-1.29065},{x→-0.114071-1.21675i},{x→-0.114071+1.21675i},{x→0.51879},{x→1}}

从结果可以看出方程有三个实根、两个虚根,分别为 $x_1=-1.29065$,$x_2=-0.114071-1.21675i$,$x_3=-0.114071+1.21675i$,$x_4=0.51879$,$x_5=1$.

方法 2 用 Plot 命令画出方程的图形(图略),从而很容易看出方程的三个实根大致位置分别位于区间(-2,-1),(0,1)内以及点 1 附近.

用 FindRoot 命令,有结果如下:

In[2]:=FindRoot[x^5-2x+1==0,{x,-1.5}]

Out[2]={x→-1.29065}

In[3]:=FindRoot[x^5-2x+1==0,{x,0.5}]

Out[3]={x→0.51879}

In[4]:=FindRoot[x^5-2x+1==0,{x,1}]

Out[4]={x→1}

2. 数值积分

求数值积分的命令格式是：

NIntegrate[被积函数,{积分变量,积分下限,积分上限}]

其意义同求 $\int_a^b f(x)\mathrm{d}x$ 的近似值.

Matlab 系统中提供了书本中所提到的求积分近似值的各种公式或算法，但 Mathematica 系统中并没有提供，只能利用 Mathematica 系统中提供的命令编写程序来实现各种算法，由于超出了要求范围，这里不作介绍.

例 2 计算 $\int_{-\infty}^{+\infty} e^{-x^2}\mathrm{d}x$.

In[1]:=Integrate[Exp[-x^2],{x,-∞,∞}]

Out[1]=$\sqrt{\pi}$

In[2]:=NIntegrate[Exp[-x^2],{x,-∞,∞}]

Out[2]=1.77245

注：例 2 中 In[1]求积分的准确值，其结果尽可能反映准确度；In[2]计算积分的近似值(数值解)，两者的区别就是命令的形式和结果表示形式不同而已.

3. 微分方程(组)的数值解

求微分方程数值解的命令格式是：

NDSolve[{微分方程,初始条件},未知函数,{自变量范围},选项表];

或 NDSolve [{微分方程组,初始条件},{未知函数 1,未知函数 2,…},{自变量范围},选项表].

为了应付复杂的情况，可在选项表中选择多项参数，如初始步长、最大步数、计算结果的绝对误差和相对误差等，其中参数缺省时，系统自动取其默认值.

Mathematica 系统求微分方程(组)数值解的最大优点是不受微分方程类型的限制，当微分方程(组)的解存在时，就可以求出它的数值解，但并不能直接显示解函数的结果，而只是给出[InterpolatingFunction[{近似解的定义域}],参数表]，表示解函数(实际上是一个插值函数——解函数的一种近似表达式)在各分点及其对应的数值解放在一个表中. 通常情况下不便使用，我们可以用 Plot 命令将它的图形(微分方程数值解函数的图象)画出来.

例 3 求方程 $y''+y'+x^3y=0$ 在区间[0,8]上满足条件 $y(0)=0, y'(0)=1$ 的特解.

解 In[1]:=s1=NDSolve[{y"[x]+y'[x]+x^3 * y[x]==0,y[0]==0, y'[0]==1},y,{x,0,8}]

Out[1]={{y→InterpolatingFunction[{{0,8}},<>]}}

求得的未知函数 y 是一个在区间[0,8]上数据形式的函数，为了能直观地看到 $y(x)$ 的形状，则可利用 Plot 命令将它的图形画出来(图 24-7).

In[2]:=Plot[Evaluate[y[x]/s1],{x,0,8}]

(上式中 Evaluate 表示以数据表形式给出的函数)

Out[2]=-Graphics-

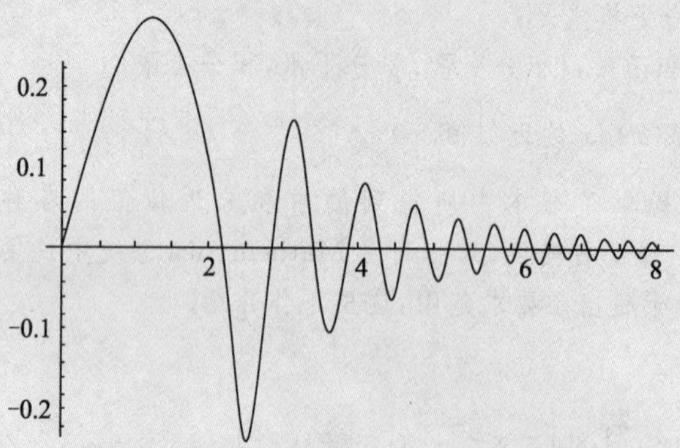

图 24-7

二、算法知识简介

1. 算法的概念

当我们用数值计算方法求解一个比较复杂的数学问题时，常常要事先拟订一个计算方案，规划一下计算的步骤. 所谓算法，就是指在求解数学问题时，对求解方案和计算步骤的完整而明确的描述.

描述一个算法可以采用许多方法，最常用的一个方法是程序流程图. 算法也可以用人的自然语言来描述. 如果用计算机能接受的语言来描述算法，就称为程序设计.

2. 算法的质量标准

求解一个数学问题，可以采用不同的算法. 例如，解线性方程组，可用克莱姆法则、高斯消元法等多种方法求解，但是每一种方法的优劣不同. 评价一个算法的优劣有以下几个标准：

(1) 算法的计算量(时间复杂性).

计算量的大小是衡量一个算法优劣的重要标准. 例如，用克莱姆法则求解一个 n 阶线性方程组时，需要计算 $(n+1)$ 个 n 阶行列式的值，需要做 $(n-1)(n+1)\cdot n!$ 次乘法. 当 n 较大时，计算量相当大，要花费很长时间. 若用高斯消元法来求解，则在很短时间内便可得到结果.

(2) 算法的空间复杂性.

当使用计算机求解一个数学问题时，计算程序要占用许多工作单元(内存). 计算一个大型的数学问题时，内存的消耗量是很大的. 因此，算法占用内存数量的多少，是衡量算法优劣的另一个标准.

(3) 算法逻辑结构的复杂性.

设计算法时应该考虑的另一个因素是逻辑结构问题，虽然计算机能自动执行极其复杂的计算程序，但是计算程序的每个细节都需要编程人员制订. 因此，算法的逻辑结构应尽量简单，才能使程序的编制、维护和使用比较方便.

3. 算法与数值的稳定性

虽然少量的舍入误差是微不足道的，但在计算机上完成了千百万次运算之后，舍入误差的积累却可能是十分惊人的. 舍入误差是讨论算法有效性的核心问题之一.

一个算法如果初始输入数据带有误差或在计算过程中舍入误差不产生积累和传播，则称此算法的数值是稳定的，否则称此算法的数值是不稳定的. 对任何输入数据都是稳定的算法称为无条件稳定；对某些数据稳定，而对另一些数据不稳定的算法称为条件稳定.

如何控制误差的积累和传播，是设计算法时必须考虑的问题. 通常遵循的原则是：

(1) 尽量减少运算次数，以减少舍入误差的积累；

(2) 尽量避免两相近数相减，以防有效数字的严重损失而影响精度；

(3) 尽量避免使用“小分母”，以防运算结果过大而造成溢出；

(4) 防止大数“吃掉”小数现象.

下面我们通过一个例子来加深对算法的数值稳定性的理解. 例如，用分部积分法求积分

$$E_n = \int_0^1 x^n e^{x-1} dx = x^n e^{x-1}\Big|_0^1 - \int_0^1 n x^{n-1} e^{x-1} dx = 1 - n\int_0^1 x^{n-1} e^{x-1} dx$$

或 $E_n = 1 - nE_{n-1} (n = 2,3,\cdots), E_1 = \int_0^1 x e^{x-1} dx = \frac{1}{e} = 0.3678794412$,

取 6 位有效数字，利用以上递推公式计算 E_n 的前 9 个值：

$E_1 = 0.367879$,　　$E_6 = 1-6E_5 = 0.127120$,

$E_2 = 1-2E_1 = 0.264242$,　　$E_7 = 1-7E_6 = 0.110160$,

$E_3 = 1-3E_2 = 0.207274$,　　$E_8 = 1-8E_7 = 0.118720$,

$E_4 = 1-4E_3 = 0.170904$,　　$E_9 = 1-9E_8 = -0.068480$.

$E_5 = 1-5E_4 = 0.145480$,

虽然 E_9 的被积函数 $x^9 e^{x-1}$ 在整个积分区间(0,1)内都是正的，可是以上算法计算的结果却是负的. 什么原因引起这么大的误差呢？其主要原因是计算机中唯一的舍入误差 E_1 在传播且不断扩大. E_1 的舍入误差是 4.412×10^{-7}，在计算 E_2 时它乘了 +2，在计算 E_3 时 E_2 中的误差又乘了 +3，以此类推，E_9 的误差为 $e = 9!\times4.412\times10^{-7}\approx 0.1601$，所以 $E_9^* = E_9 + e = -0.068480 + 0.1601 \approx 0.0916$(取三位有效数字).

4. 算法的收敛性

构造算法时一般都要对数学问题进行简化处理(用有限过程代替无限过程和用简单的计算方法代替无法计算的方法)，这就是教材中所谓的截断误差(由于截断误差是数值计算方法中固有的，故又称为方法误差). 构造的算法是否可行的另一个重要问题就是应能使数值计算方法求出的近似解与数学问题的精确解之间产生的截断误差可以控制，或者说获得的近似解可以任意逼近精确解且达到精度的要求，即算法是收敛的. 同时还要考虑提高收敛的速度以减少计算量(如教材中数值积分的龙贝格算法所讨论的问题). 一个算法是否收敛需要有严密的理论保证和截断误差分析.

第二十五章　数学建模概要

数学建模是架于数学理论和实际问题之间的桥梁，是运用数学知识解决实际问题的重要手段和途径. 本章将介绍数学建模的概念和方法，并通过对一些实例的分析，帮助读者了解数学建模的原理及概要，从而培养分析问题、解决问题的能力以及创造性思维.

§25-1　数学建模的概念

一、什么是数学建模

通俗地讲，数学建模就是先把实际问题归结为数学问题，再用数学方法进行求解. 把实际问题归结为数学问题，叫做建立**数学模型**，但数学建模不仅仅是建立数学模型，还包括求解模型，并对结果进行检验、分析与改进. 我们应该把数学建模理解为利用数学模型解决实际问题的全过程. 通过数学建模来解决实际问题，往往可以起到事半功倍的效果，有时甚至是解决问题的唯一方法.

所谓数学模型，是指针对某一系统的特征或数量依存关系，采用数学语言，概括地或近似地表述出的一种数学结构，以便于人们更深刻地认识所研究的对象.

具体来说，数学模型就是用字母、数字和其他数学符号构筑起来的，用以描述客观事物特征及相互关系的等式或不等式，以及图象、图表、框图、程序等.

对于数学模型，我们并不陌生，前面各章介绍的各种公式与方法，都可以看作数学模型. 比如，概率统计中的假设检验、线性代数中的初等变换、运动问题中的微分方程等，有的还获得了大家公认的名称，如最小二乘模型、拉氏变换模型、牛顿迭代模型等. 可以说数学模型比比皆是，无处不在.

每一个数学模型都适用于一个或一类特定的问题，但是，反过来就不那么简单了. 一个实际问题，用什么样的数学模型去表述呢？现实问题千差万别，对应的数学模型也千姿百态，甚至同一个问题可用多个数学模型加以描述. 如何建立数学模型没有固定的程式，虽然有许多现成的模型可供参考，但事先没有人告诉你该选用何种模型. 由此可见，建立数学模型既有灵活性，又面临挑战性，需要我们有强烈的创新意识.

例 1　哥尼斯堡七桥问题.

从前，在东普鲁士的城市哥尼斯堡有七座桥连结布鲁格尔河两岸及河中两个小岛，如图 25-1 所示. 那里的居民在星期日有散步的习惯，有的人就想：能不能找到一条路，使得它经过每一座桥一次且仅一次呢？这些人百试不得其解，便去请教当时的大数学家欧拉．下面看看欧拉的处理．

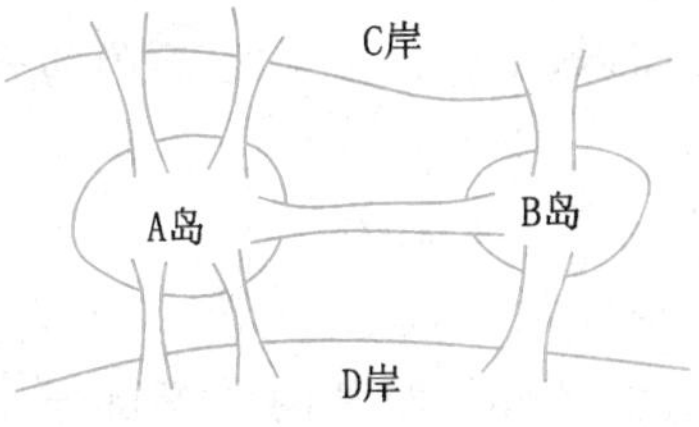

图 25-1

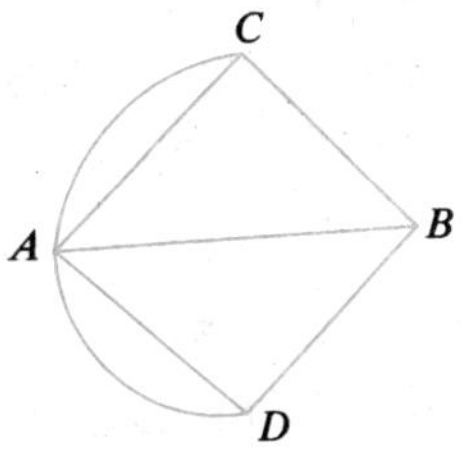

图 25-2

欧拉认为：布鲁格尔河把城市分成四大部分，但人们的兴趣在于过桥，故应把这四个部分予以缩小，缩成四个结点，用七条连线来表示桥，如图 25-2 所示．于是问题简化为"一笔画"问题，即能否用"一笔"画出图 25-2？欧拉指出：在作一笔画时，每经过一次结点，必然一进一出画两条线，所以除了起点与终点外，结点都应该是"偶点"——与其相连的线为偶数条．欧拉断言：图 25-2 的结点全是"奇点"，因而一次无重复地通过七座桥是不可能的．

欧拉建立了一个前所未有的数学模型——网络图，从此诞生了新兴的数学分支——图论．网络图与通常的几何图形不同，它不计较结点的位置与坐标，不讲究线条的长短与形状，只表明一种逻辑的关系．这里我们能领略到数学大师精湛的创造性思维．

例 2 将凳子放稳．

一张方凳置于地坪上常常放不稳，只有三脚着地．生活经验告诉我们，将凳子稍作转动即可放稳．试问这种经验是否总是有效？

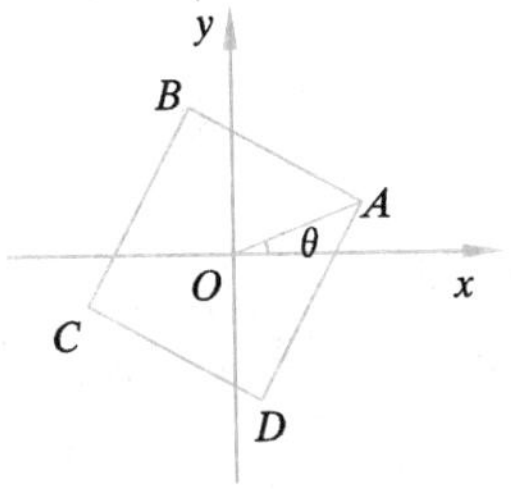

图 25-3

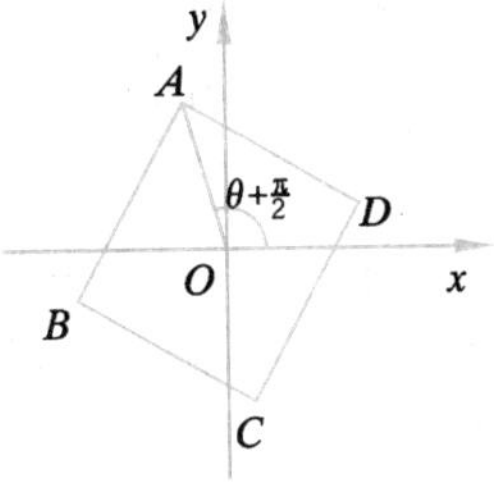

图 25-4

解 这个问题看似和数学没有关系，但实际上可通过数学建模来解决．这是一个证明问题，要证明必有一个位置使凳子的四脚着地，即存在恰当的"中介点"，最简便的方法是利用连续函数的零点定理．连续函数是现成的：地面不太平坦、有起伏，可视作连续的曲面，其方程

$$z=f(x,y)$$

是连续函数．假设方凳的四脚连线呈正方形，可以绕中心点 O 转动（图 25-3），转动半径为 R．由于三点确定一平面，所以正方形的三个顶点是可以着地的．设凳子转动的角度为 θ，将正方形的三个顶点 B,C,D 在曲面上固定（着地），则另一顶点 A 的位置也固定，因此

A 点与曲面的垂直距离 h 随之确定，成为 θ 的函数

$$h=\Phi(\theta).$$

$h>0$ 时，A 在曲面上方；$h<0$ 时，A 在曲面下方（假想 A 点可以伸到地下去）；$h=0$ 时，凳子已放稳. 利用空间向量代数的知识或立体几何的知识，不难得出函数 $\Phi(\theta)$ 的表达式

$$\begin{aligned}\Phi(\theta)=&f(-R\sin\theta,R\cos\theta)+f(R\sin\theta,-R\cos\theta)\\&-f(R\cos\theta,R\sin\theta)-f(-R\cos\theta,-R\sin\theta).\end{aligned}$$

显然 $\Phi(\theta)$ 是连续函数，不失一般性，在图 25-3 中设 $\Phi(\theta)>0$. 现将凳子转 $90°$，到图 25-4所示的位置. 由正方形的旋转对称性可知四个凳脚与原来的位置重合，不过这时 A,B,C 着地而 D 在曲面上方. 若让 D 点着地而 B,C 仍保持着地，则 A 点要下移至曲面下方，即 $\Phi\left(\theta+\frac{\pi}{2}\right)<0$. 根据零点定理，必存在 $\xi\in\left(\theta,\theta+\frac{\pi}{2}\right)$，使 $\Phi(\xi)=0$. 这说明只要转动一个锐角，必可将凳子放平稳.

凳子的转角 θ 的确切含义应是正方形在 xOy 平面上投影的转角. 由于地面的起伏与正方形尺度相比较要小得多，所以凳脚的投影仍可视作正方形，这就是模型的假设. 事实上，在本例的讨论中，陆续提出了三点假设：(1) 地面是连续的曲面；(2) 凳脚是一个点，四脚连线呈正方形；(3) 地面相对平坦，投影与四脚连线的形状无差异.

其中假设(2)是为了简化证明而提出来的，与实际情况并不相符. 现实中的凳子都呈长方形，椅子则呈等腰梯形，因此这个模型还需要加以改进与推广. 通过进一步的讨论能证明，当四脚连线呈长方形或等腰梯形，甚至是一般四顶点共圆的四边形时，凳子都可以经过转动放平稳.

从以上两例可体会并归纳出数学建模的原理和方法. 我们将在下节详细介绍.

二、数学模型的分类

特定问题和对象的多样性，带来了数学模型的多样性. 根据不同的分类标准，数学模型有着多种分类.

(1) 按对象变化特征分，有连续模型、离散模型和突变模型.

对于连续模型，通常用函数、微分、积分等连续形式来表示；对于离散模型，则采用矩阵、数值计算等离散方法来处理.

(2) 按时间关联性态分，有稳态模型和动态模型.

稳态模型又称为静态模型、定常模型，是指系统的所有参数都与时间无关，是一种已经达到稳定状态的系统；动态模型又称为时变模型，其中时间是不可缺少的重要参数.

(3) 按系统运行特性分，有线性模型和非线性模型.

线性系统是指系统的输出与输入呈线性关系，可用线性模型来描述；而非线性系统，则没有这种简单的线性关系而呈现出某种复杂性.

(4) 按概率影响程度分，有确定性模型和随机性模型.

一个系统受随机因素影响，表现出某种不确定性，称之为随机系统. 考虑随机因素的模型就是随机性模型，否则就是确定性模型.

(5) 按模型建立途径分，有机理模型、经验模型和混合模型.

机理模型又称理论解析模型，是通过对系统运行的机理进行理论分析而建立的数学描述方程式；经验模型是通过对系统实测数据的统计分析而得到的各参数间的函数关系；混合模型则是将两者结合起来建立的模型.

(6) 按研究所用方法分，有初等数学模型、微分方程模型、线性代数模型、数理统计模型、数学规划模型、运筹学模型等.

(7) 按对象所在领域分，有物理模型、经济模型、生态模型、人口模型、交通模型、医药模型等.

熟悉数学模型的分类，有助于针对实际现象建立数学模型，因为它至少可以帮助你确定一个思考立意的大致方向，或者框定一个查找资料的基本范围.

三、数学建模的作用

1. 数学建模是解决实际问题的有效途径

数学建模将客观原型化繁为简、化难为易，用数学的方法定量地去分析实际问题，因而运用数学建模可以花费少量的人力、物力、财力，及时地找到解决问题的最佳方案，高效地求得系统运行的数值结果. 例如，卫星回到地球时要经受高温高速的考验，为了设计卫星的结构，用风洞之类做直接实验花费巨大，也不太可能，而通过数学建模进行模拟计算，则可迎刃而解.

2. 数学建模是揭示科学规律的重要手段

数学模型用数学语言描述出现实系统的本质特性，便于人们清晰地、深刻地认识客观现象的本质，从而比较容易揭示出其中的科学规律. 例如，马克思用公式 $\mathrm{I}_{(V+m)}=\mathrm{II}\,c$ 来反映社会再生产的基本规律，爱因斯坦用模型 $E=mc^2$ 揭示了原子内部蕴藏着巨量核能的重大秘密，本节例 2 中，不引入函数关系就无法用零点定理说明平稳点存在的普遍结论.

3. 数学建模是推动学科发展的最好选择

一个学科的内容能用数学来分析和表示，是该学科精密化和科学化的表现，是其走向完善的标志，因此，数学建模就成了发展科学理论的捷径. 牛顿用 $F=ma$ 揭示了动力学的普遍规律，欧姆用 $U=IR$ 建立起电学理论的坚实基础，欧拉解决哥尼斯堡七桥问题为图论的发展首开先河. 纵观科学发展的历史，数学建模的辉煌处处可见.

4. 数学建模和计算机相结合，开拓了数学应用的广泛前景

当代计算机的发展和应用，使得数学建模方法如虎添翼. 现代高科技无一不是通过数学模型并借助计算机的计算、控制来实现的. 数学建模已渗透到现代生活的每一个角落，关系到国计民生. 例如，大家普遍关心的人口问题、环境保护问题、疾病传染和防治问题等都可以结合相关学科的知识借助数学建模来进行定量分析，以利科学决策.

习题 25-1

1. 什么是数学模型？如何理解数学建模的概念？
2. 数学模型有哪些类型？了解数学模型的分类有什么好处？
3. 数学建模的作用是什么？我们为什么要学习数学建模知识？
4. 如何理解“数学模型无处不在”？请举一两个你所熟悉的数学建模的例子.

§25-2 数学建模的原理和方法

一、数学建模的原理

数学建模主要通过两个环节展开.第一个环节是建立数学模型.建立数学模型要遵循以下基本原理：

(1) 简化性原理

现实世界的原型常常是具有多因素、多变量、多层次的，比较复杂的系统，因此要对原型进行一定的简化，即抓住主要矛盾.此外，数学模型本身也要简化，如化变量为常量，化曲线为直线，化非线性为线性等，尽可能采用简单的数学工具.

(2) 反映性原理

数学模型应能真实地反映系统有关特性的内在联系，即要将原型的实质描述出来.例如，用点来代替岛屿和河岸，就是抓住了七桥问题的实质.如果换一个问题，研究哥尼斯堡的城市规划，就不能以点代面了.当然，这里的“真实反映”是指在允许误差范围内的“反映”，也不排除“退一步，进两步”的做法.比如，先把动态的、非线性的、随机的系统当作静态的、线性的、确定的系统加以处理，把长方形、梯形当作正方形加以论证，然后再逐步完善.

(3) 操作性原理

数学模型应该便于数学处理，即具有可操作性，能够进行数学推导和数值计算.通过数学推导，可以得到一些确定的结果(如七桥不可遍历，凳子定能放稳)，也可以对数值计算提供指导.数值计算则更是数学模型的重要功能，大多数实际问题都需要数值结果.如果一个模型只有数学符号的罗列而无法进行数学推导，或者给出数值计算方法却超越现有的计算能力，那么这个模型就失去了实际意义.

数学建模的第二个环节是求解数学模型.“求解”就是通过推导和计算，得出实际原型所需要的结论和数据.数学模型的求解一般有现成的方法，这是前人已经研究成熟的方法，如本书前面提到的各种数学模型.当然还有许多数学模型尚无成熟的求解方法，有的解法不完整，有的甚至还未找到解法，有待人们进一步研究.作为实用技术，本书着重强调前一种，即现成的求解方法.

在运用这些求解方法时，要明确以下两个重要观念：

(1) 横向综合运用观念

一个现实问题的数学模型往往由许多现有的数学模型组合而成，它们各自有一套求解方法，我们要注意综合运用，有机结合.

(2) 纵向循环交错观念

对模型的求解结果要进行理论分析和实践检验，看看模型是否适用. 上面所说的关于建立数学模型的三条原理，往往不是一步贯彻到位的，需要经过建立——求解——检验——修正，多次循环，逐步完善. 所以数学建模的两个环节不是相互分离而是相互交错的，有时甚至是相互融合难以分辨的.

二、数学建模的方法

上面关于建立数学模型的三条原理和关于模型求解的两个观念，已经包含了数学建模的方法，这里作进一步的归纳.

1. 尽量了解各种现成的数学模型

现成的数学模型很多，可以说整个数学就是由无数大大小小的数学模型所构成的. 每个模型都有典型的应用范围和有益的启示作用，可以通过类比，从中找出合适的数学模型. 因此，我们平时要经常学习，积累知识，锻炼思维. 但是，遇到实际问题时，并非要等到学完了所有的数学理论再去建立数学模型，也并非要有十分渊博的知识才能尝试建立数学模型，数学建模强调应用，可以在应用中学习，在学习中应用.

2. 建立数学模型要进行合理的假设

在一个实际系统中，总是有多种因素与所研究的对象关联，但这些因素有主次之分. 要建立一个合理的模型，必须分析清楚哪些是主要的、本质的因素，哪些是次要的、非本质的因素. 进行假设的目的就在于选出主要因素，略去非本质因素，既能使问题简化以便进行数学描述，又抓住了问题的本质.

进行合理的假设，不仅符合简化性原理和反映性原理，而且是贯彻操作性原理的需要. 建立数学模型是为了进行数学处理，而数学理论与数学方法都有抽象性特征，必须满足一定的理想化条件，假设就是对现实作理想化处理. 当然，理想化要符合实际情况，要"合理".

假设能否合理，关键是要对问题进行全面的考虑、深入的分析，不仅要了解问题的正面特征，还要了解各种背景材料. 可以说，作假设的过程就是不断深入研究问题的过程. 这里我们把假设看作一个过程，是因为假设往往有许多项，各项假设的必要性都是在深入分析问题时逐步显现出来的，而且每一项假设都有一个不断改进的过程. 当你完成了需要的假设，数学模型也就展现在你面前了.

3. 建立数学模型要体现数学的特点

最基本的数学特点是选择变量、寻找函数、建立方程(公式)、估计参数. 系统的运行由变量控制，当然要选择起决定作用的主要变量，函数能反映系统的状态，方程则描述了模型的框架，有时即模型本身. 参数的取值关系到计算的可行性与有效性，变量、函数、公式是解析模型的特点，其他模型也有各自的数学特点. 例如，随机模型需要考虑随机变量、概率分布、数字特征、统计推断；网络图模型需要明确点、边、权的实际含义. 体现数学特点，首先要有数学意识，要有意识地寻求、构建上述数学要素，当然也要重视数学要素的载体，要引入适当的数学符号，列出所需的数学式子，即所谓符号化、数式化.

4. 数学建模要结合计算机的运用

现实问题中的数值计算往往是很复杂的，不能指望像人为编制的习题那样有简单的计算过程，所以求解数学模型时，通常需要借助于计算机. 随着计算机技术的发展，各种计算机软件应运而生，这对数学建模也产生了很大的影响. 数学模型是现实系统的近似描写，模型越简单，精确度就越受到影响. 前面提到因素有主次之分，但实际做起来并不一定分得清楚，主次往往是相对而言的，次要因素中可能会含有本质成分，数学建模就是在简单化与精确性之间进行权衡与调和的. 有了计算机的参与，原先的权衡方式会发生改变，所以在数学建模中必须考虑计算机的运用，可以应用现成的软件，也可以自编程序. 总之，我们要掌握好计算机的操作与运用技术.

5. 注重对模型求解结果的分析和检验

模型来源于实际，服务于实际，必须接受实践的检验并不断修正. 对模型的分析与检验可以从三个方面来进行.

(1) 模型是否存在缺陷

模型的假设是否遗漏了重要的变量或含有许多无关紧要的变量；模型的数学表达或推导是否正确；模型反映系统的精确度是否合适.

(2) 模型性能的评价

每一个具体的数学模型，其性能是多样化的，我们既要关注模型的特有性能，也要注重对共有性能的评价，如灵敏度分析、误差分析、可行性分析等.

(3) 模型的改进和推广

在建立数学模型时，为了抓住主要矛盾或者便于简化处理，往往忽略一些次要因素，待取得一定结果后，应该进一步考虑这些因素的影响，从而使模型得到的结果更符合实际. 此外，还应该考虑各种偶然因素对研究对象带来的影响，以增加模型的稳定性. 对模型的改进，实质上就是推广、加大了模型的适用范围，提高了模型的使用价值.

三、数学建模的步骤

如前所述，数学建模没有固定的程式，当然不会有照本操作的统一“步骤”. 这里列出的只是在数学建模的全过程中要做哪些事情.

1. 调查研究，收集资料

对面临的实际问题作全面了解，明确研究的对象和目的，搞清问题所依据的事实，掌握各种背景资料.

2. 深入分析，提出假设

只有深入分析，才能抓住主要矛盾，提出合理假设. 假设要明确，要有利于构造模型. 假设包括简化性假设和理想性假设，甚至可以有退步性假设.

3. 凸现数学，构建模型

紧扣变量、函数、方程等数学要素，利用数学的理论以及其他相关知识，建立起适合于实际问题的数学模型.

4. 寻找规律,求解模型

对于复杂的问题,应该逐步深入,层层推进.求解模型包括理论推导和数值计算,也包括画图、制表及软件制作等.

5. 评价结果,修正模型

对求解结果的评价可以是理论分析,也可以是实际检测,还可以作计算机模拟运行,发现问题要及时修正.

6. 应用模型,实践检验

充分发挥数学模型在实际问题中的特殊作用,同时通过应用性实践,对模型进行最客观、最公正的检验.

这里的步骤 1—3,相当于数学建模的第一个环节——建立模型,步骤 4—6 相当于数学建模的第二个环节——求解模型.诚如前面所述,我们在理解这些步骤与环节时,一定要确立纵向循环交错的观念.循环可能在环节之间展开,也可能在步骤之间进行,前后交错,不断反复,不能指望数学建模可以一蹴而就.

习题 25-2

1. 数学建模的原理是什么?如何看待这些原理?
2. 数学建模的方法有哪些?应该怎样学习数学建模的方法?
3. 数学建模有哪些步骤?如何看待这些步骤?
4. 在数学建模中,怎样进行合理的假设?怎样体现数学的特点?

§25-3 数学建模的实例

下面通过实例来说明数学建模的方法,请读者注意对照前面的有关内容,这里限于篇幅,没有充分展现"前后交错,不断反复"的过程,请读者在思考时细细加以体会.

一、存储问题

工厂为了生产必须储存一些原料,如果把全年所需原料一次性购入,则不仅占用资金、库存,还会增加保管成本.但是如果分散购入,则因每次购货都会有固定成本(与购货数量无关),而使费用增大.现在希望找到一个两全其美的订购原料的方案.

(一) 收集资料,合理假设

(1) 仓储成本(包括占库费、保管费、损耗费等)为每年每件 C_1 元,简称存储费,固定不变.

(2) 每次购货的固定成本(包括差旅费、检验费、装备费等)为每次 C_2 元,简称订货费，固定不变.

(3) 全年的原料需求量为 R 件，且原料的消耗是连续的、均匀的，即需求速度为常数.

(4) 当库存原料因消耗而降低至零时，即购入统一的 Q 件予以补充，补充是即时的(从订购至到货，时间很短).

这些假设除了使问题简化、清晰化以外，也是符号化、数式化的开始.

(二) 分析问题，寻找目标

假设(4)把寻找最佳方案简化为确定最佳的订货量 Q，从而 Q 成了决策变量，应该以 Q 为自变量建立目标函数. 目标是使存储费和订货费的总量最小. 按照假设(3)、(4)，原料库存量的变化是周期性的，如图 25-5 所示，称之为库存曲线.

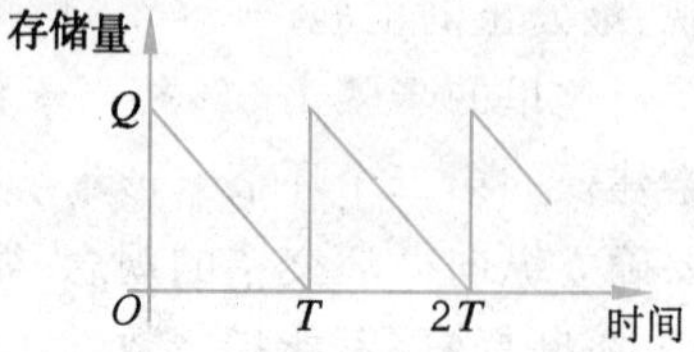

图 25-5

为了计算总的存储费用，需要引入平均库存量的概念. 平均库存量即库存函数的平均值，可利用定积分计算. 对于图 25-5 的曲线，因为在一个周期内是直线，所以平均库存量处于直线的中点，等于最大库存量的一半，即 $\frac{Q}{2}$，全年的库存费为 $C_1 \cdot \frac{Q}{2}$. 另外全年的订货次数显然为 $\frac{R}{Q}$，于是全年的存储费与订货费总和为

$$C(Q)=C_1 \cdot \frac{Q}{2}+C_2 \cdot \frac{R}{Q}. \tag{25-1}$$

(三) 现成方法，求解模型

函数 $C(Q)$ 即为目标函数. 为求最小值，只需令 $\frac{dC}{dQ}=0$，即可得最佳的订货量

$$Q^*=\sqrt{\frac{2C_2R}{C_1}}. \tag{25-2}$$

最佳的订货周期是订货次数的倒数，等于

$$T^*=\frac{Q^*}{R}=\sqrt{\frac{2C_2}{C_1R}}. \tag{25-3}$$

这里，我们运用微积分中最简单的优化模型便找出了最佳方案.

(四) 评价模型，改进推广

不难发现，按(25-2)、(25-3)式给出方案订货时，总费用函数(25-1)中的两项恰好相等，此时 $C(Q^*)=\sqrt{2C_1C_2R}$. 这是优化问题的一般规律：在包含两个互逆效应的系统中，互逆效应的平衡有利于最优结果的实现.

模型虽然是针对生产活动中原料库存问题建立起来的，但(25-2)、(25-3)式显然可以推广到商业销售中的商品存储问题，还可以推广到水库管理中的水量贮存问题等.

假设(4)简言之即"不许缺货，即时补充"，这与实际情况可能有差异，我们将假设(4)作如下两种修改：

(4′) 不许缺货，需时补充，补充速度为每年 A 件($A>R$).

这时，在一个周期内补充时间为 $\frac{Q}{A}$，库存增加速度为 $A-R$，故最大存储量不再是 Q，

而是$\frac{Q}{A}(A-R)$，所以目标函数、最佳订货量和订货周期分别为

$$C(Q)=C_1\cdot\frac{Q}{2}\left(1-\frac{R}{A}\right)+C_2\cdot\frac{R}{Q},$$

$$Q^*=\sqrt{\frac{2C_2R}{C_1\left(1-\frac{R}{A}\right)}},\quad T^*=\sqrt{\frac{2C_2}{C_1R\left(1-\frac{R}{A}\right)}}.$$

只比(25-1)、(25-2)、(25-3)式多了一个调节因子$\left(1-\frac{R}{A}\right)$.

(4″) 允许缺货，即时补充，缺货损失费为每年每件 C_3 元.

这时订货周期 T 因缺货时间不定而成为第二个决策变量. 在一个周期内缺货时间为 $T-\frac{Q}{R}$，平均缺货量是最大缺货量的一半，即 $\frac{1}{2}R\left(T-\frac{Q}{R}\right)$，缺货损失为 $C_3\cdot\frac{1}{2}R\left(T-\frac{Q}{R}\right)\left(T-\frac{Q}{R}\right)$，所以目标函数为

$$C(Q,T)=\frac{1}{T}\left[C_1\cdot\frac{Q^2}{2R}+C_2+C_3\,\frac{(RT-Q)^2}{2R}\right].$$

方括号表示一个周期内的存储费、订货费、缺货费之和. 令$\frac{\partial C}{\partial Q}=\frac{\partial C}{\partial T}=0$，可得最佳订货量和订货周期为

$$Q^*=\sqrt{\frac{2C_2R}{C_1\left(1+\frac{C_1}{C_3}\right)}},\quad T^*=\sqrt{\frac{2C_2\left(1+\frac{C_1}{C_3}\right)}{C_1R}},\tag{25-4}$$

只比(25-2)、(25-3)式多了一个调节因子$\left(1+\frac{C_1}{C_3}\right)$. 相比之下，订货量减少了，定货周期加长了，这是允许缺货带来的必然结果. $C_3\to\infty$(缺货损失为无穷大)表示不允许缺货，这时由公式(25-4)又可得到公式(25-2)、(25-3).

假设(3)排除了随机性需求，而实际问题中需求量往往具有随机性. 这时，增加订货量将面临加大仓储成本的风险，而减少订货量则将承担缺货损失的风险，所以目标函数应是概率期望值之和. 由于推导比较复杂，模型求解还可能用到差分方法，所以这里不作进一步讨论.

二、种群繁殖

某种生物在一定的环境下繁衍，其数量的变化规律是什么？环境对它有怎样的影响？人为的控制将如何表现？种群在何种情况下会灭绝？由于"生物"可以是人类或野生动物，也可以是细菌、养殖动物，甚至是传染病人、化学物质、货币资金等，所以种群繁殖问题受到人们的广泛关注.

(一) 模型的假设

(1) 种群的繁殖率(出生率减去死亡率)为常数 k，即单位时间内 y 个个体将繁殖出 ky 个个体.

(2) 种群在一个相对封闭的环境中,不考虑迁出与迁入.

(3) 环境资源丰富,对种群繁衍无抑制.

（二）模型与求解

种群数量 y 随时间 t 增长,根据假设(1),增长速度与当前的值 y 成正比,而增长速度是数量对时间的导数,因此

$$\frac{dy}{dt}=ky. \tag{25-5}$$

这是很简单的微分方程,分离变量后积分可得

$$y=y(t)=y(0)e^{kt}, \tag{25-6}$$

其中 $y(0)$ 是 $t=0$ 时的初始值.可见凡增长速度有这种性质的变量都是指数型变量,相应地把方程(25-5)及其解(25-6)称为指数模型.若 $k>0$,则在没有控制的情况下,种群数量将随时间无限增长.

（三）评价与推广

在实际问题中,判断是否为指数模型,首先要分析增长速度的特性,增长速度可理解为单位时间的增加量,也可理解为变化率.

在指数模型中,比例常数 k 可以通过一些观察或测量数据确定.k 值的大小反映了变量 y 的增长快慢.如果 k 是负值,则表明变量值随时间衰减.例如,药物进入人体后将被逐渐吸收,药物在血液中的浓度 Q 越高,被吸收得越快,可以认为是正比关系,所以由(25-6)式知 $Q=Q(0)e^{-kt}$.

种群在繁衍时,常常会受到外界的干扰与控制,如在鱼塘养殖中,有人为的捕捞(迁出)和增苗(迁入).我们把假设(2)修改为

(2′)种群的繁殖速度受到外界干扰,增加一个迁出速度 $v(t)$.

这时,微分方程(25-5)中要添加一项,即

$$\frac{dy}{dt}=ky-v(t),$$

于是成了干扰指数模型.利用线性微分方程的公式解法,可得

$$y=y(t)=y(0)e^{kt}-e^{kt}\int_0^t v(t)e^{-kt}\,dt. \tag{25-7}$$

迁出速度 $v(t)$ 随时间 t 变动时,称为变速干扰.如果 $v(t)=v$ 是常数,则称为常速干扰,此时(25-7)式中的积分可以求出,从而

$$y=y(t)=\frac{v}{k}+\left[y(0)-\frac{v}{k}\right]e^{kt}.$$

例如,鱼群或其他生物群体在正常繁殖的同时,以均匀速度 v 进行捕捞(捕杀),就属于常速干扰模型.记 $\bar{y}=\frac{v}{k}$,显然 $\bar{y}$ 是当 $\frac{dy}{dt}=0$,即自然增长速度等于迁出速度时 y 的值.不难看出,若 $y(0)=\bar{y}$,说明迁出速度从一开始就和增长速度持平,则 $y(t)$ 一直保持初始值 $y(0)$ 不变;若 $y(0)>\bar{y}$,说明迁出速度小于增长速度,则 $y(t)$ 将无限增长;若 $y(0)<\bar{y}$,说明迁出速度过大,则经过一段时间会有 $y(t)=0$.

种群繁衍一般要受到环境的抑制,我们把假设(3)修改为

(3′)设 a 是种群的饱和量，繁殖速度还与调节因子 $\left(1-\frac{y}{a}\right)$ 成正比，即微分方程(25-5)修正为

$$\frac{\mathrm{d}y}{\mathrm{d}t}=ky\left(1-\frac{y}{a}\right).$$

这是著名的阻滞方程. 调节因子是对增长速度的抑制，所以称之为环境抑制模型. 当 y 接近于 a 时，增长速度几近于零，当 y 与 a 相比很小时，该因子几乎不起作用. 对于这个变量可分离的方程，容易求得其解为

$$y=y(t)=\frac{a}{1+\left(\frac{a}{y(0)}-1\right)\mathrm{e}^{-kt}},$$

显然当 $t\to\infty$ 时，$y(t)\to a$，即种群数量将渐近地饱和.

如果既有环境抑制，又有外界干扰，就成了混合指数模型. 对应的微分方程是

$$\frac{\mathrm{d}y}{\mathrm{d}t}=ky\left(1-\frac{y}{a}\right)-v.$$

虽然这仍是变量可分离的微分方程，但求解时需要进行多种情况的讨论，此处从略.

三、投入产出分析

一个经济系统中，各个经济部门的投入产出有着复杂的依存关系. 例如，电力部门生产 1 度电，需要用煤 0.2 千克，明年要增产 1000 亿度电，应增产多少吨煤？答案似乎很简单，增加 $10^{11}\times 0.2\times 10^{-3}=2000$ 万吨. 不对！因为为了增加这 2000 万吨煤，要增加投入电力和机械设备，甚至也要增加消耗煤本身(在煤炭生产过程中所需的供热耗煤等)，而增加电力、设备、煤炭的产量，再一次要求增加煤的产量，如此等等. 看来这是一个具有连锁性质的无限循环的过程：牵一发而动全身. 在经济系统中，部门越多，这些依存关系越复杂. 下面给出分析这种依存关系的方法.

(一) 问题的数量化

某集团公司生产Ⅰ、Ⅱ、Ⅲ三种产品，产品都以货币计量，每一种产品在生产过程中，都要消耗包括本产品在内的各种产品，反映这种关系的技术数据表现为直接消耗系数矩阵

$$\boldsymbol{A}=\begin{pmatrix}a_{11}&a_{12}&a_{13}\\a_{21}&a_{22}&a_{23}\\a_{31}&a_{32}&a_{33}\end{pmatrix}=\begin{pmatrix}0.2&0.2&0.1\\0.1&0.1&0.2\\0.25&0.1&0.1\end{pmatrix}.$$

矩阵 $\boldsymbol{A}$ 的第 1 列表示生产一个单位的产品Ⅰ，需要消耗(或理解为投入)三种产品的数量依次为 0.2 单位、0.1 单位、0.25 单位. 类似地，A 的第 2 列和第 3 列表示生产一个单位的产品Ⅱ和产品Ⅲ需要消耗(投入)三种产品的数量. 已知该公司最终推向市场的三种产品量依次为 $y_1=2500$ 万元，$y_2=1000$ 万元，$y_3=1500$ 万元，试确定各产品的总生产量. 如果想使产品Ⅰ的最终产品增加到 $y_1=3000$ 万元，则三种产品的产量分别应增加多少？并且由此给出完全消耗的概念与数据.

（二）分析的矩阵化

设三产品的生产总量（总产品）依次为 x_1,x_2,x_3. 由已知，矩阵 $\boldsymbol{A}$ 的第 1 行表示各产品在生产过程中对产品Ⅰ的消耗率，因而对产品Ⅰ的消耗量依次为 $a_{11}x_1,a_{12}x_2,a_{13}x_3$. 按照总量平衡原理（总产品等于生产中的消耗加上最终产品），对于产品Ⅰ有平衡式

$$x_1=a_{11}x_1+a_{12}x_2+a_{13}x_3+y_1.$$

这个平衡式也可理解为产品Ⅰ的产出构成. 对于产品Ⅱ和Ⅲ，有同样的产出平衡式. 将三个平衡式用矩阵表示，即

$$\boldsymbol{X}=\boldsymbol{A}\boldsymbol{X}+\boldsymbol{Y},$$

其中 $\boldsymbol{X}=(x_1,x_2,x_3)^{\mathrm{T}}$，$\boldsymbol{Y}=(y_1,y_2,y_3)^{\mathrm{T}}$. 移项后可得 $(\boldsymbol{I}-\boldsymbol{A})\boldsymbol{X}=\boldsymbol{Y}$，从而

$$\boldsymbol{X}=(\boldsymbol{I}-\boldsymbol{A})^{-1}\boldsymbol{Y}, \tag{25-8}$$

式中 $\boldsymbol{I}$ 是单位矩阵. 计算逆矩阵得

$$(\boldsymbol{I}-\boldsymbol{A})^{-1}=\begin{pmatrix}0.8 & -0.2 & -0.1\\ -0.1 & 0.9 & -0.2\\ -0.25 & -0.1 & 0.9\end{pmatrix}^{-1}=\begin{pmatrix}1.361 & 0.327 & 0.224\\ 0.241 & 1.197 & 0.293\\ 0.405 & 0.224 & 1.206\end{pmatrix}.$$

把 $\boldsymbol{Y}$ 的已知数据代入公式(25-8)，即可得

$$\boldsymbol{X}=(4065.5,2239,3045.5)^{\mathrm{T}}.$$

这就是所求的三产品的总产品量（单位：万元）. 显然总产品比最终产品 $\boldsymbol{Y}$ 多得多.

当最终产品增加 $\Delta\boldsymbol{Y}=(\Delta y_1,\Delta y_2,\Delta y_3)^{\mathrm{T}}$ 时，总产品增量为 $\Delta\boldsymbol{X}=(\Delta x_1,\Delta x_2,\Delta x_3)^{\mathrm{T}}$，则仍有平衡式 $\boldsymbol{X}+\Delta\boldsymbol{X}=(\boldsymbol{I}-\boldsymbol{A})^{-1}(\boldsymbol{Y}+\Delta\boldsymbol{Y})$，利用公式(25-8)可解出

$$\Delta\boldsymbol{X}=(\boldsymbol{I}-\boldsymbol{A})^{-1}\Delta\boldsymbol{Y}.$$

以 $\Delta\boldsymbol{Y}=(500,0,0)^{\mathrm{T}}$ 代入可得

$$\Delta\boldsymbol{X}=(680.5,120.5,202.5)^{\mathrm{T}}.$$

这就是想使产品Ⅰ的最终产品增加到 3000 万元（增加 500 万元），三产品应增加的数量（单位：万元）. 显然两者之差

$$\Delta\boldsymbol{X}-\Delta\boldsymbol{Y}=[(\boldsymbol{I}-\boldsymbol{A})^{-1}-\boldsymbol{I}]\Delta\boldsymbol{Y} \tag{25-9}$$

纯粹是在生产过程中消耗掉的产品量，它们并未形成最终产品.

（三）完全消耗系数

现在考虑单位增量. 当 $\Delta\boldsymbol{Y}=(1,0,0)^{\mathrm{T}}$ 时，(25-9)式右端恰是矩阵

$$\boldsymbol{B}=(\boldsymbol{I}-\boldsymbol{A})^{-1}-\boldsymbol{I}=\begin{pmatrix}0.361 & 0.327 & 0.224\\ 0.241 & 0.197 & 0.293\\ 0.405 & 0.224 & 0.206\end{pmatrix}$$

的第 1 列，其经济意义是：为了获得一个单位的产品Ⅰ的最终产品，所必须分别消耗的各产品的产量. 反之，有了这些消耗量，便足以保证获得产品Ⅰ的一个单位的最终产品. 这就是完全消耗的概念. 矩阵 $\boldsymbol{B}$ 的第 2 列、第 3 列也有类似的经济意义. 因此，矩阵 $\boldsymbol{B}$ 称为完

全消耗系统矩阵. **B** 的第 i 行第 j 列元素 b_{ij} 表示：生产一个单位产品 j 的最终产品，对产品 i 的全部消耗量. 比较矩阵 **A** 和 **B** 可知，完全消耗系数比直接消耗系数大得多，这是因为完全消耗反映了直接消耗与间接消耗之和，间接消耗是通过中间环节的消耗，具体分析起来将是一个逐级进行的无限循环过程.

（四）模型的开发与利用

本例建立的模型称为投入产出模型，是一种比较成熟的模型. 本例的矩阵分析不难推广到更多产品的情形，尤其是一些大型的经济系统，如一个地区、一个国家. 有许许多多的部门，投入产出分析全面地、深刻地揭示了各部门（产品）之间相互依存、相互制约的关系. 投入产出分析不仅可用于本例所求的总产品及其增量，而且还可用于分析国民经济中诸如社会产值、国民收入、价格指数等的数量与构成，从而对宏观经济的运行与调控提供决策依据.

四、线性规划

某厂生产Ⅰ、Ⅱ、Ⅲ三种产品，各产品需要在 A，B，C 三种设备上加工，每单位产品所用设备台时数如下表. 问如何规划每月的生产数量，使产品利润最大？

产品 设备	Ⅰ	Ⅱ	Ⅲ	设备有效台时（每月）
A	8	2	10	3000
B	10	5	8	4000
C	2	13	10	4200
单位产品利润（单位：百元）	3	2	2.5	

（一）目标函数与约束条件

设三种产品的生产数量依次为 x_1，x_2，x_3，这是我们需要加以选择确定的决策变量. 利润最大就是使以下目标函数取最大值：

$$y=3x_1+2x_2+2.5x_3.$$

设备有效台时是工厂的资源，生产不能突破资源的限制. 三种设备的资源限制可依次用以下三个不等式表示：

$$8x_1+2x_2+10x_3\leqslant 3000,$$
$$10x_1+5x_2+8x_3\leqslant 4000,$$
$$2x_1+13x_2+10x_3\leqslant 4200.$$

另外，产量不能是负数，即应满足非负条件

$$x_1\geqslant 0, x_2\geqslant 0, x_3\geqslant 0.$$

显然以上的目标函数与约束条件都具有线性特征，故称线性规划.

（二）单纯形法

为了用线性方程组的理论求解此问题，我们通过增加三个非负变量 x_4，x_5，x_6，将不等式约束化为等式约束.

$$
\begin{aligned}
8x_1+\ 2x_2+10x_3+x_4 \qquad\qquad &=3000,\\
10x_1+\ 5x_2+\ 8x_3 \qquad +x_5 \qquad &=4000,\\
2x_1+13x_2+10x_3 \qquad\qquad +x_6 &=4200.
\end{aligned}
$$

不难发现这三个非负变量分别表示三种资源的剩余量，如 $x_4 \geqslant 0$ 表示 A 种设备多余的台时数. 我们再将目标函数写作

$$3x_1+2x_2+2.5x_3+0\cdot x_4+0\cdot x_5+0\cdot x_6=0+y.$$

现在利用矩阵的初等变换来"求解"这四个方程的线性方程组，以下是一系列初等变换：

$$
\begin{pmatrix}
\langle 8\rangle & 2 & 10 & 1 & 0 & 0 & 3000\\
10 & 5 & 8 & 0 & 1 & 0 & 4000\\
2 & 13 & 10 & 0 & 0 & 1 & 4200\\
3 & 2 & 2.5 & 0 & 0 & 0 & 0
\end{pmatrix}
\longrightarrow
\begin{pmatrix}
1 & 0.25 & 1.25 & 0.125 & 0 & 0 & 375\\
0 & \langle 2.5\rangle & -4.5 & -1.25 & 1 & 0 & 250\\
0 & 12.5 & 7.5 & -0.25 & 0 & 1 & 3450\\
0 & 1.25 & -1.25 & -0.375 & 0 & 0 & -1125
\end{pmatrix}
$$

$$
\longrightarrow
\begin{pmatrix}
1 & 0 & 1.7 & 0.25 & -0.1 & 0 & 350\\
0 & 1 & -1.8 & -0.5 & 0.4 & 0 & 100\\
0 & 0 & \langle 30\rangle & 6 & -5 & 1 & 2200\\
0 & 0 & 1.0 & 0.25 & -0.5 & 0 & -1250
\end{pmatrix}
$$

$$
\longrightarrow
\begin{pmatrix}
1 & 0 & 0 & -0.09 & 0.184 & -0.056 & 225.3\\
0 & 1 & 0 & -0.14 & 0.099 & 0.059 & 232\\
0 & 0 & 1 & \langle 0.2\rangle & -0.167 & 0.033 & 73.3\\
0 & 0 & 0 & 0.05 & -0.333 & -0.033 & -1323.3
\end{pmatrix}
$$

$$
\longrightarrow
\begin{pmatrix}
1 & 0 & 0.45 & 0 & 0.109 & -0.041 & 258.3\\
0 & 1 & 0.7 & 0 & -0.018 & 0.082 & 283.3\\
0 & 0 & 5 & 1 & -0.835 & 0.165 & 366.5\\
0 & 0 & -0.25 & 0 & -0.291 & -0.041 & -1341.6
\end{pmatrix}.
$$

我们回忆一下初等变换的程序：每次选一非零元素——称为主元素，通过行初等变换，把主元素变为 1，并且把它所在列的其他元素变为 0. 在上面的变换中，主元素都已作了标记.

根据线性方程组的理论，每个矩阵都对应若干基变量（与单位列相对应）及若干非基变量（即自由变量），令所有自由变量取 0，可得一组解，这里称为基本可行解. 例如，最后一个矩阵的基变量是 x_1, x_2, x_4，非基变量是 x_3, x_5, x_6，基本可行解是

$$\boldsymbol{X}=(258.3, 283.3, 0, 366.5, 0, 0)^{\mathrm{T}},$$

其中基变量的取值直接从矩阵的最后一列读出.

矩阵的最后一行代表同一目标函数的不同表达式（行初等变换的实质是等量替换）. 最后矩阵的目标函数为

$$-0.25x_3-0.291x_5-0.041x_6=-1341.6+y.$$

它的基本可行解中，x_3，x_5，x_6 取零值，因此基本可行解对应的目标值恰为矩阵右下角元素的相反数，即 $y=1341.6$(百元). 如果换一组别的解，则 x_3，x_5，x_6 中必有某些变量取非零的正值(注意非负条件)，从上式看出，这样会引起目标值的减少，所以这个基本可行解对应最大的目标值，它就是最优解，亦即产品Ⅰ、Ⅱ的产量应分别安排生产 258.3 单位和 283.3 单位，产品Ⅲ不安排生产，这时设备 B,C 得到了充分的利用(剩余量 x_5，x_6 为零)，而设备 A 有 $x_4=366.5$ 台时数的富余.

以上分析给出了线性规划中矩阵初等变换的三项要求：

(1) 最后一行元素都要变为非正值，称为最优性条件，有正值时设法把它变为零；

(2) 每次变换要使目标值有所改善(增加)；

(3) 最后一列除右下角元素外，要保持为非负值，以便满足变量的非负条件，称为可行性条件.

只要适当地选择主元素，就能满足上述三项要求. 具体方法是选择正数及运用最小比值法. 例如，第 3 个矩阵中，最后一行第 3 个元素 1.0 是正数，主元素应在第 3 列的两个正数 1.7 和 30 中选择，由于比值 $\frac{2200}{30}$ 较 $\frac{350}{1.7}$ 小，故选 30 为主元素.

本例通过矩阵的初等变换求解线性规则，称为单纯形法. 每一次初等变换，实际上是选择一对基变量与非基变量进行角色转换，因而叫做换基迭代.

(三) 模型的评价

线性规划可用于解决多个决策变量、多个约束条件的线性优化问题. 例如，生产计划的安排、投资数额的分配、物资运输的调拨、原料混合的配比、固体材料的切割等实际问题，都可归结为线性规划问题. 本例介绍的方法不难推广到具有更多变量与更多约束条件的大型问题，而且换基迭代的计算可以借助于计算机，因此，线性规划在实际应用中是很普遍的.

(四) 模型的假设

(1) 各种技术参数，如目标函数中的利润系数，约束条件中的资源消耗系数等都是不变的常数.

(2) 目标变量及资源消耗都与决策变量呈线性关系.

在实际问题中，这两个假设往往是显然的，人们会在不知不觉中默认. 如果技术参数有变动，则可通过灵敏度分析予以调整；如果出现非线性关系，则可归结为非线性规划来求解.

五、层次分析模型

(一) 层次分析问题与层次分析法

购买电视机、电冰箱等家用电器，需要考虑许多因素，如品牌、外观、质量、价格、保修情况等.

企事业单位选拔干部要考虑才能、品德、群众关系等诸多因素.

在这种多因素决策问题中，有些因素可以量化，有些因素只能有定性关系，因而很难完全用定量的数学模型求解，这给决策者带来许多困难.

层次分析模型就是帮助人们解决上述多因素决策问题的数学模型，其核心是层次分析法.

层次分析法(AHP)是美国运筹学家萨蒂(T. L. Saaty)在 20 世纪 70 年代初提出来

的，它是将半定性、半定量的问题转化为定量计算的一种行之有效的方法．通过逐层比较各种关联因素的重要性来为分析、决策提供定量的依据．它特别适用于那些难以完全用定量进行分析的复杂问题，因此在资源分配、选优排序、政策分析、冲突求解及决策预报等领域得到了广泛的应用．

（二）层次分析的主要步骤

第一步　建立层次结构模型

根据人的思维规律，面对复杂的选择问题，人们往往是将问题分解成各个组成因素，又将这些因素按支配关系分组成递阶层次结构，因而首先应将问题按包含的因素作分层处理，一般划分为最高层、中间层和最低层三个层次．最高层表示解决问题的目标，也称目标层；中间层为实现总目标而采取的各种措施、方法、准则等，可分为措施层、准则层和指标层等；最低层是用于解决问题的决策和方案，又称为方案层．例如，购买电冰箱的问题，其层次结构如图 25-6 所示．

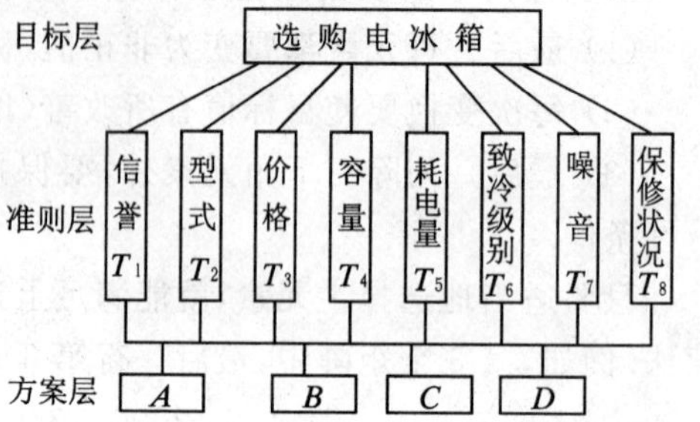

图 25-6

选拔干部问题的层次结构如图 25-7 所示．

科研课题选择可构造下列结构图（图 25-8）．

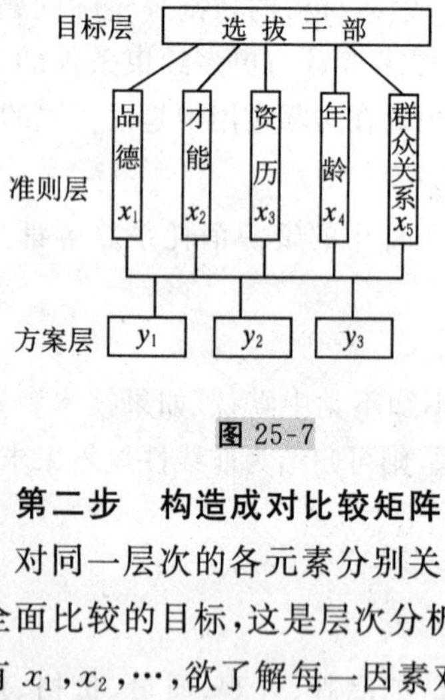

图 25-7

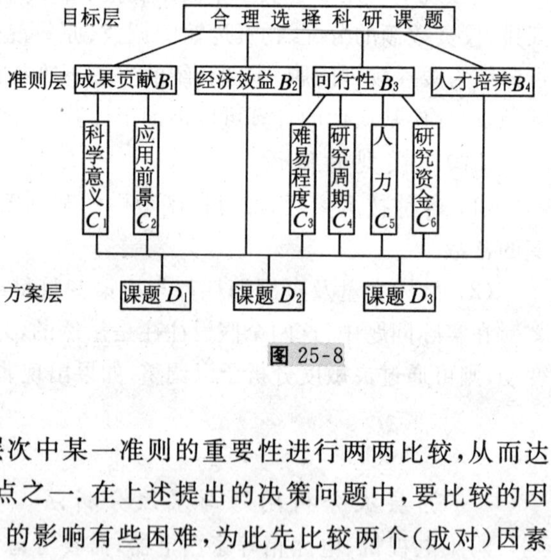

图 25-8

第二步　构造成对比较矩阵

对同一层次的各元素分别关于上一层次中某一准则的重要性进行两两比较，从而达到全面比较的目标，这是层次分析法的要点之一．在上述提出的决策问题中，要比较的因素有 $x_1, x_2, \cdots$，欲了解每一因素对目标 Z 的影响有些困难，为此先比较两个（成对）因素的重要性，并且定义

$$a_{ij} \triangleq \frac{x_i \text{ 的重要性}}{x_j \text{ 的重要性}},$$

其中"$\triangleq$"表示"定义为"．

为使"重要性"这个定性的概念数量化，萨蒂（Saaty）用 1，2，…，9 及其倒数作为重要性之标度，其意义是

x_i 比 x_j	同等重要	稍重要	重要	很重要	绝对重要
a_{ij} 取值	1	3	5	7	9

在每两个等级之间有一个中间状态，a_{ij} 分别取值 2,4,6,8，如 x_i 比 x_j 稍微重要，a_{ij} 取值 2 等.

显然有

(1) $a_{ij}>0$；

(2) $a_{ij}\cdot a_{ji}=1$ $\quad(1\leqslant i,j\leqslant n)$.

第三步　层次单排序及一致性检验

定义

$$U_i=\frac{\sum_{j=1}^{n}a_{ij}}{\sum_{i=1}^{n}\sum_{j=1}^{n}a_{ij}},\tag{25-10}$$

U_i 称为因素 x_i 的权，令

$$\boldsymbol{U}=(U_1,U_2,\cdots,U_n)^{\mathrm{T}},\tag{25-11}$$

$\boldsymbol{U}$ 称为 $\boldsymbol{x}=(x_1,x_2,\cdots,x_n)^{\mathrm{T}}$ 的权向量，权向量中各分量的大小反映了各决策因素重要性的对比度.

例如，在选拔干部时考察了五个因素：品德、才能、资历、年龄、群众关系，分别用 x_1，x_2，x_3，x_4，x_5 表示. 根据考察讨论可定出下列成对比较矩阵

$$\boldsymbol{A}=\begin{pmatrix}1 & 2 & 7 & 5 & 5\\ \frac{1}{2} & 1 & 4 & 3 & 3\\ \frac{1}{7} & \frac{1}{4} & 1 & \frac{1}{2} & \frac{1}{3}\\ \frac{1}{5} & \frac{1}{3} & 2 & 1 & 1\\ \frac{1}{5} & \frac{1}{3} & 3 & 1 & 1\end{pmatrix}.\tag{25-12}$$

在矩阵 $\boldsymbol{A}$ 中，主对角线上的元素均为 1，这是由 a_{ij} 的定义所决定的；$a_{12}=2$ 表示品德比才能稍微重要些；$a_{13}=7$ 表示品德相对于人的资历来说显得“很重要”；而 $a_{21}=\frac{1}{2}$ 则是由 $a_{ij}\cdot a_{ji}=1$ 决定的，其余类推. 进行计算并列出下表.

因　素	x_1	x_2	x_3	x_4	x_5	$\sum_{j=1}^{n}a_{ij}$
x_1	1	2	7	5	5	20
x_2	$\frac{1}{2}$	1	4	3	3	11.5000
x_3	$\frac{1}{7}$	$\frac{1}{4}$	1	$\frac{1}{2}$	$\frac{1}{3}$	2.2262

续表

因　素	x_1	x_2	x_3	x_4	x_5	$\sum_{j=1}^{n} a_{ij}$
x_4	$\frac{1}{5}$	$\frac{1}{3}$	2	1	1	4.5333
x_5	$\frac{1}{3}$	$\frac{1}{3}$	3	1	1	5.5333
$\sum_{i=1}^{n}\sum_{j=1}^{n} a_{ij}$						43.7929

$$于是 U_1 = \frac{\sum_{j=1}^{n} a_{ij}}{\sum_{i=1}^{n}\sum_{j=1}^{n} a_{ij}} = 0.457, U_2 = 0.262, U_3 = 0.051, U_4 = 0.104, U_5 = 0.126.$$

因此 $$\boldsymbol{U}=(0.457, 0.262, 0.051, 0.104, 0.126)^{\mathrm{T}}.$$

$\boldsymbol{U}$ 反映了决策者选拔干部时对各因素重要性的对比度：

品德第一位，占全部因素的 45.7%；

才能第二位，占全部因素的 26.2%；

……

这种计算同一层次中相应元素对于上一层次中的某个因素的重要性(即权值)的过程，称为层次单排序. 显然该过程的计算依据是成对比较矩阵，因而要求成对比较矩阵具有较高的一致性. 而事实上，在构造成对比较矩阵时，由于现实事物的复杂关系，使我们的认识常常带有主观性和片面性. 例如，我们对三个元素 x_i, x_j, x_k 进行两两重要性比较得 a_{ij}, a_{jk}, a_{ik}，如果完全符合逻辑应有 $a_{ij} \cdot a_{ik} = a_{ik}$ $(1 \leqslant i, j, k \leqslant n)$(满足这个关系的成对比较矩阵 $\boldsymbol{A}$ 称为一致矩阵). 但在实际运算中可能出现 $a_{ij} \cdot a_{jk} \neq a_{ik}$，因此在分析 $\boldsymbol{x}=(x_1, x_2, \cdots, x_n)^{\mathrm{T}}$ 对目标 Z 的影响时，必须对成对比较矩阵 $\boldsymbol{A}$ 进行一致性检验.

设 $\boldsymbol{E}$ 为 n 阶单位矩阵，$\boldsymbol{A}$ 为 n 阶方阵，则称方程 $|\lambda \boldsymbol{E} - \boldsymbol{A}| = 0$ 为 n 阶方阵 $\boldsymbol{A}$ 的特征方程，其根称为 n 阶方阵 $\boldsymbol{A}$ 的特征值. 可以证明：n 阶成对比较矩阵 $\boldsymbol{A}$ 是一致阵的充分必要条件是：矩阵 $\boldsymbol{A}$ 的最大的特征值为 n. 记 n 阶阵 $\boldsymbol{A}$ 的最大特征值为 $\lambda_{\max}(\boldsymbol{A})$.

例如：

(1) 只有两个因素 x_1, x_2 的成对比较矩阵为

$$\boldsymbol{A}=\begin{pmatrix} 1 & \frac{1}{2} \\ 2 & 1 \end{pmatrix},$$

$\boldsymbol{A}$ 的特征方程 $|\lambda \boldsymbol{E} - \boldsymbol{A}| = 0$，即 $(\lambda-1)^2-1=0$，其根为 $\lambda_1=0, \lambda_2=2$. 由于 $\lambda_{\max}(A)=2=n$，故 $\boldsymbol{A}$ 是一致矩阵.

(2) 有三个因素 x_1, x_2, x_3 的成对比较矩阵为

$$A=\begin{pmatrix}1&\frac{1}{2}&\frac{1}{6}\\2&1&\frac{1}{3}\\6&3&1\end{pmatrix},$$

A 的特征方程为 $|\lambda E-A|=\begin{vmatrix}\lambda-1&-\frac{1}{2}&-\frac{1}{6}\\-2&\lambda-1&-\frac{1}{3}\\-6&-3&\lambda-1\end{vmatrix}=\lambda^3-3\lambda^2=0.$

解得 $\lambda_1=3,\lambda_2=\lambda_3=0$，因此 $\lambda_{\max}(A)=3=n$，故 A 为一致矩阵.

容易验证以上两矩阵中都有 $a_{ij}\cdot a_{jk}=a_{ik}$.

如果 A 不具有一致性，可以证明必有 $\lambda_{\max}(A)>n$，而且 $\lambda_{\max}(A)$ 越大，A 的不一致程度越严重.

由于人的思维活动不可能绝对严密，因此 A 常常是不一致的，为此定义

$$CI=\frac{\lambda_{\max}(A)-n}{n-1},$$

称 CI 为一致性指标. 它反映了 A 的不一致程度. 但 CI 的值究竟为多大时才能认为 A 具有满意的一致性呢？这还必须给出度量指标，萨蒂提出用平均随机一致性指标 RI 作为检验成对比较阵 A 是否具有满意一致性的尺度.

$$RI=\frac{1}{100}\sum_{k=1}^{100}RI_k\text{，其中 }RI_k=\frac{\lambda_{\max}(A')-n}{n-1}\quad(k=1,2,\cdots,100).$$

A' 指随机构造成的成对比较矩阵，即 A' 中的元素 a'_{ij} 是从 $1,2,\cdots,9,\frac{1}{2},\frac{1}{3},\cdots,\frac{1}{9}$ 均匀随机抽取的. 这样取出的 A' 一般地说是不一致的，重复抽取 100 次求得的 RI_k 的平均值即为平均一致性指标 RI.

对于 1—9 阶的成对比较矩阵 A，萨蒂用上述方法算出不同 n 对应的 RI 值：

n	1	2	3	4	5	6	7	8	9
RI	0	0	0.58	0.90	1.12	1.24	1.32	1.41	1.45

令 $CR=\frac{CI}{RI}$，CR 称为随机一致性比率. 用 CR 作为检验成对比较矩阵的一致性比用 CI 更为客观. 当 $CR<0.1$ 时，认为成对比较阵具有满意的一致性，否则必须重新调整成对比较矩阵 A，直至达到满意的一致性为止.

在选拔干部例子中，成对比较矩阵 A 由(25-12)式给出，经计算得 $\lambda_{\max}(A)=5.073$，所以

$$CI=\frac{\lambda_{\max}(A)-5}{5-1}=0.018.$$

而由前面的 RI 表查表得 $RI=1.12(n=5)$，此时

$$CR=\frac{CI}{RI}=\frac{0.018}{1.12}=0.016<0.1.$$

这说明 $\boldsymbol{A}$ 不具有一致性，但有满意的一致性，即 $\boldsymbol{A}$ 的不一致程度不大，成对比较矩阵 $\boldsymbol{A}$ 是可接受的.

第四步　计算各方案关于同一准则的排序

例如，在干部选拔例子中，为了从三个候选人中选出一个在总体上最符合上述条件的候选人，必须比较各方案（候选人）分别关于品德、才能、资历、年龄、群众关系的排序.

为此，对候选人 y_1, y_2, y_3 比较他们品德的成对比较矩阵：

$$\boldsymbol{B}_1=\begin{pmatrix}1 & \frac{1}{3} & \frac{1}{8}\\ 3 & 1 & \frac{1}{3}\\ 8 & 3 & 1\end{pmatrix}.$$

计算成对比较矩阵 $\boldsymbol{B}_1$ 相应的权向量：

$$W_{x_1}(y)=(0.082, 0.0236, 0.682)^{\mathrm{T}},$$

$$\lambda_{\max}(\boldsymbol{B}_1)=3.002，查表\ n=3, RI=0.58.$$

$$CI=\frac{\lambda_{\max}(\boldsymbol{B}_1)-3}{2}=0.001,$$

所以

$$CR=\frac{CI}{RI}=\frac{0.001}{0.58}<0.01.$$

三个候选人分别按才能、资历、年龄、群众关系作出成对比较矩阵 $\boldsymbol{B}_2, \boldsymbol{B}_3, \boldsymbol{B}_4$ 和 $\boldsymbol{B}_5$：

$$\boldsymbol{B}_2=\begin{pmatrix}1 & 2 & 5\\ \frac{1}{2} & 1 & 2\\ \frac{1}{5} & \frac{1}{2} & 1\end{pmatrix}, \boldsymbol{B}_3=\begin{pmatrix}1 & 1 & 3\\ 1 & 1 & 3\\ \frac{1}{3} & \frac{1}{3} & 1\end{pmatrix}, \boldsymbol{B}_4=\begin{pmatrix}1 & 3 & 4\\ \frac{1}{3} & 1 & 1\\ \frac{1}{4} & 1 & 1\end{pmatrix}, \boldsymbol{B}_5=\begin{pmatrix}1 & 1 & \frac{1}{4}\\ 1 & 1 & \frac{1}{4}\\ 4 & 4 & 1\end{pmatrix}.$$

分别计算 $\boldsymbol{B}_2$（才能），$\boldsymbol{B}_3$（资历），$\boldsymbol{B}_4$（年龄），$\boldsymbol{B}_5$（群众关系）的对应权向量：

$$W_{x_2}(y)=(0.595, 0.277, 0.129)^{\mathrm{T}},$$

$$W_{x_3}(y)=(0.429, 0.429, 0.142)^{\mathrm{T}},$$

$$W_{x_4}(y)=(0.633, 0.193, 0.175)^{\mathrm{T}},$$

$$W_{x_5}(y)=(0.166, 0.166, 0.668)^{\mathrm{T}}.$$

上述权向量表示了三位候选人在各种准则下的排序，如 $W_{x_3}(y)=(0.429, 0.429, 0.142)^{\mathrm{T}}$，表示第一个、第二个候选人在资历方面势均力敌，其权值均为 42.9%，第三个候选人在此方面最差，权值只有 14.2%.

第五步　计算各方案的总得分

计算 $W_Z(y_i)=\sum\limits_{j=1}^{n}U_jW_{x_j}(y_i), i=1,2,\cdots,m$，其中 $\boldsymbol{U}=(U_1, U_2, \cdots, U_n)^{\mathrm{T}}$ 是各准则因素的权向量，$W_z(y_i)$ 是每一方案关于同一准则下的权向量.

例如，在干部选拔中，候选人 y_1 的总得分等于 $\boldsymbol{U}$ 的权值乘以各准则下代表候选人 y_1 的权值之和：

$$W_Z(y_1)=\sum_{j=1}^{5}U_jW_{x_j}(y_1)=0.457\times0.082+0.262\times0.595+0.051\times0.429+0.104\times0.633+0.126\times0.166=0.301.$$

同理求得 $W_Z(y_2)=0.246, W_Z(y_3)=0.456.$

故 y_3 是最佳候选人.

六、基金使用计划

某校基金会有一笔数额为 M 万元的基金，作为投资，打算将其存入银行或购买国库券. 当前银行存款及各期国库券的利率见下表. 假设国库券每年至少发行一次，发行时间不定. 取款政策参考银行的现行政策.

	银行存款税后年利率(%)	国库券年利率(%)
活　期	0.792	
半年期	1.664	
一年期	1.800	
二年期	1.944	2.55
三年期	2.160	2.89
五年期	2.304	3.14

校基金会计划在 n 年内每年用部分本息奖励优秀师生，要求每年的奖金额大致相同，且在 n 年末仍保留原基金数额. 校基金会希望获得最佳的基金使用计划，以提高每年的奖金额. 请你帮助校基金会设计基金使用方案，并对 $M=5000$ 万元，$n=10$ 年给出具体结果.

(一) 模型的假设

(1) 基金到位一整年后开始发放奖金，以后每年发放奖金的时间间隔为一年. 为方便表述，称基金到位的时间为第一年初，发放奖金时间为每年年末.

(2) 存款和国库券利率固定不变，都按单利计息，都是到期一次性支付本息. 定期存款可以提前支取，但必须按活期计息.

(3) 到期的存款、国库券应立即取出，转存其他品种，这样能以本金加利息为基数再次计息.

(二) 投资组合的选定

投资倍率是指本息之和与本金的比值，反映了投资的收益. 根据假设(2)、(3)，投资组合的倍率应按乘法计算，如 3 年定期存款续存 2 年定期(记为 3+2)的倍率是

$$(1+3\times2.16\%)(1+2\times1.944\%)=1.10620.$$

由于国库券发行时间不定，所以使用其利息要有 1 年的延缓期. 例如，二年期国库券在 8 月底发行，发行前 8 个月可存半年定期和 2 个月活期，第三年 8 月底到期至第三年末 4 个月又要存活期. 因半年定期存款可以提前支取，故 1 年延缓期内总可以存半年定期加半年活期. 由此看来，购买 t 年期的国库券实际投资年限为 $t+1$ 年，我们记为$[t+1]$.

在一个投资期限内，可以有不同的投资组合. 例如，5 年期限的投资组合可以是 5+0（5 年定期存款），也可以是[4]+1（3 年期国库券加半年定期、半年活期再加 1 年定期），它们的投资倍率分别是

5+0：　$(1+5\times 2.304\%)=1.1152$，

[4]+1：　$(1+3\times 2.89\%)(1+0.5\times 1.664\%)(1+0.5\times 0.792\%)(1+1.8\%)$
$=1.11988$.

为了选定不同投资期限内的优势投资组合，我们将各种倍率列表加以比较：

投资期限 t/年	投资组合	倍率比较	优势倍率 b_i
1	1+0*	1.01800	1.01800
	0.5+0.5	1.00794	
2	2+0*	1.03888	1.03888
	1+1	1.03632	
3	[3]+0	1.06394	1.06480
	3+0*	1.06480	
	2+1	1.05758	
4	[4]+0*	1.10008	1.10008
	3+1	1.08397	
	2+2	1.07927	
5	5+0	1.11520	1.11988
	[4]+1*	1.11988	
	3+2	1.10620	
6	[6]+0*	1.17125	1.17125
	[4]+2	1.14285	
	3+3	1.13380	
7	[6]+1*	1.19233	1.19233
	[4]+3	1.17137	
8	[6]+2*	1.21679	1.21679
	[4]+[4]	1.21018	
9	[6]+3*	1.24715	1.24715
10	[6]+[4]*	1.28847	1.28847
11	[6]+[4]+1*	1.31166	1.31166
12	[6]+[6]*	1.37183	1.37183

倍率比较表的前 n 行中被淘汰的投资组合，在后面的行中不再列出，起到了**隐枚举**的效果，因此该表实际上已考虑到所有的投资组合. 表中不仅选定了各种投资期限的优势投资组合，给出了相应的优势倍率 $b_t(t=1,2,\cdots,12)$，而且出现了周期性变化，即 7～12 年重复了 1～6 年的投资状况.

（三）基金运作的周期性

从倍率比较表中看出，基金运行以 6 年为一个周期. 在一个周期内，[6]是收益最高的投资品种，应该尽可能多地投入，而其他短期投资（1～5 年）只是为了支取奖金的需要，应当以够用为度.

设每年安排奖金额为 y 万元，如果只考虑 1 年定期存款，则每年所得 1 年定期利息是 y 的最小值，现在求 y 的最大值. 设开始进入 t 年期限的投资额为 $x_t(t=1,2,3,4,5,6)$，它们的投资组合按倍率比较表中的"＊"号确定. x_t 是基金运行方案的决策变量，y 是目标变量，按够用为度的原则，x_1, x_2, x_3, x_4, x_5 分别负责给付第 1，第 2，第 3，第 4，第 5 年的奖金，即有方程组

$$b_t x_t = y \quad (t=1,2,3,4,5). \tag{25-13}$$

记 $P=\sum_{t=1}^{5}\frac{1}{b_t}$，则 $\sum_{t=1}^{5}x_t = Py$. 代入各倍率值可以算得 $P=4.68601$. 显然 Py 是短期投资额的累计，其余资金 $x_6=M-Py$ 全部进入[6]. 第 6 年末给付了奖金后的基金余额（本息和）为

$$M_1=B(M-Py)-y,$$

式中 $B=b_6=1.17125$ 是投资品种[6]的倍率. 第 2 个 6 年可以同样运作，期末余额为

$$M_2=B(M_1-Py)-y.$$

通过简单的递推，可得第 k 个 6 年的期末余额为

$$M_k=B(M_{k-1}-Py)-y=B^kM-\frac{B^k-1}{B-1}(PB+1)y.$$

如果基金运行期限为 6 的倍数，即 $n=6k$（周期性条件），那么根据期末保留原基金数额的要求，应有 $M_k=M$，由此可解得

$$y=\frac{B-1}{PB+1}M. \tag{25-14}$$

这就是年度奖金额的最大值.（25-14）式说明年度奖金额与基金运行期限的长短无关，而且每个周期（6 年）末的基金余额相同，即 $M_1=M_2=\cdots=M_k=M$. 取 $M=5000$ 万元代入（25-14）式可得

$$y=131.96（万元）.$$

每个周期的期初投资分配可按（25-13）式算出，如下表：

投资项目	x_1	x_2	x_3	x_4	x_5	x_6
金额/万元	129.63	127.02	123.93	119.95	117.83	4381.64

（四）无周期性条件的最佳方案

对于具体的基金运行期限 $n=10$，因为不是 6 的倍数，所以应在上述基础上进行调整. 运行分两个阶段——前 6 年和后 4 年. 前 6 年投资分配由（25-13）式确定，后 4 年只能取方程组（25-13）中的前 3 式，短期投资额累计为

$$x_1+x_2+x_3=Qy,$$

其中 Q 的计算值为 2.88404.

两个阶段期末的基金余额分别为

$$M_1=B(M-Py)-y,\quad M_2=C(M_1-Qy)-y,$$

其中 $C=b_4=1.10008$ 是第二阶段(4 年)中最优投资组合的倍率.

令 $M_2=M$,可解得最大年度奖金额为

$$y=\frac{BC-1}{C(PB+Q+1)+1}M.$$

将已知数值代入可得

$$y=127.52(\text{万元}).$$

两个阶段的投资分配额(单位:万元)如下表,计算公式可参看方程组(25-13). 注意第二阶段的投资总额不再是 5000 万元,而是 $M_1=5028.84$ 万元.

投资项目	x_1	x_2	x_3	x_4	x_5	x_6
第一阶段	125.27	122.75	119.76	115.92	113.87	4402.44
第二阶段	125.27	122.75	119.76	4661.05		

(五) 模型的评价

这是一个典型的初等数学模型. 投资收益倍率的计算,人们在日常生活中都会遇到,计算也很简单,但是面对众多的投资组合,如何选择确实是颇费心思的事情. 本例给出了分步处理的模型,即先考虑局部最优,再考虑全局最优,同时提供了隐枚举法的思路.

习题 25-3

1. 设某工厂生产某种零件,每年需要量为 18000 个. 该厂每月可生产 3000 个,每次生产的装备费为 5000 元,每个零件的月存储费为 1.50 元. 求每次生产的最佳批量及全年的最小费用.

2. 设某工厂每年生产需用某种原料 1800 吨,每吨价格为 4000 元,必须每日供应,不得缺货. 设每吨每月的保管费为 60 元,每次订购费为 2000 元,试求最佳订购量与订购周期.

3. 在第 2 题中,若原料供应方提议,对一次购进 6 个月原料的买方可给予 4%的折扣,问这一提议买方是否应该接受?

4. 一只游船上有 800 人,一名旅客患上某种传染病,12 小时后有 3 人发病. 限于客观条件,无法及时隔离感染者,直升机可在 60 至 72 小时内将疫苗运到. 试估算疫苗运到时患此传染病的人数.(提示:传染速度不仅与患病人数成正比,还与健康人数成正比)

5. 长度为 1m 的圆钢料多根,欲截取 40,30,20cm 长的棒料分别为 20,45,50 根. 问如何下料可使耗用的圆钢料根数最少?试建立线性规划模型.(提示:先设计若干种截取方案,再设法决定每种方案所用圆钢料的根数)

6. 某校学生即将毕业就业,有 C_1,C_2,C_3 三个单位可供选择. 假设该生选择职业时主

要考虑如下因素：(1) 进一步深造的条件 B_1；(2) 单位今后的发展前景 B_2；(3) 本人的兴趣与爱好 B_3；(4) 单位所处的地域 B_4；(5) 单位的声誉 B_5；(6) 单位的经济效益，工资福利待遇 B_6.

上述六个因素的成对比较矩阵为

$$\boldsymbol{B}=\begin{pmatrix} 1 & 1 & 1 & 4 & 1 & \frac{1}{2} \\ 1 & 1 & 2 & 4 & 1 & \frac{1}{2} \\ 1 & \frac{1}{2} & 1 & 5 & 3 & \frac{1}{2} \\ \frac{1}{4} & \frac{1}{4} & \frac{1}{5} & 1 & \frac{1}{3} & \frac{1}{3} \\ 1 & 1 & \frac{1}{3} & 3 & 1 & 1 \\ 2 & 2 & 2 & 3 & 1 & 1 \end{pmatrix}.$$

三种方案按 6 个因素组成的成对比较矩阵为

深造条件 B_1

	C_1	C_2	C_3
C_1	1	$\frac{1}{4}$	$\frac{1}{2}$
C_2	4	1	3
C_3	2	$\frac{1}{3}$	1

发展前景 B_2

	C_1	C_2	C_3
C_1	1	$\frac{1}{4}$	$\frac{1}{5}$
C_2	4	1	$\frac{1}{2}$
C_3	5	2	1

兴趣爱好 B_3

	C_1	C_2	C_3
C_1	1	3	$\frac{1}{3}$
C_2	$\frac{1}{3}$	1	3
C_3	3	$\frac{1}{3}$	1

单位地域 B_4

	C_1	C_2	C_3
C_1	1	$\frac{1}{3}$	5
C_2	3	1	3
C_3	$\frac{1}{5}$	$\frac{1}{3}$	1

单位声誉 B_5

	C_1	C_2	C_3
C_1	1	1	7
C_2	1	1	7
C_3	$\frac{1}{7}$	$\frac{1}{7}$	1

工资福利 B_6

	C_1	C_2	C_3
C_1	1	4	9
C_2	$\frac{1}{4}$	1	3
C_3	$\frac{1}{9}$	$\frac{1}{3}$	1

要求：(1) 画出层次分析图；(2) 找出该生的最佳择业方案.

7. 案情分析：受害者尸体于晚上7:30被发现，法医于晚上8:20赶到凶案现场，测得尸体温度为32.6℃. 一小时后当尸体即将被抬走时，测得尸体温度为31.4℃. 室温在12小时内始终保持在21.1℃. 此案最大的嫌疑人是张某. 张某声称自己无罪，因为他整个下午都在办公室，直至5:00还有人看见他打过一个电话. 现在的问题是：张某是否有作案时间？已知从张某的办公室到凶案现场步行需5分钟.（提示：物体的冷却速度与物体温度和环境温度之差成正比）

8. 计算机软盘由操作系统将其格式化为磁道和扇区. 磁道是指不同半径所构成的同心圆轨道，扇区是指被若干条半径分隔成的扇形区域，磁道在扇区中的弧段是基本存储单元，通常称为比特. 为了保障分辨率，磁道宽度必须大于 a，每个比特的弧长必须大于 b. 已知磁盘半径为 R，问如何设计磁道和扇区可使磁盘存储量最大？（提示：考虑接近于圆心的空置区域）

本章内容小结

一、主要内容

1. 什么是数学建模，为什么要学习数学建模知识，数学模型的概念，数学模型的分类，数学建模的作用等.

2. 数学建模的原理、方法、步骤，数学建模的全过程.

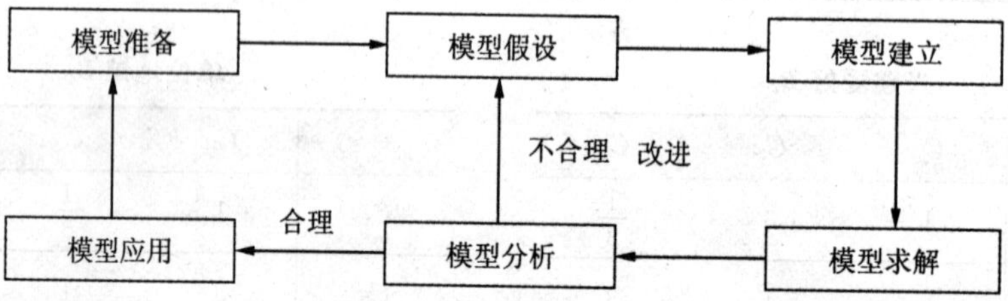

3. 数学建模的6个实例：存储模型、指数模型、投入产出模型、线性规划模型、层次分析模型、投资组合模型.

二、知识结构

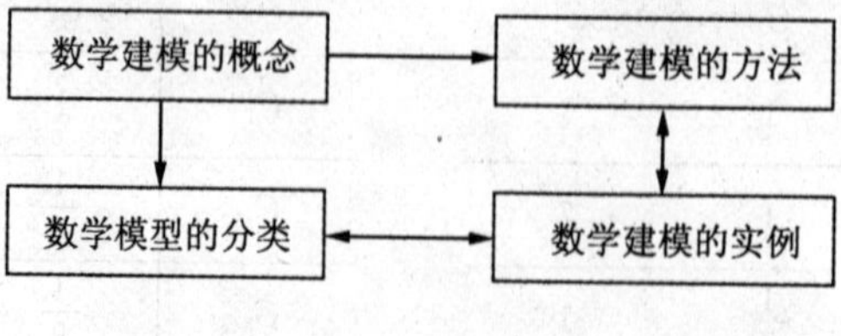

三、注意事项

数学建模是一项极具创造性和挑战性的工作，没有一个固定的格式，首先通过书中数学建模的实例，进一步了解数学建模的方法和步骤，再借鉴、模仿书中介绍的数学建模的实例以及它们所用的特殊方法，用自己熟悉的数学工具建立简单的数学模型，逐步深化．建议先完成书中简单模型练习题．模型求解、模型分析应尽可能运用数学软件来完成．

阅读材料

一、Mathematica 在数学建模中的应用

本章介绍的 6 个数学模型中所涉及的各种计算所用 Mathematica 命令在前面的各章都已经介绍过，但由于求解数学模型过程通常较复杂，如果想用 Mathematica 系统直接得到结果，涉及的各类计算之间连结需要编程，这对于非计算机类专业的读者难度较大．现仅结合实例介绍用 Mathematica 系统分步计算的两种数学模型的求解方法．

1．投入产出模型

（1）实际问题

某城镇以煤矿、电厂和地方铁路三个主要生产企业作为它的经济系统．生产价值 1 元的煤，需消耗 0.25 元的电和 0.35 元的运输费；生产价值 1 元的电，需消耗 0.40 元的煤、0.05 元的电和 0.10 元的运输费；而提供价值 1 元的铁路运输服务，则需消耗 0.45 元的煤、0.10 元的电和 0.10 元的运输费．在某个星期内，除了这三个企业间的彼此需求外，煤矿得到 50000 元的订单，电厂得到 25000 元的电量供应要求，而地方铁路得到价值 30000 元的运输需求．试问这三个企业在这星期各应生产多少产值才能满足内外需求？

（2）数学模型

设煤矿、电厂和地方铁路在这星期的生产总产值分别为 x_1，x_2 和 x_3（元），那么

$$\begin{cases} 0x_1+0.40x_2+0.45x_3+50000=x_1, \\ 0.25x_1+0.05x_2+0.10x_3+25000=x_2, \\ 0.35x_1+0.10x_2+0.10x_3+30000=x_3 \end{cases}$$

或 $\boldsymbol{AX}+\boldsymbol{Y}=\boldsymbol{X}$（产出平衡方程组，生产总产值等于生产中消耗掉的产品值加上最终产品值），其中

$$\boldsymbol{A}=\begin{pmatrix} 0 & 0.40 & 0.45 \\ 0.25 & 0.05 & 0.10 \\ 0.35 & 0.10 & 0.10 \end{pmatrix},\qquad \boldsymbol{X}=\begin{pmatrix} x_1 \\ x_2 \\ x_3 \end{pmatrix},\qquad \boldsymbol{Y}=\begin{pmatrix} 50000 \\ 25000 \\ 30000 \end{pmatrix}.$$

（直接消耗矩阵）　（三种产品生产总产值矩阵）　（三种最终产品值矩阵）

(3) 各生产总值

用 Mathematica 计算：

```
In[1]:=
a={{0,0.4,0.45},{0.25,0.05,0.1},{0.35,0.1,0.1}};
e={{1,0,0},{0,1,0},{0,0,1}};
H=e-a;
Y={50000,25000,30000};
H·{x1,x2,x3}==Y;
Solve[%,{x1,x2,x3}]
Out[1]=
{{x1 -> 114458, x2 -> 65395.4, x3 -> 85111}}
```

还可以用其他命令得到结果：

```
In[2]:=LinearSolve[H,Y]
Out[2]=[114458,65395.4,85111]
```

可知在该星期中，煤矿、电厂和地方铁路的总产值分别为 114458 元，65395.4 元和 85111 元.

(4) 新创造的产值

各企业生产总产值去除各企业生产中消耗所剩的部分称为各企业新创造的产值.

例如，电厂新创造的产值＝电厂生产总产值－电厂总消耗(消耗煤＋消耗电＋消耗运输费).

各企业的各类消耗可表示成直接消耗矩阵 $\boldsymbol{A}$ 左乘以主对角线元素为各企业总产值，其余元素均为零的对角方阵，即

$$\boldsymbol{T}=\boldsymbol{A}\begin{pmatrix}114458 & 0 & 0\\ 0 & 65395.4 & 0\\ 0 & 0 & 85111\end{pmatrix}.$$

说明：矩阵 $\boldsymbol{A}$ 左乘对角矩阵等于将矩阵 $\boldsymbol{A}$ 的每列分别乘以对角矩阵对应的元素，矩阵 $\boldsymbol{A}$ 右乘对角矩阵等于将矩阵 $\boldsymbol{A}$ 的每行分别乘以对角矩阵对应的元素.例如，

$$\begin{pmatrix}a_{11} & a_{12} & \cdots & a_{1n}\\ a_{21} & a_{22} & \cdots & a_{2n}\\ \cdots & \cdots & \cdots & \cdots\\ a_{n1} & a_{n2} & \cdots & a_{nn}\end{pmatrix}\begin{pmatrix}k_1 & 0 & \cdots & 0\\ 0 & k_2 & \cdots & 0\\ \cdots & \cdots & \cdots & \cdots\\ 0 & 0 & \cdots & k_n\end{pmatrix}=\begin{pmatrix}k_1a_{11} & k_2a_{12} & \cdots & k_na_{1n}\\ k_1a_{21} & k_2a_{22} & \cdots & k_na_{2n}\\ \cdots & \cdots & \cdots & \cdots\\ k_1a_{n1} & k_2a_{n2} & \cdots & k_na_{nn}\end{pmatrix}$$

用 Mathematica 计算：

```
In[3]:=
G={{114458,0,0},{0,65395.4,0},{0,0,85111}};
T=A·G;MatrixForm[T]
```

$$\text{Out}[3]=\begin{pmatrix} 0 & 26158.2 & 38300 \\ 28614.5 & 3269.77 & 8511.1 \\ 40060.3 & 6539.54 & 8511.1 \end{pmatrix}$$

即各企业总消耗分别为矩阵 $\boldsymbol{T}$ 的各列元素之和，据此可计算各企业新创造的产值，并可制订出投入产出表如下(单位:元)：

投入 \ 产出	中间产品				最终产品	总产值
	煤矿	电厂	铁路	小计		
煤矿	0	26158	38300	64458	50000	114458
电厂	28614	3270	8511	40395	25000	65395
铁路	40060	6540	8511	55111	30000	85111
小计	68674	35968	55322	159964	105000	264964
新创价值	45784	29427	29789	105000		
总产值	114458	65395	85111	264964		

(5) 完全消耗系数

在某个企业生产或提供服务时，对任何一个产品的直接消耗事实上还蕴含着其他产品的间接消耗.例如，地方铁路在运输时直接消耗了煤，但它还通过消耗电而间接消耗煤，因为电的生产需要消耗煤.这样就有了完全消耗系数的概念.

设煤矿、电厂和地方铁路生产单位产值产品对煤、电和铁路运输的总消耗值(即完全消耗系数)分别为 b_{ij}，那么记

$$\boldsymbol{B}=\begin{pmatrix} b_{11} & b_{12} & b_{13} \\ b_{21} & b_{22} & b_{23} \\ b_{31} & b_{32} & b_{33} \end{pmatrix},$$

可得 $\boldsymbol{A}+\boldsymbol{BA}=\boldsymbol{B}$，即 $\boldsymbol{B}=\boldsymbol{A}(\boldsymbol{E}-\boldsymbol{A})^{-1}$.

用 Mathematica 计算：

```
In[4]:=H1=Inverse[H];
B=A·H1
MatrixForm[B]
```

$$\text{Out}[4]=\begin{pmatrix} 0.45658 & 0.69813 & 0.80586 \\ 0.44818 & 0.27990 & 0.36630 \\ 0.61625 & 0.41370 & 0.46520 \end{pmatrix}$$

完全消耗系数矩阵反映了煤矿、电厂和铁路在生产需求上的关系，而且从完全需求的角度揭示了它们在更深层次上的相互依赖关系.这意味着如果该城镇要扩大煤的生产而每周增加产值 1 万元，那就不仅需要相应增产 0.25 万元的电和 0.35 万元的运输能力作为直接消耗.事实上，还将有约 0.46 万元的煤、0.20 万元的电和 0.27 万元的运输能力作为间接消耗(完全消耗减去直接消耗).

(6) 经济预测

若在以后的三个星期内，企业外部需求的增长速度是煤每周增长15%，电力每周增长3%，铁路每周运输增长12%，那么各企业的总产值将平均每周增长多少？

根据问题中给出的增长率，可知在以后的第三周，煤、电和铁路运输的外部需求(最终产品)量分别为

$$\hat{y}_1=50000(1+15\%)^3=76044,$$
$$\hat{y}_2=25000(1+3\%)^3=27318,$$
$$\hat{y}_3=30000(1+12\%)^3=42148.$$

根据外部需求，解方程组$(\boldsymbol{E}-\boldsymbol{A})\hat{\boldsymbol{X}}=\hat{\boldsymbol{Y}}$得

$$\hat{\boldsymbol{X}}=\begin{pmatrix}\hat{x}_1\\\hat{x}_2\\\hat{x}_3\end{pmatrix}=\begin{pmatrix}163801\\84484\\119919\end{pmatrix}.$$

即届时这三个企业的总产值分别达到163801元、84484元和119919元. 以目前这周的产出向量为基数，分别增长43.1%、29.2%和40.1%，而平均每周递增12.7%、8.9%和11.9%. 注意：尽管电力的外部需求增长率很小，但它的总产值增长率仍必须有相当的增长水平才能保证其他企业外部需求的较高增长率.

2. 线性规划问题

(1) 线性规划问题一般模型

在现实生活中，如果我们把做一件事情的收益(或代价)用S来表示，把做这件事情过程中的各种可人为调整的环节设为变量$x_1,x_2,\cdots,x_n$，显然S是$x_1,x_2,\cdots,x_n$的函数，那么我们往往需要知道如何协调各个环节(即函数S中的各个变量$x_1,x_2,\cdots,x_n$)以达到最大的收益(或最小的代价)，即使函数S取到最值，从而最有效率地完成这件事. 我们把这一类问题称为线性规划问题，把求得S最值的过程称为线性规划问题的求解过程.

线性规划问题的数学模型的一般表示形式为：

$$\max(\min)S=c_1x_1+c_2x_2+\cdots+c_nx_n,$$
$$\begin{cases}a_{11}x_1+a_{12}x_2+\cdots+a_{1n}x_n\leqslant(=,\geqslant)b_1,\\a_{21}x_1+a_{22}x_2+\cdots+a_{2n}x_n\leqslant(=,\geqslant)b_2,\\\cdots\cdots\cdots\cdots\cdots\cdots\cdots\cdots\cdots\cdots\cdots\cdots\\a_{m1}x_1+a_{m2}x_2+\cdots+a_{mn}x_n\leqslant(=,\geqslant)b_n,\\x_j\geqslant0(j=1,2,\cdots,n).\end{cases}$$

显然，这是一个由一个或多个等式或不等式构成的约束系统，要求的是由系统中各个变量$x_1,x_2,\cdots,x_n$组成的函数S在变量定义空间里的最值问题.

(2) 用Mathematica求约束条件下函数最值的命令格式为：

求最大值，Maximize[{函数，约束条件}，{变量}]

求最小值，Minimize[{函数，约束条件}，{变量}]

约束条件可以包含等式、不等式以及它们的任意逻辑组合(即与、或、非等关系组

合)，多个约束条件间用“，”隔开，多个变量间用“，”隔开.

输出格式为：{fmax，{x→xmax， y→ymax，…}}或{fmin，{x→xmin，y→ymin，…}}的一个列表，指出 f 的最大(最小)值及取到最值时各个变量的取值. 如果 f 和约束条件的形式均为线性或有限次多项式，那么这一全局最值是总能够取到的. 如果约束条件实在无法满足，将给出列表：{+Infinity，{x->Indeterminate，…}}.

二、数学建模趣例

有三名商人各带一名随从乘船渡河，一只小船只能容纳两人，且由他们自己划行. 随从们密谋，无论在哪边岸上，一旦随从人数比商人多，就杀人越货. 如果乘船指挥权在商人手中，商人们应如何筹划安全渡河呢?

这是个有趣的智力问题，我们可用建立数学模型的方法解决以上问题.

依题意，设 $S=(x,y)$ 表示此岸商人(x)、随从(y)的人数状况，彼岸人数状况用 $\overline{S}=(x,y)$ 表示，小船上人数状况用 $d=(x,y)$ 表示. 这样问题转化为：经过有限次摆渡变换，使 $S_0=(3,3)$，$\overline{S_0}=(0,0)$ 分别变成 $S_n=(0,0)$，$\overline{S_n}=(3,3)$，并且要求当 $x\neq 0$ 时，必须满足 $x\geqslant y$，即安全渡河.

我们可以给出以下摆渡方案(字母下标表示摆渡次数)：

$S_0=(3,3)$		$\overline{S}_0=(0,0)$
	$d_1=(0,2)$	
$S_1=(3,1)$		$\overline{S}_1=(0,2)$
	$d_2=(0,1)$	
$S_2=(3,2)$		$\overline{S}_2=(0,1)$
	$d_3=(0,2)$	
$S_3=(3,0)$		$\overline{S}_3=(0,3)$
	$d_4=(0,1)$	
$S_4=(3,1)$		$\overline{S}_4=(0,2)$
	$d_5=(2,0)$	
$S_5=(1,1)$		$\overline{S}_5=(2,2)$
	$d_6=(1,1)$	
$S_6=(2,2)$		$\overline{S}_6=(1,1)$
	$d_7=(2,0)$	
$S_7=(0,2)$		$\overline{S}_7=(3,1)$
	$d_8=(0,1)$	
$S_8=(0,3)$		$\overline{S}_8=(3,0)$
	$d_9=(0,2)$	
$S_9=(0,1)$		$\overline{S}_9=(3,2)$
	$d_{10}=(0,1)$	
$S_{10}=(0,2)$		$\overline{S}_{10}=(3,1)$
	$d_{11}=(0,2)$	
$S_{11}=(0,0)$		$\overline{S}_{11}=(3,3)$

以上变换在 xOy 平面坐标系上可以更直观地表示出来：

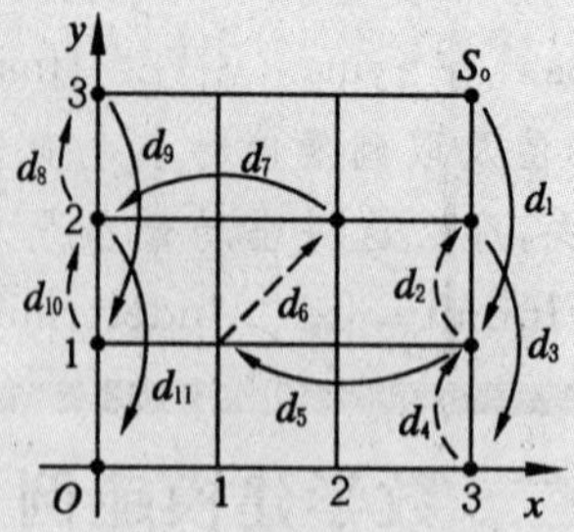

上述渡河问题的解决,具体地说明了怎样利用数学建模解决实际问题,归纳如下:

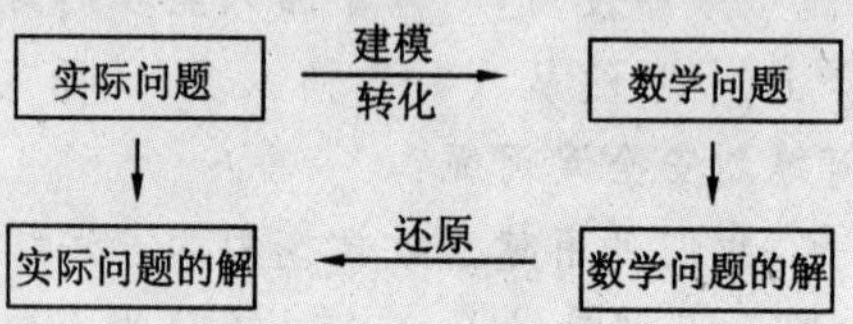

实际问题往往是极为复杂的,因而只能首先抓住问题的主要方面来进行定量研究,这正是抽象和简化的过程.数学建模主要是通过建模对各种实际问题获得深刻的认识,并在此基础上解决问题,还必须验证建模是否正确.数学建模与其说是一门技术,不如说是一门艺术——数学的塑造艺术.

解析几何的优点在于数形结合,把几何问题化作数、式的推演计算,反过来,数、式问题也可以借助于解析几何模型去处理,举例如下:

1. 距离型模型

例 1 设 $y=\sqrt{x^2-10x+26}+\sqrt{x^2-2x+5}(x\in\mathbf{R})$,求 y 的最小值.

解 由 $y=\sqrt{x^2-10x+26}+\sqrt{x^2-2x+5}=\sqrt{(x-5)^2+(0-1)^2}+\sqrt{(x-1)^2+(0-2)^2}$,建立两点间距离模型,上式可看成求动点 $(x,0)$ 到定点 $A(5,1)$,$B(1,2)$ 的距离之和的最小值.为此,只要求点 $B(1,2)$ 关于 x 轴的对称点 $B'(1,-2)$ 到点 $A(5,1)$ 的距离,即为要求的最小值,故得 $y_{\min}=|AB'|=5$.

2. 比值型模型

例 2 求函数 $y=\dfrac{2x^2}{1+x^2}$ 的值域.

解 由 $y=\dfrac{2x^2}{1+x^2}=\dfrac{0+x^2\cdot 2}{1+x^2}$,构建定比分点模型,令 $A(0,0)$,$B(2,0)$,$\lambda=x^2$,因 $\lambda=x^2\geqslant 0$,故知 $M(y,0)$ 为 A,B 的内分点(包括 A 点),故 $0\leqslant y<2$ 即为所求.

另外,对于可化归为形如 $U=\dfrac{cy+d}{ax+b}$ 的函数的值域问题,常可构建斜率模型去解决.

习题参考答案

习题 20-1

A 组

1. 必然事件 B；不可能事件 A.　　2. (1) $A\subseteq B$；(2) $C\supseteq D$；(3) $E\subseteq F$.

3. (1) $\overline{A}$={抽到的 3 件产品至少有 1 件次品}；

   (2) $\overline{B}$={甲、乙两人下象棋，乙胜或甲、乙和棋}；

   (3) $\overline{C}$={抛掷一枚骰子，出现奇数点}.

4. (1) $A_1\overline{A_2}\,\overline{A_3}\cup\overline{A_1}A_2\overline{A_3}\cup\overline{A_1}\,\overline{A_2}A_3$；　(2) $A_1\cup A_2\cup A_3$；

   (3) $\overline{A_1}\,\overline{A_2}\,\overline{A_3}$；　(4) $\overline{A_1}A_2A_3\cup A_1\overline{A_2}A_3\cup A_1A_2\overline{A_3}$.

B 组

1. Ω={(红，红)，(黄，黄)，(蓝，蓝)，(红，黄)，(黄，红)，(红，蓝)，(蓝，红)，(黄，蓝)，(蓝，黄)}.

   (1) {(红，红)，(红，黄)，(红，蓝)}；

   (2) {(红，黄)，(黄，红)，(红，蓝)，(蓝，红)，(黄，蓝)，(蓝，黄)}.

2. (1) $A\overline{B}\,\overline{C}$；(2) $A\cup B$；(3) $\overline{A}\cup\overline{B}\cup\overline{C}$；(4) $\overline{A}\,\overline{B}\cup\overline{B}\,\overline{C}\cup\overline{A}\,\overline{C}$.

习题 20-2

A 组

1. $P(A)=0.86880$，$P(B)=0.80521$，$P(C)=0.67787$，$P(AB)=P(B)$，$P(A\cup B)=P(A)$.

2. 0.04.　3. $\frac{1}{3}$.　4. (1) $\frac{7}{15}$；(2) $\frac{8}{15}$.　5. 0.75，0.25.　6. $\frac{19}{30}$，$\frac{3}{8}$，$\frac{3}{14}$.

7. (1) $\frac{1}{6}$；(2) $\frac{1}{6}$. 抽签方法公平　8. 0.30.　9. 0.086.　10. $\frac{3}{5}$.　11. 0.0533.

B 组

1. $P(A\cup B)=0.9$，$P(B|A)=0.5833$.　2. (1) $\frac{17}{48}$；(2) $\frac{51}{150}$.

习题 20-3

A 组

1. (1) $\frac{19}{30}$；(2) $\frac{3}{10}$.

2. (1)

ξ	1	2	3	4
p_k	$\frac{10}{13}$	$\frac{5}{26}$	$\frac{5}{143}$	$\frac{1}{286}$

(2)

ξ	1	2	3	4
p_k	$\frac{10}{13}$	$\frac{33}{169}$	$\frac{72}{2197}$	$\frac{6}{2197}$

(3)

ξ	1	2	3	…	k	…
p_k	$\frac{10}{13}$	$\frac{3}{13}\cdot\frac{10}{13}$	$\left(\frac{3}{13}\right)^2\cdot\frac{10}{13}$	…	$\left(\frac{3}{13}\right)^{k-1}\cdot\frac{10}{13}$	…

3. (1) $A=\frac{3}{2}$;(2) $\frac{9}{16}$.　　**4.** (1) 0.8647;(2) 0.3181.

5. (1) 0.2304;(2) 0.3174;(3) 0.6.

6. 0.0755(二项分布近似);0.0803(泊松分布近似).

7. (1) $P(2<\xi\leqslant 5)=0.5326$,$P(\xi>3)=0.5000$,$P(|\xi|>2)=0.6977$;

(2) $\lambda_1=0.437$,$\lambda_2=5.563$.

8. (1) $u_{0.05}=1.645$;(2) $t_{0.05}=1.8331$;(3) $\chi^2_{0.95}(9)=3.325$,$\chi^2_{0.05}(9)=16.919$;

(4) $F_{0.05}(10,10)=2.98$,$F_{0.95}(10,10)=0.336$.

B 组

1. (1)

ξ	2	3
p_k	$\frac{1}{3}$	$\frac{2}{3}$

(2)

η	2	3	4
p_k	$\frac{1}{3}$	$\frac{1}{3}$	$\frac{1}{3}$

2. 用泊松分布 $P(1.4)$求满足 $P(\xi\leqslant x)\geqslant 0.90$ 的最小的 x,查泊松分布表,$x=4$ 时 $P(\xi\leqslant x)\approx 0.9463\geqslant 0.90$,即 104 个产品中次品数小于等于 4 的概率大于 0.90.

3. (1) $P(15.8\leqslant\xi\leqslant 24.2)=0.8384$;(2) 0.1539.

4.

$\xi+\eta$	0	1	2
p_k	q^2	$2pq$	p^2

$\xi\cdot\eta$	0	1
p_k	q^2+2pq	p^2

习题 20-4

A 组

1. (1) $\frac{1}{3}$;(2) $\frac{1}{3}$;(3) $1\frac{11}{24}$;(4) $1\frac{25}{72}$.

2. A 机床加工质量较好(A,B 机床次品数期望相等,方差 A 较小).

3. 4.5,0.45.　　**4.** $E(\xi)=\frac{3}{7}$,$D(\xi)=\frac{3}{14}$,其中

ξ	0	1	2	3
p_k	$\frac{2}{3}$	$\frac{1}{4}$	$\frac{1}{14}$	$\frac{1}{84}$

5. $E(\xi)=0.9$,$D(\xi)=0.01$,其中

ξ	0	1	2	3
p_k	0.336	0.452	0.188	0.024

6. $E(3\xi-\eta+1)=2$,$D(\eta-2\xi)=12$.

B 组

1. $k=3,\alpha=2$.　　2. (1) 1;(2) $\frac{1}{3}$,　　3. $E(\xi)=63.7037,D(\xi)=541.8386$.

习题 20-5

A 组

1. $\bar{x}=52,s^{*2}=0.042,M=0.033,M_e=51.99,R=0.1$.

2. 乙的技术较好些.　　3. 0.7262.　　4. 比较平均差系数,后者稳定性较好.

B 组

1. 0.00392.　　2. 0.01.

3. 呼叫次数 ξ 看成泊松分布,$\lambda\approx 66.7$.要求的最少线路条数 N 应满足 $99\%\leqslant P(\xi\leqslant N)$,用标准正态分布近似,在$\left[0,\frac{N-66.67}{\sqrt{66.67}}\right]$上的概率应大于等于 0.99,即$\frac{N-66.67}{\sqrt{66.67}}\geqslant 2.327,N\geqslant 85.3$,故取 $N=86$.

习题 20-6

A 组

1. 身高 $\hat{E}(\xi)=156.7,\hat{D}(\xi)=13.57$;体重 $\hat{E}(\eta)=44.5,\hat{D}(\eta)=47.83$.　　2. 0.00018.

3. (1) [0.149,0.689];(2) [12.843,13.471];(3) μ 的置信区间为[12.856,13.458],σ^2 的置信区间为[0.143,0.704].

B 组

1. $\bar{x}=7.88;s^{*2}=0.3457$.　　2*. 略.　　3*. 略

习题 20-7

A 组

1. 不正常.　　2. 符合标准.　　3. 无显著差异.　　4. 方差无显著差异,期望有显著差异,可直接用配对 T 检验法.　　5. 方差无显著差异,期望有显著差异.　　6. 略.

B 组

1. 可以认为服从正态分布.　　2. 略.　　3. (1) 正常;(2) $H_0:\sigma^2\leqslant 0.048^2$,拒绝域为$[12.592,+\infty)$,拒绝 H_0.

4. (1) T 检验 $H_0:\mu_1=\mu_2$,拒绝 H_0;(2) $H_0:\mu_1\leqslant\mu_2$,拒绝 H_0,即技术处理后食品含脂率明显降低.

5. 检验 $\sigma_1^2=\sigma_2^2$ 无显著差异;$H_0:\mu_1\leqslant\mu_2$,拒绝 H_0,即作物新品种产量显著提高.

6. $N(248,18)$.　　7. $n=4,L=2831$.

习题 20-8

A 组

1. (1) $\hat{y}=-30.219x+642.920$;(2) 两信度下,线性相关性均显著.

2. (1) $\hat{y}=127x-32.38$,线性相关性显著;(2) $\hat{y}_0=150$,预测区间为[116,183];(3) 预测铁水含碳量不超过 1.67%.

B 组

1. 略　　2. 略.

习题 20-9

A 组

1. 单因子影响均大于交互作用,不需要考虑交互作用的影响.最佳方案为 $A_1B_2C_1$.

2. 交互作用影响明显大于单因子影响，考虑两者取水平组合 A_1B_3.

B 组

(1) 考虑单因子影响时，对于指标 x 因子的主次关系依次为 A,B,C,D；对于指标 y 因子的主次关系为 A,B,C 等同，D 次之.

(2) 对于指标 x 而言较优水平组合为 $A_1B_4C_3D_1$，对于指标 y 而言较优水平组合为 $A_2B_4C_4D_3$.

(3) 综合平衡后得较优方案为 $A_1B_4C_1D_3$.

复习题二十

1. $P(AB),P(A),P(A\cup B),P(A)+P(B)$.

因为 $AB\subseteq A\subseteq A\cup B$, $P(A\cup B)=P(A)+P(B)-P(AB)$.

2. (1) $1-z,y-z,1-x+z,1-x-y+z,\dfrac{z}{y}$; (2) $1-xy,(1-x)y,1-x+xy,(1-x)(1-y),x$;

(3) $1,y,1-x,1-x-y,0$.

3. (1) 0.4747; (2) 0.077; (3) 0.0893.　**4.** (1) 0.496; (2) 0.504.　**5.** 0.2954.

6. (1) 0.3812; (2) 0.4692.　**7.** (1) $\dfrac{1}{2}$; (2) $\dfrac{5}{6}$.

8. (1)

$\xi+\eta$	0	1	2	3
p_k	$\frac{1}{4}$	$\frac{5}{12}$	$\frac{1}{4}$	$\frac{1}{12}$

(2) $E(\xi\cdot\eta)=E(\xi)\cdot E(\eta)=\dfrac{1}{3}$.

9. $a=\dfrac{3}{5},b=\dfrac{6}{5},E(\xi^2)=\dfrac{11}{25}$.　**10.** $E(\eta)=0,D(\eta)=E(\eta^2)=\int_{-\frac{1}{2}}^{\frac{1}{2}}\sin^2\pi x\mathrm{d}x=\dfrac{1}{2}$.

11. $c_1=\dfrac{1}{3},c_2=\dfrac{2}{3}$.

12. $\hat{a}=\dfrac{\bar{\xi}}{2},\hat{b}=\sqrt{3}s^*-\dfrac{\bar{\xi}}{2}$; $\hat{a}=1.975,\hat{b}=1.9845$.

13. (1) 有显著差异，A 高于 B; (2) 33.

习题 21-1

A 组

1. (1) $2w-x-y-z$;　(2) $6s+3t+2u-17v$.

2. (1) $18(x+y+z-w)$;　(2) $-s+2t-u-v$.

3. (1) 4; (2) 0; (3) 1; (4) −8; (5) −3; (6) −69.

4. (1) $\begin{cases}x_1=-\dfrac{59}{45},\\ x_2=\dfrac{17}{15},\\ x_3=-\dfrac{56}{45},\\ x_4=\dfrac{11}{9};\end{cases}$　(2) $\begin{cases}x_1=\dfrac{10}{7},\\ x_2=\dfrac{13}{14},\\ x_3=\dfrac{3}{7},\\ x_4=-\dfrac{1}{14},\\ x_5=-\dfrac{4}{7}.\end{cases}$

B 组

1. (1) 120;(2) 70;(3) -24;(4) $a_{14}a_{23}a_{32}a_{41}$.　**2.** 略.

3. $\begin{cases} x_1=\dfrac{1}{5}, \\ x_2=\dfrac{1}{5}, \\ x_3=\dfrac{1}{5}, \\ x_4=\dfrac{1}{5}. \end{cases}$

习题 21-2

A 组

1. $\begin{pmatrix} 6 & 8 & 1 \\ 8 & 8 & 9 \\ 1 & 9 & 10 \end{pmatrix}$, $\begin{pmatrix} 0 & 4 & 3 \\ -4 & 0 & 5 \\ -3 & -5 & 0 \end{pmatrix}$.　**2.** $\begin{cases} x_1=2, \\ x_2=1, \\ x_3=2; \end{cases}$ $\begin{cases} y_1=5, \\ y_2=3, \\ y_3=2. \end{cases}$

3. $\begin{pmatrix} 17 & 12 & 30 \\ 6 & 35 & 6 \\ 24 & 30 & 41 \end{pmatrix}$, $\begin{pmatrix} 1 & 0 & 1 \\ 0 & 1 & 0 \\ 0 & 0 & 1 \end{pmatrix}$.　**4.** $\boldsymbol{A}=\begin{pmatrix} 3 & 2 & -2 \\ -1 & -5 & -6 \end{pmatrix}$, $\boldsymbol{B}=\begin{pmatrix} -1 & 2 & 2 \\ 2 & 5 & 4 \end{pmatrix}$.

5. (1) $\begin{pmatrix} 3 & 2 \\ 5 & 6 \end{pmatrix}$;(2) 0;(3) $\begin{pmatrix} -4 & 2 & 0 \\ -2 & 1 & 0 \\ 2 & -1 & 0 \end{pmatrix}$;(4) $(3x-4y)^2$;

(5) $\begin{pmatrix} \lambda^3 & 3\lambda^2 & 3\lambda \\ 0 & \lambda^3 & 3\lambda^2 \\ 0 & 0 & \lambda^3 \end{pmatrix}$;(6) $\begin{pmatrix} 8 & 11 & -1 & 6 \\ 1 & 0 & 0 & 0 \\ 0 & 1 & 0 & 0 \\ 0 & 0 & 1 & 0 \end{pmatrix}$.

6. (1) 线性无关;(2) 线性相关;(3) 线性相关;(4) 线性相关;(5) 线性无关.

B 组

1. $\begin{pmatrix} 2 & 2 & -2 \\ 2 & 0 & 0 \\ 4 & -4 & -2 \end{pmatrix}$.　**2.** 略.　**3.** $\boldsymbol{\beta}=2\boldsymbol{\alpha}_1-\boldsymbol{\alpha}_2+\boldsymbol{\alpha}_3$.

习题 21-3

A 组

1. 略.　**2.** (1) $\begin{pmatrix} 5 & -2 \\ -2 & 1 \end{pmatrix}$;(2) $\begin{pmatrix} 1 & -4 & -3 \\ 1 & -5 & -3 \\ -1 & 6 & 4 \end{pmatrix}$;(3) $\begin{pmatrix} 8 & -4 & 2 & -1 \\ 0 & 8 & -4 & 2 \\ 0 & 0 & 8 & -4 \\ 0 & 0 & 0 & 8 \end{pmatrix}$.

B 组

1. 略.　**2.** $\boldsymbol{X}=\begin{pmatrix} -3 & 2 & 0 \\ -4 & 5 & -2 \\ -5 & 3 & 0 \end{pmatrix}$.

❋习题 21-4

A 组

1. 略.　　**2.** (1) 2;(2) 3.

B 组

(1) 5;(2) 3.

❋习题 21-5

A 组

1. (1) $\begin{cases} x_1=\dfrac{1}{3}, \\ x_2=-1, \\ x_3=\dfrac{1}{2}, \\ x_4=1; \end{cases}$　(2) $\begin{cases} x_1=0, \\ x_2=0, \\ x_3=0, \\ x_4=0. \end{cases}$

2. (1) 线性无关;(2) $-\alpha_1-\alpha_2+2\alpha_3+\alpha_4=0$;(3) 线性无关;(4) $3\alpha_1-\alpha_2-\alpha_3=0$.

3. (1) $\begin{pmatrix} -2 & \dfrac{2}{3} & -1 \\ -1 & \dfrac{1}{3} & 0 \\ 2 & -\dfrac{1}{3} & 1 \end{pmatrix}$;(2) $\dfrac{1}{4}\begin{pmatrix} 1 & 1 & 1 & 1 \\ 1 & 1 & -1 & -1 \\ 1 & -1 & 1 & -1 \\ 1 & -1 & -1 & 1 \end{pmatrix}$.　　**4.** $\boldsymbol{X}=\begin{pmatrix} 5 & -2 \\ -2 & 1 \end{pmatrix}$.

B 组

1. (1) $\begin{pmatrix} 1 & -3 & 11 & -38 \\ 0 & 1 & -2 & 7 \\ 0 & 0 & 1 & -2 \\ 0 & 0 & 0 & 1 \end{pmatrix}$;(2) $\dfrac{1}{32}\begin{pmatrix} 16 & -8 & 4 & -2 & 1 \\ 0 & 16 & -8 & 4 & -2 \\ 0 & 0 & 16 & -8 & 4 \\ 0 & 0 & 0 & 16 & -8 \\ 0 & 0 & 0 & 0 & 16 \end{pmatrix}$.

2. $\boldsymbol{X}=\begin{pmatrix} 11 & 5 & -50 \\ 10 & 0 & -40 \\ -4 & -2 & 19 \end{pmatrix}$.　　**3.** (1) 略;(2) $\boldsymbol{\beta}=0\boldsymbol{\alpha}_1+\dfrac{8}{3}\boldsymbol{\alpha}_2+\dfrac{1}{3}\boldsymbol{\alpha}_3$.

❋习题 21-6

A 组

1. 基础解系为 $\boldsymbol{\eta}_1=(-1,-1,1,0)$,$\boldsymbol{\eta}_2=(1,-2,0,1)$,通解为 $\boldsymbol{\eta}=c_1\boldsymbol{\eta}_1+c_2\boldsymbol{\eta}_2$.

2. 有解,其通解为 $\boldsymbol{\eta}=c_1\boldsymbol{\eta}_1+c_2\boldsymbol{\eta}_2+\boldsymbol{\alpha}$,其中 $\boldsymbol{\eta}_1=(2,1,0,0)$,$\boldsymbol{\eta}_2=(-3,0,1,0)$,$\boldsymbol{\alpha}=(0,0,0,1)$.

3. 当 $a\neq 5$ 时,无解;当 $a=5$ 时,有解,其通解为 $\boldsymbol{\eta}=c_1\boldsymbol{\eta}_1+c_2\boldsymbol{\eta}_2+\boldsymbol{\alpha}$,其中 $\boldsymbol{\eta}_1=(1,-1,1,0)$,$\boldsymbol{\eta}_2=(3,2,0,1)$,$\boldsymbol{\alpha}=(-1,3,0,0)$.

B 组

1. 有解.其通解为 $\boldsymbol{\eta}=c_1\boldsymbol{\eta}_1+c_2\boldsymbol{\eta}_2+\boldsymbol{\alpha}$,其中 $\boldsymbol{\eta}_1=(-2,1,1,1,0)$,$\boldsymbol{\eta}_2=(-1,1,0,0,1)$,$\boldsymbol{\alpha}=(-1,2,0,1,0)$.

2. $m=5$ 时,方程组有解,其通解为 $\boldsymbol{\eta}=c_1\boldsymbol{\eta}_1+c_2\boldsymbol{\eta}_2+\boldsymbol{\alpha}$,其中 $\boldsymbol{\eta}_1=\left(-\dfrac{1}{3},1,\dfrac{5}{3},0\right)$,$\boldsymbol{\eta}_2=$

$\left(-\frac{5}{3},0,\frac{7}{3},1\right)$，$\boldsymbol{\alpha}=(1,0,-1,0)$.

复习题二十一

1. (1) C；　(2) C；　(3) A；　(4) B；　(5) A；　(6) D.

2. (1) 0；　(2) 120；　(3) 0；　(4) $16\sin^4\alpha$.　**3.** 略.

4. (1) $x=1,y=2,z=-2$；(2) $x=a,y=b,z=c$；(3) $x_1=1,x_2=-1,x_3=1,x_4=-1$.

5. (1) 当 $\lambda\neq1,-2$ 时，原方程组有唯一解，为 $x_1=-\frac{\lambda+1}{\lambda+2},x_2=\frac{1}{\lambda+2},x_3=\frac{(\lambda+1)^2}{\lambda+2}$；

当 $\lambda=1$ 时，原方程组有无数解，为 $x_1=1-x_2-x_3$；当 $\lambda=-2$ 时，原方程组无解.

(2) 当 $a\neq1,b\neq0$ 时，原方程组有唯一解，为 $x_1=\frac{2b-1}{b(a-1)},x_2=\frac{1}{b},x_3=\frac{1+4b+2ab}{b(a-1)}$；

当 $a=1,b=\frac{1}{2}$ 时，原方程组有无数解，为 $\begin{cases}x_1=2-x_3,\\x_2=2;\end{cases}$

当 $b=0$ 或 $a=1,b\neq\frac{1}{2}$ 时，原方程组无解.

(3) 当 $b=5,a\neq-2$ 时，原方程组有唯一解，为 $x_1=-20,x_2=13,x_3=0$；

当 $b=5,a=-2$ 时，原方程组有无数解，为 $x_1=-20+7x_3,x_2=13-5x_3$（x_3 为任意常数）；

当 $b\neq5$ 时，原方程组无解.

6. (1) $\frac{1}{10}\begin{pmatrix}-25&10&-5\\15&-4&3\\-5&2&1\end{pmatrix}$；　(2) $\begin{pmatrix}-2&0&2&1\\0&-1&-1&0\\2&-1&-2&-1\\1&0&-1&0\end{pmatrix}$；

(3) $\begin{pmatrix}0&0&0&0&-1\\\frac{1}{m}&0&0&0&\frac{1}{m}\\-1&1&0&0&-1\\\frac{1}{m}&-\frac{1}{m}&0&-\frac{1}{m}&\frac{1}{m}\\-1&1&1&1&-1\end{pmatrix}$.

7. (1) $\begin{pmatrix}24&13\\-34&-18\end{pmatrix}$；　(2) $\begin{pmatrix}2&-1&0\\1&3&-4\\1&0&-2\end{pmatrix}$.

习题 22-1

A 组

1. (1)、(4)、(5)、(6)组函数线性无关；(2)、(3)组函数线性相关.　**2—5.** 略.

B 组

1. (1)、(3)、(4)、(5)组函数线性无关；(2) 组函数线性相关.　**2—4.** 略.

习题 22-2

A 组

1. (1) $y=c_1e^{3x}+c_2e^{-3x}$；　(2) $y=c_1e^{x}+c_2e^{-2x}$；

(3) $y=c_1+c_2e^{2x}$；　(4) $y=c_1\cos2x+c_2\sin2x$；

(5) $y=e^{-3x}(c_1\cos x+c_2\sin x)$；　(6) $y=e^{x}(c_1\cos 3x+c_2\sin 3x)$.

2. (1) $y=9e^{x}-3e^{3x}$；　(2) $y=e^{-\frac{1}{2}x}(2+x)$；

(3) $x=e^{-t}(\sin 2t+2\cos 2t)$.

3. $x=10\cos 10t+5\sin 10t=5\sqrt{5}\sin(10t+\theta)$，其中 $\theta=\arctan 2$，振幅为 $5\sqrt{5}$，周期为 $\frac{\pi}{5}$.

4. $x=6e^{-t}\sin 2t$.

B 组

1. (1) $y=c_1e^{-x}+c_2e^{-2x}$；　(2) $s=(c_1+c_2t)e^{-t}$；

(3) $y=e^{2x}(c_1\cos x+c_2\sin x)$；　(4) $y=c_1e^{(1+a)x}+c_2e^{(1-a)x}$.

2. (1) $y=e^{-x}-e^{4x}$；　(2) $s=2e^{-t}(3t+2)$；

(3) $y=e^{-2x}\left(\cos\frac{1}{2}x+4\sin\frac{1}{2}x\right)$；　(4) $y=e^{2x}\sin 3x$.

3. (1) $y''-y'-2y=0, y=c_1e^{-x}+c_2e^{2x}$；　(2) $y''-4y'+4=0, y=e^{2x}(c_1x+c_2)$；

(3) $y''+2y'+2y=0, y=e^{-x}(c_1\cos x+c_2\sin x)$.

4. $y=e^{nx}[1+(1-n)x]$.

5. $i=0.04e^{-5\cos t}\sin 500t$(安).

习题 22-3

A 组

1. (1) $\bar{y}=(Ax+B)e^{x}$；　(2) $\bar{y}=x(Ax+B)e^{-x}$；

(3) $\bar{y}=Axe^{-2x}$；　(4) $\bar{y}=x^2(Ax^2+Bx+C)e^{-2x}$；

(5) $\bar{y}=(Ax^2+Bx+C)e^{-x}$；　(6) $\bar{y}=xe^{-x}(A\cos x+B\sin x)$.

2. $\bar{y}=2x^2-7$.　**3.** $\bar{y}=\frac{1}{2}e^{x}$.

4. $\bar{y}=-\frac{2}{5}\cos x-\frac{4}{5}\sin x$.　**5.** $y=c_1e^{2x}+c_2-\frac{3}{4}x^2-\frac{5}{4}x$.

6. $y=\left(\frac{5}{6}x^3+c_2x+c_1\right)e^{-3x}$.　**7.** $\bar{y}=\frac{1}{4}(1+x\sin 2x-\cos 2x)$.

B 组

1. (1) $\bar{y}=-\frac{1}{3}x^2-\frac{2}{9}x-\frac{10}{27}$；　(2) $\bar{y}=\frac{x}{9}\left(x^2-x+\frac{11}{3}\right)$；

(3) $\bar{y}=\left(-\frac{1}{18}x+\frac{1}{108}\right)e^{x}$；　(4) $\bar{y}=-\frac{1}{3}xe^{-5x}$；

(5) $\bar{y}=x^2e^{-2x}$；　(6) $\bar{y}=-\frac{1}{2}x\cos 3x$；

(7) $\bar{y}=e^{-x}\cos x-4$.

2. (1) $y=c_1e^{-x}+c_2e^{3x}-x$；　(2) $x=c_1e^{-4t}+c_2e^{t}+te^{t}$；

(3) $y=e^{-\frac{1}{2}x}(c_1x+c_2)+\frac{1}{4}e^{\frac{x}{2}}$；　(4) $y=c_1\cos x+c_2\sin x+x+1+\frac{1}{2}x\sin x$.

3. (1) $y=-\frac{1}{3}\sin x-\cos x+\frac{1}{3}\sin 2x$；　(2) $y=-\frac{7}{6}e^{-2x}+\frac{5}{3}e^{x}-x-\frac{1}{2}$；

(3) $y=2\cos t+t\sin t$；　(4) $y=2e^{2x}-2e^{-\frac{x}{2}}\left(\cos\frac{x}{2}+5\sin\frac{x}{2}\right)$.

4. $x(t)=-\frac{2}{75}\cos 10t-\frac{1}{100}\sin 10t+\frac{2}{75}\cos 5t$.　**5.** $i(t)=\frac{4}{3}(\cos 5t-\cos 10t)$.

习题 22-4

A 组

(1) $\frac{2}{p^2}$;

(2) $\frac{2}{p^3}+\frac{2}{p^2}+\frac{3}{p}$;

(3) $\frac{1}{p+1}$;

(4) $-\frac{p+7}{(p+1)(p-2)}$;

(5) $\frac{6}{p^2+9}+\frac{3p}{p^2+4}$;

(6) $\frac{\frac{1}{2}p-\sqrt{3}}{p^2+4}$;

(7) $\frac{2}{p^2+4}$;

(8) $\frac{2}{(p+1)^3}$;

(9) $\frac{p-2}{(p-2)^2+9}$;

(10) $\frac{1}{p}(1-e^{2p})$;

(11) $\frac{p^2-4}{(p^2+4)^2}$.

B 组

(1) $\frac{3}{p+4}$;

(2) $\frac{2}{p^3}+\frac{6}{p^2}-\frac{3}{p}$;

(3) $\frac{10-3p}{p^2+4}$;

(4) $\frac{2}{p^2+16}$;

(5) $\frac{144}{p(p^2+36)}$;

(6) $\frac{1}{p}+\frac{1}{(p-1)^2}$;

(7) $\frac{2p}{p^2+4}-\frac{1}{p}$;

(8) $\frac{(p+2)\sin 1+2\cos 1}{(p+2)^2+4}$;

(9) $\frac{n!}{(p-a)^{n+1}}$;

(10) $-\frac{1}{2}\left[\frac{p-1}{(p-1)^2+25}-\frac{p-1}{(p-1)^2+1}\right]$;

(11) $\frac{1}{p}e^{\frac{1}{2}p}$;

(12) $\frac{1}{p}(1+e^{-p}-2e^{-2p})$;

(13) $\frac{p}{p^2+1}+e^{-\pi p}\left(\frac{\pi}{p}+\frac{1}{p^2}\right)$;

(14) $\frac{1}{2}\left[\frac{1}{p^2}+\frac{4-p^2}{(p^2+4)^2}\right]$;

(15) $\frac{2(p-1)}{[(p-1)^2+1]^2}$;

(16) $\frac{\pi}{2}-\arctan p$;

(17) $\ln\left(1-\frac{1}{p}\right)$;

(18) $\frac{2(3p^2-4)}{(p^2+4)^3}$.

习题 22-5

A 组

(1) $3e^{2t}$;

(2) $\frac{1}{2}e^{-\frac{1}{2}t}$;

(3) $3\cos 3t$;

(4) $\frac{1}{6}\sin\frac{2}{3}t$;

(5) $2\cos 4t-\frac{3}{2}\sin 4t$;

(6) $-\frac{3}{2}e^{-3t}+\frac{5}{2}e^{-5t}$;

(7) $\frac{4}{\sqrt{6}}e^{-2t}\sin\sqrt{6}t$;

(8) $\delta(t)-2e^{-t}$.

B 组

(1) $\frac{1}{2}(1-e^{-2t})$;

(2) $-3e^{-2t}+5e^{-3t}$;

(3) $e^{-t}\sin 2t$;

(4) $e^{-t}+2t-1$;

(5) $\frac{1}{6}\sin\frac{3}{2}t$;

(6) $2\cos 6t-\frac{4}{3}\sin 6t$;

(7) $\frac{1}{2}-e^{-t}+\frac{1}{2}e^{-2t}$;

(8) $\frac{2}{9}(1-e^{-3t})+\frac{1}{3}te^{-3t}$;

(9) $e^{t}(2+t+t^{2})-1$;

(10) $\frac{1}{50}(\sqrt{10}\sin\sqrt{10}t-\sqrt{5}\sin 2\sqrt{5}t)$;

(11) $\frac{1}{3}[e^{t-2}-e^{-2(t-2)}]u(t-2)$;

(12) $\sin 2(t+1)u(t+1)$.

习题 22-6

A 组

(1) $y=e^{t}-1$;

(2) $y=5(e^{-3t}-e^{-5t})$;

(3) $y=\sin 2t$;

(4) $y=2t+3\cos 4t-\sin 4t$;

(5) $y=e^{-t}(\cos 2t+3\sin 2t)$.

B 组

1. (1) $y=1-e^{-t}$;

(2) $y=e^{t}-e^{-t}$;

(3) $y=2+3e^{2t}-5e^{t}$;

(4) $y=16(t^{2}-2t+2)-29e^{-t}$;

(5) $y=\frac{5}{3}\sin t-\frac{1}{3}\sin 2t$;

(6) $y=\frac{1}{4}t\sin 2t+\cos 2t$;

(7) $y=-\left[1-\cos\left(t-\frac{\pi}{2}\right)\right]u\left(t-\frac{\pi}{2}\right)+\sin t-\cos t+1$;

(8) $x=1-\frac{1}{3}e^{-t}-\frac{2}{3}e^{\frac{1}{2}t}\cos\frac{\sqrt{3}}{2}t$.

2. $i(t)=\frac{E}{R}(1-e^{\frac{R}{L}t})$.

复习题二十二

1. (1) $y=c_1e^{-x}+c_2e^{-3x}$;

(2) $y=c_1+c_2e^{-2x}$;

(3) $y=c_1e^{-3x}+c_2e^{x}$;

(4) $y=c_1+c_2e^{-x}+x$;

(5) $y=(c_1+c_2x)e^{-2x}+\frac{1}{8}e^{2x}$;

(6) $y=c_1\cos 3x+c_2\sin 3x+\frac{2}{5}\cos 2x+\frac{3}{5}\sin 2x$.

2. (1) $y=-\frac{6}{7}e^{-t}+\frac{6}{7}e^{6t}$;

(2) $y=\left(-\frac{41}{288}+\frac{19}{46}x\right)e^{4x}+\frac{1}{9}e^{x}+\frac{1}{16}(x+2)$.

3. (1) $\frac{6}{p^{3}}$;

(2) $\frac{6}{p^{4}}-\frac{2}{p+1}$;

(3) $\frac{8}{p}(1-e^{-2p})$;

(4) $\frac{3}{p}(1-e^{-\frac{\pi}{2}p})-\frac{e^{-\frac{\pi}{2}p}}{p^{2}+1}$;

(5) $\frac{p+2}{(p+2)^{2}+1}$;

(6) $-\frac{6}{p^{2}-9}$.

4. (1) $3(e^{2t}-e^{t})$;

(2) te^{-t};

(3) $e^{2t}(1+4t+2t^{2})$;

(4) $2u(t-1)-u(t-3)$.

5. (1) $e^{-x}(1-\cos x)$;

(2) $\frac{3}{4}(1-e^{-2t})-\frac{3}{2}te^{-2t}$;

(3) $\frac{1}{6}t\sin 3t$;

(4) $y=t^{3}$.

习题 23-1

A 组

1. (1) 发散;(2) 发散;(3) 收敛.

2. (1) 发散;(2) 收敛.

3. (1) 收敛;(2) 收敛;(3) 发散.

4. (1) 收敛;(2) 发散;(3) 发散.

B 组

(1) 发散; (2) 收敛; (3) 收敛; (4) 收敛; (5) $\theta<a\leqslant 1$ 时发散,$a>1$ 时收敛;(6) 收敛.

习题 23-2

A 组

1. (1) $(-1,1]$;(2) $(-\infty,\infty)$;(3) $\left(-\frac{1}{10},\frac{1}{10}\right)$.

2. (1) $\frac{2x}{(1-x^2)^2}(|x|<1)$;(2) $-x+\ln(1+x),x\in(-1,1)$.

B 组

1. (1) $[-2,2)$;(2) $[-1,1]$;(3) $[-3,3]$.

2. (1) $\frac{2x}{(1-x)^3},x\in(-1,1)$;(2) $\frac{1}{2}\ln\frac{1+x}{1-x},\frac{\sqrt{2}}{2}\ln(1+\sqrt{2})$.

习题 23-3

A 组

(1) $1-2x+\frac{(2x)^2}{2!}-\frac{(2x)^3}{3!}+\cdots+(-1)n\frac{(2x)^n}{n!}+\cdots,x\in(-\infty,+\infty)$;

(2) $\frac{x}{2}-\frac{1}{3!}\left(\frac{x}{2}\right)^3+\frac{1}{5!}\left(\frac{x}{2}\right)^5-\frac{1}{7!}\left(\frac{x}{2}\right)^7+\cdots+(-1)^{m-1}\frac{\left(\frac{x}{2}\right)^{2m-1}}{(2m-1)!}+\cdots,x\in(-\infty,+\infty)$;

(3) $\frac{3}{2}-\frac{(2x)^2}{2!}+\frac{(2x)^4}{4!}+\cdots+(-1)^n\frac{(2x)^{2n}}{(2n)!}+\cdots,x\in(-\infty,+\infty)$;

(4) $x^2-x^3+\frac{x^4}{2!}+\cdots+(-1)^n\frac{x^{n+2}}{n!}+\cdots,x\in(-\infty,+\infty)$;

(5) $\frac{1}{3}+\frac{x}{3^2}+\frac{x^2}{3^3}+\cdots+\frac{x^n}{3^{n+1}}+\cdots,x\in(-3,3)$;

(6) $\ln10+\frac{x}{10}-\frac{\left(\frac{x}{10}\right)^2}{2}+\frac{\left(\frac{x}{10}\right)^3}{3}+\cdots+(-1)^{n-1}\frac{\left(\frac{x}{10}\right)^n}{n}+\cdots,x\in(-10,10)$.

B 组

1. (1) $\sum_{n=0}^{\infty}\frac{x^{2n+1}}{(2n+1)!},\ x\in(-\infty,+\infty)$.

(2) $\sum_{n=0}^{\infty}(-1)^n\left(1-\frac{1}{2^{n+1}}\right)x^n,\ -1<x<1$.

(3) $\sum_{n=1}^{\infty}\frac{(-1)^{n-1}\cdot 2^n-1}{n}x^n,\ -\frac{1}{2}<x<\frac{1}{2}$.

2. $f(x)=x+\sum_{n=2}^{\infty}\frac{(-1)^n x^n}{n(n-1)},\ -1<x\leqslant 1$. **3.** 1.649.

习题 23-4

A 组

1. $f(x)=\frac{1}{\pi}(e^{\pi}-1)+\sum_{n=1}^{\infty}\frac{2[e^{\pi}(-1)^{n}-1]}{\pi(1+n^{2})}\cos nx,-\infty<x<+\infty.$

2. $a_0=-\pi,b_0=0,a_n=\frac{2}{n^2\pi}[1-(-1)^n],f(x)=-\frac{\pi}{2}+\frac{4}{\pi}\left(\cos x+\frac{1}{3^2}\cos 3x+\frac{1}{5^2}\cos x+\cdots\right),$
$-\infty<x<+\infty.$

3. $\frac{1}{\pi}\int_{-\pi}^{\pi}f(x)\mathrm{d}x,\frac{1}{\pi}\int_{-\pi}^{\pi}f(x)\cos nx\mathrm{d}x,\frac{1}{\pi}\int_{-\pi}^{\pi}f(x)\sin nx\mathrm{d}x,\frac{2}{\pi}\int_{0}^{\pi}f(x)\mathrm{d}x,\frac{2}{\pi}\int_{0}^{\pi}f(x)\cos nx\mathrm{d}x,0.$

4. $a_0=\frac{e^{-\pi}-e^{\pi}}{2\pi},b_1=\frac{e^{-\pi}-e^{\pi}}{5\pi}.$

5. $\frac{\pi}{2}-\frac{4}{\pi}\sum_{n=1}^{\infty}\frac{\cos(2n-1)x}{(2n-1)^2}.$

6. $\frac{2}{\pi}\sum_{n=1}^{\infty}\frac{(-1)^{n+1}\sin n\pi x}{n}.$

B 组

1. $f(x)=\frac{1}{2}+\sum_{n=1}^{\infty}\frac{1}{n\pi}[1+(-1)^{n+1}]\sin nx,x\in(-\infty,\infty)$,图略.

2. $\frac{2}{\pi}\sum_{n=1}^{\infty}\left[\frac{(-1)^n 4n}{4n^2-1}+\frac{1-(-1)^n}{n}\right]\sin nx.$

3. $\sin x=\frac{2}{\pi}+\frac{4}{\pi}\sum_{n=1}^{\infty}\frac{1}{1-4n^2}\sin 2nx,0\leqslant x\leqslant\pi.$

复习题二十三

1—7. 略.

8. (1) 发散;(2) 收敛;(3) 当$|a|\leqslant 1$时收敛,当$|a|>1$时发散;
(4) 收敛;(5) 收敛;(6) 收敛.

9. (1) $(-1,1)$;(2) $(-1,1]$;(3) $\left[-\frac{1}{2},\frac{1}{2}\right]$;(4) $(-2,2)$.

10. (1) $a^x=1+(\ln a)x+\frac{\ln^2 a}{2!}x^2+\cdots+\frac{\ln^n a}{n!}x^n+\cdots,x\in(-\infty,+\infty)$;
(2) $\sin^2 x=\frac{1}{2}+\frac{1}{2}\sum_{k=1}^{\infty}\frac{(-1)^{k-1}2^{2k-1}}{(2k)!}x^{2k},x\in(-\infty,+\infty).$

11. $f(x)=\sum_{n=1}^{\infty}(-1)^{n+1}\left(\frac{2\pi^2}{n}+\frac{12}{n^3}\right)\sin nx,x\in(-\infty,+\infty).$

习题 24-2

A 组

1. 略.　　2. 取 $x_0=0.5,x\approx 0.56714$.　　3. 证明略. $x\approx -0.20$.

B 组

1. $x\approx 0.671$.　　2. $x\approx 2.10$.　　3. 略.

❋习题 24-3

A 组

1. 略.

2.

k	0	1	2	…
T_{2^k}	5.43476	5.13434	5.05833	…
S_{2^k}		5.03175	5.03299	…

B 组

略.

❋习题 24-4

A 组

1.

x_i	0	0.1	0.2	0.3	0.4	0.5	0.6	0.7	0.8	0.9	1.0
y_i	1.00000	1.00000	1.01000	1.02900	1.05610	1.09049	1.13144	1.17829	1.23406	1.28742	1.34867
$y(x_i)$	1.00000	1.00483	1.01873	1.04081	1.07032	1.10653	1.14881	1.19653	1.24932	1.30657	1.36787

2.

x_i	0.1	0.2	0.3	0.4
y_i	1.1118	1.2521	1.4345	1.6782
$y(x_i)$	1.1111	1.2500	1.4236	1.6667

复习题二十四

1. 略.

2. 准确解是 $x=1.87938524$.

3.

x_i	0.1	0.2	0.3	0.4	0.5	0.6	0.7	0.8	0.9	1.0
y_i	1.0005	1.0029	1.0089	1.0201	1.0379	1.0636	1.0982	1.1429	1.1987	1.2662
$y(x_i)$	1.0003	1.0025	1.0084	1.0194	1.0369	1.0624	1.0968	1.1413	1.1969	1.2642

4. 略.

附表

表 1　泊松(Poisson)分布表

$$1-F(c)=\sum_{k=c}^{\infty}\frac{\lambda^k}{k!}e^{-\lambda}$$

c \ λ	0.001	0.002	0.003	0.004	0.005	0.006	0.007	0.008	0.009	0.010
0	1.0000000	1.0000000	1.0000000	1.0000000	1.0000000	1.0000000	1.0000000	1.0000000	1.0000000	1.0000000
1	0.0009995	0.0019980	0.0029955	0.0039920	0.0049875	0.0059820	0.0069756	0.0079681	0.0089596	0.0099502
2	0000005	0000020	0000045	0000080	0000125	0000179	0000244	0000318	0000403	0000497
3							0000001	0000001	0000001	0000002

c \ λ	0.02	0.03	0.04	0.05	0.06	0.07	0.08	0.09	0.10	0.11
0	1.0000000	1.0000000	1.0000000	1.0000000	1.0000000	1.0000000	1.0000000	1.0000000	1.0000000	1.0000000
1	0.0198013	0.0295545	0.0392106	0.0487706	0.0582355	0.0676062	0.0768837	0.0860688	0.0951626	0.1041659
2	0001973	0004411	0007790	0012091	0017296	0023386	0030343	0038150	0046788	0056241
3	0000013	0000044	0000104	0000201	0000344	0000542	0000804	0001136	0001547	0002043
4			0000001	0000003	0000005	0000009	0000016	0000025	0000033	0000056
5										0000001

c \ λ	0.12	0.13	0.14	0.15	0.16	0.17	0.18	0.19	0.20	0.21
0	1.0000000	1.0000000	1.0000000	1.0000000	1.0000000	1.0000000	1.0000000	1.0000000	1.0000000	1.0000000
1	0.1130796	0.1219046	0.1306418	0.1392920	0.1478562	0.1563352	0.1647298	0.1730409	0.1812692	0.1894158
2	0066491	0077522	0089316	0101858	0115132	0129122	0143812	0159187	0175231	0191931
3	0002633	0003323	0004119	0005029	0006058	0007212	0008498	0009920	0011485	0013197
4	0000079	0000107	0000143	0000187	0000240	0000304	0000379	0000467	0000563	0000685
5	0000002	0000003	0000004	0000006	0000008	0000010	0000014	0000018	0000023	0000029
6								0000001	0000001	0000001

c \ λ	0.22	0.23	0.24	0.25	0.26	0.27	0.28	0.29	0.30	0.40
0	1.0000000	1.0000000	1.0000000	1.0000000	1.0000000	1.0000000	1.0000000	1.0000000	1.0000000	1.0000000
1	0.1974812	0.2054664	0.2133721	0.2211992	0.2289484	0.2366205	0.2442163	0.2517634	0.2591818	0.3296800
2	0209271	0227237	0245815	0264990	0284750	0305080	0325968	0347400	0369363	0615519
3	0015060	0017083	0019266	0021615	0024135	0026829	0029701	0032755	0035995	0079263
4	0000819	0000971	0001142	0001334	0001548	0001786	0002049	0002339	0002658	0007763
5	0000036	0000044	0000054	0000066	0000080	0000096	0000113	0000134	0000158	0000612
6	0000001	0000002	0000002	0000003	0000003	0000004	0000005	0000006	0000008	0000040
7										0000002

c \ λ	0.5	0.6	0.7	0.8	0.9	1.0	1.1	1.2	1.3	1.4
0	1.0000000	1.0000000	1.0000000	1.0000000	1.0000000	1.0000000	1.0000000	1.0000000	1.0000000	1.0000000
1	0.393468	0.451188	0.503415	0.550671	0.593430	0.632121	0.667129	0.698806	0.727469	0.753403
2	090204	121901	155805	191208	227518	264241	300971	337373	373177	408167
3	014388	023115	034142	047423	062857	080301	099584	120513	142888	166502
4	001752	003358	005753	009080	013459	018988	025742	033769	043095	053725
5	000172	000394	000786	001411	002344	003660	005435	007746	010663	014253
6	000014	000039	000090	000184	000343	000594	000968	001500	002231	003201
7	000001	000003	000009	000021	000043	000083	000149	000251	000404	000622
8			0000001	0000002	0000005	000010	000020	000037	000064	000107
9						00001	00002	00005	000009	000016
10								000001	000001	000002

续表

c \ λ	1.5	1.6	1.7	1.8	1.9	2.0	2.1	2.2	2.3	2.4
0	1.0000000	1.0000000	1.0000000	1.0000000	1.0000000	1.0000000	1.0000000	1.0000000	1.0000000	1.0000000
1	0.776870	0.798103	0.817316	0.834701	0.850431	0.864665	0.877544	889197	899741	0.909282
2	442175	475069	506754	537163	566251	593994	620385	645430	669146	691559
3	191153	216642	242777	269379	296280	323324	350369	377286	403961	430291
4	065642	078813	093189	108703	125298	142877	161357	180648	200653	221277
5	0.018576	0.023682	0.029615	0.036407	0.044081	0.052653	0.062126	0.072496	0.083751	0.095869
6	004456	006040	007999	010378	013219	016564	020449	024910	029976	035673
7	000926	001336	001875	002569	003446	004534	005862	007461	009362	011594
8	000170	000260	000388	000562	000793	001097	001486	001978	002589	003339
9	000028	000045	000072	000110	000163	000237	000337	000470	000642	000862
10	000004	000007	000012	000019	000030	000046	000069	000101	000144	000202
11	000001	000001	000002	000003	000005	000008	000013	000020	000029	000043
12					000001	000001	000002	000004	000006	000008
13								000001	000001	000002

c \ λ	2.5	2.6	2.7	2.8	2.9	3.0	3.1	3.2	3.3	3.4
0	1.0000000	1.0000000	1.0000000	1.0000000	1.0000000	1.0000000	1.0000000	1.0000000	1.0000000	1.0000000
1	0.917915	0.925726	0.932794	0.939190	0.944977	0.950213	0.954951	0.959238	0.963117	0.966627
2	712703	732615	751340	768922	785409	800852	815298	828799	841402	853158
3	456187	481570	506376	530546	554037	576810	598837	620096	640574	660260
4	242424	263998	285908	308063	330377	352768	375160	397480	419662	441643
5	108822	122577	137092	152324	168223	184737	201811	219387	237410	255818
6	042021	049037	056732	065110	074174	083918	094334	105408	117123	129458
7	014187	017170	020569	024411	028717	033509	033804	044619	050966	057853
8	004247	005334	006621	008131	009885	011905	014213	016830	019777	023074
9	001140	001487	001914	002433	003058	003803	004683	005714	006912	008293
10	000277	000376	000501	000660	000858	001102	001401	001762	001195	002709
11	000062	000087	000120	000164	000220	000292	000383	000497	000638	000810
12	000013	000018	000026	000037	000052	000071	000097	000129	000171	000223
13	000002	000004	000005	000008	000011	000016	000023	000031	000042	000057
14		000001	000001	000002	000002	000003	000005	000007	000010	000014
15						000001	000001	000001	000002	000003
16										000001

c \ λ	3.5	3.6	3.7	3.8	3.9	4.0	4.1	4.2	4.3	4.4
0	1.0000000	1.0000000	1.0000000	1.0000000	1.0000000	1.0000000	1.0000000	1.0000000	1.0000000	1.0000000
1	0.969803	0.972676	0.975276	0.977629	0.979758	0.981684	0.983427	0.985004	0.986431	0.987723
2	864112	874311	883799	892620	900815	908422	915479	922023	928087	933702
3	697153	697253	714567	731103	746875	761897	776186	789762	802645	814858
4	463367	484784	505847	526515	546753	566530	585818	604597	622846	640552
5	274555	293562	312781	332156	351635	371163	390692	410173	429562	448816
6	142386	155281	169962	184444	199442	214870	230688	246875	263338	280088
7	065288	073273	081809	090892	100517	110674	121352	132536	144210	156355
8	026739	030789	035241	040107	045402	051134	057312	063943	071032	078579
9	009874	011671	013703	015984	018533	021363	024492	027932	031698	035803
10	003315	004024	004848	005799	006890	008138	009540	011127	012906	014890
11	001109	001271	001572	001929	002349	002840	003410	004069	004825	005688
12	000289	000370	000470	000592	000739	000915	001125	001374	001666	002008
13	000076	000100	000130	000168	000216	000274	000345	000433	000534	000658
14	000019	00025	000034	000045	000059	000076	000098	000216	000160	000201
15	000004	000006	000008	000011	000015	000020	000026	000034	000045	000058
16	000001	000001	000002	000003	000004	000005	000007	000009	000012	000016
17				000001	000001	000001	000002	000002	000003	000004
18									000001	000001

表 2　标准正态分布表

$$\varphi(x)=\int_{-\infty}^{x}\frac{1}{\sqrt{2\pi}}e^{-\frac{u^2}{2}}du=P(\xi<x)$$

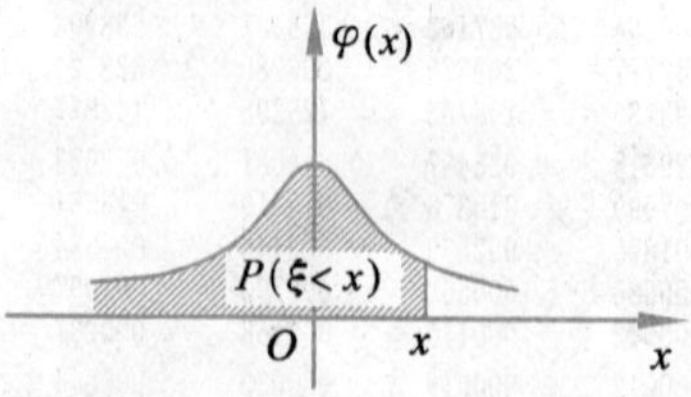

x	0	1	2	3	4	5	6	7	8	9
0.0	0.5000	0.5040	0.5080	0.5120	0.5160	0.5199	0.5239	0.5279	0.5319	0.5359
0.1	0.5398	0.5438	0.5478	0.5517	0.5557	0.5596	0.5636	0.5675	0.5714	0.5753
0.2	0.5793	0.5832	0.5871	0.5910	0.5948	0.5987	0.6026	0.6064	0.6103	0.6141
0.3	0.6179	0.6217	0.6255	0.6203	0.6331	0.6368	0.6406	0.6443	0.6480	0.6517
0.4	0.6554	0.6591	0.6628	0.6664	0.6700	0.6736	0.6772	0.6808	0.6844	0.6879
0.5	0.6915	0.6950	0.6985	0.7019	0.7054	0.7088	0.7123	0.7157	0.7190	0.7224
0.6	0.7257	0.7291	0.7324	0.7357	0.7389	0.7422	0.7454	0.7486	0.7517	0.7549
0.7	0.7580	0.7611	0.7642	0.7673	0.7703	0.7734	0.7764	0.7794	0.7823	0.7852
0.8	0.7881	0.7910	0.7939	0.7967	0.7995	0.8023	0.8051	0.8078	0.8106	0.8133
0.9	0.8159	0.8186	0.8212	0.8238	0.8264	0.8289	0.8315	0.8340	0.8365	0.8389
1.0	0.8413	0.8438	0.8461	0.8485	0.8508	0.8531	0.8554	0.8577	0.8599	0.8621
1.1	0.8643	0.8665	0.8636	0.8708	0.8729	0.8749	0.8770	0.8790	0.8810	0.8830
1.2	0.8849	0.8869	0.8888	0.8907	0.8925	0.8944	0.8962	0.8980	0.8997	0.9015
1.3	0.9032	0.9049	0.9066	0.9082	0.9099	0.9115	0.9131	0.9147	0.9162	0.9177
1.4	0.9192	0.9207	0.9222	0.9236	0.9251	0.9265	0.9278	0.9292	0.9306	0.9319
1.5	0.9332	0.9345	0.9357	0.9370	0.9382	0.9394	0.9406	0.9418	0.9430	0.9441
1.6	0.9452	0.9463	0.9474	0.9484	0.9495	0.9505	0.9515	0.9525	0.9535	0.9545
1.7	0.9554	0.9564	0.9573	0.9582	0.9591	0.9599	0.9608	0.9616	0.9625	0.9633
1.8	0.9641	0.9648	0.9656	0.9664	0.9671	0.9678	0.9686	0.9693	0.9700	0.9706
1.9	0.9713	0.9719	0.9726	0.9732	0.9738	0.9744	0.9750	0.9756	0.9762	0.9767
2.0	0.9772	0.9778	0.9783	0.9788	0.9793	0.9798	0.9803	0.9808	0.9812	0.9817
2.1	0.9821	0.9826	0.9830	0.9834	0.9838	0.9842	0.9846	0.9850	0.9854	0.9857
2.2	0.9861	0.9864	0.9868	0.9871	0.9874	0.9878	0.9881	0.9884	0.9887	0.9890
2.3	0.9893	0.9896	0.9898	0.9901	0.9904	0.9906	0.9909	0.9911	0.9913	0.9916
2.4	0.9918	0.9920	0.9922	0.9925	0.9927	0.9929	0.9931	0.9932	0.9934	0.9936
2.5	0.9938	0.9940	0.9941	0.9943	0.9945	0.9946	0.9948	0.9949	0.9951	0.9952
2.6	0.9953	0.9955	0.9956	0.9957	0.9959	0.9960	0.9961	0.9962	0.9963	0.9964
2.7	0.9965	0.9966	0.9967	0.9968	0.9969	0.9970	0.9971	0.9972	0.9973	0.9974
2.8	0.9974	0.9975	0.9976	0.9977	0.9977	0.9978	0.9978	0.9979	0.9980	0.9981
2.9	0.9981	0.9982	0.9982	0.9983	0.9984	0.9984	0.9985	0.9985	0.9986	0.9986
3.0	0.9987	0.9987	0.9987	0.9988	0.9988	0.9989	0.9989	0.9989	0.9990	0.9990

表 3　χ^2 分布表

$$P(\chi^2(n) > \chi^2_\alpha(n)) = \alpha$$

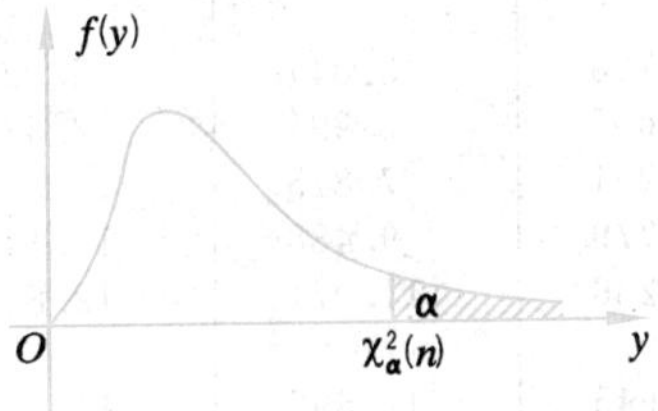

n	α=0.995	0.99	0.975	0.95	0.90	0.75
1	—	—	0.001	0.004	0.016	0.102
2	0.010	0.020	0.051	0.103	0.211	0.575
3	0.072	0.115	0.216	0.352	0.584	1.213
4	0.207	0.297	0.484	0.711	1.064	1.928
5	0.412	0.554	0.831	1.145	1.610	2.675
6	0.676	0.872	1.237	1.635	2.204	3.455
7	0.989	1.239	1.690	2.167	2.833	4.255
8	1.344	1.646	2.180	2.733	3.490	5.071
9	1.735	2.088	2.700	3.325	4.168	5.899
10	2.156	2.558	3.247	3.940	4.865	6.737
11	2.603	3.053	3.816	4.575	5.578	7.584
12	3.074	3.571	4.404	5.226	6.304	8.438
13	3.565	4.107	5.009	5.892	7.042	9.299
14	4.075	4.660	5.629	6.571	7.790	10.165
15	4.601	5.229	6.262	7.261	8.547	11.037
16	5.142	5.812	6.908	7.962	9.312	11.912
17	5.697	6.408	7.564	8.672	10.085	12.792
18	6.265	7.015	8.231	9.390	10.865	13.675
19	6.844	7.633	8.907	10.117	11.651	14.562
20	7.434	8.260	9.591	10.851	12.443	15.452
21	8.034	8.897	10.283	11.591	13.240	16.344
22	8.643	9.542	10.982	12.338	14.042	17.240
23	9.260	10.196	11.689	13.091	14.848	18.137
24	9.886	10.856	12.401	13.848	15.659	19.037
25	10.520	11.524	13.120	14.611	16.473	19.939
26	11.160	12.198	13.844	15.379	17.292	20.843
27	11.808	12.879	14.573	16.151	18.114	21.749
28	12.461	13.565	15.308	16.928	18.939	22.657
29	13.121	14.257	16.047	17.708	19.768	23.567
30	13.787	14.954	16.791	18.493	20.599	24.478
31	14.458	15.655	17.539	19.281	21.434	25.390
32	15.134	16.362	18.291	20.072	22.271	26.304
33	15.815	17.074	19.047	20.867	23.110	27.219
34	16.501	17.789	19.806	21.664	23.952	28.136
35	17.192	18.509	20.569	22.465	24.797	29.054
36	17.887	19.233	21.336	23.269	25.643	29.973
37	18.586	19.960	22.106	24.075	26.492	30.893
38	19.289	20.691	22.878	24.884	27.343	31.815
39	19.996	21.426	23.654	25.695	28.196	32.737
40	20.707	22.164	24.433	26.509	29.051	33.660
41	21.421	22.906	25.215	27.326	29.907	34.585
42	22.138	23.650	25.999	28.144	30.765	35.510
43	22.859	24.398	26.795	28.965	31.625	36.436
44	23.584	25.148	27.575	29.787	32.487	37.363
45	24.311	25.901	28.366	30.612	30.350	38.291

$$P(\chi^2(n)>\chi^2_\alpha(n))=\alpha$$

续表

n	α=0.25	0.10	0.05	0.025	0.01	0.005
1	1.323	2.706	3.841	5.024	6.635	7.879
2	2.773	4.605	5.991	7.378	9.210	10.597
3	4.108	6.251	7.815	9.348	11.345	12.838
4	5.385	7.779	9.488	11.143	13.277	14.860
5	6.626	9.236	11.071	12.833	15.086	16.750
6	7.841	10.645	12.592	14.449	16.812	18.548
7	9.037	12.017	14.067	16.013	18.475	20.278
8	10.219	13.362	15.507	17.535	20.090	21.955
9	11.380	14.684	16.919	19.023	21.666	23.589
10	12.549	15.987	18.307	20.483	23.209	25.188
11	13.701	17.275	19.675	21.920	24.725	26.757
12	14.845	18.549	21.026	23.337	26.217	28.299
13	15.984	19.812	22.362	24.736	27.688	29.819
14	17.117	21.064	23.685	26.119	29.141	31.319
15	18.245	22.307	24.996	27.488	30.578	32.801
16	19.369	23.542	26.296	28.845	32.000	34.267
17	20.489	24.769	27.587	30.191	33.409	35.718
18	21.605	25.989	28.869	31.526	34.805	37.156
19	22.718	27.204	30.144	32.852	36.191	38.582
20	23.828	28.412	31.410	34.170	37.566	39.997
21	24.935	29.615	32.671	35.479	38.932	41.401
22	26.039	30.813	33.924	36.781	40.289	42.796
23	27.141	32.007	35.172	38.076	41.638	44.181
24	28.241	33.196	36.415	39.364	42.980	45.559
25	29.339	34.382	37.652	40.646	44.314	46.928
26	30.435	35.563	38.885	41.923	45.642	48.290
27	31.528	36.741	40.113	43.194	46.963	49.645
28	32.620	37.916	41.337	44.461	48.278	50.993
29	33.711	39.087	42.557	45.722	49.588	52.336
30	34.800	40.256	43.773	46.979	50.892	53.672
31	35.887	41.422	44.985	48.232	52.191	55.003
32	36.973	42.585	46.194	49.480	53.486	56.328
33	38.058	43.745	47.400	50.725	54.776	57.648
34	39.141	44.903	48.602	51.966	56.061	58.964
35	40.223	46.059	49.802	53.203	57.342	60.275
36	41.304	47.212	50.998	54.437	58.619	61.581
37	42.383	48.363	52.192	55.668	59.892	62.883
38	43.462	49.513	53.384	56.896	61.162	64.181
39	44.539	50.660	54.572	58.120	62.428	65.476
40	45.616	51.805	55.758	59.342	63.691	66.766
41	46.692	52.949	56.942	60.561	64.950	68.053
42	47.766	54.090	58.124	61.777	66.206	69.336
43	48.840	55.230	59.304	62.990	67.459	70.616
44	49.913	56.369	60.481	64.201	68.701	71.893
45	50.985	57.505	61.656	65.410	69.957	73.166

表 4　t 分布表

$$P(t(n)>t_{\alpha}(n))=\alpha$$

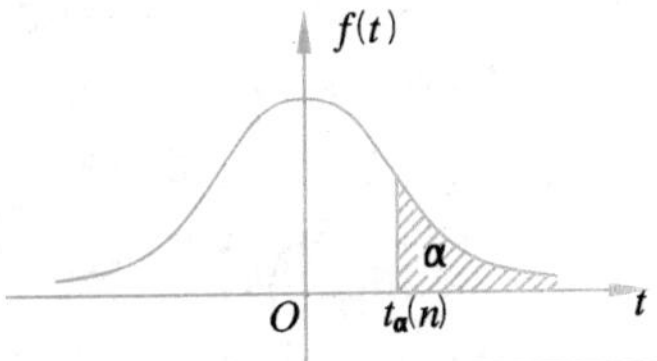

n	α=0.025	0.10	0.05	0.025	0.01	0.005
1	1.0000	3.0777	6.3138	12.7062	31.8207	63.6574
2	0.8165	1.8856	2.9200	4.3027	6.9646	9.9248
3	0.7649	1.6377	2.3534	3.1824	4.5407	5.8409
4	0.7407	1.5332	2.1318	2.7764	3.7496	4.6041
5	0.7267	1.4759	2.0150	2.5706	3.3649	4.0322
6	0.7176	1.4398	1.9432	2.4469	3.1427	3.7074
7	0.7111	1.4149	1.8946	2.3646	2.9980	3.4995
8	0.7064	1.3968	1.8595	2.3060	2.8965	3.3554
9	0.7027	1.3830	1.8331	2.2622	2.8214	3.2498
10	0.6998	1.3722	1.8125	2.2281	2.7638	3.1693
11	0.6964	1.3634	1.7959	2.2010	2.7181	3.1058
12	0.6955	1.3562	1.7823	2.1788	2.6810	3.0545
13	0.6938	1.3502	1.7709	2.1604	2.6503	3.0123
14	0.6924	1.3450	1.7613	2.1448	2.6245	2.9768
15	0.6912	1.3406	1.7531	2.1315	2.6025	2.9467
16	0.6901	1.3368	1.7459	2.1199	2.5835	2.9208
17	0.6892	1.3334	1.7396	2.1098	2.5669	2.8982
18	0.6884	1.3304	1.7341	2.1009	2.5524	2.8784
19	0.6876	1.3277	1.7291	2.0930	2.5395	2.8609
20	0.6870	1.3253	1.7247	2.0860	2.5280	2.8453
21	0.6864	1.3232	1.7207	2.0796	2.5177	2.8313
22	0.6858	1.3112	1.7171	2.0739	2.5083	2.8188
23	0.6853	1.3195	1.7139	2.0687	2.4999	2.8073
24	0.6848	1.3178	1.7109	2.0639	2.4922	2.7969
25	0.6844	1.3163	1.7081	2.0595	2.4851	2.7874
26	0.6840	1.3150	1.7056	2.0555	2.4786	2.7787
27	0.6837	1.3137	1.7033	2.0518	2.4727	2.7707
28	0.6834	1.3125	1.7011	2.0484	2.4671	2.7633
29	0.6830	1.3114	1.6991	2.0452	2.4620	2.7564
30	0.6828	1.3104	1.6973	2.0423	2.4578	2.7500
31	0.6825	1.3095	1.6955	2.0395	2.4528	2.7440
32	0.6822	1.3086	1.6939	2.0369	2.4487	2.7385
33	0.6820	1.3077	1.6924	2.0345	2.4448	2.7333
34	0.6818	1.3070	1.6909	2.0322	2.4411	2.7284
35	0.6816	1.4062	1.6896	2.0301	2.4377	2.7238
36	0.6814	1.3055	1.6883	2.0281	2.4345	2.7195
37	0.6812	1.3049	1.6871	2.0262	2.4314	2.7154
38	0.6810	1.3042	1.6860	2.0244	2.4286	2.7116
39	0.6808	1.3036	1.6849	2.0227	2.4258	2.7079
40	0.6807	1.3031	1.6839	2.0211	2.4233	2.7045
41	0.6805	1.3025	1.6829	2.0195	2.4208	2.7012
42	0.6804	1.3020	1.6820	2.0181	2.4185	2.6981
43	0.6802	1.3016	1.6811	2.0167	2.4163	2.6951
44	0.6801	1.3011	1.6802	2.0154	2.4141	2.6923
45	0.6800	1.3006	1.6794	2.0141	2.4121	2.6896

表 5　F 检验的临界值(F_α)表

$$P(F>F_\alpha)=\alpha$$

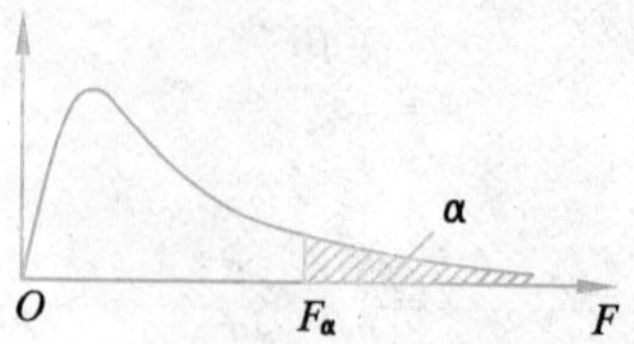

$\alpha=0.10$

n_1 \ n_2	1	2	3	4	5	6	7	8	9	10	15	20	30	50	100	200	500	∞	n_2 / n_1
1	39.9	49.5	53.6	55.8	57.2	58.2	58.9	59.4	59.9	60.2	61.2	61.7	62.3	62.7	63.0	63.2	63.3	63.3	1
2	8.53	9.00	9.16	9.24	9.29	9.33	9.35	9.37	9.38	9.39	9.42	9.44	9.46	9.47	9.48	9.49	9.49	9.49	2
3	5.54	5.46	5.39	5.34	5.31	5.28	5.27	5.25	5.24	5.23	5.20	5.18	5.17	5.15	5.14	5.14	5.14	5.13	3
4	4.54	4.32	4.19	4.11	4.05	4.01	3.98	3.95	3.94	3.92	3.87	3.84	3.82	3.80	3.78	3.77	3.76	3.76	4
5	4.06	3.78	3.62	3.52	3.45	3.40	3.37	3.34	3.32	3.30	3.24	3.21	3.17	3.15	3.13	3.12	3.11	3.10	5
6	3.78	3.46	3.29	3.18	3.11	3.05	3.01	2.98	2.96	2.94	2.87	2.84	2.80	2.77	2.75	2.73	2.73	2.72	6
7	3.59	3.26	3.07	2.96	2.88	2.83	2.78	2.75	2.72	2.70	2.63	2.59	2.56	2.52	2.50	2.48	2.48	2.47	7
8	3.46	3.11	2.92	2.81	2.73	2.67	2.62	2.59	2.56	2.54	2.46	2.42	2.38	2.35	2.32	2.31	2.30	2.29	8
9	3.36	3.01	2.81	2.69	2.61	2.55	2.51	2.47	2.44	2.42	2.34	2.30	2.25	2.22	2.19	2.17	2.17	2.16	9
10	3.28	2.92	2.73	2.61	2.52	2.46	2.41	2.38	2.35	2.32	2.24	2.20	2.16	2.12	2.09	2.07	2.06	2.06	10
11	3.23	2.86	2.66	2.54	2.45	2.39	2.34	2.30	2.27	2.25	2.17	2.12	2.08	2.04	2.00	1.99	1.98	1.97	11
12	3.18	2.81	2.61	2.48	2.39	2.33	2.28	2.24	2.21	2.19	2.10	2.06	2.01	1.97	1.94	1.92	1.91	1.90	12
13	3.14	2.76	2.56	2.43	2.35	2.28	2.23	2.20	2.16	2.14	2.05	2.01	1.96	1.92	1.88	1.86	1.85	1.85	13
14	3.10	2.73	2.52	2.39	2.31	2.24	2.19	2.15	2.12	2.10	2.01	1.96	1.91	1.87	1.83	1.82	1.80	1.80	14
15	3.07	2.70	2.49	2.36	2.27	2.21	2.16	2.12	2.09	2.06	1.97	1.92	1.87	1.83	1.79	1.77	1.76	1.76	15
16	3.05	2.67	2.46	2.33	2.24	2.18	2.13	2.09	2.06	2.03	1.94	1.89	1.84	1.79	1.76	1.74	1.73	1.72	16
17	3.03	2.64	2.44	2.31	2.22	2.15	2.10	2.06	2.03	2.00	1.91	1.86	1.81	1.76	1.73	1.71	1.69	1.69	17
18	3.01	2.62	2.42	2.29	2.20	2.13	2.08	2.04	2.00	1.98	1.89	1.84	1.78	1.74	1.70	1.68	1.67	1.66	18
19	2.99	2.61	2.40	2.27	2.18	2.11	2.06	2.02	1.98	1.96	1.86	1.81	1.76	1.71	1.67	1.65	1.64	1.63	19
20	2.97	2.59	2.38	2.25	2.16	2.09	2.04	2.00	1.96	1.94	1.84	1.79	1.74	1.69	1.65	1.63	1.62	1.61	20
22	2.95	2.56	2.35	2.22	2.13	2.06	2.01	1.97	1.93	1.90	1.81	1.76	1.70	1.65	1.61	1.59	1.58	1.57	22
24	2.93	2.54	2.33	2.19	2.10	2.04	1.98	1.94	1.91	1.88	1.78	1.73	1.67	1.62	1.58	1.56	1.54	1.53	24
26	2.91	2.52	2.31	2.17	2.08	2.01	1.96	1.92	1.88	1.86	1.76	1.71	1.65	1.59	1.55	1.53	1.51	1.50	26
28	2.89	2.50	2.29	2.16	2.06	2.00	1.94	1.90	1.87	1.84	1.74	1.69	1.63	1.57	1.53	1.50	1.49	1.48	28
30	2.88	2.49	2.28	2.14	2.05	1.98	1.93	1.88	1.85	1.82	1.72	1.67	1.61	1.55	1.51	1.48	1.47	1.46	30
40	2.84	2.44	2.23	2.09	2.00	1.93	1.87	1.83	1.79	1.76	1.66	1.61	1.54	1.48	1.43	1.41	1.39	1.38	40
50	2.81	2.41	2.20	2.06	1.97	1.90	1.84	1.80	1.76	1.73	1.63	1.57	1.50	1.44	1.39	1.36	1.34	1.33	50
60	2.79	2.39	2.18	2.04	1.95	1.87	1.82	1.77	1.74	1.71	1.60	1.54	1.48	1.41	1.36	1.33	1.31	1.29	60
80	2.77	2.37	2.15	2.02	1.92	1.85	1.79	1.75	1.71	1.68	1.57	1.51	1.44	1.38	1.32	1.28	1.26	1.24	80
100	2.76	2.36	2.14	2.00	1.91	1.83	1.78	1.73	1.70	1.66	1.56	1.49	1.42	1.35	1.29	1.26	1.23	1.21	100
200	2.73	2.33	2.11	1.97	1.88	1.80	1.75	1.70	1.66	1.63	1.52	1.46	1.38	1.31	1.24	1.20	1.17	1.14	200
500	2.72	2.31	2.10	1.96	1.86	1.79	1.73	1.68	1.64	1.61	1.50	1.44	1.36	1.28	1.21	1.16	1.12	1.09	500
∞	2.71	2.30	2.08	1.94	1.85	1.77	1.72	1.67	1.63	1.60	1.49	1.42	1.34	1.26	1.18	1.13	1.08	1.00	∞

$\alpha=0.05$

n_2 \ n_1	1	2	3	4	5	6	7	8	9	10	12	14	16	18	20	n_1 / n_2
1	161	200	216	225	230	234	237	239	241	242	244	245	246	247	248	1
2	18.5	19.0	19.2	19.2	19.3	19.3	19.4	19.4	19.4	19.4	19.4	19.4	19.4	19.4	19.4	2
3	10.1	9.55	9.28	9.12	9.01	8.94	8.89	8.85	8.81	8.79	8.74	8.71	8.69	8.67	8.66	3
4	7.71	6.94	6.59	6.39	6.26	6.16	6.09	6.04	6.00	5.96	5.91	5.87	5.84	5.82	5.80	4
5	6.61	5.79	5.41	5.19	5.05	4.95	4.88	4.82	4.77	4.74	4.68	4.64	4.60	4.58	4.56	5
6	5.99	5.14	4.76	4.53	4.39	4.28	4.21	4.15	4.10	4.06	4.00	3.96	3.92	3.90	3.87	6
7	5.59	4.74	4.35	4.12	3.97	3.87	3.79	3.73	3.68	3.64	3.57	3.53	3.49	3.47	3.44	7
8	5.32	4.46	4.07	3.84	3.69	3.58	3.50	3.44	3.39	3.35	3.28	3.24	3.20	3.17	3.15	8
9	5.12	4.26	3.86	3.63	3.48	3.37	3.29	3.23	3.18	3.14	3.07	3.03	2.99	2.96	2.94	9
10	4.96	4.10	3.71	3.48	3.33	3.22	3.14	3.07	3.02	2.98	2.91	2.86	2.83	2.80	2.77	10
11	4.84	3.98	3.59	3.36	3.20	3.09	3.01	2.95	2.90	2.85	2.79	2.74	2.70	2.67	2.65	11
12	4.75	3.89	3.49	3.26	3.11	3.00	2.91	2.85	2.80	2.75	2.69	2.64	2.60	2.57	2.54	12
13	4.67	3.81	3.41	3.18	3.03	2.92	2.83	2.77	2.71	2.67	2.60	2.55	2.51	2.48	2.46	13
14	4.60	3.74	3.34	3.11	2.96	2.85	2.76	2.70	2.65	2.60	2.53	2.48	2.44	2.41	2.39	14
15	4.54	3.68	3.29	3.06	2.90	2.79	2.71	2.64	2.59	2.54	2.48	2.42	2.38	2.35	2.33	15
16	4.49	3.63	3.24	3.01	2.85	2.74	2.66	2.59	2.54	2.49	2.42	2.37	2.33	2.30	2.28	16
17	4.45	3.59	3.20	2.96	2.81	2.70	2.61	2.55	2.49	2.45	2.38	2.33	2.29	2.26	2.23	17
18	4.41	3.55	3.16	2.93	2.77	2.66	2.58	2.51	2.46	2.41	2.34	2.29	2.25	2.22	2.19	18
19	4.38	3.52	3.13	2.90	2.74	2.63	2.54	2.48	2.42	2.38	2.31	2.26	2.21	2.18	2.16	19
20	4.35	3.49	3.10	2.87	2.71	2.60	2.51	2.45	2.39	2.35	2.28	2.22	2.18	2.15	2.12	20
21	4.32	3.47	3.07	2.84	2.68	2.57	2.49	2.42	2.37	2.32	2.25	2.20	2.16	2.12	2.10	21
22	4.30	3.44	3.05	2.82	2.66	2.55	2.46	2.40	2.34	2.30	2.23	2.17	2.13	2.10	2.07	22
23	4.28	3.42	3.03	2.80	2.64	2.53	2.44	2.37	2.32	2.27	2.20	2.15	2.11	2.07	2.05	23
24	4.26	3.40	3.01	2.78	2.62	2.51	2.42	2.36	2.30	2.25	2.18	2.13	2.09	2.05	2.03	24
25	4.24	3.39	2.99	2.76	2.60	2.49	2.40	2.34	2.28	2.24	2.16	2.11	2.07	2.04	2.01	25
26	4.23	3.37	2.98	2.74	2.59	2.47	2.39	2.32	2.27	2.22	2.15	2.09	2.05	2.02	1.99	26
27	4.21	3.35	2.96	2.73	2.57	2.46	2.37	2.31	2.25	2.20	2.13	2.08	2.04	2.00	1.97	27
28	4.20	3.34	2.95	2.71	2.56	2.45	2.36	2.29	2.24	2.19	2.12	2.06	2.02	1.99	1.96	28
29	4.18	3.33	2.93	2.70	2.55	2.43	2.35	2.28	2.22	2.18	2.10	2.05	2.01	1.97	1.94	29
30	4.17	3.32	2.92	2.69	2.53	2.42	2.33	2.27	2.21	2.16	2.09	2.04	1.99	1.96	1.93	30
32	4.15	3.29	2.90	2.67	2.51	2.40	2.31	2.24	2.19	2.14	2.07	2.01	1.97	1.94	1.91	32
34	4.13	3.28	2.88	2.65	2.49	2.38	2.29	2.23	2.17	2.12	2.05	1.99	1.95	1.92	1.89	34
36	4.11	3.26	2.87	2.63	2.48	2.36	2.28	2.21	2.15	2.11	2.03	1.98	1.93	1.90	1.87	36
38	4.10	3.24	2.85	2.62	2.46	2.35	2.26	2.19	2.14	2.09	2.02	1.96	1.92	1.88	1.85	38
40	4.08	3.23	2.84	2.61	2.45	2.34	2.25	2.18	2.12	2.08	2.00	1.95	1.90	1.87	1.84	40
42	4.07	3.22	2.83	2.59	2.44	2.32	2.24	2.17	2.11	2.06	1.99	1.93	1.89	1.86	1.83	42
44	4.06	3.21	2.82	2.58	2.43	2.31	2.23	2.16	2.10	2.05	1.98	1.92	1.88	1.84	1.81	44
46	4.05	3.20	2.81	2.57	2.42	2.30	2.22	2.15	2.09	2.04	1.97	1.91	1.87	1.83	1.80	46
48	4.04	3.19	2.80	2.57	2.41	2.29	2.21	2.14	2.08	2.03	1.96	1.90	1.86	1.82	1.79	48
50	4.03	3.18	2.79	2.56	2.40	2.29	2.20	2.13	2.07	2.03	1.95	1.89	1.85	1.81	1.78	50
60	4.00	3.15	2.76	2.53	2.37	2.25	2.17	2.10	2.04	1.99	1.92	1.86	1.82	1.78	1.75	60
80	3.96	3.11	2.72	2.49	2.33	2.21	2.13	2.06	2.00	1.95	1.88	1.82	1.77	1.73	1.70	80
100	3.94	3.09	2.70	2.46	2.31	2.19	2.10	2.03	1.97	1.93	1.85	1.79	1.75	1.71	1.68	100
125	3.92	3.07	2.68	2.44	2.29	2.17	2.08	2.01	1.96	1.91	1.83	1.77	1.72	1.69	1.65	125
150	3.90	3.06	2.66	2.43	2.27	2.16	2.07	2.00	1.94	1.89	1.82	1.76	1.71	1.67	1.64	150
200	3.89	3.04	2.65	2.42	2.26	2.14	2.06	1.98	1.93	1.88	1.80	1.74	1.69	1.66	1.62	200
300	3.87	3.03	2.63	2.40	2.24	2.13	2.04	1.97	1.91	1.86	1.78	1.72	1.68	1.64	1.61	300
500	3.86	3.01	2.62	2.39	2.23	2.12	2.03	1.96	1.90	1.85	1.77	1.71	1.66	1.62	1.59	500
1000	3.85	3.00	2.61	2.38	2.22	2.11	2.02	1.95	1.89	1.84	1.76	1.70	1.65	1.61	1.58	1000
∞	3.84	3.00	2.60	2.37	2.21	2.10	2.01	1.94	1.88	1.83	1.75	1.69	1.64	1.60	1.57	∞

$\alpha=0.05$

续表

n_2 \ n_1	22	24	26	28	30	35	40	45	50	60	80	100	200	500	∞	n_1 / n_2
1	249	249	249	250	250	251	251	251	252	252	252	253	254	254	254	1
2	19.5	19.5	19.5	19.5	19.5	19.5	19.5	19.5	19.5	19.5	19.5	19.5	19.5	19.5	19.5	2
3	8.65	8.64	8.63	8.62	8.62	8.60	8.59	8.59	8.58	8.57	8.56	8.55	8.54	8.53	8.53	3
4	5.79	5.77	5.76	5.75	5.75	5.73	5.72	5.71	5.70	5.69	5.67	5.66	5.65	5.64	5.63	4
5	4.54	4.53	4.52	4.50	4.50	4.48	4.46	4.45	4.44	4.42	4.41	4.41	4.39	4.37	4.37	5
6	3.86	3.84	3.83	3.82	3.81	3.79	3.77	3.76	3.75	3.74	3.72	3.71	3.69	3.68	3.67	6
7	3.43	3.41	3.40	3.39	3.38	3.36	3.34	3.33	3.32	3.30	3.29	3.27	3.25	3.24	3.23	7
8	3.13	3.12	3.10	3.09	3.08	3.06	3.04	3.03	3.02	3.01	2.99	2.97	2.95	2.94	2.93	8
9	2.92	2.90	2.89	2.87	2.86	2.84	2.83	2.81	2.80	2.79	2.77	2.76	2.73	2.72	2.71	9
10	2.75	2.74	2.72	2.71	2.70	2.68	2.66	2.65	2.64	2.62	2.60	2.59	2.56	2.55	2.54	10
11	2.63	2.61	2.59	2.58	2.57	2.55	2.53	2.52	2.51	2.49	2.47	2.46	2.43	2.42	2.40	11
12	2.52	2.51	2.49	2.48	2.47	2.44	2.43	2.41	2.40	2.38	2.36	2.35	2.32	2.31	2.30	12
13	2.44	2.42	2.41	2.39	2.38	2.36	2.34	2.33	2.31	2.30	2.27	2.26	2.23	2.22	2.21	13
14	2.37	2.35	2.33	2.32	2.31	2.28	2.27	2.25	2.24	2.22	2.20	2.19	2.16	2.14	2.13	14
15	2.31	2.29	2.27	2.26	2.25	2.22	2.20	2.19	2.18	2.16	2.14	2.12	2.10	2.08	2.07	15
16	2.25	2.24	2.22	2.21	2.19	2.17	2.15	2.14	2.12	2.11	2.08	2.07	2.04	2.02	2.01	16
17	2.21	2.19	2.17	2.16	2.15	2.12	2.10	2.09	2.08	2.06	2.03	2.02	1.99	1.97	1.96	17
18	2.17	2.15	2.13	2.12	2.11	2.08	2.06	2.05	2.04	2.02	1.99	1.98	1.95	1.93	1.92	18
19	2.13	2.11	2.10	2.08	2.07	2.05	2.03	2.01	2.00	1.98	1.96	1.94	1.91	1.89	1.88	19
20	2.10	2.08	2.07	2.05	2.04	2.01	1.99	1.98	1.97	1.95	1.92	1.91	1.88	1.86	1.84	20
21	2.07	2.05	2.04	2.02	2.01	1.98	1.96	1.95	1.94	1.92	1.89	1.88	1.84	1.82	1.81	21
22	2.05	2.03	2.01	2.00	1.98	1.96	1.94	1.92	1.91	1.89	1.86	1.85	1.82	1.80	1.78	22
23	2.02	2.00	1.99	1.97	1.96	1.93	1.91	1.90	1.88	1.86	1.84	1.82	1.79	1.77	1.76	23
24	2.00	1.98	1.97	1.95	1.94	1.91	1.89	1.88	1.86	1.84	1.82	1.80	1.77	1.75	1.73	24
25	1.98	1.96	1.95	1.93	1.92	1.89	1.87	1.86	1.84	1.82	1.80	1.78	1.75	1.73	1.71	25
26	1.97	1.95	1.93	1.91	1.90	1.87	1.85	1.84	1.82	1.80	1.78	1.76	1.73	1.71	1.69	26
27	1.95	1.93	1.91	1.90	1.88	1.86	1.84	1.82	1.81	1.79	1.76	1.74	1.71	1.69	1.67	27
28	1.93	1.91	1.90	1.88	1.87	1.84	1.82	1.80	1.79	1.77	1.74	1.73	1.69	1.67	1.65	28
29	1.92	1.90	1.88	1.87	1.85	1.83	1.81	1.79	1.77	1.75	1.73	1.71	1.67	1.65	1.64	29
30	1.91	1.89	1.87	1.85	1.84	1.81	1.79	1.77	1.76	1.74	1.71	1.70	1.66	1.64	1.62	30
32	1.88	1.86	1.85	1.83	1.82	1.79	1.77	1.75	1.74	1.71	1.69	1.67	1.63	1.61	1.59	32
34	1.88	1.84	1.82	1.80	1.80	1.77	1.75	1.73	1.71	1.69	1.66	1.65	1.61	1.59	1.57	34
36	1.85	1.82	1.81	1.79	1.78	1.75	1.73	1.71	1.69	1.67	1.64	1.62	1.59	1.56	1.55	36
38	1.83	1.81	1.79	1.77	1.76	1.73	1.71	1.69	1.68	1.65	1.62	1.61	1.57	1.54	1.53	38
40	1.81	1.79	1.77	1.76	1.74	1.72	1.69	1.67	1.66	1.64	1.61	1.59	1.55	1.53	1.51	40
42	1.80	1.78	1.76	1.74	1.73	1.70	1.68	1.66	1.65	1.62	1.59	1.57	1.53	1.51	1.49	42
44	1.79	1.77	1.75	1.73	1.72	1.69	1.67	1.65	1.63	1.61	1.58	1.56	1.52	1.49	1.48	44
46	1.78	1.76	1.74	1.72	1.71	1.68	1.65	1.64	1.62	1.60	1.57	1.55	1.51	1.48	1.46	46
48	1.77	1.75	1.73	1.71	1.70	1.67	1.64	1.62	1.61	1.59	1.56	1.54	1.49	1.47	1.45	48
50	1.76	1.74	1.72	1.70	1.69	1.66	1.63	1.61	1.60	1.58	1.54	1.52	1.48	1.46	1.44	50
60	1.72	1.70	1.68	1.66	1.65	1.62	1.59	1.57	1.56	1.53	1.50	1.48	1.44	1.41	1.39	60
80	1.68	1.65	1.63	1.62	1.60	1.57	1.54	1.52	1.51	1.48	1.45	1.43	1.38	1.35	1.32	80
100	1.65	1.63	1.61	1.59	1.57	1.54	1.52	1.49	1.48	1.45	1.41	1.39	1.34	1.31	1.28	100
125	1.63	1.60	1.58	1.57	1.55	1.52	1.49	1.47	1.45	1.42	1.39	1.36	1.31	1.27	1.25	125
150	1.61	1.59	1.57	1.55	1.53	1.50	1.48	1.45	1.44	1.41	1.37	1.34	1.29	1.25	1.22	150
200	1.60	1.57	1.55	1.53	1.52	1.48	1.46	1.43	1.41	1.39	1.35	1.32	1.26	1.22	1.19	200
300	1.58	1.55	1.53	1.51	1.50	1.46	1.43	1.41	1.39	1.36	1.32	1.30	1.23	1.19	1.15	300
500	1.56	1.54	1.52	1.50	1.48	1.45	1.42	1.40	1.38	1.34	1.30	1.28	1.21	1.16	1.11	500
1000	1.55	1.53	1.51	1.49	1.47	1.44	1.41	1.38	1.36	1.33	1.29	1.26	1.19	1.11	1.08	1000
∞	1.54	1.52	1.50	1.48	1.46	1.42	1.39	1.37	1.35	1.32	1.27	1.24	1.17	1.11	1.00	∞

$\alpha=0.025$

n_2 \ n_1	1	2	3	4	5	6	7	8	9	10	12	15	20	24	30	40	60	120	∞
1	647.8	799.5	864.2	899.0	921.8	937.1	948.2	956.7	963.3	968.6	976.7	984.9	993.1	997.2	1001	1006	1010	1014	1014
2	38.51	39.00	39.17	39.25	39.30	39.33	39.36	39.37	39.39	39.40	39.41	39.41	39.45	39.46	39.46	39.47	39.48	39.49	39.50
3	17.44	16.04	15.44	15.10	14.88	14.73	14.62	14.54	14.47	14.42	14.34	14.25	14.17	14.12	14.08	14.01	13.99	13.95	13.90
4	12.22	10.65	9.98	9.60	9.36	9.20	9.07	8.98	8.90	8.84	8.75	8.66	8.56	8.51	8.46	8.41	8.36	8.31	8.26
5	10.01	8.43	7.76	7.39	7.15	6.98	6.85	6.76	6.68	6.62	6.52	6.43	6.33	6.28	6.23	6.18	6.12	6.07	6.02
6	8.81	7.26	6.60	6.23	5.99	5.82	5.70	5.60	5.52	5.46	5.37	5.27	5.17	5.12	5.07	5.01	4.96	4.90	4.85
7	8.07	6.54	5.89	5.52	5.29	5.12	4.99	4.90	4.82	4.76	4.67	4.57	4.47	4.42	4.36	4.31	4.25	4.20	4.14
8	7.57	6.06	5.42	5.05	4.82	4.65	4.53	4.43	4.36	4.30	4.20	4.10	4.00	3.95	3.89	3.84	3.78	3.73	3.67
9	7.21	5.71	5.08	4.72	4.48	4.23	4.20	4.10	4.03	3.96	3.87	3.77	3.67	3.91	3.56	3.51	3.45	3.39	3.33
10	6.94	5.46	4.83	4.47	4.24	4.07	3.95	3.85	3.78	3.72	3.62	3.52	3.42	3.37	3.31	3.26	3.20	3.14	3.08
11	6.72	5.26	4.63	4.28	4.04	3.88	3.76	3.66	3.59	3.53	3.43	3.33	3.23	3.17	3.12	3.06	3.00	2.94	2.83
12	6.55	5.10	4.47	4.12	3.89	3.73	3.61	3.51	3.44	3.37	3.28	3.18	3.07	3.02	2.96	2.91	2.85	2.79	2.72
13	6.41	4.97	4.35	4.00	3.77	3.60	3.48	3.39	3.31	3.25	3.15	3.05	2.95	2.89	2.84	2.78	2.72	2.66	2.60
14	6.30	4.36	4.24	3.89	3.66	3.50	3.38	3.29	3.21	3.15	3.05	2.95	2.84	2.79	2.73	2.67	2.61	2.55	2.49
15	6.20	4.77	4.15	3.80	3.58	3.41	3.29	3.20	3.12	3.06	2.96	2.86	2.76	2.70	2.64	2.59	2.52	2.46	2.40
16	6.12	4.69	4.08	3.73	3.50	3.34	3.22	3.12	3.05	2.99	2.89	2.79	2.68	2.63	2.57	2.51	2.45	2.38	2.32
17	6.04	4.62	4.01	3.66	3.44	3.28	3.16	3.06	2.98	2.92	2.82	2.72	2.62	2.56	2.50	2.44	2.38	2.32	2.25
18	5.98	4.56	3.95	3.61	3.88	3.22	3.10	3.01	2.93	2.87	2.77	2.67	2.56	2.50	2.44	2.38	2.32	2.26	2.19
19	5.92	4.51	3.90	3.56	3.33	3.17	3.05	2.96	2.88	2.82	2.72	2.62	2.51	2.45	2.39	2.33	2.27	2.20	2.13
20	5.87	4.46	3.36	3.51	3.29	3.13	3.01	2.91	2.84	2.77	2.68	2.57	2.46	2.41	2.35	2.29	2.22	2.16	2.09
21	5.83	4.42	3.82	3.48	3.25	3.09	2.97	2.87	2.80	2.73	2.64	2.53	2.42	2.37	2.31	2.25	2.18	2.11	2.04
22	5.79	4.38	3.78	3.44	3.22	3.05	2.93	2.84	2.76	2.70	2.60	2.50	2.39	2.33	2.27	2.21	2.14	2.08	2.00
23	5.75	4.35	3.57	3.41	3.18	3.02	2.90	2.81	2.73	2.67	2.57	2.47	2.36	2.30	2.24	2.18	2.11	2.04	1.97
24	5.72	4.32	3.72	3.38	3.15	2.99	2.87	2.78	2.70	2.64	2.54	2.44	2.33	2.27	2.21	2.15	2.08	2.01	1.94
25	5.69	4.29	3.69	3.35	3.13	2.97	2.85	2.75	2.68	2.61	2.51	2.41	2.30	2.24	2.18	2.12	2.05	1.98	1.91
26	5.66	4.27	3.67	3.33	3.10	2.94	2.82	2.73	2.65	2.59	2.49	2.39	2.28	2.22	2.16	2.09	2.03	1.95	1.88
27	5.63	4.24	3.65	3.31	3.08	2.92	2.80	2.71	2.63	2.57	2.47	2.36	2.25	2.19	2.13	2.07	2.00	1.93	1.85
28	5.61	4.22	3.63	3.29	3.06	2.90	2.78	2.69	2.61	2.55	2.45	2.34	2.23	2.17	2.11	2.05	1.98	1.91	1.83
29	5.59	4.20	3.61	3.27	3.04	2.88	2.76	2.67	2.59	2.53	2.43	2.32	2.21	2.15	2.09	2.03	1.96	1.89	1.81

表 6 一次抽样方案检查表

	p_1/p_0			np_0		p_1/p_0			np_0
c	$\alpha=0.05$ $\beta=0.10$	$\alpha=0.05$ $\beta=0.05$	$\alpha=0.05$ $\beta=0.01$	$\alpha=0.05$	c	$\alpha=0.01$ $\beta=0.10$	$\alpha=0.01$ $\beta=0.05$	$\alpha=0.01$ $\beta=0.01$	$\alpha=0.10$
0	44.890	58.404	89.781	0.052	0	229.105	298.073	458.210	0.010
1	10.946	13.349	16.681	0.355	1	20.184	31.933	44.686	0.149
2	6.509	7.699	10.280	0.818	2	12.206	14.439	19.278	0.436
3	4.490	5.675	7.352	1.366	3	8.115	9.418	12.202	0.823
4	4.057	4.646	5.890	1.970	4	6.249	7.156	9.072	1.279
5	3.549	4.023	5.017	2.613	5	5.195	5.889	7.343	1.785
6	3.203	3.601	4.435	3.286	6	4.520	5.082	6.253	2.330
7	2.957	3.303	4.019	3.981	7	4.050	4.524	5.506	2.906
8	2.768	3.074	3.707	4.695	8	3.705	4.115	4.962	3.507
9	2.618	2.859	3.462	5.426	9	3.440	3.803	4.548	4.130
10	2.497	2.750	3.265	6.169	10	3.229	3.555	4.222	4.771
11	2.397	2.630	3.104	6.924	11	3.058	3.354	3.959	5.428
12	2.312	2.528	2.968	7.690	12	2.915	3.188	3.742	6.099
13	2.240	2.442	2.852	8.464	13	2.795	3.047	3.559	6.782
14	2.177	2.367	2.752	9.246	14	2.692	2.927	3.403	7.477
15	2.122	2.302	2.665	10.035	15	2.603	2.823	3.269	8.181

表 7 检验相关系数 $\rho=0$ 的临界值(r_α)表

$$P(|r|>r_\alpha)=\alpha$$

n \ α	0.10	0.05	0.02	0.01	0.001	α / n
1	0.98769	0.99692	0.999507	0.999877	0.99999988	1
2	.90000	.95000	.98000	.99000	.99900	2
3	.8054	.8783	.93433	.95873	.99116	3
4	.7293	.8114	.8822	.91720	.97406	4
5	.6694	.7545	.8329	.8745	.95074	5
6	.6215	.7067	.7887	.8343	.92493	6
7	.5822	.6664	.7498	.7977	.8982	7
8	.5494	.6319	.7155	.7646	.8721	8
9	.5214	.6021	.6851	.7348	.8471	9
10	.4973	.5760	.6581	.7079	.8333	10
11	.4762	.5529	.6339	.6835	.8010	11
12	.4575	.5324	.6120	.6614	.7800	12
13	.4409	.5139	.5923	.6411	.7603	13
14	.4259	.4973	.5742	.6226	.7426	14
15	.4124	.4821	.5577	.6055	.7246	15
16	.4000	.4683	.5425	.5897	.7084	16
17	.3887	.4555	.5285	.5751	.6932	17
18	.3783	.4438	.5155	.5614	.6787	18
19	.3687	.4329	.5034	.5487	.6652	19
20	.3598	.4227	.4921	.5368	.6524	20
25	.3233	.3809	.4451	.4869	.5974	25
30	.2960	.3494	.4093	.4487	.5541	30
35	.2746	.3246	.3810	.4182	.5189	35
40	.2573	.3044	.3578	.3932	.4896	40
45	.2428	.2875	.3384	.3721	.4648	45
50	.2306	.2732	.3218	.3541	.4433	50
60	.2108	.2500	.2948	.3248	.4078	60
70	.1954	.2319	.2737	.3017	.3799	70
80	.1829	.2172	.2565	.2830	.3568	80
90	.1726	.2050	.2422	.2673	.3376	90
100	.1638	.1946	.2301	.2540	.3211	100

表 8　正 交 表

$L_4(2^2)$

试验号 \ 列号	1	2	3
1	1	1	1
2	1	2	2
3	2	1	2
4	2	2	1

注：任意二列间的交互作用出现于另一列。

$L_8(2^7)$

试验号 \ 列号	1	2	3	4	5	6	7
1	1	1	1	1	1	1	1
2	1	1	1	2	2	2	2
3	1	2	2	1	1	2	2
4	1	2	2	2	2	1	1
5	2	1	2	1	2	1	2
6	2	1	2	2	1	2	1
7	2	2	1	1	2	2	1
8	2	2	1	2	1	1	2

$L_8(2^7)$二列间的交互作用

试验号 \ 列号	1	2	3	4	5	6	7
1	(1)	3	2	5	4	7	6
2		(2)	1	6	7	4	5
3			(3)	7	6	5	4
4				(4)	1	2	3
5					(5)	3	2
6						(6)	1

$L_{12}(2^{11})$

试验号 \ 列号	1	2	3	4	5	6	7	8	9	10	11
1	1	1	1	1	1	1	1	1	1	1	1
2	1	1	1	1	1	2	2	2	2	2	2
3	1	1	2	2	2	1	1	1	2	2	2
4	1	2	1	2	2	1	2	2	1	1	2
5	1	2	2	1	2	2	1	2	1	2	1
6	1	2	2	2	1	2	2	1	2	1	1
7	2	1	2	2	1	1	2	2	1	2	1
8	2	1	2	1	2	2	2	1	1	1	2
9	2	1	1	2	2	2	1	2	2	1	1
10	2	2	2	1	1	1	1	2	2	1	2
11	2	2	1	2	1	2	1	1	1	2	2
12	2	2	1	1	2	1	2	1	2	2	1

$L_{16}(2^{15})$

试验号 \ 列号	1	2	3	4	5	6	7	8	9	10	11	12	13	14	15
1	1	1	1	1	1	1	1	1	1	1	1	1	1	1	1
2	1	1	1	2	1	1	1	2	2	2	2	2	2	2	2
3	1	1	1	1	2	2	2	1	1	1	1	2	2	2	2
4	1	1	1	2	2	2	2	2	2	2	2	1	1	1	1
5	1	2	2	1	1	2	2	1	1	2	2	1	1	2	2
6	1	2	2	2	1	2	2	2	2	1	1	2	2	1	1
7	1	2	2	1	2	1	1	1	1	2	2	2	2	1	1
8	1	2	2	2	2	1	1	2	2	1	1	1	1	2	2
9	2	1	2	1	2	1	2	1	2	1	2	1	2	1	2
10	2	1	2	2	2	1	2	2	1	2	1	2	1	2	1
11	2	1	2	1	1	2	1	1	2	1	2	2	1	2	1
12	2	1	2	2	1	2	1	2	1	2	1	1	2	1	2
13	2	2	1	1	2	2	1	1	2	2	1	1	2	2	1
14	2	2	1	2	2	2	1	2	1	1	2	2	1	1	2
15	2	2	1	1	1	1	2	1	2	2	1	2	1	1	2
16	2	2	1	2	1	1	2	2	1	1	2	1	2	2	1
组	1	2		3				4							

$L_{16}(2^{15})$二列间的交互作用表

列号 试验号	1	2	3	4	5	6	7	8	9	10	11	12	13	14	15
1	(1)	3	2	5	4	7	6	9	8	11	10	13	12	15	14
2		(2)	1	6	7	4	5	10	11	8	9	14	15	12	13
3			(3)	7	6	5	4	11	10	9	8	15	14	13	12
4				(4)	1	2	3	12	13	14	15	8	9	10	11
5					(5)	3	2	13	12	15	14	9	8	11	10
6						(6)	1	14	15	12	13	10	11	8	9
7							(7)	15	14	13	12	11	10	9	8
8								(8)	1	2	3	4	5	6	7
9									(9)	3	2	5	4	7	6
10										(10)	1	6	7	4	5
11											(11)	7	6	5	4
12												(12)	1	2	3
13													(13)	3	2
14														(14)	1

$L_9(3^4)$

列号 试验号	1	2	3	4
1	1	1	1	1
2	1	2	2	2
3	1	3	3	3
4	2	1	2	3
5	2	2	3	1
6	2	3	1	2
7	3	1	3	2
8	3	2	1	1
9	3	3	2	3

注：任意二列间的交互作用出现于另外二列.

$L_{18}(3^7)$ **[注]**

试验号 \ 列号	1	2	3	4	5	6	7	1′
1	1	1	1	1	1	1	1	1
2	1	2	2	2	2	2	2	1
3	1	3	3	3	3	3	3	1
4	2	1	1	2	2	3	3	1
5	2	2	2	3	3	1	1	1
6	2	3	3	1	1	2	2	1
7	3	1	2	1	3	2	3	1
8	3	2	3	2	1	3	1	1
9	3	3	1	3	2	1	2	1
10	1	1	3	3	2	2	1	2
11	1	2	1	1	3	3	2	2
12	1	3	2	2	1	1	3	2
13	2	1	2	3	1	3	2	2
14	2	2	3	1	2	1	3	2
15	2	3	1	2	3	2	1	2
16	3	1	3	2	3	1	2	2
17	3	2	1	3	1	2	3	2
18	3	3	2	1	2	3	1	2

注：把两水平的列1′排进$L_{18}(3^7)$，便得混合型$L_{18}(2'\times3^7)$. 交互作用$1'\times1$可从两列的二元表求出. 在$L_{18}(2'\times3^7)$中把列1′和列1的水平组合11,12,13,21,22,23分别换成1,2,3,4,5,6，便得混合型$L_{18}(6'\times3^6)$.

$L_{27}(3^{13})$

列号 / 试验号	1	2	3	4	5	6	7	8	9	10	11	12	13
1	1	1	1	1	1	1	1	1	1	1	1	1	1
2	1	1	1	1	2	2	2	2	2	2	2	2	2
3	1	1	1	1	3	3	3	3	3	3	3	3	3
4	1	2	2	2	1	1	1	2	2	2	3	3	3
5	1	2	2	2	2	2	2	3	3	3	1	1	1
6	1	2	2	2	3	3	3	1	1	1	2	2	2
7	1	3	3	3	1	1	1	3	3	3	2	2	2
8	1	3	3	3	2	2	2	1	1	1	3	3	3
9	1	3	3	3	3	3	3	2	2	2	1	1	1
10	2	1	2	3	1	2	3	1	2	3	1	2	3
11	2	1	2	3	2	3	1	2	3	1	2	3	1
12	2	1	2	3	3	1	2	3	1	2	3	1	2
13	2	2	3	1	1	1	3	2	3	1	3	1	2
14	2	2	3	1	2	2	1	3	1	2	1	2	3
15	2	2	3	1	3	3	2	1	2	3	2	3	1
16	2	3	1	2	1	2	3	3	1	2	2	3	1
17	2	3	1	2	2	3	1	1	2	3	3	1	2
18	2	3	1	2	2	1	2	2	3	1	1	2	3
19	3	1	3	2	1	3	2	1	3	2	1	3	2
20	3	1	3	2	2	1	3	2	1	3	2	1	3
21	3	1	3	2	2	2	1	3	2	1	3	2	1
22	3	2	1	3	1	3	2	2	1	3	3	2	1
23	3	2	1	3	2	1	3	3	2	1	1	3	2
24	3	2	1	3	2	2	1	1	3	2	2	1	3
25	3	3	2	1	1	3	2	3	2	1	2	1	3
26	3	3	2	1	2	1	3	1	3	2	3	2	1
27	3	3	2	1	2	2	1	2	1	3	1	3	2

$L_{27}(3^{13})$二列间的交互作用

试验号 \ 列号	1	2	3	4	5	6	7	8	9	10	11	12	13
1		(1) {3 4	2 4	2 3	6 7	5 7	5 6	9 10	8 10	8 9	12 13	11 13	11 12
2			(2) {1 4	1 3	8 11	9 12	10 13	5 11	6 12	7 13	5 8	6 9	7 10
3				(3) {1 2	9 13	10 11	8 12	7 12	5 13	11	6 10	7 8	5 9
4					(4) {10 12	8 13	9 11	6 13	7 11	5 12	7 9	5 10	6 8
5						(5) {1 7	1 6	2 11	3 13	4 12	2 8	4 10	3 9
6							(6) {1 5	4 13	2 12	3 11	3 10	2 9	4 8
7								(7) {3 13	4 11	2 13	4 9	3 8	2 10
8									(8) {1 10	1 9	2 5	3 7	4 6
9										(9) {1 8	4 7	2 6	3 5
10											(10) {3 6	4 5	2 7
11												(11) {1 13	1 12
12													(12) {1 11

$L_{16}(4^5)$

试验号＼列号	1	2	3	4	5
1	1	1	1	1	1
2	1	2	2	2	2
3	1	3	3	3	3
4	1	4	4	4	4
5	2	1	2	3	4
6	2	2	1	4	3
7	2	3	4	1	2
8	2	4	3	2	1
9	3	1	3	4	2
10	3	2	4	3	1
11	3	3	1	2	4
12	3	4	2	1	3
13	4	1	4	2	3
14	4	2	3	1	4
15	4	3	2	4	1
16	4	4	1	3	2

注:任意二列间交互作用出现于其他三列.

$L_{32}(4^8)$ [注]

试验号＼列号	1	2	3	4	5	6	7	8	9	1′
1	1	1	1	1	1	1	1	1	1	1
2	1	2	2	2	2	2	2	2	2	1
3	1	3	3	3	3	3	3	3	3	1
4	1	4	4	4	4	4	4	4	4	1
5	2	1	1	2	2	3	3	4	4	1
6	2	2	2	1	1	4	4	3	3	1
7	2	3	3	4	4	1	1	2	2	1
8	2	4	4	3	3	2	2	1	1	1
9	3	1	2	3	4	1	2	3	4	1
10	3	2	1	4	3	2	1	4	3	1
11	3	3	4	1	2	3	4	1	2	1
12	3	4	3	2	1	4	3	2	1	1
13	4	1	2	4	3	3	4	2	1	1
14	4	2	1	3	4	4	3	1	2	1
15	4	3	4	2	1	1	2	4	3	1
16	4	4	3	1	2	2	1	3	4	1
17	1	1	4	1	4	2	3	2	3	2
18	1	2	3	2	3	1	4	1	4	2
19	1	3	2	3	2	4	1	4	1	2
20	1	4	1	4	1	3	2	3	2	2
21	2	1	4	2	3	4	1	3	2	2
22	2	2	3	1	4	3	2	4	1	2
23	2	3	2	4	1	2	3	1	4	2
24	2	4	1	3	2	1	4	2	3	2
25	3	1	3	3	1	2	4	4	2	2
26	3	2	4	4	2	1	3	3	1	2
27	3	3	1	1	3	4	2	2	4	2
28	3	4	2	2	4	3	1	1	3	2
29	4	1	3	4	2	4	2	1	3	2
30	4	2	4	3	1	3	1	2	4	2
31	4	3	1	2	4	2	4	3	1	2
32	4	4	2	1	3	1	3	4	2	2

注：把两水平的列 1′推进 $L_{32}(4^8)$，便得混合型 $L_{32}(2'\times4^8)$. 这时交互作用 $1'\times1$ 可从二元表求出. 把列 1′和列 1 的水平组合 11,12,13,14,21,23,24 分别换成 1,2,3,4,5,6,7,8，便得混合型 $L_{32}(8'\times4^8)$.